Be Partners

Büromanagement

Lernfelder
9 – 13

Autoren

Jens Bodamer
Sabrina Böing
Christian Dirksen
Kai Franke
Stephanie Hall
Sandra Leichsenring
Dagmar Linzenich
Beate Löbs
Manfred Scharffe
Gudrun Vogel-Kammerer
Sabine Wagner

unter Mitarbeit
der Verlagsredaktion

Cornelsen

Der Titel „Be Partners"

B und **E** sind die Initialen der fiktiven Geschäfts**partner** (Gesellschafter) Rolf **B**astian und Dörthe **E**pstein des Modellunternehmens **BE Partners KG**.

Kaufleute für Büromanagement müssen im Berufsalltag mit wechselnden Ansprech**partnern** zusammenarbeiten. Auch die hierfür erforderlichen sozialen Kompetenzen (z. B. Teamfähigkeit) sollen aktiviert werden.

Dieses Buch wurde erstellt unter Verwendung von Materialien von:
Hans-Peter von den Bergen, Roman Capaul, Oliver Dillmann, Peter Engelhardt, Evan Frendo, Christian Fritz, Heide-Rose Gönner, Marita Herrmann, Markus Hillebrand, Ariane Hoffmann, Hans-Peter Hrdina, Hans-Peter Klein, Antje Kost, Elke Kuse, Claudia Lang, Susanne Lange, Antje Licht, Angela Lloyd, Albert Mangelsberg, Stephan Müller, Klaus Otte, Michael Piek, Roswitha Pütz, Dorothe Redeker, Heike Scholz, Daniel Steingruber, Carsten Zehm.

Wir weisen darauf hin, dass die im Lehrwerk genannten Unternehmen und Geschäftsvorgänge frei erfunden sind. Ähnlichkeiten mit real existierenden Unternehmen lassen keine Rückschlüsse auf diese zu. Dies gilt auch für die im Lehrwerk genannten Kreditinstitute, Bankleitzahlen und Buchungsvorgänge. Ausschließlich zum Zwecke der Authentizität wurden insoweit existierende Kreditinstitute und Bankleitzahlen verwendet.

Soweit in diesem Lehrwerk Personen fotografisch abgebildet sind und ihnen von der Redaktion fiktive Namen, Berufe, Dialoge und Ähnliches zugeordnet oder diese Personen in bestimmte Kontexte gesetzt werden, dienen diese Zuordnungen und Darstellungen ausschließlich der Veranschaulichung und dem besseren Verständnis des Inhalts.

Sämtliche Personenbezeichnungen in diesem Band (z. B. „Schüler", „Lehrer", „Mediengestalter") gelten selbstverständlich für beide Geschlechter.

Verlagsredaktion: Sascha Heinrich, Peter Sander, Sabine Schneider, Eva Zimmermann
Außenredaktion: Gerlinde Heitmann, Stuttgart; Veronika Kühn, Köln; Katja Müllenmeister, Hamburg
Bildredaktion: Gertha Maly, Joscha Belling
Gesamtgestaltung und technische Umsetzung: Studio SYBERG, Berlin

Titelfotos: istockphoto/STEEX/1, shutterstock/racorn/2, istockphoto/Global Stock/3, Picture Alliance/Image Source/4

www.cornelsen.de/cbb

Die Webseiten Dritter, deren Internetadressen in diesem Lehrwerk angegeben sind, wurden vor Drucklegung sorgfältig geprüft. Der Verlag übernimmt keine Gewähr für die Aktualität und den Inhalt dieser Seiten oder solcher, die mit ihnen verlinkt sind.

Dieses Werk berücksichtigt die Regeln der reformierten Rechtschreibung und Zeichensetzung. Ausnahmen bilden Originaltexte, bei denen lizenzrechtliche Gründe einer Änderung entgegenstehen.

1. Auflage, 1. Druck 2015

Alle Drucke dieser Auflage sind inhaltlich unverändert und können im Unterricht nebeneinander verwendet werden.

Druck: Firmengruppe APPL, aprinta Druck, Wemding

ISBN 978-3-464-46103-7

PEFC
PEFC/04-32-0928

PEFC zertifiziert
Dieses Produkt stammt aus nachhaltig bewirtschafteten Wäldern und kontrollierten Quellen
www.pefc.de

Vorwort

Liebe Auszubildende,

herzlich willkommen zu **Be Partners – Büromanagement** 3!

Die duale Berufsausbildung „Kauffrau/Kaufmann für Büromanagement" soll Sie zum kompetenten Handeln in beruflichen Situationen befähigen. Entsprechend muss auch die Berufsschule den Unterricht an der Berufspraxis ausrichten. Das Lehrwerk **Be Partners – Büromanagement** unterstützt diese Zielsetzung durch die Kombination von **Fachkunde** und **Lernsituationen.**

Die vorliegende **Fachkunde 3** enthält die Lernfelder 9 bis 13 des Rahmenlehrplans:

Lernfeld 9: Liquidität sichern und Finanzierung vorbereiten
Lernfeld 10: Wertschöpfungsprozesse erfolgsorientiert steuern
Lernfeld 11: Geschäftsprozesse darstellen und optimieren
Lernfeld 12: Veranstaltungen und Geschäftsreisen organisieren
Lernfeld 13: Ein Projekt planen und durchführen

Handlungs- und Kompetenzorientierung: Die **Lernsituationen** steuern das Lernen in berufstypischen Alltagssituationen: Ausgehend von einem Handlungsanlass mit Problemcharakter eignen Sie sich mithilfe der Fachkunde die fachlichen Grundlagen möglichst eigenständig an. Danach können Sie das gewünschte Handlungsprodukt erarbeiten (z. B. einen Brief schreiben, eine Buchung vornehmen, eine Entscheidung treffen). Ihre Lehrerinnen und Lehrer moderieren diesen selbstgesteuerten Lernprozess. So bleibt ihnen Zeit, Schwächere zu fördern und Leistungsstarken weitere fordernde Aufgaben zu übertragen.

Auch der 3. Band der Lernsituationen integriert zur Lösung büro- und betriebswirtschaftlicher Probleme die Anwendung von Office-Programmen.

Die vom Lehrplan geforderte **Integration einer Fremdsprache** erfolgt durch „Useful office vocabulary" (am Ende jedes Lernfelds der Fachkunde) und durch eine englischsprachige Lernsituation in Lernfeld 12.[1]

Die Vermittlung und das Training von **Soft Skills** (Sozialkompetenzen wie gesundes Selbstbewusstsein, Empathie, Teamfähigkeit sowie Selbstkompetenzen wie Lernkompetenz) erfolgen konsequent in den Lernsituationen. Die notwendigen Sachinformationen hierzu liefert die Fachkunde innerhalb der Lernfelder.

Zur Sicherung Ihres Lernerfolgs werden die Lernsituationen ergänzt durch Arbeitsblätter und festigende und vertiefende Aufgaben. Demselben Zweck dienen „Alles-klar?"-Aufgaben am Ende jedes Kapitels der Fachkunde und des IT-Trainers.

Viel Erfolg und Spaß beim Arbeiten mit **Be Partners – Büromanagement** 3!

Autoren und Redaktion

1 Zur weiteren Differenzierung und Vertiefung der englischen Sprachkompetenz in Unterricht und Berufspraxis eignet sich der Titel „Office Matters" (ISBN 978-3-06-450604-6).

Lernfeld 9

Liquidität sichern und Finanzierung vorbereiten 10

Lernsituationen im Arbeitsbuch 3

Lernfeld 11
Geschäftsprozesse darstellen und optimieren 136

Lernsituationen im Arbeitsbuch 3

Lernfeld 12

→ **LS 111** Writing a business invitation

→ **LS 112** Eine Geschäftsreise planen, organisieren und nachbereiten

→ **LS 113** Eine Geschäftsreise abrechnen

Lernfeld 13
Ein Projekt planen und durchführen 238

Lernsituationen im Arbeitsbuch 3

→ **LS 114** Ein Projekt durchführen

Lernfeld 9
Liquidität sichern und Finanzierung vorbereiten

1 Identifizierung von Zahlungsströmen (Einzahlungen/Auszahlungen)

1.1 Aufrechterhaltung der Liquidität als zentrales Unternehmensziel

Beispiel Sophies Handy meldet sich, ausnahmsweise mal in einer Situation, in der sie den Anruf auch problemlos annehmen kann: Sie sitzt in ihrer Mittagspause auf einer Parkbank und genießt die Sonne. Ihre Freundin Maike meldet sich und fragt, ob Sophie Lust hätte, am kommenden Wochenende mit zum Summer-Jam-Festival nach Köln zu kommen. Es gäbe noch Karten zum Preis von 35,00 € und im Auto ihres Freundes Simon sei noch ein Platz frei. Sophie antwortet: „Eigentlich sehr gerne, aber leider habe ich gerade mit meinem letzten Geld, das ich für diesen Monat noch übrig hatte, einen Beistelltisch für meine neue Wohnung gekauft. So üppig ist meine Ausbildungsvergütung ja auch nicht, also bin ich im Moment nicht mehr liquide." Maike antwortet: „Das ist aber schade, wir hätten dich echt gerne dabei gehabt. Aber dann musst du wohl verzichten."

Sophie ist **nicht liquide**, eine Situation, die jedem von Ihnen aus eigener Erfahrung bekannt ist. Einnahmen auf der einen Seite stehen Ausgaben auf der anderen Seite gegenüber. Da die Einnahmen, die finanziellen Mittel also, begrenzt, d. h. in der Regel „knapp" sind, muss das Umgehen damit gelernt werden. In diesem Lernfeld geht es darum, wie Wirtschaftsunternehmen mit ihren knappen finanziellen Mitteln umgehen, welche Bedeutung die Liquidität für Unternehmen hat und ob bei mangelnder Liquidität der Verzicht auch für Unternehmen ein möglicher Ausweg sein kann.

Merke! Liquidität ist die Fähigkeit eines Unternehmens, seinen Zahlungsverpflichtungen zu jedem Zeitpunkt nachzukommen.

Ein Unternehmen ist liquide, wenn die Zahlungsmittel, über die es zu einem bestimmten Zeitpunkt verfügt, immer mindestens genauso hoch sind wie die zu diesem Zeitpunkt fällig werdenden Zahlungsverpflichtungen.

Merke! Liquide sein heißt:
Bestand an Zahlungsmitteln ≥ Zahlungsverpflichtungen

Die Aufrechterhaltung der Liquidität ist eines der wichtigsten Ziele von Unternehmen überhaupt. Kann dieses Ziel nicht erreicht werden, droht immer eine ernsthafte Krise, die die Existenz des Unternehmens gefährdet. Deshalb kommt der Planung der Liquidität eine ganz besonders wichtige Rolle zu.

1.2 Geld- und Güterströme im Unternehmen

Während Sophie finanzielle Mittel durch ihre berufliche Tätigkeit erwirtschaftet, erwirtschaften die meisten Unternehmen diese im Wesentlichen durch den Verkauf der im Unternehmen produzierten Güter oder Dienstleistungen. Das folgende Schaubild verdeutlicht am Beispiel der BE Partners KG, dass Sachmittel- oder Güterströme (= Ströme der Produktionsfaktoren) immer mit Geldströmen verbunden sind.

Beispiel Ströme der Produktionsfaktoren und Geldströme am Beispiel der BE Partners KG

Strom der Produktionsfaktoren

Beschaffungsmärkte → Produktion → Absatzmärkte

- Arbeitskräfte →
- Betriebsmittel, z. B. Falzmaschine oder Computer →
- Handelswaren, z. B. T-Shirts →
- Werkstoffe, z. B. Rohstoffe wie Farben zum Bedrucken der T-Shirts →

Produktion: Fertig erstellte Produkte, z. B. Werbeprospekte, bedruckte T-Shirts, Medienanalyse und -auswertung, Powerpointpräsentation →

Verwaltung des Unternehmens, z. B. Geschäftsleitung, Personalabteilung, Rechnungswesen, Finanzabteilung

Auszahlungen, z. B. Überweisung der Gehälter oder Überweisung an Lieferer für erhaltene T-Shirts	**Einzahlungen**, z. B. Zahlungen eines Kunden für eine in Auftrag gegebene Medienauswertung oder für 100 bedruckte T-Shirts zum Firmenjubiläum
Auszahlungen werden im Rechnungswesen erfasst und der Finanzabteilung gemeldet.	Eingang der Einzahlungen wird im Rechnungswesen erfasst und der Finanzabteilung gemeldet

Geldstrom ←

Produktionsfaktoren sind diejenigen Güter und Arbeitsleistungen, die zur Herstellung der betrieblichen Leistung eines Unternehmens eingesetzt werden. Als betriebswirtschaftliche Produktionsfaktoren gelten: Betriebsmittel, Werkstoffe und Arbeit. Hier wird zwischen ausführender Arbeit und dispositiver (planender bzw. leitender) Tätigkeit unterschieden. Im erweiterten Sinne können aber auch Rechte (z. B. Patente) und der Zugang zu Informationen als Betriebsmittel angesehen werden.

Bei der Betrachtung des Schaubildes darf nicht vergessen werden, dass ein wesentlicher Unterschied zwischen einem privaten Konsumenten und einem Unternehmen besteht. Während Sophie ihr Geld erst dann ausgibt, wenn ihre Ausbildungsvergütung auf dem Konto gutgeschrieben wurde, stehen Unternehmen vor dem Problem, dass ihre Auszahlungen immer zeitlich vor den Einzahlungen liegen. Zunächst müssen nämlich Handelswaren oder Rohstoffe eingekauft werden (was zu Auszahlungen führt), dann wird daraus ein betriebliches Produkt erstellt, das auf dem Absatzmarkt verkauft wird und somit zu Einzahlungen führt.

1.3 Der Einfluss von Geschäftsprozessen auf die Liquidität

Die im Schaubild dargestellten Überlegungen lassen sich mithilfe der **Geschäftsprozesse** weiter verdeutlichen. Mit einem Geschäftsprozess wird, wie bereits in Lernfeld 1 definiert, eine Folge von einzelnen Tätigkeiten in einem Unternehmen beschrieben, die dazu dienen, ein ganz bestimmtes betriebswirtschaftliches Ziel zu erreichen, das sich das Unternehmen gesetzt hat (z. B. einem Kunden die bestellte Ware rechtzeitig zu liefern). Ein Geschäftsprozess kann einmalig erfolgen, in der Regel aber sind Geschäftsprozesse sich wiederholende und stark formalisierte Abfolgen von Tätigkeiten.[1]

1 Das Konzept der Geschäftsprozesse
➔ FK 1, LF 1, Kap. 3.3.3

Ein einmaliger Geschäftsprozess ist z. B. die Gründung oder die Auflösung eines Unternehmens. Die Bearbeitung eines Kundenauftrages dagegen oder die Überwachung des Zahlungseingangs sind Geschäftsprozesse, die sich regelmäßig wiederholen.

Geschäftsprozess als Input-Output-Prozess

messbare Input-Leistung Beispiel: 100 Bögen Offset-Druckpapier vom Lieferanten BPK GmbH	**betriebliche Leistungsfaktoren Wertschöpfung** Beispiel: Konzeption eines Werbemittels; Druck von Werbeflyern	**messbare Output-Leistung** Beispiel: 1500 Werbeflyer für den Kunden Drogerie AG
interne/externe Lieferer	Transformationsprozess	interner/externer Kunde

Da wir uns hier in Lernfeld 9 mit der Liquidität beschäftigen, sind für uns nur die Geschäftsprozesse relevant, die einen Einfluss auf die Liquidität haben. Hierbei ist zu unterscheiden, ob dieser Einfluss direkter oder indirekter Natur ist. Der Geschäftsprozess „Einstellung eines neuen Mitarbeiters" hat z. B. zunächst keinerlei Einfluss auf die Liquidität des Unternehmens, da die Einstellung noch zu keiner Ein- oder Auszahlung führt. Der eingestellte neue Mitarbeiter allerdings belastet durchaus die Liquidität des Unternehmens, sobald ihm Arbeitsentgelt gezahlt wird.

Andere Geschäftsprozesse haben einen direkten Einfluss auf die Liquidität. Hierzu gehören z. B. die Geschäftsprozesse **Auftragsannahme**, **Rechnungseingang**, **Rechnungserstellung**, **Zahlungseingangsüberwachung** oder **Mahnung.**

Dies soll am Beispiel der Auftragsannahme etwas ausführlicher dargestellt werden.

Beispiel Die BE Partners KG erhält eine Anfrage des Autohauses Wünschle KG, das schon seit längerem zu den Kunden zählt. Wünschle möchte zu seinem Firmenjubiläum Untersetzer aus Leder mit dem firmeneigenen Logo beziehen. Nachdem die technischen Voraussetzungen geklärt sind, wird der Auftrag angenommen. Dem Kunden werden vereinbarungsgemäß folgende Zahlungskonditionen eingeräumt:

- 3 % Skonto bei Zahlung innerhalb von 8 Tagen
- 45 Tage netto

Folgende Faktoren dieses Auftrages werden die Liquidität der BE Partners KG beeinflussen:

Faktor	negative Beeinflussung der Liquidität	Zeitpunkt der Liquiditätswirksamkeit	positive Beeinflussung der Liquidität	Zeitpunkt der Liquiditätswirksamkeit
Einkauf der für die Produktion erforderlichen Rohstoffe	x	Eingangsrechnung des Lieferers muss beglichen werden: Zeitpunkt abhängig von der Zahlungskondition.		
Einsatz der erforderlichen Betriebsmittel, z. B. Stromkosten für Maschinen	x	Eingangsrechnung des Versorgers muss beglichen werden: Zeitpunkt abhängig von der Zahlungskondition.		
Erzielen eines Verkaufserlöses			x	führt zunächst zu einer Forderung und dann zu einer Einzahlung
Gewähren von Kundenskonto	x	schmälert die Höhe der Verkaufserlöse		
Gewähren einer Zahlungsfrist	x	im kaufmännischen Geschäftsleben absolut üblich und nicht zu vermeiden – je länger die gewährte Zahlungsfrist, desto später geht die Zahlung ein, desto weiter wird die positive Auswirkung auf die Liquidität nach hinten verschoben		

Ähnliche Überlegungen lassen sich für die weiteren oben genannten Geschäftsprozesse anstellen.

Merke! Rechnungseingänge führen zu Auszahlungen, weil die Rechnungen beglichen werden müssen, und somit zu Liquiditätsbelastungen.

Eine Rechnungserstellung führt dazu, dass der Kunde zu einer Zahlung aufgefordert wird, die zu einer Einzahlung und damit zu einer Verbesserung der Liquidität führt.

Bei der Zahlungsüberwachung gilt das Prinzip, möglichst genau zu sein und fällige, aber ausbleibende Zahlungseingänge schnell anzumahnen. Verspätet eingehende Kundenzahlungen stören die Liquiditätsplanung eines Unternehmens.

1.4 Der Einfluss von Zahlungen auf die Liquidität

Bevor im Folgenden dargestellt wird, durch welche Maßnahmen Unternehmen ihre Liquidität sichern können, sollen die verwendeten Begriffe genau abgegrenzt werden. Im obigen Text wurden ganz bewusst unterschiedliche Begriffe für die Einnahme- und die Ausgabeseite verwendet, so ist z. B. die Rede von Einkünften[1], Einzahlungen und Einnahmen. Damit man aber immer weiß, ob ein bestimmter Geschäftsvorfall liquiditätswirksam ist, werden diese Begriffe sauber abgegrenzt. Das verdeutlicht die folgende Grafik:

1 Der Begriff **„Einkünfte"** ist im Steuerrecht angesiedelt und im Zusammenhang dieses Kapitels fehl am Platze!

EINZAHLUNG
= Erhöhung der liquiden Zahlungsmittel (Kasse und Girokonto) von außen

≠ Einnahme	= Einnahme	≠ Einnahme
Einzahlung, aber keine Einnahme	Einzahlung identisch mit Einnahmen	Einnahme, aber keine Einzahlung
Beispiel: Aufnahme eines Bankkredites, das Geld wird auf dem Konto gutgeschrieben[2]	Beispiel: Kunde kauft ein Produkt und zahlt bar	Beispiel: Kunde kauft auf Ziel, es entsteht eine Forderung

2 Die Zahlungsmittel steigen durch die Gutschrift auf dem Bankkonto, gleichzeitig aber steigen auch die Schulden (Verbindlichkeiten gegenüber Banken), Einnahmen entstehen nicht.

EINNAHME
= Erhöhung von Geldvermögen
+ bei Kasse, Bank, Forderungen oder
– bei Verbindlichkeiten

≠ Ertrag	= Einnahme	≠ Ertrag
Einnahme, aber kein Ertrag	Einnahme identisch mit Ertrag	Ertrag, aber keine Einnahme
Beispiel: Verkauf einer gebrauchten Maschine zum Buchwert	Beispiel: Verkauf einer produzierten Dienstleistung auf Ziel	Beispiel: Produzierte Güter werden auf Lager gelegt und erst in einer späteren Periode verkauft

ERTRAG
= Erhöhung des Gesamtvermögens (Vergrößerung des Eigenkapitals)

Merke! Einzahlungen sind alle tatsächlichen Zahlungsmittelzuflüsse in Form von Bargeld in die Kasse oder in Form von Gutschriften auf den Girokonten.

Einnahmen sind Einzahlungen, ergänzt um Forderungszugänge und gekürzt um die Erhöhung der Verbindlichkeiten.

Erträge sind alle erfolgswirksamen Wertezuflüsse innerhalb einer Rechnungsperiode unabhängig davon, ob dieser Wertezufluss durch den betrieblichen Leistungsprozess oder durch betriebsfremde Ereignisse hervorgerufen wurde.

AUSZAHLUNG
= Verringerung der liquiden Zahlungsmittel
(Kasse und Girokonto)

≠ Ausgabe	= Ausgabe	≠ Ausgabe
Auszahlung, aber keine Ausgabe Beispiel: Begleichen einer Verbindlichkeit durch Banküberweisung[1]	Auszahlung identisch mit Ausgabe Beispiel: Barkauf von Rohstoffen	Ausgabe, aber keine Auszahlung Beispiel: Wareneinkauf auf Ziel

AUSGABE
= Verringerung des Geldvermögens
– bei Kasse, Bank, Forderungen oder
+ bei Verbindlichkeiten

≠ Aufwand	= Aufwand	≠ Aufwand
Ausgabe, aber kein Aufwand Beispiel: Kauf von Rohstoffen, die in der gleichen Abrechnungsperiode nicht verbraucht werden	Ausgabe identisch mit Aufwand Beispiel: Verbrauch von Rohstoffen, die in der gleichen Abrechnungsperiode gekauft wurden	Aufwand, aber keine Ausgabe Beispiel: Verbrauch von Rohstoffen aus dem Lager – Kauf (und Ausgabe) in der vorherigen Periode

AUFWAND
= Verringerung des Gesamtvermögens
(Verringerung des Eigenkapitals)

1 Der Vorgang stellt keine Ausgabe dar, weil sich der Bestand auf dem Bankkonto zwar verringert, gleichzeitig verringern sich aber auch die Verbindlichkeiten.

Die Darstellungen machen deutlich, dass nur **Zahlungen** die Liquidität eines Unternehmens beeinflussen.

Beispiel Sophie wird nicht dadurch liquide, dass sie einer Freundin ihre gebrauchte Jeans für 50,00 € verkauft und ihr gleichzeitig Zahlungsaufschub bis zum nächsten Monat gewährt (Einnahme, aber keine Einzahlung). Ein Verkauf auf dem Flohmarkt gegen Barzahlung dagegen erhöht die Liquidität (Einnahme = Einzahlung).

Merke! Nur Zahlungen verändern die Liquidität. Einzahlungen sind in der Regel nicht identisch mit Einnahmen und diese nicht identisch mit Erträgen. Auch Auszahlungen weichen regelmäßig von Ausgaben und diese vom Aufwand ab.

Auszahlungen sind alle tatsächlichen Zahlungsmittelabflüsse in Form von Bargeld aus der Kasse oder in Form von Belastungen auf den Girokonten.
Ausgaben sind Auszahlungen, gekürzt um Forderungsabgänge und ergänzt um die Erhöhung der Verbindlichkeiten.

Aufwand oder Aufwendungen sind alle erfolgswirksamen Werteabflüsse innerhalb einer Rechnungsperiode unabhängig davon, ob diese durch den betrieblichen Leistungsprozess oder durch betriebsfremde Ereignisse ausgelöst wurden.

Alles klar?

1 Beschreiben Sie, was es für ein Unternehmen heißt, liquide zu sein.

2 Erläutern Sie, warum die Aufrechterhaltung der Liquidität für Unternehmen ein vorrangiges Ziel ist.

3 Internetrecherche: Klären Sie den Begriff Produktionsfaktor aus volkswirtschaftlicher Sicht und grenzen Sie die betriebswirtschaftlichen Produktionsfaktoren gegen die volkswirtschaftlichen ab.

4 Nennen Sie 15 Betriebsmittel, die in Ihrem Ausbildungsbetrieb eingesetzt werden.

5 Stellen Sie dar, welche Auswirkungen der Geschäftsprozess „Rechnungseingang" auf die Liquidität eines Unternehmens hat.

6 Beurteilen Sie, ob es sich im Folgenden um Einzahlungen, Einnahmen und/oder um Erträge handelt:

	Einzahlung	Einnahme	Ertrag
Barverkauf eines Fahrrades direkt aus der Produktion	ja	ja	ja
Ein Kunde begleicht Rechnung aus der vorherigen Periode			
Barverkauf eines Fahrrades vom Lager (Produktion in der vorherigen Periode)			
Kunde überweist Anzahlung für ein in der nächsten Periode zu erstellendes Produkt			
Zielverkauf von Erzeugnissen			
Produktion auf Lager			

7 Beurteilen Sie, ob es sich um Auszahlungen, Ausgaben und/oder um Aufwendungen handelt.

	Auszahlung	Ausgabe	Aufwand
Zahlung von Löhnen in bar	ja	ja	ja
Privatentnahme des Inhabers einer Einzelunternehmung			
Einkauf von Handelswaren auf Ziel			
Einkauf eines Schreibtisches, Zahlung mit EC-Karte			
Verbrauch von gelagerten Materialien			
Kauf auf Ziel von Rohstoffen, die direkt in die Produktion eingehen			

2 Sicherung der eigenen Liquidität

2.1 Grundproblem

Beispiel Während die Kioskbesitzerin Frau Brummer[1] die Ware in der Regel nur gegen Barzahlung herausgibt, ist es bei der BE Partners KG üblich, die von einem Kunden bestellten Prospekte gegen Rechnungsstellung auszuliefern. Hierbei wird nicht nur ein bestimmtes Zahlungsziel vereinbart, also ein Termin, zu dem der Kunde spätestens zahlen muss, sondern auch darauf vertraut, dass der Kunde diese Rechnung dann fristgemäß in richtiger Höhe begleicht. Dass dies für die BE Partners KG ganz wichtig ist, lässt sich leicht einsehen, denn für die Herstellung der Prospekte sind Kosten entstanden, die mit Auszahlungen verbunden waren (z. B. für Papier, Druckerfarbe, Löhne usw.).

1 Wertströme im Kassenbereich
→ FK 2, LF 6, Kap. 1.1

Während im Verhältnis zwischen Verbraucher und Unternehmer ganz selbstverständlich nur Bargeschäfte oder Zahlungen mit Bank- oder Kreditkarte getätigt werden, ist es zwischen Unternehmen ebenso selbstverständlich, Käufe und Verkäufe auf Ziel zu vereinbaren, d. h. Zahlungen zu einem späteren Zeitpunkt als die Lieferung der Leistung zu akzeptieren. Diese Auszahlungen müssen dann durch die Einzahlungen aus den Verkäufen gedeckt werden. Es besteht also ein Kreislauf von Aus- und Einzahlungen, der für die Zahlungsfähigkeit (die Liquidität) des Unternehmens von ausschlaggebender Bedeutung ist. Wird dieser Kreislauf unterbrochen, gerät ein Unternehmen schnell in ernsthafte Zahlungsschwierigkeiten, was letztlich die gesamte Existenz des Unternehmens gefährden kann (Insolvenz).

Allgemein lässt sich sagen, dass jeder Gläubiger[2] auf den rechtzeitigen Eingang von Zahlungen angewiesen ist, und zwar u. a. deshalb, weil er selbst auch Schuldner und somit verpflichtet ist, seine Verbindlichkeiten rechtzeitig zu begleichen.

2 Der Gläubiger ist Eigentümer der Forderung. Beim Schuldner ist das eine Verbindlichkeit.

Das folgende Kapitel stellt dar, wie Unternehmen mit Problemen eines nicht rechtzeitigen Zahlungseingangs umgehen können. Aber zuvor wollen wir sehen, wie Kunden bereits vor einem Vertragsabschluss daraufhin überprüft werden können, ob sie ihren Zahlungsverpflichtungen nachkommen werden. Schließlich werden die Maßnahmen dargestellt, die Unternehmen ergreifen können, wenn Kunden ihre Rechnungen nicht bezahlen.

Merke! Die Sicherung der eigenen Liquidität ist eines der zentralen Ziele wirtschaftlichen Handelns.

2.2 Bonitätsprüfung von Kunden und Geschäftspartnern

Jedes Unternehmen ist bemüht, nur mit seriösen Kunden mit guter Bonität Geschäftsbeziehungen einzugehen. Mit dem Begriff Bonität wird die Zahlungsfähigkeit eines Kunden beschrieben.

Ziel der Bonitätsprüfung ist es, Informationen über das Zahlungsverhalten des Kunden in der Vergangenheit zu erhalten. Um diese Bonität zu prüfen, wird ein Unternehmen zunächst auf interne Unterlagen wie z. B. Kundenkarteien zurückgreifen. Zeigen diese Unterlagen ein unregelmäßiges Zahlungsverhalten eines Kunden, so wird das Unternehmen daraus Rückschlüsse für die Weiterführung der Geschäftsbeziehung ziehen.

Bei neuen Kunden müssen Unternehmen im Rahmen der Bonitätsprüfung auf externe Informationen zurückgreifen. Diese können entweder

- durch den Einsatz spezieller Software ermittelt werden,
- durch Einsichtnahme bei der SCHUFA[1] gewonnen werden oder
- durch Unternehmen zur Verfügung gestellt werden, die sich auf diese Aufgabe spezialisiert haben: sogenannten Wirtschaftsauskunfteien.

1 SCHUFA = Schutzgemeinschaft für allgemeine Kreditsicherung

Die Kreditwürdigkeit von Privatpersonen oder Unternehmen lässt sich mit Softwareprogrammen überprüfen. Diese sind häufig mit der SCHUFA oder mit einer Wirtschaftsauskunftei verbunden, bei der sie automatisch online eine Prüfung der Bonität veranlassen. Das Ergebnis liegt in der Regel bereits nach einigen Minuten vor.

Im Online-Handel erfolgt die Prüfung der Bonität oftmals „on the fly"[2], d.h. im Hintergrund, während der Kunde seine Daten eingibt, um den Kauf zu tätigen. Zu den eingegebenen Daten gehören häufig auch der Familienstand, das monatliche Einkommen, der Beruf oder der Arbeitgeber. Alle eingegebenen Daten können dazu verwendet werden, einen Score[3] für den Kunden zu erstellen. Die Einschätzung eines Kunden hinsichtlich seiner Fähigkeit, Zahlungsverpflichtungen nachzukommen, erfolgt in Form von sogenannten **Scoring-Verfahren.** Ein Score bezeichnet die Sammlung dieser Aussagen. Werden solche Aussagen über Unternehmen getroffen, spricht man dagegen von einem **Rating**.

2 wörtlich: im Vorübergehen – nebenbei

3 Score ist abgeleitet von **to score** = punkten (engl.) und steht hier für die Einstufung in eine Bonitätsklasse.

Automatisierte Systeme bieten dem Kunden je nach dessen Scoring-Ergebnis eine bestimmte Zahlungsmöglichkeit an. Kunden mit guter Bonität können eine gelieferte Ware dann gegen Rechnung beziehen und erst nach Erhalt bezahlen. Ist die Bonität weniger gut, werden als Zahlungsarten beispielsweise die Kreditkarte, das Lastschriftverfahren, das PayPal-Zahlverfahren, die Nachnahme oder Lieferung nur gegen Vorkasse angeboten.

Die SCHUFA Holding AG mit Sitz in Wiesbaden ist ein großer Informationsdienstleister, der Informationen zum Zahlungsverhalten von Privatpersonen zur Verfügung stellt. Die Aktionäre sind überwiegend Banken und Sparkassen, die damit ihre eigenen Kreditgeschäfte absichern. Aber auch Unternehmen können sich mit der Bitte um Auskunft an die SCHUFA wenden. Die SCHUFA sammelt von ihren Vertragspartnern, wie z.B. Leasingunternehmen, Kreditinstituten, Anbietern von Telekommunikationsleistungen, Energieversorgern oder auch Versandhäusern, Daten über deren Kunden. Größtenteils werden dabei allgemeine Daten, z.B. Anzahl und Höhe laufender Kredite, ausgegebene Kreditkarten, oder positive Daten gesammelt, z.B. über die regelmäßige Tilgung von Krediten, das Einhalten von Ratenzahlungen o.Ä. Darüber hinaus enthalten die SCHUFA-Daten aber auch Informationen über negatives Zahlungsverhalten von Personen, so z.B. Zahlungsausfälle, Mahn- oder Vollstreckungsbescheide.

4 2012 verfügte die Schufa nach eigenen Angaben über 655 Millionen Informationen zu 66,2 Millionen Menschen; wie der Score berechnet wird, ist das Geschäftsgeheimnis der SCHUFA.

Unternehmen, die auf SCHUFA-Daten zurückgreifen möchten, müssen Vertragspartner der SCHUFA werden, d.h., sie müssen ihrerseits Kundendaten an die SCHUFA weitergeben[4].

Bei Online-Geschäften kommt es vor, dass Kunden in betrügerischer Absicht falsche Kreditkartennummern oder Kontonummern angeben. Hier können Beratungsunternehmen helfen, indem sie prüfen, ob die eingegebene Nummer von einer Bank oder einer Kreditkartengesellschaft vergeben sein könnte. Es erfolgt

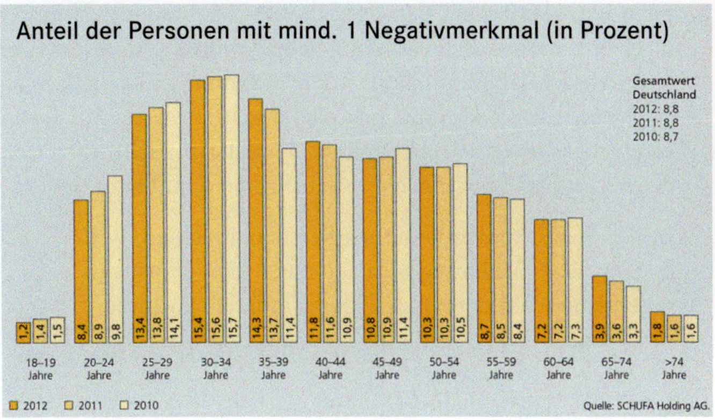

also lediglich eine Plausibilitätsprüfung. Der Einsatz externer Beratungsunternehmen ist für den Verkäufer mit Kosten verbunden. Dennoch kann er sich auszahlen, wenn das verkaufende Unternehmen z. B. den Einsatz eigener bonitätsprüfender Software scheut und die SCHUFA-Daten als nicht ausreichend ansieht.

Auch wenn es verständlich ist, dass Unternehmen die Bonität ihrer Kunden vor einem Vertragsabschluss prüfen, um so Zahlungsausfällen vorzubeugen, gibt es Grenzen für das Sammeln und Weitergeben von Daten. Das Recht des Verbrauchers, seine Daten und deren Weitergabe zu schützen, steht dem Interesse von Unternehmen an möglichst genauen und umfangreichen Daten entgegen. Die Rechte der Verbraucher regelt das Bundesdatenschutzgesetz (BDSG). Danach ist gemäß § 28 b das Kunden-Scoring generell erlaubt, wenn „die zur Berechnung des Wahrscheinlichkeitswerts genutzten Daten unter Zugrundelegung eines wissenschaftlich anerkannten mathematisch-statistischen Verfahrens nachweisbar für die Berechnung der Wahrscheinlichkeit des bestimmten Verhaltens erheblich sind."

Betroffene können von der Daten sammelnden Stelle Auskunft darüber verlangen, welche Daten über sie gespeichert sind, woher diese Daten stammen und an wen sie weitergegeben wurden. Auch über das Zustandekommen eines Scoring-Ergebnisses kann jede Person detaillierte Auskunft verlangen (vgl. § 34 BDSG).

Merke! Mit dem Begriff „Bonität" ist die Zahlungsfähigkeit eines Kunden gemeint. Unternehmen bemühen sich, Geschäftsbeziehungen nur zu Kunden mit guter Zahlungsfähigkeit zu führen. Jeder Kunde, der nicht oder nicht rechtzeitig zahlt, bringt die Finanzplanung eines Unternehmens in Unordnung.

2.3 Zahlungsverzug (Nicht-rechtzeitig-Zahlung)

→ LS 82 Mahnverfahren einleiten

Ein gültiger Kaufvertrag verpflichtet den Käufer einer Ware, diese abzunehmen und zum vereinbarten Termin zu bezahlen (Verpflichtungsgeschäft). Kommt er diesen Verpflichtungen nicht nach, sprechen wir davon, dass er in Verzug gerät.[1]

Verkäufer und Käufer können einen bestimmten Termin für die Fälligkeit der Zahlung vereinbaren. Gibt es dazu keine Vereinbarung, dann bestimmt das Gesetz, dass der Verkäufer die Zahlung vom Käufer **sofort** verlangen kann. Kommt der Käufer dieser Verpflichtung nicht nach, gerät er aber noch nicht automatisch in Verzug, sondern nur, wenn bestimmte Voraussetzungen erfüllt sind.

2.3.1 Voraussetzungen für einen Zahlungsverzug

Die Voraussetzung, unter der ein Schuldner in Verzug gerät, wird durch § 286 Abs. 1 BGB[2] bestimmt:

§ 286 Abs. 1 BGB
Leistet der Schuldner auf eine Mahnung des Gläubigers nicht, die nach dem Eintritt der Fälligkeit erfolgt, so kommt er durch die Mahnung in Verzug. (...)

1 Hier wird nur der Zahlungsverzug behandelt. Nimmt der Kunde die bestellte Ware nicht ab, ist er im Annahmeverzug.

2 **BGB** = Bürgerliches Gesetzbuch

Hier wird also betont, dass der Schuldner erst dann in Verzug gerät, wenn der Gläubiger ihn, nachdem die Zahlung fällig geworden ist, durch eine **Mahnung** nochmals erinnert, die Zahlung zu leisten. Die Mahnung muss nicht in einer bestimmten Form erfolgen, d. h. sie könnte auch telefonisch erfolgen. Aus Gründen der Beweissicherung empfiehlt es sich aber immer, die Mahnung schriftlich zuzustellen. Hierbei muss dem Schuldner eine (neue) Frist gesetzt werden, bis zu der er zahlen muss.

In der Praxis werden Unternehmen darauf achten, wie der Text einer Mahnung genau gestaltet wird. Einerseits sollen Kunden nicht durch eine „zu scharfe“ Formulierung verschreckt werden, andererseits muss die Mahnung aber so deutlich abgefasst werden, dass der Schuldner nach Erhalt des Schreibens seine Schuld begleicht. Je nachdem, ob es sich um einen Kunden handelt, der bisher immer regelmäßig gezahlt hat, oder ob es sich um einen Kunden handelt, der bereits häufiger nur verzögert oder nur nach einer Mahnung gezahlt hat, wird der Text auch unterschiedlich ausfallen.

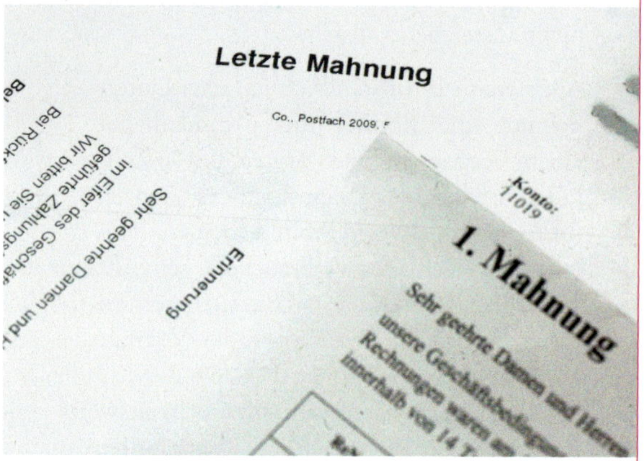

Beispiele für Formulierungen in Mahnschreiben:

1. Schreiben: Zahlungserinnerung	
eher zurückhaltend	**eher fordernd**
Sicherlich ist es Ihrer Aufmerksamkeit entgangen, unsere Rechnung vom ... zu begleichen. Wir fügen eine Kopie unserer Rechnung bei. Wir bitten Sie höflich, diese in den nächsten Tagen zu begleichen.	Die Ihnen zugestellte Rechnung vom 18. 01. 20X1 ist immer noch offen. Bitte zahlen Sie nunmehr bis zum 15. 02. 20X1 Betrachten Sie dieses Schreiben bitte als gegenstandslos, falls es sich mit Ihrer Zahlung überschnitten hat. Zahlungen bis zum 14. 02. 20X1 sind berücksichtigt.
Wir alle kennen es: Der Alltag ist manchmal hektisch und da kann schon einmal etwas übersehen werden. Ist es Ihnen so mit unserer Rechnung vom 18. 01. 20X1 ergangen.	Überweisen Sie bitte den offenen Betrag in Höhe von 518,00 € einschließlich Mahngebühr bis zum 14. 02. 20X1. Wir werden dann von einem weiteren Vorgehen absehen.

2. Schreiben: ausdrückliche Mahnung oder Androhung weiterer Schritte	
eher zurückhaltend, vorsichtig	**eher fordernd, nachdrücklich**
Wir erlauben uns, Sie noch einmal an unsere offene Rechnung vom 18. 01. 20X1 erinnern zu dürfen. Bitte haben Sie Verständnis dafür, dass wir auf einen pünktlichen Zahlungseingang angewiesen sind. Wir bitten Sie höflich, die Rechnung nunmehr bis zum 02. 03. 20X1 zu begleichen, um sich so weitere Unannehmlichkeiten zu ersparen.	Wir fordern Sie letztmalig auf, den noch offenen Betrag in Höhe von .... bis zum 02. 03. 20X1 zu bezahlen. Sollten wir bis zu diesem Termin keinen Zahlungseingang feststellen, werden wir ein gerichtliches Mahnverfahren in die Wege leiten. Wir machen Sie darauf aufmerksam, dass Ihnen hierdurch weitere Kosten entstehen.
Sollten Sie derzeit Schwierigkeiten haben, die Rechnung zu begleichen, so bitten wir Sie darum, uns anzurufen, damit wir gemeinsam eine für beide Seiten tragbare Lösung finden können.	

2.3.2 Notwendigkeit der Mahnung

Nicht immer bedarf es der Mahnung, um den Schuldner in Verzug zu setzen. Der § 286 BGB regelt in Absatz 2 Fälle, in denen der Schuldner auch ohne Mahnung in Verzug gerät.

§ 286 Abs. 2 BGB

Eine Mahnung ist nicht nötig, wenn	Beispiele
1. für die Leistung eine Zeit nach dem Kalender bestimmt ist,	Die Rechnung ist spätestens bis zum 28. 04. 20XX zahlbar. Die Rechnung ist spätestens 14 Tage nach Eingang zahlbar.
2. der Leistung ein Ereignis vorauszugehen hat und eine angemessene Zeit für die Leistung in der Weise bestimmt ist, dass sie sich von dem Ereignis an nach dem Kalender berechnen lässt,	Die Lieferung ist noch nicht erfolgt, die Rechnung wurde aber schon zugesandt. Zahlen Sie spätestens 14 Tage nach Eingang der Lieferung.
3. der Schuldner die Leistung ernsthaft und endgültig verweigert,	Eine solche Verweigerung der Zahlung würde eine Mahnung zwecklos machen.
4. aus besonderen Gründen unter Abwägung der beiderseitigen Interessen der sofortige Eintritt des Verzugs gerechtfertigt ist.	

In § 286 Absatz 3 BGB ist schließlich geregelt, dass ein Schuldner „30 Tage nach Fälligkeit und Zugang einer Rechnung oder gleichwertigen Zahlungsaufstellung" automatisch in Verzug gerät, wenn er in dieser Frist nicht gezahlt hat.

Wenn der Schuldner Verbraucher ist, dann gilt diese Vorschrift nur dann, wenn der Gläubiger in der Rechnung auf diese Regelung hingewiesen hat.[1] Dies könnte z. B. durch die folgende Formulierung geschehen:

1 Regelung:
Der Schuldner ist Verbraucher, definiert in § 13 BGB.

„Der Rechnungsbetrag ist sofort fällig. Bitte überweisen Sie diesen bis spätestens zum 14. 02. 20XX."

Fehlt ein solcher Hinweis auf der Rechnung, dann muss der Schuldner zunächst mit Nennung eines Termins für die Zahlung (= Setzen einer Nachfrist) gemahnt werden, bevor der Verzug eintritt.

Ist der Käufer kein Verbraucher (d. h., es liegt ein zweiseitiger Handelskauf vor), dann ist ein solcher Vermerk nicht erforderlich und der Käufer kommt „spätestens 30 Tage nach Fälligkeit und Empfang der Gegenleistung in Verzug."[2]

2 § 286 Abs. 3 Satz 2 BGB
Regelung:
Der Schuldner ist Unternehmer, definiert in § 14 BGB.

Für die Unterscheidung zwischen Verbraucher (einseitiger Handelskauf) und Unternehmer (zweiseitiger Handelskauf) kommt es auf den Verwendungszweck an. Erwirbt ein Unternehmer ein Gut oder eine Dienstleistung für seinen privaten Bedarf, so handelt es sich um einen einseitigen Handelskauf. Automatisch in Verzug kommt er nur, wenn er für sein Unternehmen einkauft.

2.3.3 Folgen des Zahlungsverzugs für den Käufer

Begleicht ein Käufer seine Rechnung zu spät, so ergeben sich daraus bestimmte Rechte für den Verkäufer:

Rechte des Verkäufers bei Zahlungsverzug des Käufers	
Verzugszinsen	wenn es sich beim Käufer um einen Verbraucher handelt (einseitiger Handelskauf): 5 % über dem Basiszinssatz (§ 288 Abs. 1 BGB)
	wenn es sich beim Käufer um einen Unternehmer handelt (zweiseitiger Handelskauf): 8 % über dem Basiszinssatz (§ 288 Abs. 2 BGB)
Ersatz von Aufwendungen, die sich durch die Mahnung ergeben.	Anwaltskosten Inkassokosten

Ist ein Schuldner in Verzug geraten, hat der Gläubiger die Möglichkeit, seine Forderung auf gerichtlichem Wege einzutreiben. Die damit verbundenen Kosten muss der Schuldner letztendlich tragen. Bevor das Gericht oder der Gerichtsvollzieher tätig wird, muss der Gläubiger die Kosten dafür „vorstrecken". Deshalb stellt der Gläubiger dem Schuldner zunächst weitere Mahnungen, um ihm so die Gelegenheit zu geben, doch noch zu zahlen.

Die **erste Mahnung** wird oft als Zahlungserinnerung bezeichnet. Hiermit wird der Kunde höflich aufgefordert, die Zahlung zu leisten.

„Sicherlich haben Sie es übersehen, unsere Rechnung vom 18. 02. 20XX zu begleichen ... Wir bitten Sie höflich, den Ausgleich der Zahlung bis zum 01. 03. 20XX vorzunehmen."

Eine **zweite Mahnung** sollte im Ton dann schärfer formuliert werden.

Eine **dritte Mahnung** könnte dann weitere Konsequenzen für den Fall der Nichtzahlung androhen. Hierzu gehört die Ankündigung, die Forderung an ein Inkassoinstitut zu übergeben oder einen Rechtsanwalt einzuschalten.

„Leider haben wir auch nach unserem Schreiben vom XX.XX.XXXX keinen Zahlungseingang verzeichnen können, sodass Ihre Rechnung vom XX.XX.XXXX noch immer offen ist. Wir fordern Sie auf, die Rechnung bis zum XX.XX.XXXX zu begleichen. Sollten Sie dieser Aufforderung nicht nachkommen, sehen wir uns leider gezwungen, die Angelegenheit einem Inkassoinstitut zu übergeben. Wir machen Sie darauf aufmerksam, dass dadurch für Sie erhebliche Mehrkosten entstehen werden."

Auch mit einem gerichtlichen Mahnverfahren kann gedroht werden.

Welchen Weg ein Unternehmen geht, wird immer von der Bedeutung des Kunden und der Geschäftsbeziehung zu ihm abhängig sein.

Reagiert der Schuldner nach Zustellung einer (oder auch mehrerer) Mahnung(en) nicht und bleibt die Zahlung aus, so hat der Gläubiger die Möglichkeit, gerichtlich gegen den Schuldner vorzugehen.

Merke! Zahlt ein Kunde nicht rechtzeitig, dann gerät er in Zahlungsverzug. Ein solcher Zahlungsverzug tritt aber erst dann ein, wenn der Kunde nochmals daran erinnert wurde, dass die Rechnung fällig ist, und er zur Zahlung aufgefordert wurde (= Mahnung).

Wird in der Rechnung eine Frist genannt, innerhalb der der Rechnungsbetrag zu zahlen ist, oder handelt es sich um einen Verkauf zwischen zwei Unternehmern (zweiseitiger Handelskauf), dann kommt der Kunde auch ohne Mahnung in Verzug.

Nur wenn der Schuldner sich im Verzug befindet, kann der Gläubiger rechtliche Schritte gegen ihn einleiten.

2.4 Gerichtliches Mahnverfahren und Klage

Hat das außergerichtliche Mahnverfahren keinen Erfolg, so kann der Gläubiger ein gerichtliches Mahnverfahren in die Wege leiten. Grundlage hierfür ist der § 688 der Zivilprozessordnung (ZPO). Außerdem besteht die Möglichkeit, den Schuldner auf Zahlung zu verklagen. Das gerichtliche Mahnverfahren verursacht geringere Kosten und geht schneller. Deshalb wird es der Klage in der Regel vorgezogen.

Die Einleitung eines gerichtlichen Mahnverfahrens kann dazu führen, dass der Schuldner erkennt, dass der Gläubiger entschlossen ist, seine Zahlung auch mithilfe von Gerichten durchzusetzen. Er möchte weitere Schwierigkeiten, insbesondere einen Vollstreckungsbescheid (s. weiter unten), vermeiden und zahlt.

Gerichtliche Mahnverfahren sind über zentral zuständige Mahngerichte abzuwickeln und sind sehr formalisiert. Ein „Antrag auf Erlass eines Mahnbescheids" ist grundsätzlich auf einem bestimmten Antragsformular oder elektronisch zu stellen (https://www.online-mahnantrag.de).

Die Gerichte prüfen nicht, ob die Forderung des Gläubigers zu Recht besteht. Sie überprüfen einen Antrag nur auf formale Richtigkeit. Ist ein Antrag formal nicht zu beanstanden, wird er dem Schuldner durch das Gericht zugestellt. Sollte eine Zustellung nicht möglich sein, weil der Schuldner unter der angegebenen Anschrift nicht erreichbar ist, wird der Gläubiger benachrichtigt.

Nach Zustellung des Mahnbescheides hat der Schuldner drei verschiedene Möglichkeiten zu reagieren:

- Der Schuldner zahlt den fälligen Betrag einschließlich der entstandenen Kosten.[1] Hierfür setzt die ZPO in § 692 eine Frist von zwei Wochen. In diesem Fall ist das Verfahren beendet.
- Der Schuldner legt innerhalb von zwei Wochen nach Zustellung schriftlich Widerspruch ein.[2] Hierfür sind bestimmte Formvorschriften einzuhalten. Dann wird der Gläubiger vom Amtsgericht über den Widerspruch informiert und kann entscheiden, ob er die Zahlung durch ein Gerichtsverfahren durchsetzen lassen will.
- Der Schuldner schweigt, d. h., er unternimmt während der zweiwöchigen Widerspruchsfrist nichts.[3] In diesem Fall kann der Gläubiger einen Vollstreckungsbescheid beantragen. Ein solcher Schritt muss innerhalb von 6 Monaten nach Zustellung des gerichtlichen Mahnbescheids erfolgen (§§ 699, 701 ZPO). Ein Vollstreckungsbescheid führt in der Regel dazu, dass die bestehende Forderung durch einen Gerichtsvollzieher eingetrieben wird.

1 Zahlung

2 Widerspruch

3 Stillschweigen

Die hier genannten kurzen Fristen sind ein wesentlicher Vorteil des gerichtlichen Mahnverfahrens. Sie führen dazu, dass der Gläubiger innerhalb kurzer Zeit entweder zu seinem Geld kommt oder zu einem sogenannten „Titel" (Vollstreckungsbescheid), mit dem eine Zwangsvollstreckung durchgeführt werden kann.

Die Durchführung dieses Verfahren ist außerdem für den Gläubiger günstig. Die Gerichtskosten für einen Streitwert (Höhe der Forderung) bis 1.000,00 € betragen z. B. 32,00 €. Im Klagefall, der einen Zivilprozess zur Folge hat, sind die dreifachen Gerichtskosten zu zahlen, für das gerichtliche Mahnverfahren dagegen nur die Hälfte der Gerichtskosten.

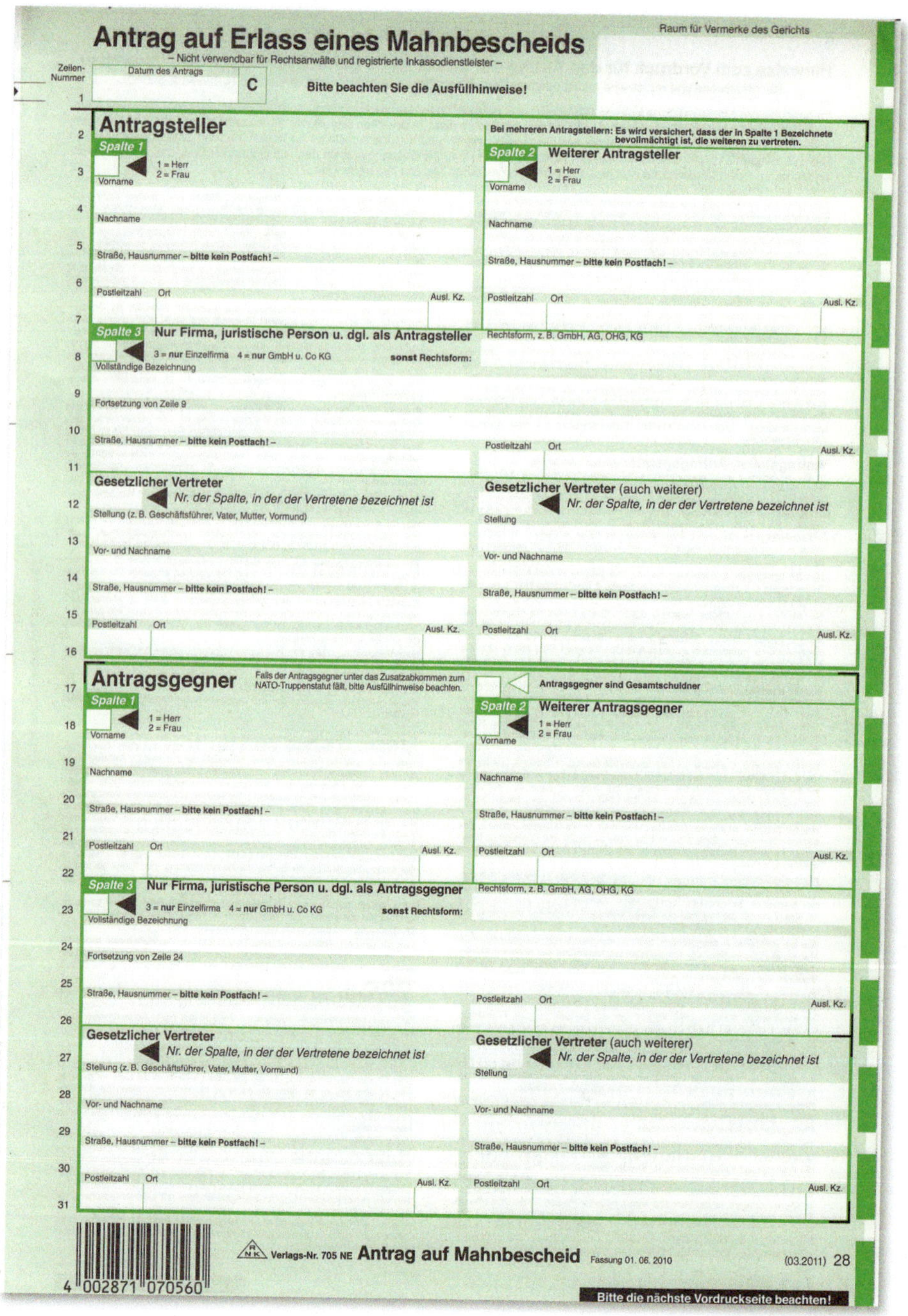

Antrag auf Erlass eines Mahnbescheids
– Nicht verwendbar für Rechtsanwälte und registrierte Inkassodienstleister –

Raum für Vermerke des Gerichts

Zeilen-Nummer | Datum des Antrags | C | **Bitte beachten Sie die Ausfüllhinweise!**

Antragsteller

Spalte 1: 1 = Herr, 2 = Frau
Vorname
Nachname
Straße, Hausnummer – **bitte kein Postfach!** –
Postleitzahl | Ort | Ausl. Kz.

Bei mehreren Antragstellern: Es wird versichert, dass der in Spalte 1 Bezeichnete bevollmächtigt ist, die weiteren zu vertreten.

Spalte 2 **Weiterer Antragsteller**: 1 = Herr, 2 = Frau
Vorname
Nachname
Straße, Hausnummer – **bitte kein Postfach!** –
Postleitzahl | Ort | Ausl. Kz.

Spalte 3 **Nur Firma, juristische Person u. dgl. als Antragsteller**
3 = **nur** Einzelfirma 4 = **nur** GmbH u. Co KG **sonst Rechtsform:**
Rechtsform, z. B. GmbH, AG, OHG, KG
Vollständige Bezeichnung
Fortsetzung von Zeile 9
Straße, Hausnummer – **bitte kein Postfach!** – | Postleitzahl | Ort | Ausl. Kz.

Gesetzlicher Vertreter
Nr. der Spalte, in der der Vertretene bezeichnet ist
Stellung (z. B. Geschäftsführer, Vater, Mutter, Vormund)
Vor- und Nachname
Straße, Hausnummer – **bitte kein Postfach!** –
Postleitzahl | Ort | Ausl. Kz.

Gesetzlicher Vertreter (auch weiterer)
Nr. der Spalte, in der der Vertretene bezeichnet ist
Stellung
Vor- und Nachname
Straße, Hausnummer – **bitte kein Postfach!** –
Postleitzahl | Ort | Ausl. Kz.

Antragsgegner
Falls der Antragsgegner unter das Zusatzabkommen zum NATO-Truppenstatut fällt, bitte Ausfüllhinweise beachten.
Antragsgegner sind Gesamtschuldner

Spalte 1: 1 = Herr, 2 = Frau
Vorname
Nachname
Straße, Hausnummer – **bitte kein Postfach!** –
Postleitzahl | Ort | Ausl. Kz.

Spalte 2 **Weiterer Antragsgegner**: 1 = Herr, 2 = Frau
Vorname
Nachname
Straße, Hausnummer – **bitte kein Postfach!** –
Postleitzahl | Ort | Ausl. Kz.

Spalte 3 **Nur Firma, juristische Person u. dgl. als Antragsgegner**
3 = **nur** Einzelfirma 4 = **nur** GmbH u. Co KG **sonst Rechtsform:**
Rechtsform, z. B. GmbH, AG, OHG, KG
Vollständige Bezeichnung
Fortsetzung von Zeile 24
Straße, Hausnummer – **bitte kein Postfach!** – | Postleitzahl | Ort | Ausl. Kz.

Gesetzlicher Vertreter
Nr. der Spalte, in der der Vertretene bezeichnet ist
Stellung (z. B. Geschäftsführer, Vater, Mutter, Vormund)
Vor- und Nachname
Straße, Hausnummer – **bitte kein Postfach!** –
Postleitzahl | Ort | Ausl. Kz.

Gesetzlicher Vertreter (auch weiterer)
Nr. der Spalte, in der der Vertretene bezeichnet ist
Stellung
Vor- und Nachname
Straße, Hausnummer – **bitte kein Postfach!** –
Postleitzahl | Ort | Ausl. Kz.

4 002871 070560
RNK Verlags-Nr. 705 NE **Antrag auf Mahnbescheid** Fassung 01. 06. 2010 (03.2011) 28

Bitte die nächste Vordruckseite beachten!

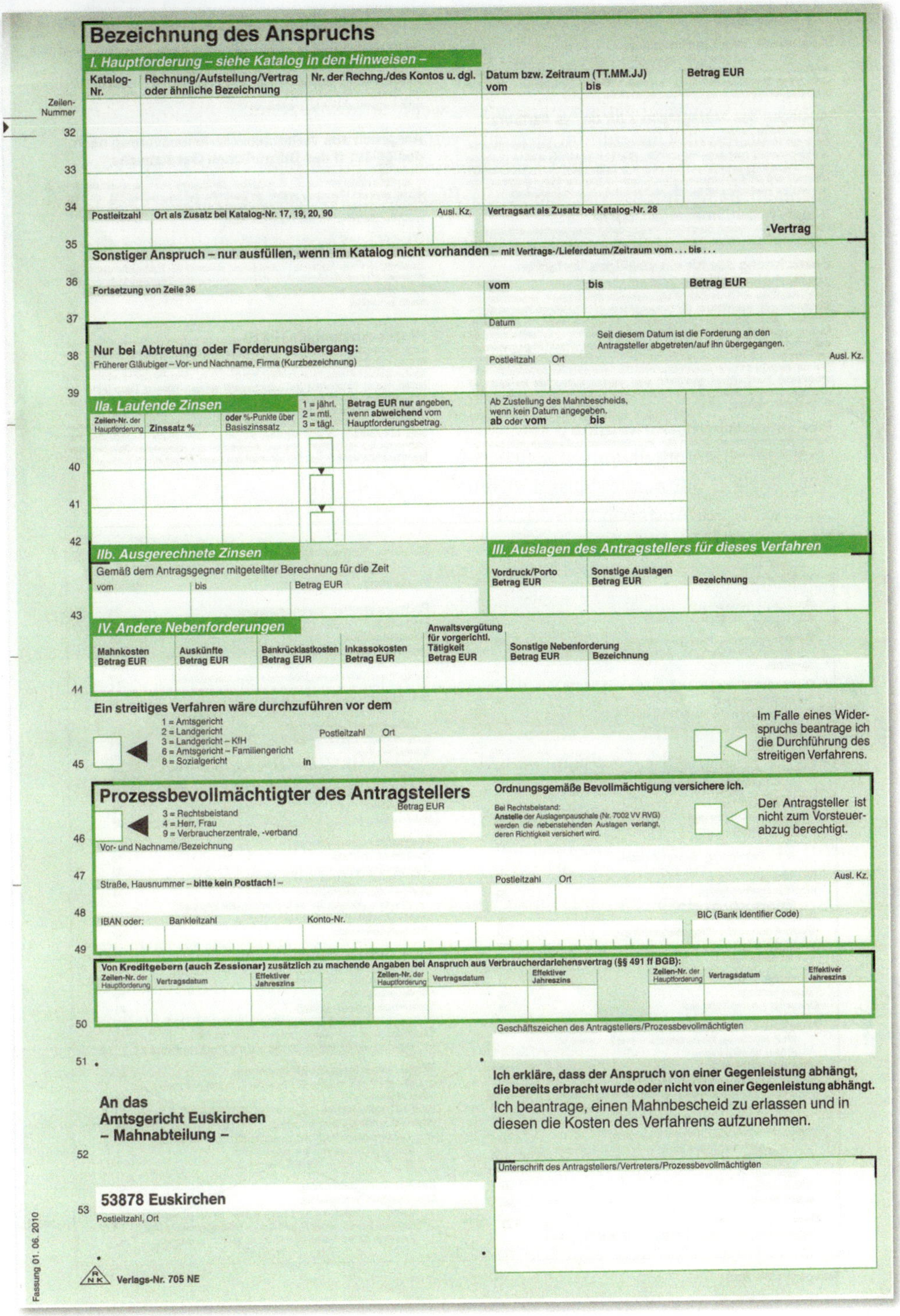

Bezeichnung des Anspruchs

I. Hauptforderung – siehe Katalog in den Hinweisen –

Katalog-Nr.	Rechnung/Aufstellung/Vertrag oder ähnliche Bezeichnung	Nr. der Rechng./des Kontos u. dgl.	Datum bzw. Zeitraum (TT.MM.JJ) vom	bis	Betrag EUR

Postleitzahl | Ort als Zusatz bei Katalog-Nr. 17, 19, 20, 90 | Ausl. Kz. | Vertragsart als Zusatz bei Katalog-Nr. 28 | -Vertrag

Sonstiger Anspruch – nur ausfüllen, wenn im Katalog nicht vorhanden – mit Vertrags-/Lieferdatum/Zeitraum vom ... bis ...

Fortsetzung von Zeile 36 | vom | bis | Betrag EUR

Nur bei Abtretung oder Forderungsübergang:
Früherer Gläubiger – Vor- und Nachname, Firma (Kurzbezeichnung)
Datum | Seit diesem Datum ist die Forderung an den Antragsteller abgetreten/auf ihn übergegangen.
Postleitzahl | Ort | Ausl. Kz.

IIa. Laufende Zinsen

Zeilen-Nr. der Hauptforderung	Zinssatz %	oder %-Punkte über Basiszinssatz	1 = jährl. 2 = mtl. 3 = tägl.	Betrag EUR nur angeben, wenn abweichend vom Hauptforderungsbetrag.	Ab Zustellung des Mahnbescheids, wenn kein Datum angegeben. ab oder vom	bis

IIb. Ausgerechnete Zinsen
Gemäß dem Antragsgegner mitgeteilter Berechnung für die Zeit
vom | bis | Betrag EUR

III. Auslagen des Antragstellers für dieses Verfahren
Vordruck/Porto Betrag EUR | Sonstige Auslagen Betrag EUR | Bezeichnung

IV. Andere Nebenforderungen

Mahnkosten Betrag EUR	Auskünfte Betrag EUR	Bankrücklastkosten Betrag EUR	Inkassokosten Betrag EUR	Anwaltsvergütung für vorgerichtl. Tätigkeit Betrag EUR	Sonstige Nebenforderung Betrag EUR	Bezeichnung

Ein streitiges Verfahren wäre durchzuführen vor dem
1 = Amtsgericht
2 = Landgericht
3 = Landgericht – KfH
6 = Amtsgericht – Familiengericht
8 = Sozialgericht
in Postleitzahl | Ort

Im Falle eines Widerspruchs beantrage ich die Durchführung des streitigen Verfahrens.

Prozessbevollmächtigter des Antragstellers

3 = Rechtsbeistand
4 = Herr, Frau
9 = Verbraucherzentrale, -verband
Betrag EUR

Ordnungsgemäße Bevollmächtigung versichere ich.
Bei Rechtsbeistand: **Anstelle** der Auslagenpauschale (Nr. 7002 VV RVG) werden die nebenstehenden Auslagen verlangt, deren Richtigkeit versichert wird.

Der Antragsteller ist nicht zum Vorsteuerabzug berechtigt.

Vor- und Nachname/Bezeichnung
Straße, Hausnummer – **bitte kein Postfach!** – | Postleitzahl | Ort | Ausl. Kz.
IBAN oder: | Bankleitzahl | Konto-Nr. | BIC (Bank Identifier Code)

Von Kreditgebern (auch Zessionar) zusätzlich zu machende Angaben bei Anspruch aus Verbraucherdarlehensvertrag (§§ 491 ff BGB):

Zeilen-Nr. der Hauptforderung	Vertragsdatum	Effektiver Jahreszins	Zeilen-Nr. der Hauptforderung	Vertragsdatum	Effektiver Jahreszins	Zeilen-Nr. der Hauptforderung	Vertragsdatum	Effektiver Jahreszins

Geschäftszeichen des Antragstellers/Prozessbevollmächtigten

Ich erkläre, dass der Anspruch von einer Gegenleistung abhängt, die bereits erbracht wurde oder nicht von einer Gegenleistung abhängt.
Ich beantrage, einen Mahnbescheid zu erlassen und in diesen die Kosten des Verfahrens aufzunehmen.

**An das
Amtsgericht Euskirchen
– Mahnabteilung –**

53878 Euskirchen
Postleitzahl, Ort

Unterschrift des Antragstellers/Vertreters/Prozessbevollmächtigten

Fassung 01. 06. 2010
Verlags-Nr. 705 NE

Merke! Bleiben alle Mahnungen eines Gläubigers erfolglos und ein Schuldner kommt seinen Zahlungsverpflichtungen nicht nach, kann der Gläubiger ein gerichtliches Mahnverfahren einleiten. Wenn der Schuldner dann immer noch nicht zahlt, kann er in das Vermögen des Schuldners vollstrecken.

2.5 Verjährung

2.5.1 Begriff und Fristen

Wir haben gesehen, dass der Gläubiger tätig werden muss, wenn er ausbleibende Zahlungen doch noch erhalten will. Unternimmt er nichts, verjähren seine Ansprüche. Nach Ablauf einer bestimmten Frist kann der Gläubiger seinen Anspruch gegenüber einem Schuldner nicht mehr durchsetzen. Der § 194 BGB formuliert dies in Absatz 1 ganz allgemein:

§ 194 Abs. 1 BGB

(1) Das Recht, von einem anderen ein Tun oder Unterlassen zu verlangen (Anspruch), unterliegt der Verjährung.

Die „regelmäßige Verjährungsfrist" für Zahlungsansprüche legt § 195 BGB mit 3 Jahren fest. Hierunter fällt ein Großteil von Ansprüchen aus dem Privat- und Geschäftsleben. Diese Frist beginnt mit dem Schluss des Jahres, in dem der Anspruch entstanden ist. So verjährt z. B. ein Anspruch vom 15. 01. 2015 am 31. 12. 2018.

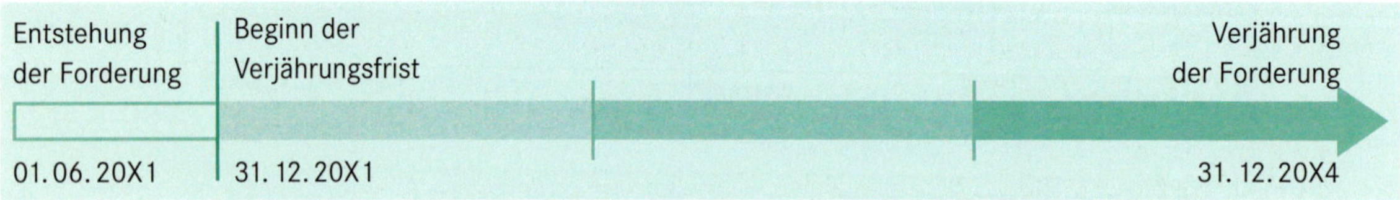

Sollte es nach Ablauf der Verjährungsfrist zu einem Gerichtsprozess kommen, in dem der Gläubiger auf Zahlung klagt, muss der Schuldner sich auf die Tatsache berufen, dass die Forderung verjährt ist (sog. Einrede der Verjährung). Das Gericht wird ihn hieran nicht erinnern. Versäumt der Schuldner die Einrede der Verjährung, kann er rechtskräftig zur Begleichung der Schuld verurteilt werden. Für bestimmte Fälle gelten besondere Verjährungsfristen, die aus der folgenden Übersicht hervorgehen.

Verjährungsfrist	Art des Anspruchs	Beginn der Verjährung
3 Jahre § 195 BGB	„regelmäßige Verjährungsfrist" Hierunter fällt ein Großteil von Ansprüchen, u. a. Ansprüche aus Forderungen (offene Rechnungen)	... am Ende des Jahres, in dem der Schuldner von der Schuld Kenntnis erhielt
10 Jahre § 196 BGB	„Ansprüche auf Übertragung des Eigentums an einem Grundstück"	... mit der Entstehung des Anspruchs
30 Jahre § 197 BGB	u. a. 1. Schadensersatzansprüche, die auf der vorsätzlichen Verletzung des Lebens, des Körpers, der Gesundheit, der Freiheit oder der sexuellen Selbstbestimmung beruhen, (...) 2. rechtskräftig festgestellte Ansprüche, 3. Ansprüche aus vollstreckbaren Vergleichen oder vollstreckbaren Urkunden, 4. Ansprüche, die durch die im Insolvenzverfahren erfolgte Feststellung vollstreckbar geworden sind (...)	1. ... ab dem Zeitpunkt, an dem die Handlung begangen wurde, 2. ... wenn die Entscheidung durch Gerichtsurteil rechtskräftig wird, 3. ... wenn ein gerichtlicher Titel erwirkt wurde, 4. ... wenn dies in einem Insolvenzverfahren festgestellt worden ist.

2.5.2 Unterbrechung und Neubeginn der Verjährungsfrist

In § 212 BGB ist geregelt, dass eine schon begonnene Verjährungsfrist neu zu laufen beginnt, wenn

- der Schuldner die geschuldete Leistung anerkennt, indem er z. B. eine Abschlagszahlung oder eine Zinszahlung leistet oder den Gläubiger bittet, die Frist für die Begleichung der Schuld zu verlängern, oder
- ein Antrag auf Zwangsvollstreckung gestellt bzw. diese durchgeführt wird.

Ist also die Verjährungsfrist noch nicht abgelaufen, so beginnt sie komplett von vorne: Der bis zum Zeitpunkt des Eintritts dieses Ereignisses verstrichene Zeitraum bleibt außer Betracht. Die neue Verjährung beginnt mit dem auf das Anerkenntnis oder die Vollstreckungshandlung folgenden Tag.

2.5.3 Hemmung der Verjährungsfrist

Neben dem Begriff der Verjährung kennt die Gesetzgebung auch noch den Begriff der Hemmung.[1] Die Hemmung hat zur Folge, dass der Ablauf der Verjährung für eine bestimmte Zeit unterbrochen wird (§ 209 BGB). Hierfür reicht es, wenn der Gläubiger einen gerichtlichen Mahnbescheid beantragt (vgl. § 167 ZPO).

1 Ein gerichtlicher Mahnbescheid hemmt die Verjährung.

Das Bürgerliche Gesetzbuch nennt hier u. a. folgende Gründe:

- schwebende Verhandlungen zwischen Schuldner und Gläubiger über das Bestehen eines Anspruchs,
- die Rechtsverfolgung (Klage, Mahnverfahren, Aufrechnung im Prozess),
- die Vereinbarung eines Stillhalteabkommens zwischen Gläubiger und Schuldner (Stundung),
- die Hinderung der Rechtsverfolgung durch höhere Gewalt.

Eine Hemmung tritt demnach z. B. dann ein, wenn der Gläubiger und der Schuldner über die Rechtmäßigkeit oder Höhe des Anspruchs verhandeln. In dem Moment, in dem eine der beiden Parteien die Verhandlungen für gescheitert erklärt, endet die Hemmung und die Verjährungsfrist läuft weiter. In der Praxis besteht hier für den Gläubiger das Problem, den Zeitraum, in dem Verhandlungen geführt bzw. zu dem sie beendet werden, genau zu belegen.

Wird die Verjährung durch Rechtsverfolgung gehemmt, z. B. dadurch, dass der Gläubiger Klage erhebt, so endet die Hemmung „sechs Monate nach der rechtskräftigen Entscheidung oder anderweitigen Beendigung des eingeleiteten Verfahrens" (§ 204 BGB).

Bei der Verjährungshemmung wird der Zeitraum, für den ein gesetzlicher Hemmungsgrund vorliegt, nicht in die Verjährungsfrist eingerechnet. Mit anderen Worten: Die Verjährungsfrist verlängert sich um diesen Zeitraum.

Merke! Forderungen können verjähren, d. h., der Anspruch eines Gläubigers darauf, dass der Schuldner seine Schuld begleicht, besteht nach Ablauf einer bestimmten Frist nicht mehr. Der Schuldner ist dann von der Verpflichtung befreit, die Schuld zu begleichen. Ein solcher Fall tritt ein, wenn ein Gläubiger auf die Tatsache, dass ein Schuldner seine Schulden nicht begleicht, nicht (oder nicht rechtzeitig) reagiert.

In den meisten Fällen verjährt die Forderung eines Gläubigers drei Jahre nach dem Ende des Jahres, in dem die Forderung entstanden ist. Hier wird von „regelmäßiger Verjährungsfrist" gesprochen.

Alles klar?

1 Grenzen Sie die Begriffe Liquidität und Bonität voneinander ab.

2 Erläutern Sie den Zusammenhang zwischen Liquidität und Vermeidung einer Insolvenz.

3 Erklären Sie die Bedeutung interner Unterlagen für die Bonitätsprüfung von Kunden.

4 Informieren Sie sich in Ihrem Ausbildungsbetrieb darüber, in welcher Form Kunden gemahnt werden, wenn sie nicht rechtzeitig zahlen.

5 Internet-Recherche: Informieren Sie sich über die SCHUFA und darüber, welche Dienstleistungen sie ihren Kunden im Einzelnen anbietet.

6 Die BE Partners KG hat einem Kunden 500 gravierte Untersetzer geliefert. Die Lieferung erfolgte am 14.04.20X1. Die Rechnung enthält den Vermerk: „Zahlbar innerhalb von 14 Tagen nach Eingang ohne jeglichen Abzug." Der Kunde hat bis zum 15.04.20X1 noch nicht gezahlt. Beurteilen Sie begründet, ob der Kunde in Verzug ist.

7 Formulieren Sie eine Mahnung an einen guten Stammkunden, der bisher immer regelmäßig bezahlt hat, bei dem diesmal aber auch 4 Wochen nach Lieferung die Zahlung noch nicht eingegangen ist.

8 Unterscheiden Sie zwischen außergerichtlichem und gerichtlichem Mahnverfahren.

9 Beschreiben Sie, wie sich ein gerichtliches Mahnverfahren in die Wege leiten lässt.

10 Erläutern Sie die Möglichkeiten, die ein Schuldner hat, um auf einen gerichtlichen Mahnbescheid zu reagieren.

11 Beschreiben Sie die Verjährungsfristen.

12 Erläutern Sie den Begriff „Hemmung der Verjährung".

13 Die KOME24 GmbH ist ein junges Start-Up-Unternehmen, das sich auf den Online-Handel von Kosmetika spezialisiert hat. In letzter Zeit ist es einige Male passiert, dass Kunden größere Mengen geliefert wurden, die jedoch nicht bezahlt wurden. Frau Kramer, eine der drei Geschäftsführerinnen, berät mit ihren Kolleginnen die Situation und sagt: „ Wir müssen genauer auf die Bonität unserer Kunden achten. Ich schlage vor, unsere Maske, in der die Kunden Angaben zur eigenen Person machen müssen, zu ergänzen. Nur Name und Anschrift reicht offenbar nicht aus. Wir benötigen auch das Geburtsdatum, die Telefonnummer, den Beruf und bieten dazu noch freiwillig die Möglichkeit an, Angaben zum Einkommen oder zu bestimmten Vorlieben zu machen. Je mehr wir über die Kunden wissen, desto besser können wir ihre Bonität einschätzen."

Beschreiben Sie, welche Daten Sie einem Online-Unternehmen wie der KOME24 GmbH ohne Weiteres anvertrauen würden und welche nicht. Begründen Sie Ihre Haltung.

3 Sicherung der Liquidität durch Finanzierungen

Beispiel Die BE Partners KG muss sich am Markt immer wieder gegen eine starke Konkurrenz durchsetzen. Um qualitativ hochwertige Produkte zu marktgerechten Preisen anbieten zu können, wird regelmäßig in neue Ausrüstungen investiert. Die Finanzierung dieser Investitionen ist aber nicht immer einfach und muss entsprechend der aktuellen finanziellen Situation des Unternehmens sehr gut überlegt und entschieden werden.

3.1 Investition und Finanzierung im Unternehmenskreislauf

Die Begriffe Investition[1] und Finanzierung[2] gehören zusammen wie die beiden Seiten einer Münze. Einerseits lässt sich eine Investition nur dann durchführen, wenn sie auch finanziert werden kann. Andererseits werden Finanzierungsvorgänge meistens dadurch ausgelöst, dass Investitionen geplant sind. Für jede Investition muss zuerst der Kapitalbedarf geschätzt werden. Wenn dieser bekannt ist, muss das Kapital beschafft werden (Finanzierung). Erst wenn das Kapital zur Verfügung steht, kann eine Investition durchgeführt werden.

1 Investition = Kapitalverwendung

2 Finanzierung = Kapitalbeschaffung

Merke! Unter **Finanzierung** wird die Beschaffung und die Rückzahlung finanzieller Mittel (Kapital) verstanden, z. B. in Form eines Kontokorrentkredits oder Darlehens.
Unter einer **Investition** wird die Verwendung finanzieller Mittel zur Beschaffung von Sachvermögen (z. B. Geschäftsausstattung), immateriellem Vermögen (z. B. Patentrechte) oder Finanzvermögen (z. B. Beteiligungen) verstanden.

Zusammenhang von Investition und Finanzierung

Finanzierung → Geldkapital — Investition → Vermögen

In der Bilanz zeigt sich die Kapitalbeschaffung auf der Passivseite der Bilanz, also in Form von Eigen- oder Fremdkapital. Die Kapitalverwendung ist dagegen aus den Positionen des Anlage- und Umlaufvermögens auf der Aktivseite erkennbar.

Bilanz

Aktiva (= Vermögen)	Bilanz		Passiva (= Kapital)
Anlagevermögen Umlaufvermögen einschließlich Zahlungsmittel	Investitionsbereich	Eigenkapital Fremdkapital	Finanzierungsbereich
Mittelverwendung (In welcher Form sind die Mittel im Unternehmen gebunden?)		**Mittelherkunft** (Woher stammen die Mittel?)	

Beispiel

AKTIVA	Bilanz BE Partners KG zum 31. 12. 20XX in €		PASSIVA
Anlagevermögen		Eigenkapital	
Grundstücke/Gebäude	450.000	Einlagen der Gesellschafter	640.000
TA und Maschinen	370.000		
Fuhrpark	87.000	Fremdkapital	
BGA	330.000	Hypothekendarlehen	480.000
Finanzanlagen	130.000	Bankdarlehen	638.000
Umlaufvermögen		Verbindlichkeiten aus LuL	260.000
Rohstoffe	98.000		
Hilfsstoffe	30.000		
Betriebsstoffe	8.000		
Fertige Erzeugnisse	45.000		
Unfertige Erzeugnisse	85.000		
Handelswaren	72.000		
Forderungen aus LL	230.000		
Kassenbestand	14.000		
Bankguthaben	69.000		
	2.018.000		2.018.000

Das Finanzmanagement eines Unternehmens hat die Aufgabe, für eine ausgewogene Planung von Investitionen und finanziellen Mitteln zu sorgen. Oberstes Ziel sollte dabei immer die Aufrechterhaltung der Zahlungsfähigkeit sein. Jedes Unternehmen muss jederzeit in der Lage sein, allen seinen Zahlungsverpflichtungen nachzukommen. Dazu müssen die laufenden Einzahlungen höher sein als die laufenden Auszahlungen bzw. sollten Zahlungslücken durch die Bereitstellung von finanziellen Mitteln gedeckt werden.

Merke! Während die Passivseite darüber Auskunft gibt, welche Kapitalbeträge dem Unternehmen überlassen wurden und in welcher Form (Eigen- oder Fremdkapital) dies erfolgte, also wie sich das Unternehmen finanziert, gibt die Aktivseite Auskunft darüber, in welchen Vermögenswerten das Kapital gebunden ist, also welche Investitionen getätigt wurden.

3.2 Finanzierung

Beispiel Die BE Partners KG erwägt, eine neue Digitaldruckstation anzuschaffen. Das Investitionsvolumen liegt bei 200.000,00 €. Rolf Bastian überlegt nun, wie diese Investitionsentscheidung finanziert werden kann. Zunächst geht es grundsätzlich um die Frage, ob das benötigte Kapital dafür aus den eigenen Mitteln (Eigenkapital) kommen soll, z. B. aus dem Guthaben des Geschäftsbankkontos oder durch Erhöhung der Einlagen der Gesellschafter, oder ob fremde Mittel in Anspruch genommen werden sollen (Fremdkapital), z. B. indem ein Darlehen aufgenommen wird.

Führt ein Unternehmen Investitionen durch, so verwendet es finanzielle Mittel. Die Beschaffung dieser finanziellen Mittel wird Finanzierung genannt. Finanzielle Mittel können auch als Kapital bezeichnet werden, das auf der Passivseite der Bilanz ausgewiesen wird. Neben der Beschaffung der finanziellen Mittel kümmert sich die Finanzierung auch darum, dass die Kapitalgeber ihr Kapital zurückerhalten.

Kapital lässt sich nach verschiedenen Kapitalarten unterscheiden. Beim **Eigenkapital**[1] handelt es sich um Kapital, das einem Unternehmen von dessen Eigentümern unbefristet zur Verfügung gestellt wird. **Fremdkapital**[2] hingegen sind finanzielle Mittel, die sich ein Unternehmen von außen, z. B. von Kreditinstituten oder Lieferanten, beschafft. Es steht dem Unternehmen nur für einen bestimmten Zeitraum, also befristet, zur Verfügung.

1 Eigenkapital steht dem Unternehmen zeitlich unbegrenzt zur Verfügung.

2 Fremdkapital steht dem Unternehmen zeitlich begrenzt zur Verfügung.

Befristet überlassenes Kapital muss nach der vereinbarten Zeit zurückgezahlt werden: kurzfristiges Kapital innerhalb eines Jahres (z. B. Lieferantenkredit), mittelfristiges Kapital innerhalb von ein bis vier Jahren (z. B. Kontokorrentkredit) und langfristiges Kapital nach mehr als fünf Jahren (z. B. Hypotheken-Darlehen).

3.2.1 Ziele der Finanzierung

Merke! Neben dem wesentlichen Ziel jeder Finanzierung, nämlich dafür zu sorgen, dass die Liquidität eines Unternehmens aufrechterhalten wird, gibt es als weitere wichtige Ziele die Rentabilität und die Sicherheit.

Der Begriff **Liquidität**[3] bezeichnet die Fähigkeit eines Unternehmens, jederzeit und in voller Höhe seine Zahlungsverpflichtungen zu erfüllen. Eine ausreichend hohe Liquidität ist nötig, um fällige Schulden bei den Fremdkapitalgebern und Lieferanten zu begleichen. Kurzfristig steht die Zahlungsfähigkeit eines Unternehmens immer im Vordergrund. Verluste sind für ein Unternehmen nicht sofort existenzgefährdend, die Zahlungsunfähigkeit infolge einer zu geringen Liquidität allerdings sehr wohl.

3 Liquidität bedeutet jederzeitige Zahlungsfähigkeit.

Als **Rentabilität**[4] wird das Verhältnis einer Erfolgsgröße (z. B. Gewinn) zum eingesetzten Kapital oder Umsatz bezeichnet. Sie zeigt den Eigenkapitalgebern und dem Management, ob das Unternehmen im Vergleich zu früheren Zeiträumen oder zu anderen Unternehmen einen höheren oder niedrigeren Ertrag des durchschnittlich eingesetzten Kapitals abwirft. Die Eigenkapitalgeber können somit auf eine einfache Weise verschiedene Anlagealternativen anhand ihrer Rentabilität vergleichen.

4 Rentabilität ist ein Maßstab für den Erfolg.

Beispiel Bei einem Gewinn von 20.000,00 € und einem Umsatz von 200.000,00 € ergibt sich eine (Umsatz-)Rentabilität, also eine Verzinsung, von 10 %. Das bedeutet, dass in den 200.000,00 € Umsatz ein Gewinnanteil von 20.000,00 € enthalten ist.

Die **Sicherheit**[5] hängt von der Zusammensetzung des Kapitals (Kapitalstruktur) eines Unternehmens ab. Die Kapitalstruktur besagt, ob die Existenz eines Unternehmens bedroht ist, wenn es einmal Verluste erwirtschaftet oder Fremdkapital zurückgezahlt werden muss. Die finanzielle Sicherheit eines Unternehmens ist ganz wesentlich von der Höhe des Eigenkapitals und der Fälligkeit des Fremdkapitals abhängig. Ein zu geringes Eigenkapital stellt ein Risiko dar. Verluste werden dann existenzbedrohend, d. h., sie können zur Schließung eines Unternehmens führen, wenn nicht ausreichend finanzielle Reserven vorhanden sind, auf die zurückgegriffen werden kann. Ein hoher Anteil an Fremdkapital kann zu schlechteren Kreditkonditionen führen.

5 Eine sichere Zusammensetzung des Kapitals erhöht die Unabhängigkeit und vermindert das Unternehmensrisiko.

Das Ziel jedes Unternehmens und jedes Kapitalanlegers ist es, eine optimale Abstimmung der drei Kriterien Liquidität, Rentabilität und Sicherheit zu finden. Diese drei Ziele sind aber nicht ohne Kompromisse miteinander vereinbar. Eine Verbesserung des einen Kriteriums hat negative Auswirkungen auf eines oder beide anderen Kriterien. Dieses Spannungsfeld wird als sogenanntes „magisches Dreieck" bezeichnet. Dabei kann zum einen die Perspektive des Unternehmens und zum anderen diejenige des privaten Anlegers eingenommen werden.

Magisches Dreieck der Finanzierungsziele

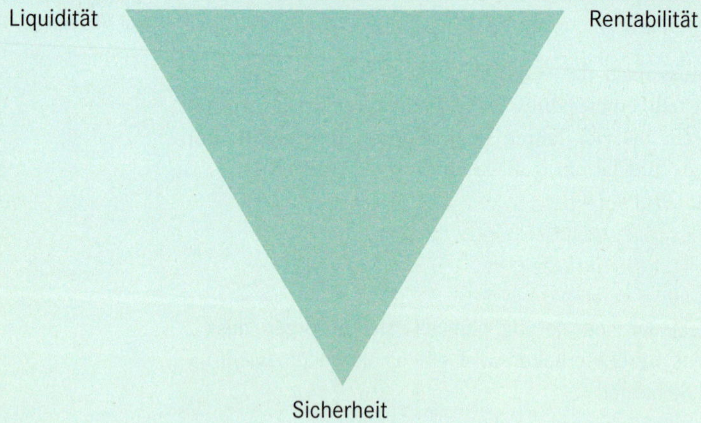

Unternehmensperspektive: Für ein Unternehmen ist eine **ausreichende Liquidität** genauso überlebensnotwendig wie genügend Sauerstoff für den Menschen, denn ohne sie ist ein Unternehmen insolvenzgefährdet. Aber genau da ergibt sich ein Konflikt: Auf der einen Seite muss ein Unternehmen jederzeit in der Lage sein, z. B. offene Lieferantenrechnungen zu begleichen, und ist daher an einer hohen Ansammlung von finanziellen Mitteln (Liquidität) interessiert. Auf der anderen Seite verhindert eine hohe Liquidität neue gewinnbringende Investitionen, auch in Form von Geldanlagen, die eine gute Verzinsung (Rentabilität) versprechen.

Die **Rentabilität** zielt darauf ab, vorhandene Mittel möglichst gewinnbringend einzusetzen. Bei schlechtem oder sogar verlustbringendem Geschäftsgang geht ein Unternehmen nicht sofort zugrunde. Für eine längerfristige Existenz müssen aber Gewinne erwirtschaftet werden.

Die **Sicherheit** stellt mit anderen Worten das Fettpölsterchen eines Unternehmens dar. Hier geht es darum, abzuwägen, wie risikoreich verschiedene Finanzierungsmöglichkeiten sind. Die Finanzierung mit Eigenkapital stellt die sicherste Variante der Finanzierung dar. Eigenkapital steht nicht nur für eine unbegrenzte Zeit zur Verfügung, sondern es muss auch nicht zurückgezahlt werden. An die Stelle der Zinszahlungen beim Fremdkapital tritt beim Eigenkapital die Beteiligung der Eigentümer am Gewinn. Außerdem kann das Eigenkapital dazu dienen, eventuelle Verluste des Unternehmens abzudecken.

Unternehmensperspektive

Geldanlegerperspektive: Die Bedeutung des magischen Dreiecks für Anleger soll an den folgenden Beispielen aufgezeigt werden.

Geldanlegerperspektive

Ein Anleger kann sich z. B. entscheiden, sein Bargeld zu Hause im Sparstrumpf oder im Tresor aufzubewahren oder es auf seinem Girokonto bei der Bank einzuzahlen. Damit sichert er sich eine jederzeitige Verfügbarkeit über sein Geld und somit eine **hohe Liquidität**. Gleichzeitig aber geht er das Risiko ein, dass das Geld zu Hause entwendet wird **(geringe Sicherheit)**. Außerdem wird das Geld auf jeden Fall durch die Inflation an Wert verlieren. Zum Werterhalt wäre es mindestens erforderlich, dass die gezahlten Zinsen auf das Ersparte genauso hoch sind wie die Inflationsrate **(negative Rentabilität)**.

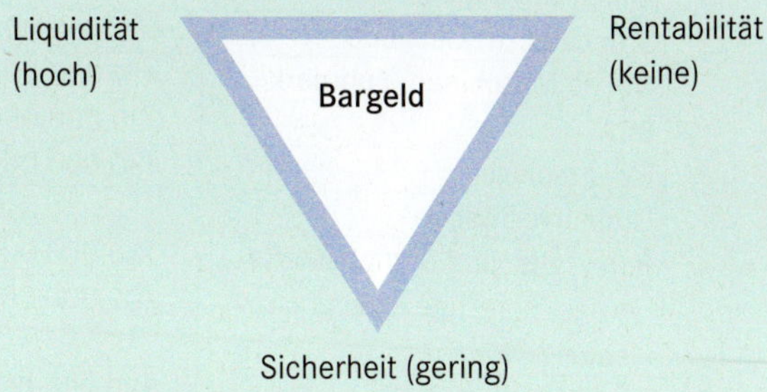

Entscheidet sich der Sparer, sein Geld auf einem Sparkonto bei einem Kreditinstitut zu sparen, wählt er **hohe Sicherheit** und eine **hohe Liquidität**. Da die Verzinsung von Spareinlagen jedoch sehr niedrig ist, **verzichtet** der Sparer **auf eine hohe Rentabilität**.

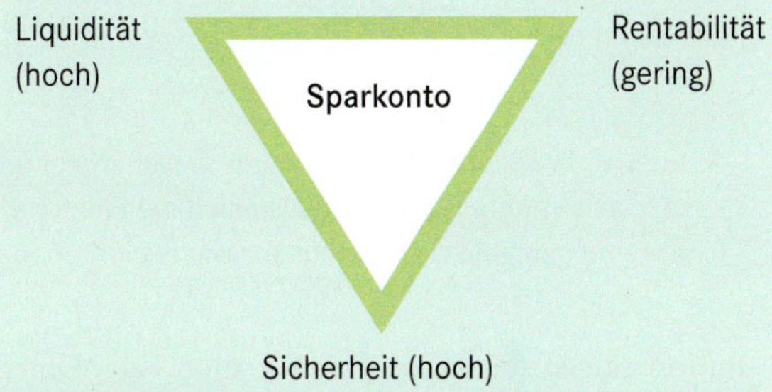

Das Geld des Sparers ließe sich auch in Aktien anlegen. Diese unterliegen allerdings teilweise hohen Kursschwankungen **(geringe Sicherheit)**. Vorteilhaft wäre diese Anlage unter Liquiditätsaspekten. Aktien können nämlich in der Regel an der Börse schnell verkauft werden **(hohe Liquidität)**. Außerdem besteht die Möglichkeit, Kursgewinne zu erwirtschaften **(hohe Rentabilität)**.

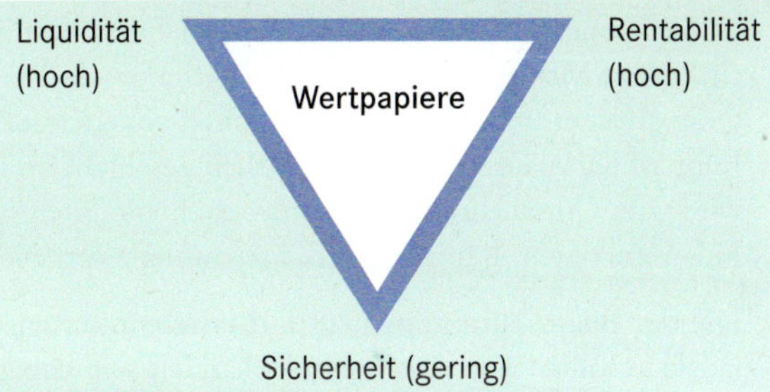

Geldanlegerperspektive

Merke! Das oberste Ziel der Finanzierung ist die Sicherung der Liquidität bei möglichst hoher Rentabilität und Sicherheit.

3.2.2 Bilanzkennzahlen und Finanzierungsregeln

Beispiel Die Geschäftsleitung der BE Partners KG ist sich nicht sicher, wie eine dringend benötigte Offset-Druckmaschine finanziert werden soll. Sie sieht sich daher die stark vereinfachte und zusammengefasste aktuelle Bilanz des Unternehmens an.

BE Partners KG

Aktiva	Bilanz BE Partners KG zum 31. 12. 20XX (in €)		Passiva
Anlagevermögen		**Eigenkapital**	
Grundstücke/Gebäude	450.000,00	Einlagen der Gesellschafter	640.000,00
TA und Maschinen/Fuhrpark	457.000,00	**Fremdkapital**	
BGA	330.000,00	Hypothekendarlehen	480.000,00
Finanzanlagen	130.000,00	Bankdarlehen	638.000,00
Umlaufvermögen		Verbindlichkeiten aus LuL	260.000,00
Roh-, Hilfs- und Betriebsstoffe	136.000,00		
Fertige/unfertige Erzeugnisse/ Handelsware	202.000,00		
Forderungen aus LL	230.000,00		
Kassenbestand	14.000,00		
Bankguthaben	69.000,00		
Summe	2.018.000,00		2.018.000,00

Aus der vereinfachten Bilanz kann die Geschäftsleitung nun verschiedene Bilanzkennzahlen ermitteln und es lassen sich die Einhaltung horizontaler und vertikaler Finanzierungsregeln für neue Finanzierungsvorhaben überprüfen.

Informationen zur finanziellen Situation eines Unternehmens lassen sich der Bilanz und der Gewinn- und Verlustrechnung entnehmen. Diese sind aber nicht bei allen Unternehmen gleich aufgebaut und gleichermaßen detailliert. Sie können durchaus eine große Menge an Informationen enthalten und somit unübersichtlich erscheinen. Deshalb ist es üblich, die Informationen systematisch aufzubereiten und sogenannte Kennzahlen zu errechnen. Diese Arbeit geschieht im Rahmen der Finanzanalyse.[1] Sie wird vom Unternehmen selbst, aber auch von interessierten Anspruchsgruppen (z. B. Finanzanalysten, Kapitalgebern, Lieferanten) vorgenommen.

Die der Bilanz entnommenen und systematisierten Informationen kommen in Bilanzkennzahlen zum Ausdruck. Es handelt sich dabei um verdichtete Informationen besonders wichtiger Größen der Bilanz. Sie geben Auskunft über die Liquidität und die Sicherheit. Auskünfte zur Rentabilität geben Kennzahlen, die aus der Gewinn- und Verlustrechnung gewonnen werden. Die Kennzahlen zeigen die Stärken und Schwächen eines Unternehmens, sodass

- mögliche Kapitalgeber aufgrund der Kennzahlen entscheiden können, ob sie dem Unternehmen Geld zur Verfügung stellen oder nicht,
- die Unternehmensführung basierend auf den Kennzahlen Entscheidungen ergreifen und Maßnahmen ableiten kann,
- zum Beispiel durch einen Soll-Ist-Vergleich die Zielerreichung beurteilt werden kann, indem ein unternehmensinterner Vergleich über mehrere Jahre erstellt oder das eigene Unternehmen mit anderen Unternehmen verglichen werden kann.

1 Interessenten an der Finanzanalyse:
- Banken als Kreditgeber
- Aktionäre und Gesellschafter
- Lieferanten
- Finanzanalysten

Kennzahlen der Liquidität

LS 83 Finanzierungsregeln überprüfen und beurteilen

Die Liquiditätsgrade ersten bis dritten Grades geben Auskunft über die kurz-, mittel- und langfristige Liquidität eines Unternehmens. Diese Kennzahlen setzen die liquiden Mittel, die Forderungen und das Umlaufvermögen in ein Verhältnis zu den kurzfristigen Verbindlichkeiten.

Liquiditätsgrad	Allgemeine Formel	Richtwert	Begründung des Richtwerts
Liquiditätsgrad I („Barliquidität“)	$\frac{\text{flüssige Mittel} \cdot 100\,\%}{\text{kurzfristiges Fremdkapital}}$	> 20 %	Zu viele flüssige Mittel verhindern eine rentablere Anlage des Kapitals bzw. verursachen unnötige Kapitalkosten.
Liquiditätsgrad II („einzugsbedingte Liquidität“)	$\frac{(\text{flüssige Mittel + Forderungen}) \cdot 100\,\%}{\text{kurzfristiges Fremdkapital}}$	ca. 100 %	Flüssige Mittel stehen zur Rückzahlung von fälligem Fremdkapital bereit. Mit dem Zahlungseingang der Forderungen darf innerhalb von 30 Tagen gerechnet werden.
Liquiditätsgrad III („umsatzbedingte Liquidität“)	$\frac{(\text{flüssige Mittel + Forderungen + Vorräte}) \cdot 100\,\%}{\text{kurzfristiges Fremdkapital}}$ $= \frac{\text{Umlaufvermögen} \cdot 100\,\%}{\text{kurzfristiges Fremdkapital}}$	150–200 %	Der Verkauf der Vorräte ist mit größeren Unsicherheiten verbunden. Dies gilt im Hinblick auf die Frage, ob und zu welchem Zeitpunkt die Vorräte weiterverarbeitet werden.

Der Richtwert gibt einen Mindeststandard an, den Unternehmen erreichen sollten. So sollten die flüssigen Mittel eines Unternehmens niemals geringer als 20 % der kurzfristigen Verbindlichkeiten sein. Ein Wert, der darunter liegt, könnte nach dieser Auffassung die Liquidität eines Unternehmens gefährden.

Die Wahrung der Liquidität ist ein Kernproblem der finanzwirtschaftlichen Planung. Nach geltendem Recht droht Insolvenz, wenn fällige Zahlungsverpflichtungen dauerhaft nicht erfüllt werden können. Dies gilt auch für ein Unternehmen, das Gewinn erzielt. Allgemein gilt daher für alle Liquiditätsgrade, dass ein hoher Wert der jeweiligen Kennzahl für eine gute Liquidität des Unternehmens spricht.

Beispiel Für die BE Partners KG ergeben sich aus der aktuellen Bilanz vom Beginn dieses Kapitels die folgenden Liquiditätsgrade:

$$\text{Liquiditätsgrad I} = \frac{83.000{,}00\ € \cdot 100\,\%}{260.000{,}00\ €} = 31{,}92\,\%$$

$$\text{Liquiditätsgrad II} = \frac{(83.000{,}00\ € + 230.000{,}00\ €) \cdot 100\,\%}{260.000{,}00\ €} = 120{,}38\,\%$$

$$\text{Liquiditätsgrad III} = \frac{(83.000{,}00\ € + 230.000{,}00\ € + 338.000{,}00\ €) \cdot 100\,\%}{260.000{,}00\ €} = 250{,}38\,\%$$

Der Liquiditätsgrad I (Barliquidität) weist mit 31,92 % einen sehr guten Wert aus. Dies ist für die BE Partners KG vorteilhaft, denn das bedeutet, dass das Unternehmen ausreichend flüssige Mittel hat. Ein noch höherer Wert wäre unvorteilhaft, da die flüssigen Mittel dann rentabler in anderer Form angelegt werden könnten.

Der Liquiditätsgrad II (einzugsbedingte Liquidität) mit 120,38 % ist, gemessen an dem Richtwert von 100 %, etwas hoch. Werden die Forderungen durch Zahlung beglichen, steigt die Barliquidität I.

Der Liquiditätsgrad III (umsatzbedingte Liquidität) weist mit 250,38 % einen sehr hohen Wert auf. Durch die Verarbeitung der vorhandenen Roh-, Hilfs- und Betriebsstoffe und den Verkauf der Bestände an Waren und Erzeugnissen fließen dem Unternehmen zukünftig erhebliche liquide Mittel zu.

Kennzahlen der Kapitalstruktur

Auch die Zusammensetzung des Kapitals eines Unternehmens ist für die Aufrechterhaltung der Liquidität von Bedeutung. Auskunft hierüber geben die Kennzahlen der Kapitalstruktur. Sie setzen Eigen-, Fremd- und Gesamtkapital zueinander in Beziehung. Eine wichtige Kennzahl ist hier der Verschuldungsgrad, der Fremd- und Eigenkapital zueinander in Beziehung setzt.

$$\text{Verschuldungsgrad} = \frac{\text{Fremdkapital} \cdot 100\,\%}{\text{Eigenkapital}}$$

Für die Zusammensetzung des Kapitals, den Verschuldungsgrad, gibt es unterschiedliche Regeln, deren Einhaltung bzw. Nicht-Einhaltung dann ein Maßstab für die Beurteilung eines Unternehmens sein kann.

Die 1 : 1-Regel besagt, dass Unternehmen (mindestens) genauso viel Eigenkapital wie Fremdkapital in der Bilanz aufweisen sollten. Diese Regel ist die strengste Variante und geht davon aus, dass die Eigentümer eines Unternehmens genauso viel Kapital investieren sollten wie die Fremdkapitalgeber (z. B. Kreditinstitute und Lieferer). Dem liegt die Idee zugrunde, dass eine solche Kapitalverteilung den Gläubigern eines Unternehmens die größtmögliche Sicherheit bietet. Sie wird in der Praxis kaum jemals erreicht.

Die 2 : 1-Regel fordert dagegen nur, dass das Fremdkapital nicht mehr als das Doppelte des Eigenkapitals betragen soll.

Beispiel Aus der aktuellen Bilanz für die BE Partners KG ergibt sich aus der Gegenüberstellung von Fremd- und Eigenkapital der folgende Verschuldungsgrad:

$$\text{Verschuldungsgrad} = \frac{1.378.000{,}00\ € \cdot 100\,\%}{660.000{,}00\ €} = 215{,}3\,\%$$

Der Verschuldungsgrad von 215,3 % ist für die BE Partners KG ein sehr unvorteilhafter Wert. Die strenge Regelvariante des Verhältnisses von Eigen- und Fremdkapital wird nicht eingehalten. Das dort geforderte Verhältnis von 1 : 1 wird hier nicht erreicht. Das Unternehmen hat mehr als doppelt soviel Fremdkapital als Eigenkapital.

Allerdings wird mit einer Eigenkapitalquote von 31,71 % vom Gesamtkapital die zweite Regelvariante (Verhältnis von 2 : 1) nahezu genau eingehalten.

In der Realität sind die Eigenkapitalquoten von Unternehmen sehr unterschiedlich und variieren vor allem branchenbezogen sehr stark. Im Jahre 2012 hatte die Siemens AG z. B. eine Eigenkapitalquote von ca. 42 % und die Volkswagen AG von 26 %.

Merke! Aus der Bilanz lassen sich Kennzahlen zu Liquidität und Kapitalstruktur ermitteln. Regeln für diese Kennzahlen erlauben eine schnelle Einschätzung von Unternehmen.

Die Liquiditätsgrade I bis III setzen flüssige Mittel bzw. flüssige Mittel ergänzt um Vermögenspositionen, die liquiditätsnah sind, in Beziehung zum kurzfristigen Fremdkapital.

Die Kapitalstruktur lässt sich aus dem Verhältnis von Fremdkapital zu Eigenkapital ablesen. Je kleiner der Verschuldungsgrad ist, umso höher ist die Eigenkapitalquote und damit die Unabhängigkeit eines Unternehmens von Fremdkapitalgebern. Das Fremdkapital sollte nicht mehr als doppelt so hoch wie das Eigenkapital sein.

3.2.3 Ablauf der Finanzierung

LS 84 Den Kapitalbedarf planen

Um die Liquidität zu sichern, müssen Unternehmen regelmäßig ihren Kapitalbedarf ermitteln. Die Überlegungen, wie dieser Kapitalbedarf gedeckt wird, werden u. a. in einem sogenannten **Finanzplan** festgehalten. Dieser weist zunächst den Finanzbedarf einer Periode aus. Er enthält dann Aussagen zur Liquiditätsplanung, d. h. dazu, wie die Zahlungsfähigkeit des Unternehmens gewährleistet werden soll, und Aussagen darüber, wie die finanziellen Mittel am besten beschafft werden können (optimale Finanzierungsart).

Teil des Finanzplanes ist der Liquiditätsplan, der alle zu erwartenden Ein- und Auszahlungen des Unternehmens für eine bestimmte Periode gegenüberstellt. Ergeben sich hieraus Fehlbeträge, so müssen Vorschläge dafür erarbeitet werden, wie diese auszugleichen sind.

Finanzpläne können kurzfristig (z. B. für 3 Monate), mittelfristig oder langfristig erstellt werden.

Der Planungsphase folgt die Durchführungsphase, in der die benötigten finanziellen Mittel beschafft werden. Schließlich wird in der Kontrollphase ein Soll-Ist-Vergleich der Finanzplanung durchgeführt, sodass auch Anpassungen erfolgen können.

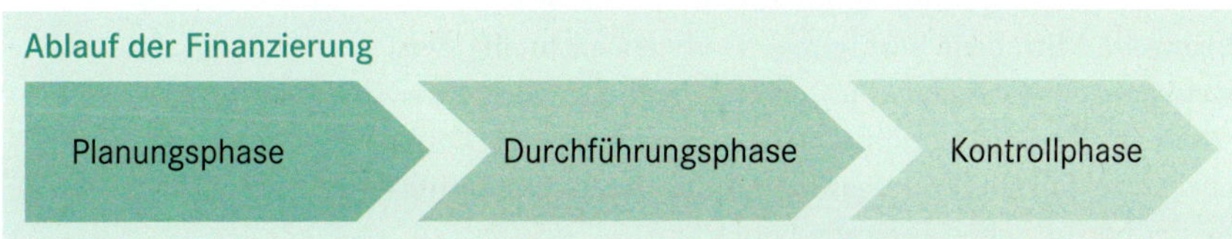

3.2.4 Ermittlung des Kapitalbedarfs

Unternehmen produzieren Güter oder Dienstleistungen, um diese zu vermarkten. Die Aktivitäten, die dazu notwendig sind, reichen von der Beschaffung der betrieblichen Leistungsfaktoren über die Leistungserstellung bis hin zum Absatz der Güter.[1] Die leistungswirtschaftlichen Prozesse werden dabei von den finanzwirtschaftlichen Prozessen begleitet.

1 Betriebliche Leistungsfaktoren sind Stoffe, Güter, Dienstleistungen.

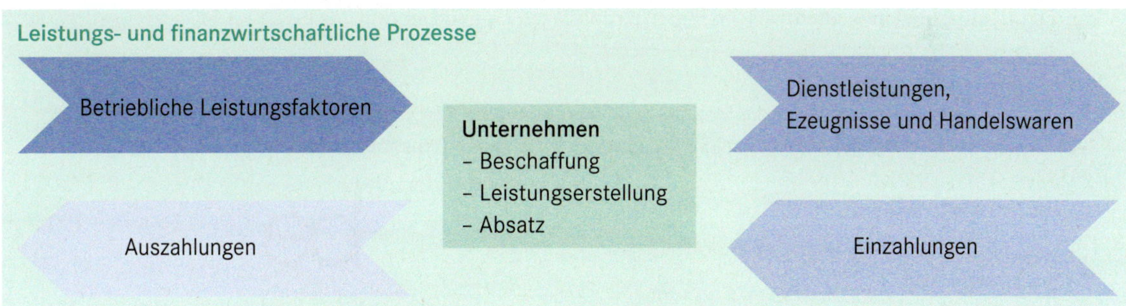

Die oben beschriebenen Aktivitäten von Unternehmen haben laufende Auszahlungen zur Folge, z. B. für Löhne und Gehälter, Energieaufwendungen oder für die Beschaffung von Handelswaren. Hierfür müssen finanzielle Mittel zur Verfügung gestellt werden. Diesen Auszahlungen stehen zeitgleich keine Einzahlungen gegenüber. Einzahlungen ergeben sich erst aus dem Verkauf der produzierten Dienstleistungen, Güter oder von Handelswaren und somit zeitversetzt. Ein Finanzierungsbedarf entsteht somit durch das zeitliche Auseinanderfallen von Aus- und Einzahlungen.

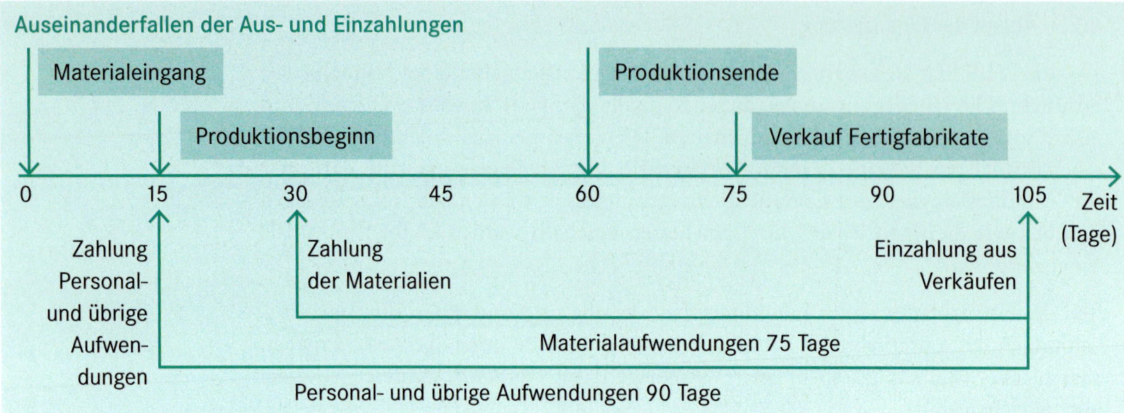

Wie hoch der Finanzierungsbedarf eines Unternehmens aufgrund dieser Tatsache ist, hängt von der Höhe der Aus- und Einzahlungen und vom zeitlichen Auseinanderfallen der Aus- und Einzahlungen ab. Unternehmen müssen ihren Finanzierungsbedarf rechtzeitig und vorausschauend ermitteln, um Finanzierungsmaßnahmen zu planen.[1]

Die Kapitalbedarfsermittlung beantwortet die Frage, in welchem Umfang finanzielle Mittel maximal benötigt werden. Hierbei kommt es auf eine möglichst genaue Planung an. Stehen zu viele finanzielle Mittel zur Verfügung, so ist das nachteilig, weil diese dann rentabler anderweitig angelegt werden könnten (eigene finanzielle Mittel) oder zu unnötigen Zinszahlungen führen (fremde finanzielle Mittel wie z. B. Bankkredite). Zu wenig finanzielle Mittel könnten dagegen zu Liquiditätsengpässen führen und damit die Erstellung der betrieblichen Leistung behindern.

1 Der Kapitalbedarf ergibt sich aus dem zeitlichen Auseinanderfallen von Auszahlungen und Einzahlungen im Prozess der Leistungserstellung.

Liquiditätsplanung (kurzfristige Finanzplanung)

Die Finanzplanung für die laufende Betriebstätigkeit erfolgt mithilfe eines Liquiditätsplans. Im Liquiditätsplan werden die geplanten angesammelten (kumulierten) Ein- und Auszahlungen tabellarisch, zeitlich und sachlich gegenübergestellt. Außerdem werden der Anfangsbestand und der Endbestand an Zahlungsmitteln aufgenommen. So ergibt sich für den Planungszeitraum eine Überdeckung oder Unterdeckung (Kapitalbedarf) finanzieller Mittel. Auf der Grundlage des Liquiditätsplanes kann dann entschieden werden, welche Finanzierungsarten sinnvoll sind.

Beispiel Die BE Partners KG plant für die Monate Juni, Juli und August 20XX die folgenden Aus- und Einzahlungen, die im nachstehenden Liquiditätsplan dargestellt sind.

BE Partners KG

Liquiditätsplan (in €)

	Juni	Juli	August
1. Zahlungsmittelanfangsbestand (liquide Mittel)	**-4.000,00**	**2.400,00**	**-12.000,00**
geplante Einzahlungen:			
- Nettoumsatzerlöse	89.000,00	90.000,00	91.000,00
- Anlagenverkäufe	400,00	-	1.900,00
- Sonstige Einzahlungen	1.800,00	2.000,00	600,00
2. Summe der Einzahlungen	**91.200,00**	**92.000,00**	**93.500,00**

2. Summe der Einzahlungen	**91.200,00**	**92.000,00**	**93.500,00**
geplante Auszahlungen:			
- Material	21.000,00	24.000,00	21.000,00
- Personal	48.000,00	45.000,00	44.000,00
- Instandhaltung	300,00	1.600,00	1.400,00
- Energie	1.600,00	1.700,00	1.800,00
- Mieten/Pachten	1.000,00	1.000,00	1.000,00
- Steuern	2.400,00	2.500,00	2.500,00
- Versicherungen und Beiträge	500,00	400,00	400,00
- Aufwand für Kommunikation	3.000,00	3.200,00	3.100,00
- Leasing	700,00	800,00	700,00
- Zinsen Fremdkapital	1.700,00	1.600,00	1.600,00
- Tilgung Fremdkapital	2.500,00	2.500,00	-
- Investitionen	600,00	20.000,00	5.000,00
- Sonstige Auszahlungen	1.500,00	2.100,00	1.500,00
3. Summe der Auszahlungen	**84.800,00**	**106.400,00**	**84.000,00**
4. Zahlungsmittelendbestand = Zahlungsmittelanfangsbestand + Einzahlungen – Auszahlungen	**2.400,00**	**–12.000,00**	**–2.500,00**
5. Kapitalbedarf	–	**–12.000,00**	**–2.500,00**

Im Juni ergibt sich eine geringe Überdeckung. Die BE Partners KG besitzt nicht benötigte liquide Mittel in Höhe von 2.400,00 €, die investiert beziehungsweise kurzfristig angelegt werden könnten. Im Juli und August gibt es allerdings eine Unterdeckung und es wird zusätzliches Kapital benötigt.

Kapitalbedarfsplanung (langfristige Finanzplanung)

→ LS 85 Einen Finanzplan erstellen

Von der oben beschriebenen Liquiditätsplanung grundsätzlich zu unterscheiden ist eine Kapitalbedarfsrechnung bei der Gründung oder bei der Erweiterung eines Unternehmens. Hier handelt es sich im Gegensatz zur laufenden Finanzplanung um einmalige (oder zumindest seltene) Ereignisse, die aber genauso sorgfältig geplant werden müssen.

Plant ein Unternehmen z. B. eine Ausweitung der Betriebsgröße, so sind dafür in der Regel erhebliche Investitionen erforderlich, die finanziert werden müssen. Ein so entstehender Kapitalbedarf kann normalerweise nicht aus der gewöhnlichen Betriebstätigkeit erwirtschaftet werden. In diesem Fall wird eine Kapitalbedarfsplanung durchgeführt. Ein Kapitalbedarfsplan ist ein Teilplan eines Finanzplans. Für diesen Plan muss zuerst der Anlagekapitalbedarf für neue Vermögensgegenstände ermittelt werden, die dauerhaft dem Betriebszweck dienen.

Der Anlagekapitalbedarf ergibt sich aus den Auszahlungen für die Anschaffung (Anschaffungskosten) von allen für eine Gründung oder Erweiterung notwendigen Vermögensgegenständen, wie z. B. Grundstücke, Gebäude, Maschinen, Betriebs- und Geschäftsausstattung.

Die Anschaffungskosten umfassen dabei aber mehr als nur den Anschaffungspreis. Müssen z. B. Planungs- und Beratungskosten, Kosten der Inbetriebnahme der Anlage (z. B. Erstellen eines Fundaments für eine Maschine), Kosten einer Einführungswerbung (bei neuen Produkten) oder Mindestbestände von Werkstoffen berücksichtigt werden, so sind diese ebenfalls dem Anlagekapitalbedarf hinzuzurechnen.

Ermittlung der Anschaffungskosten[1]

  Anschaffungspreis (z. B. Preise aus Preislisten, Katalogen oder individuellen Angeboten)
- Anschaffungspreisminderungen (z. B. Rabatte, Skonti, Boni, Preisnachlässe aufgrund von Mängelrügen)
+ Anschaffungsnebenkosten (z. B. Transportkosten, Verpackungskosten, Einfuhrzölle, Zulassungskosten, Makler- oder Notargebühren)
+ nachträgliche Anschaffungskosten, z. B. Aufrüstungen als An-, Ein- oder Umbauten)

= Anschaffungskosten

Durch eine Betriebserweiterung ergibt sich immer auch ein zusätzlicher Kapitalbedarf für das Umlaufvermögen, z. B. für die Erhöhung des Lagervorrats. Dieser ist wesentlich schwieriger zu ermitteln. Berechnungen auf Basis der zu erwartenden Durchschnittswerte ermöglichen aber eine annähernde Ermittlung des Umlaufkapitalbedarfs.

1 FK 2, LF 6, Kap. 4.2.1

Alles klar?

1 Erläutern Sie den Zusammenhang zwischen den Begriffen Investition und Finanzierung.

2 Beschreiben Sie den Aussagegehalt der Aktiv- und der Passivseite der Bilanz eines Unternehmens.

3 Erläutern Sie die drei wesentlichen Ziele der Finanzierung.

4 Beschreiben Sie an einem selbst formulierten Beispiel einen Zielkonflikt im Rahmen von Finanzierungsentscheidungen eines Unternehmens.

5 Definieren Sie die Kennzahlen der Liquidität und der Kapitalstruktur.

6 Erläutern Sie die Aussage der folgenden Kennzahlen eines Unternehmens:

- Der Liquiditätsgrad II beträgt 72 %.
- Die Eigenkapitalquote beträgt 15 %.

7 Erläutern Sie den Begriff „umsatzbedingte Liquidität“.

8 Erläutern Sie die 2 : 1-Regel.

9 Erläutern Sie, wozu Unternehmenskennzahlen verwendet werden.

10 Unterscheiden Sie zwischen kurzfristiger und langfristiger Finanzplanung.

11 Erläutern Sie den Zusammenhang zwischen einer geringen Eigenkapitalquote der deutschen Geschäftsbanken und den Folgen der Überwindung der Finanzkrise nach 2007.

4 Rechtsformen der Unternehmen

LS 86 Unterschiedliche Rechtsformen von Unternehmen vergleichen

Wie bereits ausführlich beschrieben, stellt die Beschaffung finanzieller Mittel für ein Unternehmen eine ganz zentrale Aufgabe dar. Schon bei der Gründung eines Unternehmens muss überlegt werden, welche Personen oder Personengruppen als Eigenkapitalgeber mit einbezogen werden. Abhängig davon, wie diese Entscheidung ausfällt, fällt damit auch die Wahl der Rechtsform des Unternehmens aus. Grundsätzlich hat ein Unternehmer die Wahl zwischen verschiedenen gesetzlich festgeschriebenen Rechtsformen, neben denen in der Praxis weitere, vom Gesetzgeber zunächst gar nicht vorgesehene Mischformen entstanden sind. Neben der Frage, wer das Eigenkapital in das Unternehmen einbringen soll, gibt es bei der Unternehmensgründung noch weitere wichtige betriebswirtschaftliche Grundfragen, wie z. B.:

- Wer soll die Geschäftsführung des Unternehmens übernehmen (allein oder gemeinsam, selbst oder durch Dritte)?
- Wer soll am Erfolg des Unternehmens beteiligt werden (Gewinn- und Verlustverteilung nach der Anzahl der Gesellschafter [Köpfe] oder nach Höhe der Beteiligung am Unternehmen [Einlage])?
- Wer soll die Haftung übernehmen und in welcher Höhe (persönliche Haftung oder auf die Höhe der Einlage beschränkt)?
- Welche Folgen hat die Wahl für die Besteuerung des Unternehmens (Einkommensteuer, Gewerbesteuer, Körperschaftsteuer)?

Insgesamt lässt sich sagen, dass es für die Wahl der Rechtsform keine Patentlösung gibt und jede Form ihre Vor- und Nachteile hat.

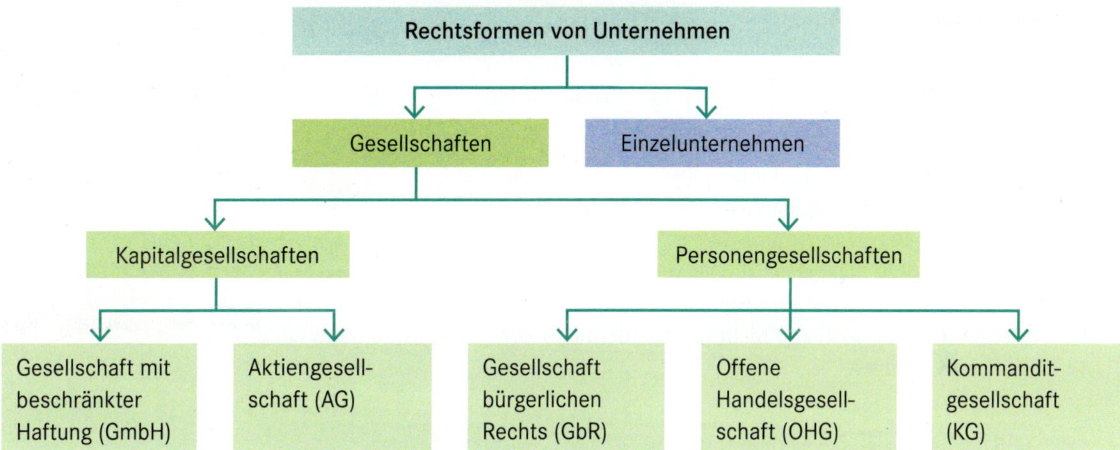

Übersicht: Rechtsgrundlagen der Unternehmensformen		
Bürgerliches Gesetzbuch (BGB):	**Handelsgesetzbuch (HGB):**	**Spezialgesetze:**
– Verein (e. V.) – GbR	– eingetragener Kaufmann (e. K.): – OHG – KG – GmbH & Co. KG	– AG Aktiengesetz (AktG) – GmbH GmbH-Gesetz (GmbHG) – eingetragene Genossenschaft Genossenschaftsgesetz (GenG)

4.1 Einzelunternehmen

Beispiel Der angestellte Meister Erich Karl ist in einem Elektroinstallationsbetrieb beschäftigt und will sich selbstständig machen. Ein wesentlicher Grund dafür ist, dass er endlich sein „eigener Herr“ sein will. Er rechnet zunächst mit Installations- und Reparaturaufträgen von Privatkunden, denen er durch seine Arbeit bereits bekannt ist. Die Verwaltungsarbeit wird seine Frau übernehmen. Ein kleines Büro kann er im Haus einrichten, die Garage ist für den Anfang groß genug, um alle notwendigen Werkzeuge lagern zu können. Der Kapitalbedarf zur Gründung des Betriebes ist nicht sehr hoch, da er die meisten Werkzeuge bereits besitzt und ein gebrauchter Transporter als Dienstfahrzeug schon vorhanden ist. Einen Namen für sein Unternehmen hat er auch schon: „Elektro Erich Karl“.

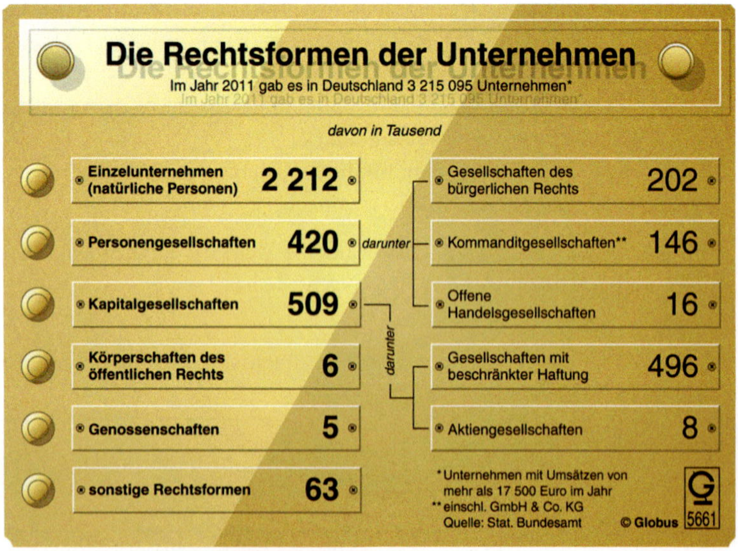

Das Einzelunternehmen ist eine besonders gängige Rechtsform. Die Gründung ist insoweit einfach, als das Einzelunternehmen nicht an eine bestimmte Form gebunden ist. Ist für das Unternehmen jedoch ein kaufmännischer Geschäftsbetrieb erforderlich, muss eine Eintragung ins Handelsregister vorgenommen werden.

Einerseits muss der Einzelunternehmer das Kapital zur Finanzierung des Unternehmens alleine aufbringen, womit natürlich auch ein hohes finanzielles Risiko verbunden sein kann. Andererseits steht ihm dann auch der erzielte Gewinn alleine zu. Die Führung des Betriebes liegt allein in seiner Hand. Er trägt allein die Verantwortung gegenüber Mitarbeitern, Lieferanten und Kunden. Der Einzelunternehmer haftet für alle Schulden des Unternehmens, und zwar unbegrenzt, also nicht nur mit dem Betriebsvermögen, sondern auch mit dem Privatvermögen.

Vor- und Nachteile des Einzelunternehmens

Vorteile	Nachteile
geringer Kapitalaufwand	unbeschränkte Haftung auch mit Privatvermögen
alleinige Entscheidungsbefugnis	hohe Arbeitsbelastung
erwirtschafteter Gewinn muss nicht geteilt werden	beschränktes Wachstum durch begrenzte Arbeitskraft und begrenzte Geldmittel (Kreditbasis)
einfache und kostengünstige Gründung	persönlicher Ausfall (z. B. Krankheit) führt leicht zur Krise des Unternehmens

4.2 Personengesellschaften

Merke! Mit Gesellschaft wird eine Vereinigung von Personen bezeichnet, die auf der Basis des Privatrechts ein gemeinsames Ziel verfolgen.

Innerhalb der Gesellschaften unterscheidet man Personengesellschaften, bei denen die (natürlichen) Personen als Handelnde im Vordergrund stehen, und Kapitalgesellschaften, die als juristische Person agieren. Unter einer juristischen Person wird eine Vereinigung von Personen bezeichnet, die rechtsfähig, d. h. die Träger von Rechten und Pflichten ist. Eine GmbH z. B. ist eine solche juristische Person. Sie kann u. a. ein Arbeitsverhältnis mit einer Angestellten eingehen. Möchte sich die Angestellte z. B. gegen ihre Kündigung wehren, so klagt sie gegen die GmbH und keineswegs gegen diejenige „natürliche" Person, die ihr Kündigungsschreiben unterzeichnet hat.

Es gibt auch Personengesellschaften, die dem öffentlichen Recht unterliegen. Dies sind z. B. Anstalten des öffentlichen Rechts oder Stiftungen.

Grundprinzipien der Personengesellschaften	
Geschäftsführung und Vertretung	Die Gesellschafter müssen sich mit ihrer Arbeitskraft persönlich für die Gesellschaft einsetzen. Die Möglichkeit der Geschäftsführung durch außenstehende Dritte ist ausgeschlossen.
Willensbildung	Die Willensbildung innerhalb der Gesellschaft folgt dem Prinzip der Einstimmigkeit.
Haftung	Die Gesellschafter müssen immer auch mit ihrem Privatvermögen für Verbindlichkeiten der Gesellschaft einstehen, und zwar unmittelbar, unbeschränkt und gesamtschuldnerisch.
Gesellschafterwechsel	Die Aufnahme neuer Gesellschafter bedarf der Zustimmung aller Mitgesellschafter. Kündigt ein Gesellschafter die Gesellschaft oder stirbt ein Gesellschafter, so wird die Gesellschaft aufgelöst.
Kaufmannseigenschaft	OHG und KG betreiben ein Handelsgewerbe und haben deshalb Kaufmannseigenschaft. Auf die gewerbetreibende GbR ist das Handelsgesetzbuch dagegen nur dann anwendbar, wenn sie ins Handelsregister eingetragen ist (Kannkaufmann).

4.2.1 Gesellschaft bürgerlichen Rechts (GbR)

Die Grundform der Personengesellschaft ist die Gesellschaft bürgerlichen Rechts (GbR). Die GbR muss aus mindestens zwei Gesellschaftern bestehen, die auch formlos einen Gesellschaftervertrag schließen können, mit dem sie sich gegenseitig verpflichten, die Erreichung eines gemeinsamen Zieles zu fördern. Ziel kann z. B. ein gemeinsamer Geschäftsbetrieb – mit Ausnahme eines Handelsgewerbes – sein, d. h., die Gesellschafter einer GbR dürfen keine Kaufleute im Sinne des HGB sein.[1] Daher erklärt sich auch der Name der Gesellschaft: Für sie gelten nur die Vorschriften des Bürgerlichen Gesetzbuches (BGB).

1 Freiberufler, wie z. B. Ärzte oder Architekten, können sich zu einer GbR zusammenschließen.

4.2.2 Offene Handelsgesellschaft (OHG)

Beispiel Erich Karls Geschäft läuft glänzend – für ihn und seine Frau allein bald schon zu gut. Nun erhält er das Angebot, die Elektroinstallationen für ein Geschäftszentrum vorzunehmen. Für diesen Großauftrag ist eine Aufstockung des Personals sowie der Betriebs- und Geschäftsausstattung notwendig. Dies kann Herr Karl mit seinen bisherigen Möglichkeiten nicht realisieren. Anna Moser, eine ehemalige Kollegin, wäre bereit, als Teilhaberin in das Unternehmen einzusteigen und eigenes Kapital in das Unternehmen einzubringen. Herrn Karl kommt das sehr gelegen.

Die offene[1] Handelsgesellschaft ist eine Personengesellschaft, deren Zweck auf den Betrieb eines Handelsgewerbes unter gemeinschaftlicher Firma gerichtet ist. Charakteristisch an dieser Rechtsform ist, dass die Gesellschafter gegenüber den Gesellschaftsgläubigern voll haften. Insofern besteht auch eine enge Bindung der Gesellschafter, denn alle haben für das Handeln der jeweils anderen einzustehen.

1 Die **OHG** ist „offen", weil der Zugriff der Gläubiger auf das Vermögen der Gesellschafter offen ist.

Die Gründung der OHG vollzieht sich in zwei Stufen: im Abschluss eines Gesellschaftervertrages und in der Anmeldung zum Handelsregister. Der Gesellschaftervertrag ist ohne Einhaltung einer bestimmten Form möglich, d. h., man muss ihn in der Regel nicht notariell beurkunden lassen. Zuständig für die Anmeldung zum Handelsregister ist das Amtsgericht, in dessen Bezirk die Gesellschaft ihren Sitz hat.

Alle Gesellschafter sind zur Geschäftsführung berechtigt bzw. verpflichtet. Anders als bei der GbR geht das Gesetz bei der OHG von einer Einzelgeschäftsführungsbefugnis aus, d. h., jeder Gesellschafter ist berechtigt, allein zu handeln. Soll das anders sein, so können die Gesellschafter in ihren Vertrag aufnehmen, dass nur zusammen gehandelt werden kann. Bei dieser Gesamtgeschäftsführungsbefugnis bedarf es dann für jedes Geschäft der Zustimmung aller. Für die Verbindlichkeiten der OHG haften die Gesellschafter sowohl mit dem Gesellschaftsvermögen als auch persönlich. Selbst nach dem Ausscheiden eines Gesellschafters aus der OHG besteht später noch eine sogenannte Nachhaftung. Vorteil dieser vollen Haftung ist jedoch, dass dadurch meist eine größere Kreditwürdigkeit bei Kreditinstituten besteht.

4.2.3 Kommanditgesellschaft (KG)

Bei der Kommanditgesellschaft ist die Haftung eines oder mehrerer Gesellschafter auf den Betrag ihrer Vermögenseinlage beschränkt (Kommanditist), während mindestens ein Gesellschafter unbeschränkt haftet (Komplementär). Die Höhe der Haftsumme der Kommanditisten ist ins Handelsregister einzutragen. Ist die Einlage vom Kommanditisten vollständig bezahlt, dann kann er auch nicht mehr unmittelbar für die Verbindlichkeiten der Gesellschaft haftbar gemacht werden.

Die Gründung der KG vollzieht sich nach den gleichen rechtlichen Schritten wie bei der OHG. Die Kommanditisten sind von der Geschäftsführung ausgeschlossen und grundsätzlich auch nicht zu einer Vertretung der Gesellschaft nach außen ermächtigt, es sei denn, es wird ihnen ausdrücklich Prokura erteilt. Vorteil dieser Gesellschaftsform ist also, dass man sich vorab entscheiden kann, ob man nur mit einer begrenzten Vermögensmasse Teilhaber wird, dafür aber von der Geschäftsführung ausgeschlossen ist, oder ob man voll haften will bzw. muss, dafür aber „die Zügel in der Hand hält". Der Komplementär einer KG kann auch eine juristische Person, z. B. eine GmbH, sein. Die Rechtsform ist dann die GmbH & Co. KG. Bei dieser Rechtsform ist eine Vermischung zweier Grundtypen erfolgt. Wichtig ist, dass es sich dabei insgesamt um eine Personengesellschaft und nicht um eine Kapitalgesellschaft handelt, in der aber wegen der GmbH als Komplementär keine natürliche Person unbeschränkt haftet.

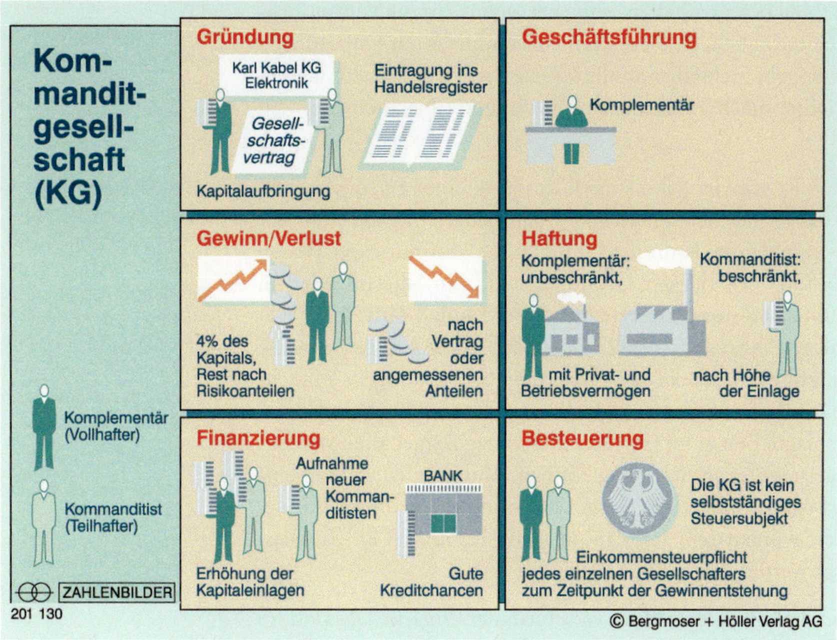

4.3 Kapitalgesellschaften

Merke! Kapitalgesellschaften sind juristische Personen und damit rechtsfähig.

Im Gegensatz zu den Personengesellschaften, bei denen Eigenkapitalgeber (Gesellschafter) und Geschäftsführer normalerweise identisch sind, liegen Eigentum und Unternehmensführung bei Kapitalgesellschaften grundsätzlich nicht beieinander.

Normalerweise beschränkt sich der Einfluss der Gesellschafter auf ihr Stimmrecht in der Gesellschafterversammlung, ihr Risiko auf die geleistete Kapitaleinlage. Das einzubringende Mindestkapital ist gesetzlich festgelegt. Gesellschafter einer Kapitalgesellschaft können sowohl natürliche als auch juristische Personen sein.

Die Geschäftsführung sowie die Vertretung der Gesellschaft nach außen ist Aufgabe des Vorstands bzw. bei der GmbH der Geschäftsführung. Als Leitungsorgane erstellen sie außerdem den Jahresabschluss einschließlich eines für Kapitalgesellschaften vorgeschriebenen Anhangs und Lageberichts und sind gegenüber den anderen Gesellschaftsorganen berichtspflichtig.

Die Kontrolle der Unternehmensleitung sowie deren Bestellung und Abberufung ist einem Aufsichtsrat übertragen. Das Kontrollorgan Aufsichtsrat nimmt seine Aufgaben im Interesse der Anteilseigner wahr und bestimmt gemeinsam mit der Unternehmensleitung die Grundsätze der Geschäftspolitik.

Die Gewinnbeteiligung ist abhängig von der Höhe der Kapitaleinlage jedes einzelnen Gesellschafters. Verluste gehen zulasten der Kapitalkonten der Gesellschaft. Sie werden als Verlustvortrag in der Bilanz ausgewiesen. Eine persönliche Verlustbeteiligung ist wegen der Haftungsbeschränkung auf die Einlage ausgeschlossen.

4.3.1 Gesellschaft mit beschränkter Haftung (GmbH)

Die GmbH ist eine Kapitalgesellschaft, deren Gesellschafter sich an dem in Stammeinlagen zerlegten Stammkapital beteiligt haben, ohne persönlich für die Verbindlichkeiten der Gesellschaft zu haften. Die Gläubiger können sich mit ihren Forderungen nur an das Gesellschaftsvermögen, nicht aber an die Gesellschafter halten. Im Gesellschaftsvertrag kann jedoch eine beschränkte oder unbeschränkte Nachschusspflicht vereinbart werden.[1]

Die Gründung einer GmbH ist schwieriger als die Gründung einer Personengesellschaft, weil der Gesellschaftervertrag der notariellen Form bedarf. Da die Zahl der Gesellschafter nicht vorgeschrieben ist, kann die GmbH auch von nur einer Person errichtet werden (Einmann-GmbH). Bei der Gründung wird ein Stammkapital in Höhe von mindestens 25.000,00 € vorausgesetzt. Auf dieses Kapital muss jeder Gesellschafter eine Stammeinlage zahlen (seit Einführung der „Mini-GmbH" mindestens 1,00 €).[2] Die Einlagen können in Form von Geld- oder Sachleistungen erbracht werden. Bei Sachleistungen muss der Gegenstand (z. B. ein Fahrzeug oder ein Kopierer) und der hierfür veranschlagte Betrag im Gesellschaftsvertrag festgehalten werden. Um die GmbH beim Handelsregister anmelden zu können, muss auf jede Stammeinlage mindestens ein Viertel gezahlt und dabei insgesamt mindestens die Hälfte des Stammkapitals angesammelt worden sein (also mindestens 12.500,00 €). Sachleistungen müssen voll erbracht werden.

Um handeln zu können, bedarf es bei der GmbH verschiedener Organe. Das sind im Wesentlichen ein oder mehrere Geschäftsführer und die Gesellschafterversammlung. Letztere wird von der Geschäftsführung einberufen und entscheidet u. a. über die Verwendung des Gewinnes sowie die Bestellung und Abberufung von Geschäftsführern und Prokuristen. Hat die GmbH mehr als 500 Beschäftigte, ist die Einrichtung eines Aufsichtsrates gesetzlich vorgeschrieben. Der Aufsichtsrat setzt sich aus Vertretern der Gesellschafter und der Arbeitnehmer zusammen. Seine Aufgabe besteht hauptsächlich in der Überwachung der Geschäftsführung und der Prüfung von Jahresabschluss und Lagebericht.

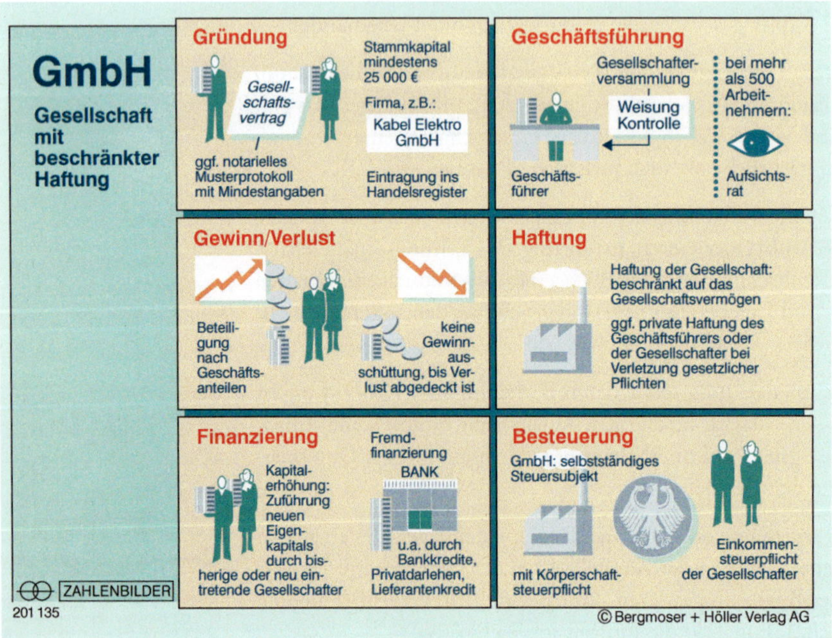

1 **Nachschusspflicht:** Verpflichtung der Gesellschafter, unter bestimmten Voraussetzungen weitere Geldleistungen an die Gesellschaft zu erbringen.

2 Seit 2008 gibt es die haftungsbeschränkte **Unternehmergesellschaft (UG)** als Sonderform der GmbH (auch **„Mini-GmbH"** genannt). Sie kann bereits mit einem Stammkapital ab 1,00 € gegründet werden und hat ein vereinfachtes Gründungsverfahren.

4.3.2 Aktiengesellschaft (AG)

Auch die Aktiengesellschaft ist eine Kapitalgesellschaft, also eine juristische Person. Das Grundkapital dieser Gesellschaft in Höhe von mindestens 50.000,00 € ist in Aktien zerlegt. Jeder Kapitalanteil ist damit als Wertpapier verbrieft und dem Kapitalmarkt zugänglich. Die Aktien von börsennotierten AGs können an der Börse gehandelt werden.

Die Gründung der AG erfolgt durch eine oder mehrere Personen. Bei der Erstellung des Gesellschaftsvertrages ist notarielle Beurkundung erforderlich. Die Gesellschafter (Aktionäre) übernehmen die Aktien gegen Zahlung einer Einlage. Sie werden am Gewinn der AG durch eine sogenannte Dividende beteiligt. Die Haftung ist bei der AG auf das Gesellschaftsvermögen beschränkt.

Der Vorstand, der Aufsichtsrat und die Hauptversammlung bilden die Organe der AG. Die AG wird gerichtlich und außergerichtlich durch den Vorstand vertreten, der auch zur Geschäftsführung befugt ist. Dabei ist er an keinerlei Weisungen des Aufsichtsrates oder der Hauptversammlung gebunden. Der Vorstand wird vom Aufsichtsrat gewählt. Gibt es mehrere Vorstandsmitglieder, handeln diese in der Regel gemeinschaftlich (Gesamtgeschäftsführungsbefugnis).

Der Aufsichtsrat besteht aus mindestens drei Mitgliedern und wird von der Hauptversammlung alle vier Jahre zu zwei Dritteln gewählt. Wählbar sind nur natürliche Personen, die nicht dem Vorstand angehören und nicht leitende Angestellte der AG sind. Ein Teil des Aufsichtsrates wird gemäß Drittelbeteiligungsgesetz[1] von Arbeitnehmern gebildet. Seine Hauptaufgabe besteht in der Bestellung, Abberufung und Überwachung des Vorstandes.

Die Hauptversammlung wird regelmäßig einmal im Jahr vom Vorstand einberufen. Die Aktionäre beschließen u. a. über Bestellung und Entlastung des Vorstandes und des Aufsichtsrates. Bei der Beschlussfassung hat jeder Aktionär ein Stimmrecht pro Aktie. In der Regel gilt für Beschlüsse der Hauptversammlung die einfache Stimmenmehrheit, für Entscheidungen von besonderer Tragweite (z. B. Satzungsänderungen oder Kapitalbeschaffung) bedarf es jedoch einer qualifizierten Mehrheit von 75 % des bei der Beschlussfassung vertretenen Grundkapitals.

1 Das **Drittelbeteiligungsgesetz** ersetzt seit dem 1. Juli 2004 die §§ 76 ff. BetrVG 1952 zur Beteiligung der Arbeitnehmer im Aufsichtsrat. Mit der Neufassung sind einige inhaltliche Änderungen verbunden. Im Wesentlichen handelt es sich jedoch um eine redaktionelle Neufassung, die das bisherige Recht vollständig und systematischer gliedert.

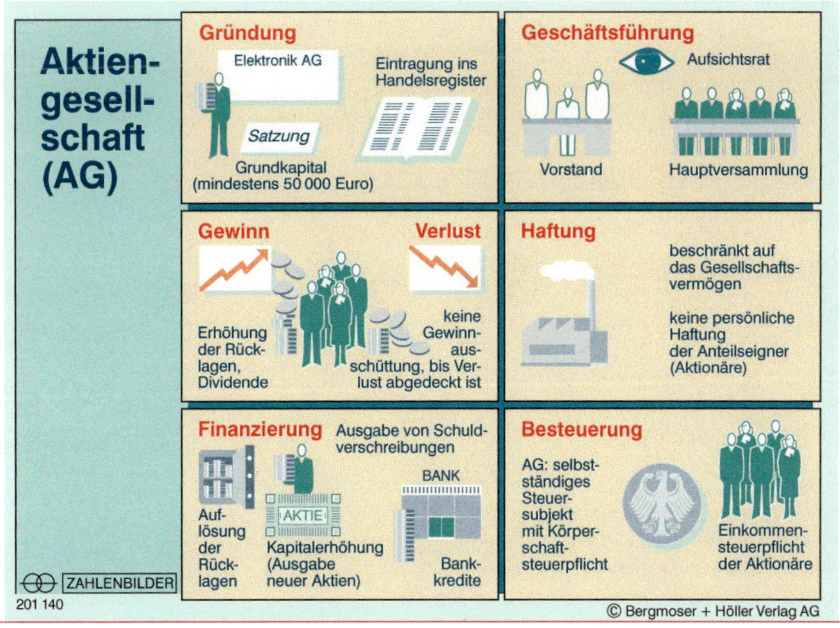

Übersicht: Personen- und Kapitalgesellschaften im Vergleich		
	Personengesellschaften	**Kapitalgesellschaften**
Rechtliche Organisationsform	Zusammenschluss der Gesellschafter	Juristische Person
Mindestkapital	nein	ja
Haftendes Vermögen	Gesellschaftsvermögen und Privatvermögen	Gesellschaftsvermögen
Geschäftsführung und Vertretung	durch Gesellschafter	durch Organe
Gewinnverteilung	nach Köpfen oder „im angemessenen Verhältnis“ bzw. nach vertraglicher Vereinbarung	nach Höhe der Kapitaleinlage bzw. nach vertraglicher Vereinbarung

Merke! Eine Entscheidung darüber, in welcher Rechtsform ein Unternehmen geführt werden soll, muss das erste Mal bei seiner Gründung fallen. Die Rechtsform muss nach außen durch Namenszusätze (z. B. Baustoff GmbH) dokumentiert werden und gibt damit den Kunden, Lieferanten oder anderen Interessengruppen wichtige Hinweise auf die Eigenschaften des Unternehmens.
Unternehmen können als Einzelunternehmen oder in der Form einer Gesellschaft geführt werden. Gesellschaften können als Personen- oder als Kapitalgesellschaft ausgestaltet sein.

Die gewählte Rechtsform regelt u. a.

- die Geschäftsführung,
- die Gewinnbeteiligung,
- die Haftung sowie
- die Beschaffungsmöglichkeiten des erforderlichen Eigenkapitals.

Alles klar?

1 Ein Ehepaar kommt zu einer Bank und möchte eine Eigentumswohnung kaufen, die es vermieten will. Dazu möchte das Ehepaar eine GbR gründen. Erläutern Sie, welche Unterlagen die Bank anfordern wird, um zu prüfen, ob der Kredit gewährt werden kann.

2 Unterscheiden Sie zwischen Personen- und Kapitalgesellschaften.

3 Erläutern Sie den Unterschied zwischen Geschäftsführungsbefugnis und Vertretungsbefugnis in einem Unternehmen?

4 Nehmen Sie Stellung zu der folgenden These: „Eine Beteiligung an einer Personengesellschaft sollte möglichst vermieden werden. Das Risiko, sein eingesetztes Kapital zu verlieren, ist dabei viel zu hoch.“

5 Eine GmbH formuliert einen Gesellschaftsvertrag. Es muss u. a. festgelegt werden, unter welcher Bedingung die Gesellschafter eine Nachschusspflicht haben. Unterbreiten Sie hierfür zwei Vorschläge.

6 Damit die GmbH handlungsfähig ist, benötigt sie sogenannte Organe. Nennen Sie die Organe einer GmbH.

7 Erläutern Sie, wie sich eine AG bei ihrer Gründung finanzieren kann. Erklären Sie den Unterschied zur Finanzierung einer bestehenden AG.

5 Entscheidung über die Finanzierung

Unternehmen haben verschiedene Möglichkeiten, sich das für die Durchführung der Leistungsprozesse notwendige Kapital zu beschaffen. Sie können ihre geplanten Investitionen auf verschiedene Art und Weise finanzieren. Diese verschiedenen Finanzierungsarten lassen sich nach unterschiedlichen Kriterien systematisieren.

Werden die Finanzierungsarten nach der Herkunft des Kapitals eingeteilt, so kann zwischen Innen- und Außenfinanzierung unterschieden werden. Werden die finanziellen Mittel im Unternehmen selbst durch den betrieblichen Umsatzprozess erwirtschaftet, handelt es sich um eine Innenfinanzierung. Kommen die finanziellen Mittel vom Kapitalmarkt, also von externen Kapitalgebern, liegt eine Außenfinanzierung vor.[1]

Nach der Rechtsstellung des Kapitalgebers werden Eigen- und Fremdfinanzierung unterschieden. Werden die finanziellen Mittel von den bisherigen oder neu hinzukommenden Eigentümern aufgebracht, liegt eine Eigenfinanzierung vor. Kommen die finanziellen Mittel von Kapitalgebern, die eine Gläubigerposition gegenüber dem Unternehmen einnehmen (z. B. Banken), liegt Fremdfinanzierung vor.

1 **Mittelherkunft**
Innenfinanzierung
Außenfinanzierung

Die folgende Übersicht verdeutlicht die Zusammenhänge zwischen den einzelnen Finanzierungsarten.

	Innenfinanzierung	**Außenfinanzierung**
Eigenfinanzierung	Finanzierung ... aus nichtausgeschütteten Gewinnen (Selbstfinanzierung) ... aus Abschreibungsgegenwerten	Beteiligungs- oder Einlagenfinanzierung
Fremdfinanzierung	Finanzierung aus Rückstellungen	Finanzierung durch Kreditgewährung ... Lieferantenkredit (Kontokorrentkredit) ... kurz- und langfristige Bankkredite (Darlehen)

5.1 Eigenfinanzierung

Merke! Bei der Eigenfinanzierung wird dem Unternehmen zusätzliches Eigenkapital zugeführt. Dieses kann über den Weg der Innen- und der Außenfinanzierung erfolgen.

Es lassen sich die Finanzierung aus einbehaltenen Gewinnen (Selbstfinanzierung), die Finanzierung aus Abschreibungsgegenwerten und die Beschaffung von Eigenkapital durch Beteiligungs- bzw. Einlagenfinanzierung unterscheiden.

5.1.1 Finanzierung aus einbehaltenen Gewinnen (Selbstfinanzierung)

Bei der Selbstfinanzierung wird das Eigenkapital durch einbehaltende Gewinne erhöht. Es wird zwischen offener und stiller Selbstfinanzierung unterschieden.

Bei der offenen Selbstfinanzierung[2] werden ausgewiesene und versteuerte Gewinne nicht an die Eigentümer ausgeschüttet, sondern verbleiben im Unternehmen. Der nicht ausgeschüttete Gewinn wird in der Bilanz dem Eigenkapital zugerechnet.

2 Eine **offene Selbstfinanzierung** wird in der Bilanz sichtbar.

Bei Personengesellschaften erfolgt dies durch Gutschrift auf den Kapitalkonten der Gesellschafter und Verzicht auf Gewinnentnahme. Bei Kapitalgesellschaften geschieht diese Selbstfinanzierung durch die Überführung von Gewinnanteilen in die Gewinnrücklage. Die offene Rücklage kann freiwillig oder aufgrund gesetzlicher Bestimmungen erfolgen. So ist z. B. eine Aktiengesellschaft nach dem Aktiengesetz (AktG) verpflichtet, eine gesetzliche (offene) Rücklage zu bilden.

Bei der stillen Selbstfinanzierung[1] werden stille Reserven gebildet. Stille Reserven entstehen durch Bilanzierungs- und Bewertungsmaßnahmen wie durch eine Unterbewertung der Aktiva (Vermögenswerte) oder durch eine Überbewertung der Passiva (Verbindlichkeiten).

1 Eine **stille Selbstfinanzierung** entsteht durch die Unterbewertung von Vermögen.

Beispiel Die BE Partners KG hat vor einigen Jahren einen Transporter für 36.000,00 € gekauft. Er wurde über die Nutzungsdauer von 6 Jahren abgeschrieben. Es entstanden somit jährlich Kosten durch die Abschreibung von 6.000,00 €. Nun ist der Transporter mit 1,00 € in der Bilanz ausgewiesen, der aktuelle Zeitwert beträgt aber noch 3.000,00 €. Der Aktivposten Fuhrpark ist demnach unterbewertet.
Die 3.000,00 € dienen nun als stille Reserve in der Bilanz und treten erst dann in Erscheinung, wenn der Transporter zum Marktwert verkauft werden sollte.

5.1.2 Finanzierung aus Abschreibungsgegenwerten

Der Werteverlust des Anlagevermögens wird über Abschreibungen erfasst. Der gesamte Werteverlust wird über die voraussichtliche Nutzungsdauer verteilt, sodass der Anschaffungswert um den jeweiligen Werteverzehr (die Abschreibung) vermindert wird. Daneben haben Abschreibungen eine kalkulatorische Funktion. Sie werden zusammen mit anderen Kosten in die Verkaufspreise der Produkte eines Unternehmens eingerechnet.

Beim Verkauf eines Produkts fließen dem Unternehmen liquide Mittel in Höhe des Absatzpreises zu. Der Teil der Erlöse, der die Abschreibungen deckt, wird als Abschreibungsgegenwert bezeichnet. Da Anlagegüter zu unterschiedlichen Zeiten erneuert werden müssen, fließen die Abschreibungsgegenwerte dem Unternehmen im Regelfall zu einem Zeitpunkt zu, zu welchem diese noch nicht zu Ersatzinvestitionen benötigt werden (**Kapitalfreisetzungseffekt**). Dadurch entstehen liquide Mittel.

Für die Erhaltung des finanziellen Gleichgewichts eines Unternehmens ist es nicht erforderlich, diese Abschreibungsgegenwerte bis zur Ersatzbeschaffung des Wirtschaftsgutes anzusparen, also eine Art Erneuerungsfonds zu bilden. Es genügt vielmehr, dass die erforderliche Reinvestition zum Ende der Nutzungsdauer erfolgen kann. Hieraus ergibt sich die finanzwirtschaftliche Funktion von Abschreibungen. Die so gewonnene Liquidität kann bis zur Wiederbeschaffung der Anlage zu Finanzierungszwecken genutzt werden. Dies wird **Finanzierung aus Abschreibungsgegenwerten** genannt.

Finanzierung aus Abschreibungsgegenwerten

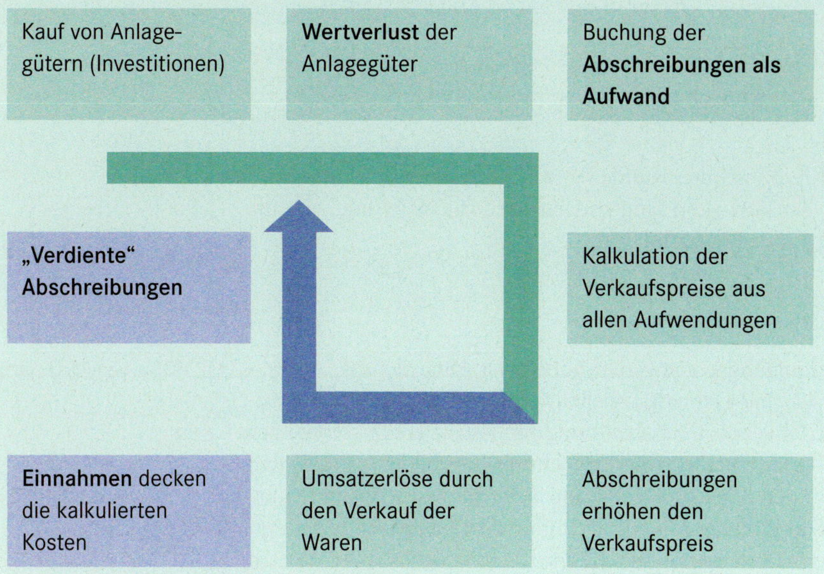

5.1.3 Beteiligungs- bzw. Einlagenfinanzierung

Eine Beteiligungs- bzw. Einlagenfinanzierung liegt vor, wenn dem Unternehmen durch bisherige oder neue Eigentümer Eigenkapital zugeführt wird. Dies geschieht z. B. bei der Gründung des Unternehmens, der Aufnahme neuer Gesellschafter oder anlässlich einer Kapitalerhöhung durch die Gesellschafter selbst. Bei den Mitteln, die dem Unternehmen zufließen, kann es sich um Geldeinlagen, Sachwerte (z. B. Maschinen, Waren, Grundstücke) oder Rechte (z. B. Patente, Lizenzen) handeln.

Die bisherigen oder neuen Eigentümer, die hier als Kapitalgeber auftreten, sind entsprechend ihrer Stellung als Eigentümer und in Abhängigkeit von der Rechtsform des Unternehmens in unterschiedlichem Umfang

- am Gewinn, Verlust und einem eventuellen Verkaufserlös bei Auflösung des Unternehmens beteiligt und
- stimm-, kontroll- und mitspracheberechtigt, z. B. bei der Geschäftsführung.

Welche Möglichkeiten der Eigenkapitalbeschaffung es im Einzelnen gibt, hängt von der Rechtsform des Unternehmens und den Zugangsmöglichkeiten zu den Wertpapierbörsen ab. Das Eigenkapital kann durch Einlagenfinanzierung bei Einzelunternehmen oder Personengesellschaften (z. B. OHG) bzw. Beteiligungsfinanzierung bei Kapitalgesellschaften (z B. AG) erhöht werden.

Die Vorteile dieser Finanzierungsart bestehen zum einen darin, dass das Kapital langfristig zur Verfügung steht, da dieses durch die bisherigen Gesellschafter oder durch die Aufnahme neuer Gesellschafter zur Verfügung gestellt wird. Zum anderen ist es vorteilhaft, dass insbesondere bei Verlusten keine Zinszahlungspflicht an Gläubiger besteht.

Merke! Eigenfinanzierung erfolgt durch einbehaltene Gewinne. Die für Abschreibungen kalkulierten Kosten sind keine Ausgaben und deshalb stehen diese finanziellen Mittel für weitere Investitionen zur Verfügung. Eine weitere Form der Eigenfinanzierung ist die Zuführung von zusätzlichem Eigenkapital.

5.2 Fremdfinanzierung

Merke! Eine Fremdfinanzierung liegt vor, wenn die finanziellen Mittel von Kapitalgebern aufgebracht werden und dem Unternehmen zeitlich befristet zur Verfügung stehen.

Kapitalgeber können z. B. Kreditinstitute, Kunden und Lieferanten sein. Zur Fremdfinanzierung gehört neben der kurz- und langfristigen Kreditfinanzierung auch die Finanzierung aus Rückstellungsgegenwerten.

5.2.1 Finanzierung aus Rückstellungsgegenwerten

Die Finanzierung aus Rückstellungsgegenwerten ähnelt der Finanzierung aus Abschreibungsgegenwerten: Hier sind es die finanziellen **Gegenwerte von Rückstellungen**, die zwischen ihrer Bildung und ihrer Auflösung für Finanzierungszwecke zur Verfügung stehen. Rückstellungen werden für Verpflichtungen gebildet, die nur dem Grunde nach bekannt sind, deren genaue Höhe und Fälligkeit zum Bilanzstichtag aber noch ungewiss sind. Die Bildung von Rückstellungen ist im HGB[1] festgelegt. Rückstellungen sind unter Finanzierungsaspekten umso wertvoller, je länger sie dem Unternehmen zur Verfügung stehen.

1 **HGB** = Handelsgesetzbuch

Beispiel Für die Reparatur eines nicht mitversicherten Gebäudeschadens aus dem Geschäftsjahr 20X1 wird im Jahresabschluss des Jahres 20X1 eine Rückstellung in Höhe von 150.000,00 € gebildet. Die Reparatur erfolgt im März 20X2. Unabhängig von den tatsächlich zu zahlenden Reparaturkosten stehen dem Unternehmen die Rückstellungsbeträge befristet bis zum Begleichen der Rechnung für die Reparatur zur Verfügung. Rückstellungen können nicht an Gesellschafter ausgeschüttet werden und vermindern zudem den Gewinn. Dies führt zu einer geringeren Steuerbelastung, sodass diese eingesparten Mittel für Finanzierungszwecke genutzt werden können.

Finanzwirtschaftliche Bedeutung haben insbesondere die **Pensionsrückstellungen**: Dies sind Rückstellungen, die für die betriebliche Altersversorgung der Mitarbeiter eines Unternehmens gebildet werden und die dem Unternehmen deshalb lange zur Verfügung stehen. Da die Mitarbeiter keine Eigentümer des Unternehmens sind, ist die Finanzierung aus den entsprechenden Rückstellungsgegenwerten ebenfalls eine Form der Fremdfinanzierung. Als Kreditgeber fungieren hier die eigenen Mitarbeiter.

5.2.2 Kurzfristige Kreditfinanzierung: Kontokorrent- und Lieferantenkredit

LS 87 Einen Lieferantenkredit beurteilen

Eine Kreditfinanzierung liegt vor, wenn dem Unternehmen von externen Kapitalgebern (z. B. Kreditinstituten) oder Miteigentümern Fremdkapital für einen begrenzten Zeitraum zur Verfügung gestellt wird. Der Kreditgeber erhält dafür einen vertraglich fest vereinbarten Zins. Damit der Kreditgeber dem Unternehmen (Kreditnehmer) finanzielle Mittel zur Verfügung stellt, setzt er im Regelfall Kreditfähigkeit, Kreditwürdigkeit und Kreditsicherheiten voraus (vgl. Tabelle auf der nächsten Seite).

Die wichtigsten Formen der kurzfristigen Fremdfinanzierung für Unternehmen sind der Kontokorrent- und der Lieferantenkredit. Sie werden i. d. R. zur Finanzierung des laufenden Geschäftsbetriebs genutzt, da sie eine Laufzeit von höchstens einem Jahr haben.

	Definition	Nachweis
Kreditfähigkeit	Fähigkeit, Kredite rechtswirksam aufnehmen zu können	z. B. die Vertretungsbefugnisse der (oder des) Kreditantragsteller(s) in Abhängigkeit von der Unternehmensform (ggf. Einsicht in Handelsregistereintragungen)
Kreditwürdigkeit	Fähigkeit, den Kredit einschließlich Zinsen innerhalb der Kreditlaufzeit vereinbarungsgemäß zurückzuzahlen	z. B. durch Bonitätsprüfungen des Kreditgebers (Jahresabschlüsse, betriebswirtschaftliche Analysen, Planungsunterlagen, SCHUFA-Auskunft usw.)
Kreditsicherheit	Fähigkeit, dem Kreditgeber Sicherheiten für den Fall eines möglichen Kreditausfalls zur Verfügung zu stellen	z. B. durch die Bereitstellung von Kreditsicherungsmitteln (Grundschuld, Hypothek, Sicherungsübereignung, Bürgschaft, Zession usw.)

Beispiel Die BE Partners KG befindet sich in einem finanziellen Engpass. Der Geschäftsführer nimmt deshalb mit der Hausbank Gespräche auf, um die aufgetretenen Zahlungsschwierigkeiten zu bewältigen. Die Bank erklärt sich bereit, einen Kontokorrentkredit über 20.000,00 € einzurichten.

Der **Kontokorrentkredit** dient dazu, kurzzeitige Schwankungen im Kapitalbedarf eines Unternehmens abzudecken. Ein Kreditinstitut räumt dazu einem Kreditnehmer einen Kredit in einer bestimmten Höhe ein, der vom Kreditnehmer bis zum vereinbarten Maximalbetrag (Kreditlinie, Kreditlimit) in Anspruch genommen werden kann. Die Einräumung eines Kontokorrentkredits setzt üblicherweise voraus, dass der Kreditnehmer seinen Zahlungsverkehr zu einem erheblichen Teil über das Kreditinstitut abwickelt.

Der Kontokorrentkredit ist ein kurzfristiger Kredit, seine Laufzeit wird meist auf sechs Monate vereinbart. Sofern der Kreditnehmer keinen Anlass zur Auflösung des Vertragsverhältnisses gibt, wird der Kontokorrentkredit verlängert, sodass er meist langfristig zur Verfügung steht. In der Regel bekommen Unternehmen auf Bankguthaben eine Verzinsung (Guthaben- oder Habenzinsen genannt). Als Kapitalkosten fallen üblicherweise Sollzinsen auf den in Anspruch genommenen Kredit bis zum vereinbarten Kreditlimit an. Wird die eingeräumte Kreditlinie überschritten, fallen zusätzlich Überziehungszinsen auf die darüber hinausgehende Kreditaufnahmen an. Wenn ein Unternehmen einen Kontokorrentkredit dauerhaft in Anspruch nehmen muss, ist es in der Regel günstiger, die kurzfristige Verbindlichkeit in eine mittel- oder langfristige Verbindlichkeit umzuwandeln, da das Kreditinstitut für solche Kredite günstigere Konditionen anbietet.

Beispiel Der folgende Verlauf eines Kontokorrentkredits zeigt, dass es in den ersten drei Tagen des Monats zunächst ein Guthaben in Höhe von 25.000,00 € auf dem Bankkonto gibt. Dieses Guthaben wird mit 1 % verzinst.

Vom 4. bis zum 11. Tag wird das Konto mit 20.000,00 € überzogen, sodass ein Sollzins von 8 % für diesen Zeitraum anfällt.

Vom 12. bis zum 19. Tag reicht dieses Kreditlimit nicht mehr aus und die Verschuldung steigt auf 55.000,00 € an. Dafür muss zunächst der Sollzins von 8 % für 20.000,00 € gezahlt werden und zusätzlich der erhöhte Überziehungszinssatz von 12 % für 35.000,00 €.

Nach einem Zahlungseingang ist das Konto vom 20. bis zum 23. Tag nur noch mit 5.000,00 € überzogen, sodass dafür nur noch der Sollzins bezahlt werden muss. Ab dem 24. bis zum 30. Tag befindet sich das Konto wieder im positiven Bereich mit einem Guthaben von 50.000,00 €, sodass dafür von der Bank Guthabenzinsen gezahlt werden.

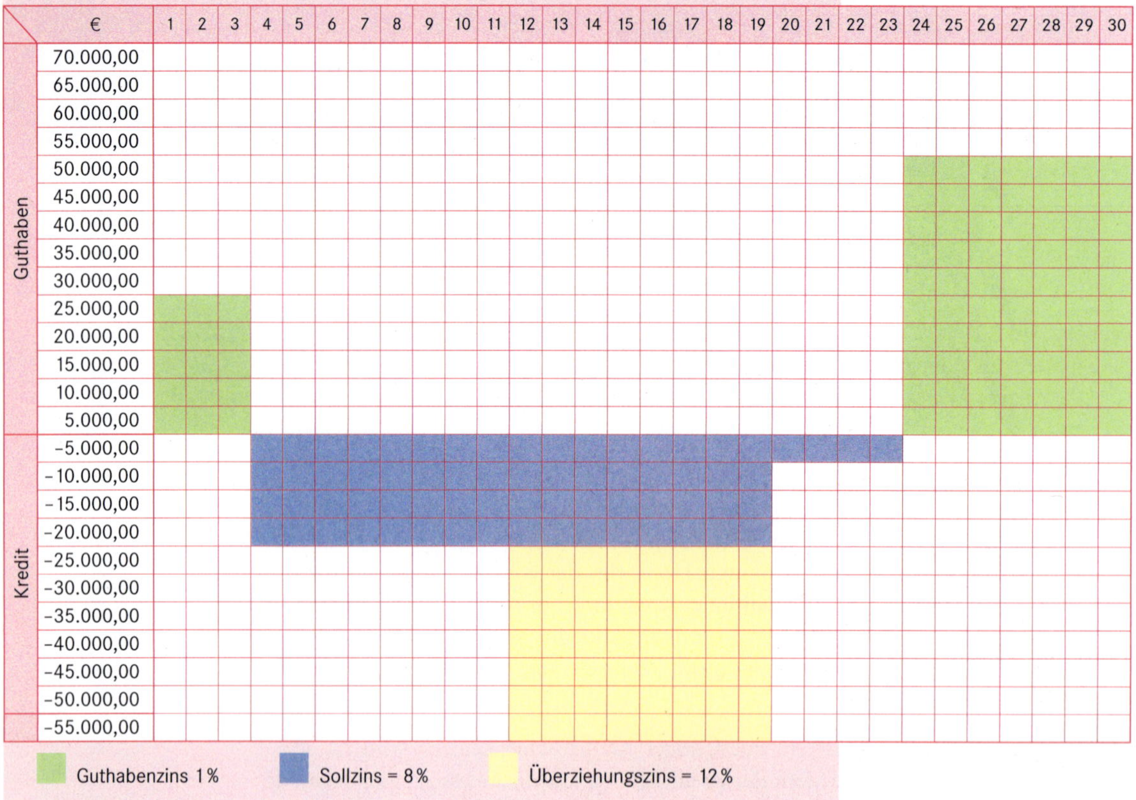

Der **Lieferantenkredit** ist ein kurzfristiger Handelskredit, bei dem der Lieferant seinem Kunden ein Zahlungsziel gewährt. Gelieferte Ware muss nicht sofort, sondern erst zu einem späteren Zeitpunkt bezahlt werden. Der Käufer erhält also Leistungen unter Aufschub der Zahlung des Kaufpreises. In der Rechnung steht dazu z. B. folgende Formulierung: „zahlbar innerhalb von 30 Tagen". In der Praxis ist eine Laufzeit von 30 bis 90 Tagen üblich.

Zwar wird für den Lieferantenkredit kein Zins gezahlt, das heißt jedoch nicht, dass er „umsonst" gewährt wird. Der Lieferant erhebt Zinsen in Form von Skonto. In der Regel hat er diesen bei der Preiskalkulation für sein Produkt bereits einkalkuliert. Wenn der Käufer das eingeräumte Zahlungsziel nicht nutzt und seine Rechnung sofort bezahlt, kann er einen bestimmten Prozentsatz, den Skonto, vom Rechnungsbetrag abziehen. Dieser liegt gewöhnlich zwischen einem und drei Prozent.

Beispiel Die BE Partners KG erhält von einem Lieferer eine Rechnung über 1.190,00 € brutto mit folgender Zahlungsvereinbarung: „Bei Zahlung innerhalb von 30 Tagen netto Kasse, bei Zahlung innerhalb von 10 Tagen 2 % Skonto."
Nimmt die BE Partners KG den Lieferantenkredit nicht in Anspruch und bezahlt sie die Rechnung innerhalb von 10 Tagen, dann darf sie 2 % von diesem Rechnungsbetrag (23,80 €) einbehalten. Sie müsste somit nur 1.166,20 € überweisen.

Nimmt sie allerdings den Lieferantenkredit in Anspruch und zahlt erst 20 Tage später (bis zum 30. Tag = Ende des Kreditzeitraumes), so muss sie den kompletten Rechnungsbetrag in Höhe von 1.190,00 € bezahlen.
Für diesen Lieferantenkredit müsste sie also auf 23,80 € Skonto verzichten.

Lauten die Zahlungsbedingungen wie in dem Beispiel „2 % Skonto bei Zahlung innerhalb von 10 Tagen oder 30 Tagen netto Kasse", so ergibt sich bei der Umrechnung auf ein Jahr eine Jahresverzinsung von 36 %.

$$\text{Ermittlung des Jahreszinssatzes} = \frac{\text{Skontosatz (\%)} \cdot 360 \text{ (Tage)}}{\text{Zahlungsziel (Tage)} - \text{Skontofrist (Tage)}}$$

$$\text{Jahreszinssatz} = \frac{2\,\% \cdot 360 \text{ Tage}}{30 \text{ Tage} - 10 \text{ Tage}} = 36\,\% \text{ pro Jahr}$$

Der Lieferantenkredit ist also ein sehr teurer Kredit. Deshalb ist es unter Rentabilitätsgesichtspunkten häufig sinnvoller, einen Kontokorrentkredit in Anspruch zu nehmen. Das zeigt sich bei der Berechnung der Zinsen, die durch einen Kredit entstehen würden.

Beispiel Die BE Partners KG hat zurzeit ihr Kontokorrentkonto überzogen. Sie kann die obige Eingangsrechnung nur dann unter Skontoabzug bezahlen, wenn sie das Konto um weitere 1.166,20 € überzieht. Der Sollzinssatz der Bank beträgt 8 %.

$$\text{Kreditkosten} = \frac{\text{Betrag} \cdot \text{Zinssatz} \cdot \text{Tage}}{100\,\% \cdot 360}$$

$$\text{Kreditkosten} = \frac{1.166{,}20\text{ €} \cdot 8\,\% \cdot 20 \text{ Tage}}{100\,\% \cdot 360 \text{ Tage}} = 5{,}18\text{ €}$$

Selbst dann, wenn die Skontoausnutzung durch diese Kreditaufnahme bei der Hausbank (Überziehungskredit) finanziert werden muss, ergibt sich eine positive Differenz im Vergleich zum Skonto von 17,62 € (23,80 € - 5,18 €).

5.2.3 Langfristige Kreditfinanzierung: Fälligkeits-, Annuitäten- und Abzahlungsdarlehen

LS 88 Über langfristige Finanzierungen entscheiden

Sollen mittel- oder langfristige Investitionen getätigt werden, muss auch mittel- bzw. langfristig finanziert werden. Die wichtigste Form der langfristigen Fremdfinanzierung ist das Darlehen (§ 488 BGB). Ein Darlehen ist die Hingabe eines Geldbetrages mit der Verpflichtung an den Darlehensnehmer, ihn mit einem geschuldeten Zins bei Fälligkeit zurückzuzahlen.

Nach der Form der Darlehenstilgung lassen sich drei Arten von Darlehen unterscheiden:

– Fälligkeitsdarlehen (Festdarlehen)
– Annuitätendarlehen
– Abzahlungsdarlehen (Ratendarlehen)

Beispiel Die in der BE Partners KG geplante Anschaffung einer modernen Druckmaschine rückt immer näher. Die Geschäftsleitung hat sich nach einer intensiven Investitionsplanung für eine Maschine entschieden, die einen Anschaffungspreis von 70.000,00 € hat. Davon sollen 60.000,00 € über ein Darlehen finanziert werden.

Die Hausbank der BE Partners KG bietet die Finanzierung zu 8 % (Nominalzinssatz) an. Es stehen verschiedene Tilgungsmöglichkeiten zur Auswahl:

1. einmalige Gesamttilgung am Ende der Laufzeit
2. Tilgung des Kredits in sechs gleichen Annuitäten
3. gleichbleibende Tilgung mit abnehmender Zinsbelastung

Beim **Fälligkeitsdarlehen (Festdarlehen)** wird das Darlehen am Ende der Laufzeit, an einem festgelegten Tag, in einem Betrag getilgt. Während der Laufzeit entrichtet der Darlehensnehmer zu vereinbarten Zeiten, wie z. B. vierteljährlich, halbjährlich oder jährlich, ausschließlich Zinszahlungen.

Beispiel Rückzahlungsplan beim Fälligkeitsdarlehen

Darlehen = 60.000,00 € Zinssatz: 8 % p. a.	Tilgungsplan				
	Darlehensschuld am Jahresanfang (€)	Gesamtzahlung (€)	Zinsen (€)	Tilgung (€)	Darlehensschuld am Jahresende (€)
1. Jahr	60.000,00	4.800,00	4.800,00		60.000,00
2. Jahr	60.000,00	4.800,00	4.800,00		60.000,00
3. Jahr	60.000,00	4.800,00	4.800,00		60.000,00
4. Jahr	60.000,00	4.800,00	4.800,00		60.000,00
5. Jahr	60.000,00	4.800,00	4.800,00		60.000,00
6. Jahr	60.000,00	64.800,00	4.800,00	60.000,00	0,00
Summe		88.800,00	28.800,00	60.000,00	

Wählt die BE Partners KG ein Fälligkeitsdarlehen, müsste sie sechs Jahre lang 8 % Zinsen auf die Gesamtsumme (60.000,00 €) bezahlen, pro Jahr also 4.800,00 €. Insgesamt kostet der Kredit damit 28.800,00 €.

Erst am Ende der Laufzeit müsste die BE Partners KG die Tilgungssumme von 60.000,00 € aufbringen.

Beim **Annuitätendarlehen** ist ein regelmäßiger Rückzahlungsbeitrag (Annuität) pro Jahr zu leisten. Die Annuität bleibt in der Höhe über die gesamte Vertragslaufzeit konstant und besteht aus einem Zins- und einem Tilgungsanteil. Die Zusammensetzung des Zins- und Tilgungsanteils verändert sich jedoch. Zu Beginn der Laufzeit ist der Anteil der Zinsen vergleichsweise hoch. Er sinkt jährlich, da sich die Zinsleistung auf eine durch die Tilgung abnehmende Restschuld bezieht. Von Jahr zu Jahr nimmt somit der Tilgungsanteil im gleichen Verhältnis zu.

Rechnerisch wird die Annuität von der kreditgebenden Bank durch Multiplikation des Darlehensbetrags mit dem sogenannten **Kapitalwiedergewinnungsfaktor**[1] ermittelt. Der Kapitalwiedergewinnungsfaktor heißt deshalb auch Annuitätenfaktor.

Je höher der Zinssatz, desto größer ist der Kapitalwiedergewinnungsfaktor, denn umso höher ist auch die Annuität.

1 Kapitalwiedergewinnungsfaktor =

$$= \frac{i\,(1+i)^n}{(1+i)^n - 1}$$

i = Zinssatz, n = Laufzeit

Beispiel Rückzahlungsplan beim Annuitätendarlehen

Die Bank ermittelt für die BE Partners KG für den Kredit bei 8 % Zinsen und einer Laufzeit von 6 Jahren eine notwendige Annuität von 12.978,93 €.
Wählt die BE Partners KG das Annuitätendarlehen, müsste sie sechs Jahre lang 12.978,92 € zahlen. Insgesamt kostet sie der Kredit 17.873,54 €.

1 Kapitalgewinnungsfaktor

$$= \frac{0{,}08\,(1 + 0{,}08)^6}{(1 + 0{,}08)^6 - 1}$$

= 0,2163155

Darlehen = 60.000,00 € Zinssatz: 8 % p. a.[1]	Tilgungsplan				
	Darlehensschuld am Jahresanfang (€)	Annuität (Gesamtzahlung) (€)	Zinsen (€)	Tilgung (€)	Darlehensschuld am Jahresende (€)
1. Jahr	60.000,00	12.978,92	4.800,00	8.178,92	51.821,08
2. Jahr	51.821,08	12.978,92	4.145,69	8.833,24	42.987,84
3. Jahr	42.987,84	12.978,92	3.439,03	9.539,90	33.447,94
4. Jahr	33.448,94	12.978,92	2.675,84	10.303,09	23.144,86
5. Jahr	23.144,86	12.978,92	1.851,59	11.127,33	12.017,52
6. Jahr	12.017,52	12.978,92	961,40	12.017,52	0,00
Summe		77.873,54	17.873,54	60.000,00	

Beim **Abzahlungsdarlehen (Ratendarlehen)** sind die jährlichen Tilgungsbeiträge gleich hoch. Durch die dadurch abnehmende Restschuld sinken die Zinszahlungen pro Jahr. Insgesamt sinkt also während der Vertragslaufzeit die Gesamtbelastung (Liquiditätsbelastung) pro Jahr.

Beispiel Rückzahlungsplan beim Abzahlungsdarlehen

Ein Abzahlungsdarlehen kostet die BE Partners KG also 16.800,00 €.

Darlehen = 60.000,00 € Zinssatz: 8 % p. a.	Tilgungsplan				
	Darlehensschuld am Jahresanfang (€)	Gesamtzahlung (€)	Zinsen (€)	Tilgung (€)	Darlehensschuld am Jahresende (€)
1. Jahr	60.000,00	14.800,00	4.800,00	10.000,00	50.000,00
2. Jahr	50.000,00	14.000,00	4.000,00	10.000,00	40.000,00
3. Jahr	40.000,00	13.200,00	3.200,00	10.000,00	30.000,00
4. Jahr	30.000,00	12.400,00	2.400,00	10.000,00	20.000,00
5. Jahr	20.000,00	11.600,00	1.600,00	10.000,00	10.000,00
6. Jahr	10.000,00	10.800,00	800,00	10.000,00	0,00
Summe		66.800,00	16.800,00	60.000,00	

Welche Darlehensart für ein Unternehmen am günstigsten ist, muss im Einzelfall abgewogen werden. Dabei ist neben den Zinskosten auch die Liquiditätsbelastung durch den Zeitpunkt der Tilgung zu berücksichtigen.

Beispiel Die Geschäftsleitung der BE Partners KG stellt für ihre Finanzierungsentscheidung zunächst die Kosten der verschiedenen Darlehensarten gegenüber:

	Fälligkeitsdarlehen	Annuitätendarlehen	Abzahlungsdarlehen
Kreditkosten	28.800,00 €	17.873,54 €	16.800,00 €

Beim Fälligkeitsdarlehen ist es vorteilhaft, dass die BE Partners KG einen geringen jährlichen Zahlungsbetrag, nämlich nur die Zinsen in Höhe von 4.800,00 €, zu tragen hat. Die finanzielle Belastung ist bis zum 6. Jahr also sehr niedrig, aber im letzten Darlehensjahr muss genügend Kapital zur Verfügung stehen, um die Gesamtzahlung von 64.800,00 € aufzubringen. Außerdem sind beim Fälligkeitsdarlehen die Gesamtkosten für das Darlehen höher als z. B. beim Annuitäten- oder Abzahlungsdarlehen.

Das Annuitätendarlehen punktet bei der Geschäftsleitung mit einer gleichmäßigen Höhe der Gesamtzahlung aus Zinsen und Tilgung pro Jahr bis zum Ende des Darlehens.
Die insgesamt kostengünstigste Variante wäre für die BE Partners KG das Abzahlungsdarlehen. Hier sind allerdings von Beginn an pro Jahr relativ hohe Beträge zu bezahlen, die die Liquidität des Unternehmens während der Laufzeit belasten.

Bei allen Varianten der langfristigen Fremdfinanzierung ist zu beachten, dass der für die Tilgung angegebene Zinssatz (Nominalzinssatz) in der Regel nicht dem effektiven Zinssatz entspricht. Bei der Darlehensaufnahme kommen neben den Zinsen oft weitere Kosten auf den Kreditnehmer zu, die den Effektivzinssatz im Vergleich zum Nominalzinssatz in die Höhe treiben.

Beispiel Für die Aufnahme des Darlehens berechnet die Bank eine Bearbeitungsgebühr in Höhe von 0,5 % der Darlehenssumme, die z. B. auch die Kosten der Bonitätsprüfung durch die kreditgebende Bank decken soll. Darüber hinaus wurde ein Disagio von 2 % vereinbart. Das Disagio ist eine Zinsvorauszahlung, die sofort bei der Auszahlung des Darlehens einbehalten wird.

Kreditkosten am Beispiel des Fälligkeitsdarlehens:

Zinsen	6 · 4.800,00 €	= 28.800,00 €
+ Bearbeitungsgebühr		300,00 €
+ Disagio		1.200,00 €
= Gesamtkosten		30.300,00 €

Je mehr zusätzliche Kosten anfallen, desto größer ist die Differenz zwischen dem Nominalzins und dem effektiv zu zahlenden Zins. Bei Vergleichen verschiedener Kreditangebote muss also immer der Effektivzinssatz bzw. die tatsächliche Kostenbelastung verglichen werden.

Merke! Unternehmen müssen Kredite aufnehmen, um ihr Anlagevermögen zu finanzieren. Grundsätzlich wird in kurz- und langfristige Fremdfinanzierung unterschieden.

Der Kontokorrentkredit („Dispo“) und der Lieferantenkredit sind wichtige Formen der kurzfristigen Fremdfinanzierung. Bankdarlehen sind eine Form der langfristigen Fremdfinanzierung. Bankdarlehen unterscheiden sich im Wesentlichen durch die unterschiedliche Form der Tilgung.

Die wichtigste Regel bei der Wahl einer geeigneten Finanzierungsform lautet:
Die Finanzierungsmittel müssen einem Unternehmen immer genauso lange zur Verfügung stehen, wie sie benötigt werden.

5.3 Kriterien für die Wahl der Finanzierungsart

In einem ersten Schritt wurde der Kapitalbedarf ermittelt und anschließend wurden die verschiedenen Finanzierungsarten vorgestellt. Im nächsten Schritt geht es um die Frage, für welche Finanzierungsart sich das Unternehmen entscheiden soll. Die Wahl einer bestimmten Finanzierung ist für das Unternehmen wichtig. Ob Eigen- oder Fremdkapital besser ist, kann mithilfe folgender Kriterien abgewogen werden:

Kriterium	Eigenkapital – Eigenfinanzierung	Fremdkapital – Fremdfinanzierung
Unabhängigkeit der Geschäftsleitung	Mitbestimmungsrecht und daher Einflussnahme auf die Geschäftsleitung	Sobald der Kredit zurückgezahlt ist, besteht kein Mitbestimmungsrecht und daher keine Einflussnahme auf die Geschäftsleitung.
Kosten für das Unternehmen	Entschädigung in Abhängigkeit von Gewinn bzw. Verlust. Entschädigung muss jedoch nicht zwingend jedes Jahr erfolgen.	Vertraglich fix vereinbarter Zinsanspruch
Verfügbarkeitsmenge	Begrenzung durch finanzielle Kapazität und Bereitschaft bisheriger und neuer Eigentümer	Begrenzung durch Kreditwürdigkeit und die verfügbaren Kreditsicherheiten von Gesellschaft und Gesellschafter
Verfügbarkeitsdauer	Zeitlich unbestimmt, kein Rückzahlungsanspruch	Zeitlich begrenzt, Rückzahlungsanspruch

5.4 Leasing und Factoring als Sonderformen der Finanzierung

5.4.1 Leasing

Beispiel Die Auftragslage für den Druck von Katalogen ist anhaltend gut und das wird auch so weitergehen. Bei diesen Auflagenhöhen lohnt sich die Anschaffung einer neuen Offset-Druckmaschine. Allerdings liegt die Investitionssumme für das Wunschmodell von Frau Kolder bei knapp 200.000,00 €, für die BE Partners KG ein sehr hoher Betrag. Nach der Prüfung der verschiedenen Finanzierungsmöglichkeiten beschließt Rolf Bastian, von einem kapitalintensiven Kauf abzusehen und stattdessen die Offset-Druckmaschine zu leasen. Hierbei stehen verschiedene Arten des Leasings zur Verfügung.

Eine weitere Art, Investitionen zu finanzieren, ist das Leasing[1]. Beim Leasing stellt der Eigentümer eines Gegenstandes (Leasinggeber) diesen Gegenstand einem Nutzer (Leasingnehmer) für eine bestimmte Zeit und zu bestimmten vertraglichen Bedingungen. Der Leasingnehmer zahlt dem Leasinggeber für die Nutzung ein Entgelt (Leasingrate). Der Leasinggeber bleibt dabei im rechtlichen Sinne Eigentümer, während der Leasingnehmer Besitzer des Gegenstandes wird. Weil mit dem Leasing weitgehende Rechte für die Nutzung verbunden sind, wird Leasing häufig aber auch als „Mietkauf" bezeichnet. Leasingobjekte sind z. B. Fahrzeuge, Immobilien, Technische Anlagen und Maschinen.

1 **to lease** (engl.): mieten, pachten Überlassung eines Anlagegutes vom Leasinggeber an den Leasingnehmer gegen Zahlung einer Leasingrate

Entscheidende Bedeutung hat für den Leasingnehmer die Höhe der Leasingrate, weil er diese aus den erzielten Umsätzen heraus finanzieren muss. Die Leasingrate wird im Leasingvertrag festgelegt. Der Leasinggeber erwartet, dass er über die Leasingrate die Kosten für den Wertverlust, die Zinsaufwendungen für das investierte Kapital, Verwaltungskosten, einen Zuschlag für das Ausfallrisiko und darüber hinaus noch die Gewinnmarge erzielt.

Der Leasingnehmer kann die Leasingraten in voller Höhe steuerlich absetzen.

Aus der Sicht des Leasingnehmers ist diese Finanzierungsform als Fremdfinanzierung zu sehen, weil die Anschaffung des Objektes nicht von ihm, sondern vom Leasinggeber finanziert wird. Stellen Banken für die Finanzierung eines Anlagegutes Geldmittel zur Verfügung (Geldkredit), so wird beim Leasing ein Leasingobjekt zur Verfügung gestellt. Es handelt sich somit um einen Sachkredit.

Direktes und indirektes Leasing

Der Leasinggeber kann das Leasingobjekt direkt beim Hersteller dieses Objektes leasen. Es wäre z. B. möglich, den Leasingvertrag für den Fotokopierer fürs Büro unmittelbar mit dem Hersteller abzuschließen. In einem solchen Fall handelt es sich um direktes Leasing (Herstellerleasing).

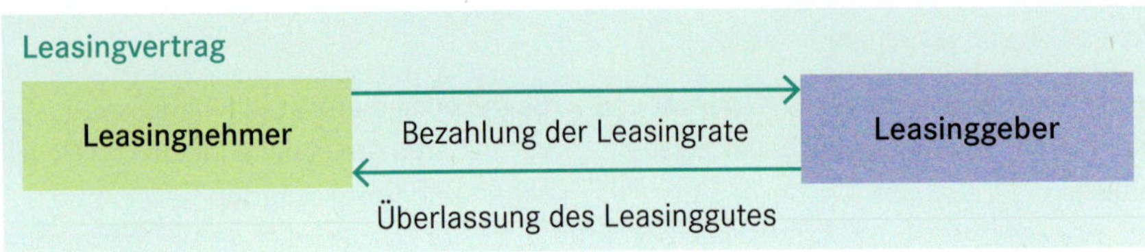

Häufig aber ist der Produzent des geleasten Anlagegutes nicht der Leasinggeber, sondern er schaltet noch eine Leasinggesellschaft oder ein Kreditinstitut ein. Diese erwerben das Leasinggut und werden Vertragspartner des Leasingnehmers. Im Bereich des Kfz-Leasings z. B. schalten die Kfz-Hersteller häufig ihre eigenen Banken als Leasinggesellschaft ein. In diesem Fall wird von indirektem Leasing gesprochen.

Operating- und Financial-Leasing

Operating-Leasing: Hier wird ein Leasingobjekt nur für eine relativ kurze Zeit vom Leasingnehmer genutzt und dann zurückgegeben. Der Leasingvertrag kann jederzeit innerhalb gewisser vertraglich vereinbarter Fristen gekündigt werden.

Bei dieser Leasingform trägt die Leasinggesellschaft das Investitionsrisiko. Auch die Wertminderung des Leasingobjektes ist von ihr zu übernehmen. Sie muss darauf setzen, dass das Leasingobjekt nach Auslaufen eines Leasingvertrages erneut vermietet oder aber verkauft werden kann. Außerdem übernimmt der Leasinggeber beim Operating-Leasing normalerweise auch die Wartung und Reparatur des Leasingobjektes.

Für das Operating-Leasing eignen sich alle Anlagegüter, die nur für eine kurze Zeit benötigt werden oder die nach einer kurzen Zeit gegen neue, moderne ausgetauscht werden sollen. In der Regel werden solche Güter angeboten, die jederzeit weitervermietet werden können, wie z. B. Lagergebäude, Telefonanlagen, Messeausstattungen oder Baumaschinen.

Beispiel Die BE Partners KG hat einen größeren Auftrag zum Druck von Werbeprospekten erhalten. Dieser lässt sich mit den zur Verfügung stehenden Kapazitäten nicht bewältigen. Es ist absehbar, dass es sich bei dem Auftrag um einen einmaligen Auftrag handelt, deshalb least die BE Partners KG für die benötigte Zeit zusätzliche Druckmaschinen, die sie nach Auftragsende zurückgibt.

Financial-Leasing: Hier sind dagegen die Laufzeiten des Leasingvertrages lang. Sie können bis zu 90 % der Nutzungsdauer des Leasingobjektes betragen. Daraus folgt, dass solche Anlagegüter häufig nur einem einzigen Leasingnehmer zur Verfügung gestellt werden. Bei dieser Leasingform trägt der Leasingnehmer das Investitionsrisiko, da er den Vertrag innerhalb einer **Grundmietzeit**[1] nicht beliebig kündigen und das Leasingobjekt zurückgeben kann. Der Leasingnehmer trägt auch die Kosten für anfallende Reparaturen, für die Wartung und für die Versicherung des Anlagegutes.

1 **Grundmietzeit** = vertraglich festgelegter Zeitraum, in dem der Leasingvertrag nicht gekündigt werden kann.

Beispiel Die BE Partners KG benötigt eine Spezialdruckmaschine für die Herstellung von Hochglanzprospekten. Diese Maschine wird speziell auf die Bedürfnisse der BE Partners KG hin hergestellt. Ihre Nutzungsdauer wird auf 15 Jahre geschätzt. Der Leasingvertrag hat eine Laufzeit von 12 Jahren und es wird vereinbart, dass die BE Partners KG die Maschine nach Ablauf der Leasingzeit kaufen kann. Hierfür ist bei Vertragsabschluss schon ein Kaufpreis vereinbart worden, der dem geschätzten Restwert nach 12 Jahren entspricht.

Merke! Operating- und Financial-Leasing unterscheiden sich durch die im Leasing-Vertrag vereinbarte Grundmietzeit.

5.4.2 Leasing oder Kreditfinanzierung?

LS 89 Über Kredit oder Leasing entscheiden

Für die Vergleichskalkulation zwischen einem Kreditkauf und dem Leasing ist zu berücksichtigen, was nach Ablauf der Leasingzeit passiert. Während beim Operating-Leasing der Leasinggegenstand zurückgegeben wird, hat der Leasingnehmer beim Financial-Leasing in der Regel die Wahl. Er kann den Leasinggegenstand zurückgeben, ein Anschlussleasing abschließen oder den Leasinggegenstand unter eng festgelegten steuerlichen Voraussetzungen zu einem Restwert kaufen und damit dann auch das Eigentum am geleasten Gegenstand erwerben.

Um die Kosten vergleichbar zu machen, muss nicht nur die Summe der gezahlten Leasingraten einkalkuliert werden, sondern auch der Restwert, zu dem der Leasinggegenstand am Ende der Laufzeit gekauft werden kann.

Leasing	Kreditfinanzierung
Leasingrate + Abschlussgebühr (soweit sie berechnet wird) + Restkaufwert = Leasingkosten	Anschaffungskosten + Gebühren + Kreditzinsen = Kreditkosten

Damit die tatsächlich beste Finanzierungsalternative ermittelt werden kann, sollten sowohl die verschiedenen Vor- und Nachteile als auch die individuelle Situation des Unternehmens betrachtet werden.

Vorteile von Leasing	Nachteile von Leasing
– Verringerung des Eigen- oder Fremdkapitalbedarfs – Die Leasingraten sind als Aufwand in voller Höhe steuerlich absetzbar. – Kreditsicherheiten sind nicht notwendig. – Die Leasingraten stehen von Anfang an fest und ermöglichen eine genaue Kalkulation. – Die zeitliche Begrenzung ermöglicht die Anpassung an den technischen Fortschritt. – Durch die Vertragslaufzeit ist eine flexible Anpassung an die Auftragslage möglich. – Leasinggesellschaften bieten den Leasingnehmern häufig ein ganzes Bündel weiterer Dienstleistungen um das Leasinggeschäft herum an.	– Hohe Fixkosten durch die festgelegten Leasingraten – Die Kosten für das Leasing (Leasing-Raten) sind meistens höher als die Kosten, die für eine Kreditfinanzierung (Zinsen) anfallen würden. – Der Leasing-Nehmer erwirbt kein Eigentum am Leasingobjekt. – Sollte ein Unternehmen ein geleastes Anlagegut also nicht so lange wie geplant benötigen, muss es die Leasing-Raten dennoch weiter zahlen. – In der Regel behält sich der Leasinggeber vertraglich vor, den Leasingvertrag zu kündigen und das Leasingobjekt zurückzuverlangen, falls der Leasingnehmer in Verzug mit der Ratenzahlung gerät.

Als weiterer Vorteil des Leasings wird oft der Gedanke des „pay-as-you-earn“[1] hervorgehoben, dass parallel zur Nutzung des Leasingobjektes, für die Leasing-Raten anfallen, auch Erlöse aus dem Verkauf der durch die Nutzung erstellten Güter oder Dienstleistungen anfallen. Aus diesen Erlösen lassen sich dann die Leasingraten bezahlen.

1 „pay-as-you-earn“: Die Zahlungen für die Nutzung eines Anlageguts erfolgen dann, wenn damit Geld verdient wird.

Leasing kann trotz der höheren Kosten für Unternehmen durchaus Vorteile haben. Seit der Gründung der ersten Leasing-Gesellschaft in Deutschland im Jahre 1962 erfreut es sich im Rahmen der Finanzierung von Anlagegütern steigender Beliebtheit. Die nachstehende Tabelle über die Höhe der Leasing-Investitionen zeigt diese Entwicklung, die lediglich durch die weltweite Finanzkrise leicht gedämpft wurde.

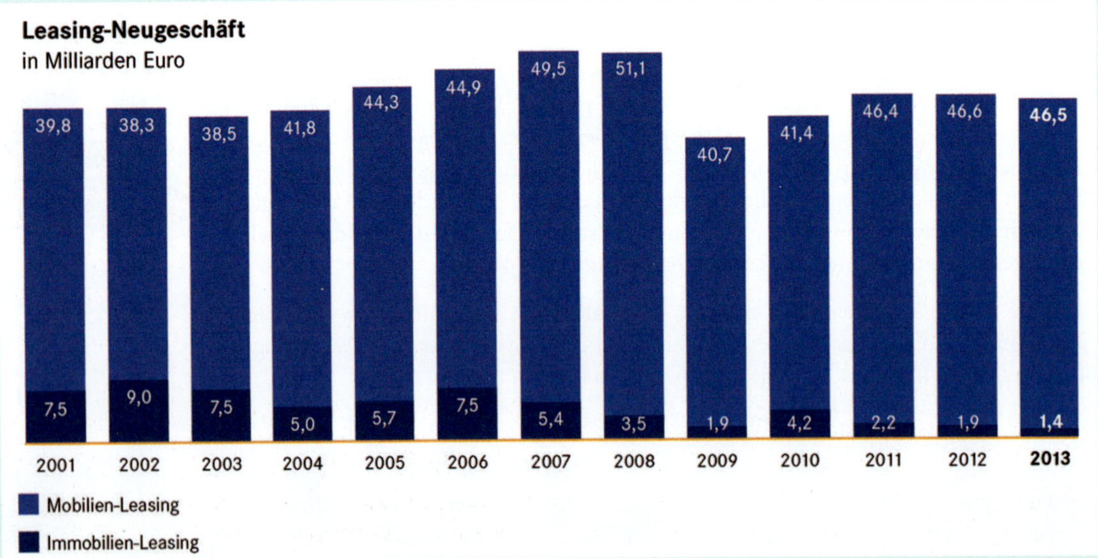

Quelle: aus dem Jahresbericht des Bundesverbands Deutscher Leasing-Unternehmen e. V.: ifo Institut für Wirtschaftsforschung, Statistisches Bundesamt (Stand Juni 2014)

Für Privatpersonen dürfte die Frage, ob z. B. die Anschaffung eines Pkw mit Leasing finanziert werden sollte, schnell beantwortet sein. Hier steht der Kostenfaktor im Mittelpunkt und es wird meistens so sein, dass eine Finanzierung durch einen Kredit eines Kreditinstitutes günstiger ist.

5.4.3 Factoring

Beim Factoring verschiebt der Gläubiger das Risiko von Zahlungsausfällen bei kurzfristigen Forderungen, indem er die Forderungen vor Fälligkeit an einen sogenannten Factor verkauft.[2] Factor kann entweder eine Factoring-Gesellschaft oder eine Bank sein. Die Vorteile für den Gläubiger liegen auf der Hand: Zum einen kann er durch den Verkauf **sicher sein**, dass seine Forderungen beglichen werden, er also in jedem Fall sein Geld erhält. Er muss sich auch nicht mit dem Mahnverfahren beschäftigen, da dies im Bedarfsfall vom Factor übernommen wird. Ein weiterer Vorteil für den Gläubiger besteht darin, dass er in der Regel **sofort** nach Verkauf der Forderung vom Factor **sein Geld erhält (Vorfinanzierung)**. Er muss also nicht warten, bis der Kunde am Ende der ihm gesetzten Zahlungsfrist zahlt. Auf diese Weise steigert der Gläubiger seine Liquidität. Beim Factoring handelt es sich somit um eine besondere Form der kurzfristigen Fremdfinanzierung.

2 Beim Factoring verkauft der Gläubiger seine Forderungen. Er erhält sein Geld zeitnah nach Abzug einer angemessenen Gebühr.

Da der Factor also eine Dienstleistung (Eintreiben der Forderungen, sofern notwendig), eine Finanzierungshilfe (sofortige Überweisung noch nicht fälliger Forderungen) und eine Risikoübernahme bei zweifelhaften Forderungen anbietet, kauft er die Forderungen nicht zum vollen Preis, sondern überweist den Forderungsbetrag nach Abzug einer angemessenen Gebühr.

Es lassen sich verschiedene Arten des Factorings unterscheiden. Beim offenen Factoring wird dem Kunden transparent gemacht, dass seine Forderung an einen Factor verkauft wurde. Da manche Kunden möglicherweise verärgert darauf reagieren könnten, gibt es als Alternative das stille Factoring, bei dem das Unternehmen dem Kunden gegenüber auch weiterhin als Gläubiger auftritt, dessen Zahlung entgegennimmt und an den Factor weiterleitet.

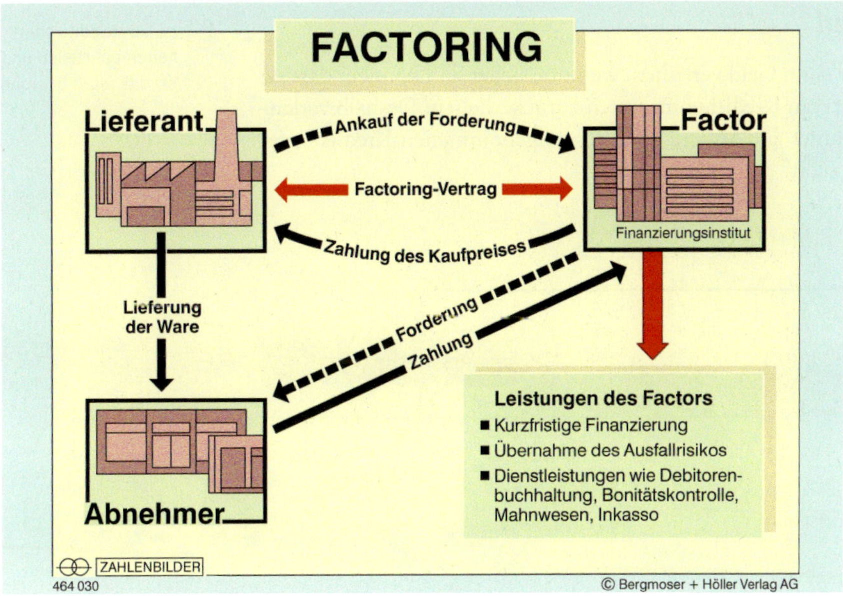

In Deutschland ist das „Full-Service-Factoring" üblich. Der Factor übernimmt neben der Vorfinanzierung der Rechnungsbeträge auch die (laufende) Bonitätsprüfung der Kunden einschließlich des Debitorenmanagements (= die buchhalterische Zusammenarbeit mit Kunden, Reklamationen, das Überwachen von Zahlungseingängen usw.) und das Mahnwesen, gegebenenfalls einschließlich Inkasso (offenes Factoring).

Funktionen des Factors beim Full-Service-Factoring

Finanzierungsfunktion	Delkrederefunktion	Servicefunktion
Auszahlung von unter 80 % bis 90 % des Rechnungsbetrags abzüglich der Factoring-Gebühr vor Fälligkeit	Übernahme des Verzugs- und Forderungsausfallrisikos	Übernahme des Debitorenmanagements einschließlich Mahnwesen und ggf. Inkasso

Vorteile	Nachteile
– Der Verkauf führt zu einer kurzfristigen Verbesserung der Liquidität – Schutz vor Zahlungsausfällen – Einsparung von Verwaltungskosten	– Es entstehen Kosten durch die Factoring-Gebühren – Verschlechterung der Kundenkontakte

Merke! Leasing und Factoring sind Sonderformen der Fremdfinanzierung.

Beim Leasing überlässt ein Eigentümer (Leasinggeber) eines Investitionsobjektes (z. B. eines Pkw) einem anderen (Leasingnehmer) diesen Gegenstand gegen Zahlung einer Gebühr (Leasingrate) zur Nutzung.

Von Factoring spricht man, wenn ein Gläubiger seine Kundenforderungen an einen sogenannten Factor überträgt. Bei einem Factor handelt es sich um ein Dienstleistungsunternehmen, das sich um den Eingang der Zahlung kümmert, also auch um evtl. notwendige Mahnverfahren. Es gibt auch Verträge, nach denen der Factor eine Forderung „kauft“. In diesem Fall geht das Risiko dafür, dass die Zahlung eingeht, vom ursprünglichen Gläubiger auf den Factor über.

5.5 Kreditsicherheiten

LS 90 Kreditsicherheiten beurteilen und Kreditkosten berechnen

Kreditinstitute werden nur dann Geld verleihen, wenn sie sicher sein können, dass sie den geliehenen Geldbetrag vom Kreditnehmer auch zurückerhalten. Deshalb verlangen sie, dass der Kreditnehmer zur Absicherung des aufgenommenen Kredits sogenannte Kreditsicherheiten stellt.

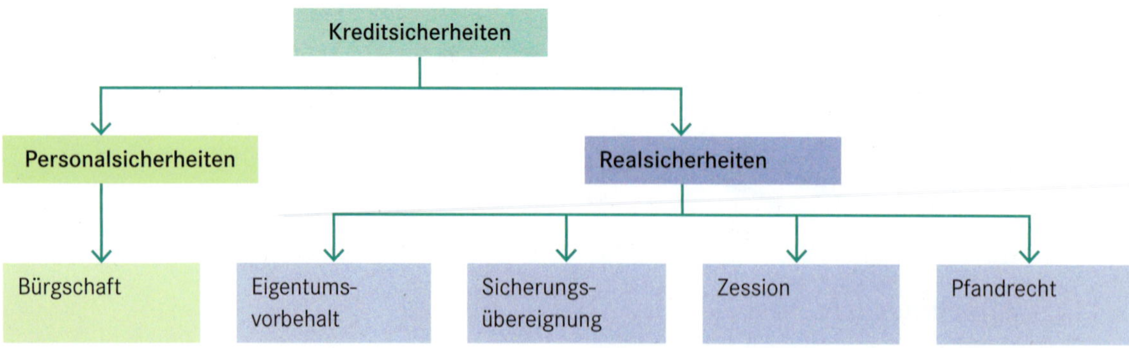

Die Realsicherheiten ermöglichen dem Sicherungsnehmer, z. B. einem Kreditinstitut, einen Zugriff auf einen Vermögensgegenstand des Kreditnehmers (Sicherungsgeber), falls er den Kredit nicht vertragsgemäß zurückzahlt. Die Haftung ist also auf das Sicherheitsgut beschränkt. Als Sicherheit kann eine bewegliche Sache, eine unbewegliche Sache (Immobilie) oder ein Recht dienen.

Personalsicherheiten ermöglichen dem Kreditinstitut den Zugriff auf das gesamte, auch zukünftige Vermögen einer dritten Person.

5.5.1 Bürgschaft

Im Gegensatz zum Kaufvertrag (gegenseitiger Vertrag) ist der Bürgschaftsvertrag ein einseitig verpflichtender Vertrag, d. h., der Gläubiger wird nur berechtigt, der Bürge nur verpflichtet. Die Bürgschaft ist ein Vertrag zwischen Gläubiger und Bürgen (Dritten), in dem sich der Bürge verpflichtet, für die Verbindlichkeiten des Schuldners einzustehen.

Durch den Bürgschaftsvertrag verpflichtet sich der Bürge zur Zahlung von Zinsen und Schulden, wenn der Kreditnehmer seine Verpflichtungen aus dem Kreditvertrag nicht erfüllen kann. Das Bestehen der Bürgschaft (Nebenforderung) ist immer abhängig vom Bestehen der Hauptforderung. Die Bürgschaft erlischt, wenn die Hauptschuld nicht mehr besteht (Akzessorietät).

Banken verlangen immer eine selbstschuldnerische Bürgschaft. Dabei ist der Bürge sofort zur Zahlung verpflichtet, wenn der Hauptschuldner bei Fälligkeit der Verbindlichkeit nicht zahlt, d. h., der Gläubiger muss nicht erst alle Rechtsmittel einsetzen, um sein Geld vom Schuldner zu erhalten, bevor er den Bürgen in Anspruch nehmen kann.

Eine andere Form der Bürgschaft ist die Ausfallbürgschaft. Hierbei hat der Bürge das „Recht der Einrede der Vorausklage", d. h., der Gläubiger kann von dem Bürgen erst nach Nachweis der Zahlungsunfähigkeit des Schuldners die Zahlung fordern.

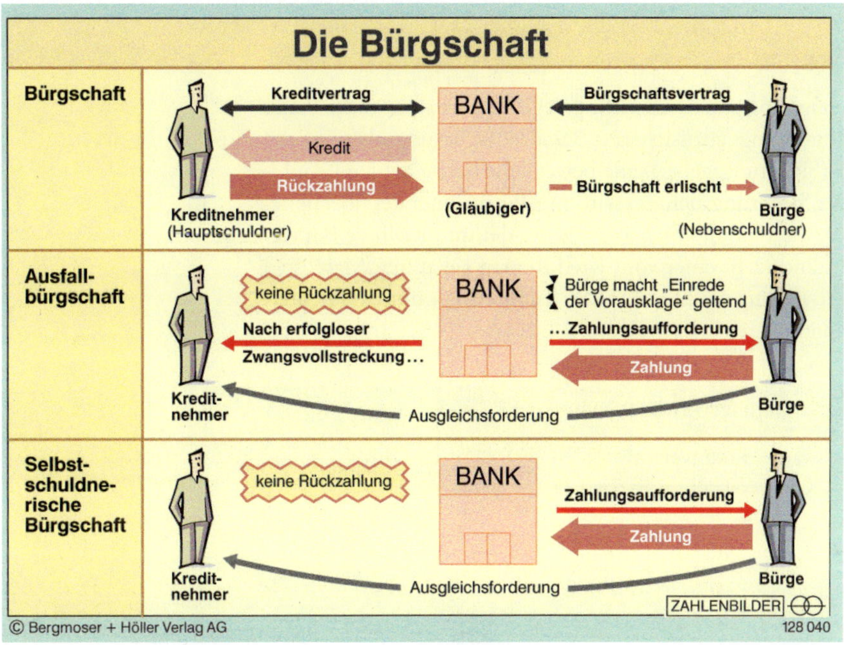

5.5.2 Eigentumsvorbehalt

Beispiel Die BE Partners KG bestellt am 02. 04. 20XX bei der Papier GmbH 1 000 Packungen Fotopapier. Hinsichtlich der Zahlung des vereinbarten Kaufpreises wird die folgende Zahlungsbedingung vereinbart: zahlbar innerhalb von 10 Tagen unter Abzug von 3 % Skonto, 30 Tage Ziel. Zusätzlich enthält der Vertrag die Klausel „Die Ware bleibt bis zur vollständigen Bezahlung Eigentum des Verkäufers".

Der Verkäufer einer Ware verliert mit der Übereignung der Ware an den Käufer, also durch Einigung und Übergabe, sein Eigentum daran. Selbst wenn die BE Partners KG ihrer Zahlungsverpflichtung nicht nachkommt, hat die Papier GmbH das Eigentum der verkauften Ware verloren und kann es auch nicht mehr ohne weiteres zurückerhalten. Diese Situation kann der Verkäufer vermeiden, indem er mit dem Käufer einen Eigentumsvorbehalt vereinbart.

Der Eigentumsvorbehalt ist eine Bedingung im Kaufvertrag, wonach der Käufer mit der Übergabe des Kaufgegenstandes zunächst nur Besitzer und erst bei vollständiger Begleichung des Kaufpreises Eigentümer wird. Ein Eigentumsvorbehalt muss ausdrücklich von Verkäufer und Käufer vereinbart werden. Häufig gibt es dazu in den Allgemeinen Geschäftsbedingungen des Verkäufers eine Regelung.

Der **einfache Eigentumsvorbehalt** bezieht sich nur auf die gekaufte Sache. Bei einer Weiterverarbeitung oder bei einem Weiterverkauf an Dritte erlischt das vorbehaltene Eigentum des Verkäufers. Hier kann ein sogenannter **verlängerter Eigentumsvorbehalt** vereinbart werden durch eine:

- **Verarbeitungsklausel:** Es wird vereinbart, dass der Eigentumsvorbehalt sich auch auf die Sache erstreckt, die mit der gelieferten Ware bzw. den Rohstoffen hergestellt wurde.
- **Vorausabtretungsklausel:** Es wird vereinbart, dass die durch einen Weiterverkauf entstehende Forderung an den Vorbehaltsverkäufer abzutreten ist.

5.5.3 Sicherungsübereignung

Obwohl die Sicherungsübereignung gesetzlich nicht geregelt ist, wird sie in der Praxis eingesetzt, um eine Geldforderung abzusichern. Bei der Sicherungsübereignung übereignet der Eigentümer (Sicherungsgeber) eine bewegliche Sache an den Gläubiger (Sicherungsnehmer). Der Sicherungsnehmer wird nur Eigentümer des übereigneten Vermögensgegenstandes, während der Sicherungsgeber der unmittelbare Besitzer bleibt und mit dem Gegenstand (z. B. einer vom Kreditbetrag gekauften Maschine) weiterarbeiten kann. Die Verwertung der übereigneten Sache erfolgt nur bei Nichterfüllung der gesicherten Forderung.

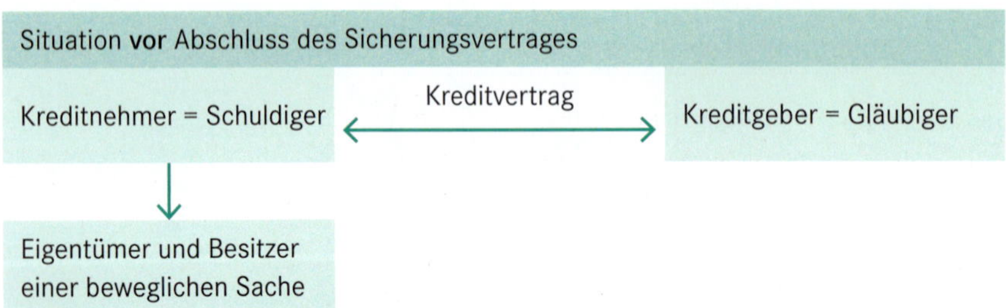

Die Übereignung erfolgt durch Einigung und Besitzkonstitut, d. h., der Schuldner bleibt Besitzer der Sache. Im Sicherungsvertrag sollte daneben aber auch die genaue Kennzeichnung der Sachen, die übereignet werden sollen, festgehalten werden.

Außerdem wird bestimmt, dass der Gläubiger verpflichtet ist, die Sache rückzuübereignen, wenn der Schuldner die Forderung begleicht.

Vor- und Nachteile der Sicherungsübereignung		
	Vorteile	**Nachteile**
Sicherungsgeber (Kreditnehmer)	- kann mit dem Sicherungsgut weiterarbeiten - Übereignung ist nicht nach außen erkennbar	- hat keine freie Verfügung über das Sicherungsgut mehr - muss Versicherungskosten für das Sicherungsgut tragen (z. B. Vollkasko für einen Pkw)
Sicherungsnehmer (Kreditgeber)	- keine Aufbewahrung des Sicherheitsgutes wie bei einer Verpfändung notwendig - Sicherungsgut kann schnell verwertet werden, braucht keinen vollstreckbaren Titel	- Doppelübereignung durch den Kreditnehmer bedeutet ein Risiko - möglicherweise besteht noch ein Eigentumsvorbehalt - Beschädigung, Zerstörung oder Unterschlagung des Sicherungsgutes ist möglich

5.5.4 Pfandrechte

Im Gegensatz zur Sicherungsübereignung wird beim Pfandrecht nicht das Eigentum, sondern der Besitz an einer Sache vertraglich und tatsächlich vom Kreditnehmer auf den Kreditgeber übertragen. Beim Pfandrecht bleibt der Kreditnehmer Eigentümer und mittelbarer Besitzer, der Kreditgeber wird unmittelbarer Besitzer. Zur Bestellung eines Pfandrechts ist es erforderlich, dass der Eigentümer die Sache dem Gläubiger übergibt und sich beide darüber einig sind, dass dem Gläubiger das Pfandrecht zustehen soll (§§ 1204 ff. BGB). Der Kreditnehmer kann demzufolge nicht über die Pfandsache verfügen, da sie sich nicht in seinem Besitz befindet.

Handelt es sich bei der Pfandsache um eine bewegliche Sache oder ein verbrieftes Recht, wird von einem **Faustpfand** gesprochen, bei unbeweglichen Sachen von **Grundpfandrecht**.

Faustpfand

Ein **Lombardkredit** ist ein kurz- oder mittelfristiger Bankkredit, der durch Pfandrechte (Faustpfand) an einer Sache gesichert wird. Der Kreditgeber (Kreditinstitut) wird Besitzer, der Kreditnehmer bleibt Eigentümer des Sicherungsgutes.

Zur Lombardierung eignen sich Sicherungsgüter, die wertbeständig, marktfähig und schnell verwertbar sind. Verpfändet werden dazu in der Praxis häufig Wertpapiere, wie z. B. Aktien, Anleihen und Termineinlagen. Es gibt aber auch Kreditinstitute, die Edelmetalle, wie Gold oder Platin (in Barren), akzeptieren.

Beispiel In jeder Stadt gibt es Pfandleihinstitute, die Schmuck, Smartphones, Computer, Werkzeuge und andere Gegenstände als Pfand für ein Darlehen akzeptieren. Die monatlichen Gebühren sind gesetzlich festgelegt und betragen z. B. bei einem Darlehen von 300,00 € monatlich 6,50 €. Das entspricht zwar einem Jahreszins von mehr als 25 %, aber dafür gibt es keine Formalitäten, keine Bonitätsprüfung und keine zeitliche Bindung. Zahlt man Zinsen und Darlehensbetrag vereinbarungsgemäß, erhält man sein Pfand zurück.

Die Höhe eines Lombardkredites (Beleihungsgrenze) liegt aus Sicherheitsgründen unter dem Marktwert. Dabei spielt nicht nur der aktuelle Kurs, sondern auch die Art des Pfandes eine Rolle, z. B. werden nur Aktien verpfändet, denen positive Zukunftsaussichten unterstellt werden. Staatsanleihen der Bundesrepublik Deutschland werden höher bewertet als Staatsanleihen eines ausländischen Staates mit Zahlungsschwierigkeiten oder eines ausländischen Autobauers mit Absatzproblemen.

Ein Vorteil des Lombardkredits besteht darin, dass die Zinskosten im Vergleich zu ungesicherten Darlehensformen meistens günstiger sind, weil das Ausfallrisiko des Kreditgebers wesentlich geringer ist. Ein Lombardkredit unter den oben genannten Bedingungen ist immer möglich, selbst in einer Situation, in der ungesicherte Darlehen nicht (mehr) zu erhalten sind. Aufbewahrungskosten fallen nur in der Höhe von normalen Wertpapierdepotgebühren an. Die Wertpapiere bleiben zumeist dort, wo sie ohnehin schon sind – im Depot der Bank. Dividenden oder Zinsen werden je nach Art des Wertpapiers weiter dem Depot gutgeschrieben. Nur die Verfügbarkeit für den Kreditnehmer– z. B. der Verkauf der Wertpapiere– ist ausgeschlossen.

Für den Kreditgeber bleibt aber ein Risiko: Wertpapiere sind kursabhängig. Kursstürze, z. B. auf den Aktienmärkten, können den Wert der Sicherheit mitunter in wenigen Stunden ruinieren.

Grundpfandrechte

Grundpfandrechte sind Pfandrechte an Grundstücken. Kreditinstitute bevorzugen insbesondere bei langfristigen Krediten eine Absicherung über Grundpfandrechte, wenn entsprechende Kreditsicherheiten (Grundstücke mit oder ohne Gebäude) verfügbar sind. Es gibt zwei Arten von Grundpfandrechten: die Hypothek und die Grundschuld. Bei beiden Kreditsicherheiten einigen sich die Vertragspartner darauf, dass eine entsprechende Eintragung im Grundbuch vorgenommen wird. Eine notarielle Beurkundung ist in beiden Fällen notwendig.

Eine Hypothek ist akzessorisch zur Forderung, d. h., sie erlöscht, wenn das Darlehen zurückgezahlt ist. Eine Grundschuld kann zur Absicherung mehrerer Darlehen, die nacheinander oder gleichzeitig gewährt werden, dienen. Deshalb bevorzugen auch Banken die Eintragung einer Grundschuld als Kreditsicherungsmittel.

Kommt der Schuldner seinen Verpflichtungen aus dem Darlehensvertrag nicht nach, hat der Gläubiger die Möglichkeit der Verwertung der Grundschuld. Diese erfolgt durch eine Zwangsvollstreckung oder durch eine Zwangsverwaltung.

Unterschiede zwischen einer Hypothek und einer Grundschuld	
Hypothek	**Grundschuld**
Setzt das Bestehen einer Forderung voraus.	Setzt kein Bestehen einer Forderung voraus.
Die Höhe der Hypothek ist von der Höhe der Forderung abhängig.	Die Höhe der Grundschuld ist von der Höhe der Forderung unabhängig.
Nach Rückzahlung der Forderung wird aus der Hypothek eine Eigentümergrundschuld, d. h., die Rechte aus der Hypothek stehen dem ursprünglichen Darlehensgeber nicht mehr zu.	Die Grundschuld bleibt bei Rückzahlung der Forderung bestehen.
Der Schuldner haftet persönlich für die Schuld, das Grundstück dient als Pfand.	Der Schuldner haftet nur mit dem Grundstück.

Merke! Kreditsicherheiten lassen sich in Personal- und Realsicherheiten unterscheiden:

- Haftet eine andere Person dafür, dass der Kreditnehmer seine Zins- und Tilgungsleistungen erbringt, so handelt es sich um eine Personalsicherheit (z. B. Bürgschaft).
- Realsicherheiten sind Gegenstände, über die der Kreditgeber verfügen kann, wenn der Schuldner seinen Zahlungsverpflichtungen nicht nachkommt. Eine Grundschuld z. B. gibt der Kredit gebenden Bank im Falle der Zahlungsunfähigkeit des Schuldners die Möglichkeit, die belastete Immobilie zu verwerten.

Alles klar?

1 Ordnen Sie die folgenden Begriffe einer der vier Finanzierungsarten zu:

- Überziehung des Girokontos
- Aufnahme eines Darlehens bei der BK-Bank zur Finanzierung eines Lkw.
- Die BE Partners KG nimmt einen neuen Gesellschafter auf. Sein Geschäftsanteil beträgt 50.000,00 €.
- Die über den Verkaufspreis zurückgeflossenen Abschreibungen werden dazu genutzt, eine neue Maschine zu kaufen.
- Der erzielte Gewinn wird nicht ausgeschüttet.

2 „Es ist nahezu unmöglich, ein Unternehmen ohne Lieferanten- und Kontokorrentkredit zu führen." Nehmen Sie Stellung zu dieser Aussage.

3 Beschreiben Sie die wesentlichen Unterschiede zwischen dem Fälligkeits-, dem Raten- und dem Annuitätendarlehen.

4 Definieren Sie den Begriff Leasing.

5 Unterscheiden Sie zwischen Operating- und Financial-Leasing.

6 Der Vertreter einer großer Factorgesellschaft sucht eine Ärztin, Inhaberin einer Arztpraxis, auf und möchte sie dazu bewegen, ihre Forderungen künftig über diese Gesellschaft einziehen zu lassen. Er geht davon aus, dass sich die Praxisinhaberin nur schwer überzeugen lassen wird, und weiß aus Erfahrung, dass hierbei als Argument immer genannt wird: „Das ist doch viel zu teuer. Da muss ich auf einen guten Teil meines Einkommens direkt wieder verzichten." Stellen Sie eine Liste von drei Argumenten zusammen, die der Vertreter in das Gespräch einbringen könnte, um die Ärztin zu überzeugen.

7 Erläutern Sie die Risiken, die mit einer selbstschuldnerischen Bürgschaft verbunden sind.

8 Erklären Sie, welche Sicherungsmöglichkeiten ein Kreditnehmer bei der Finanzierung der folgenden Anlagegüter anbieten könnte. Begründen Sie Ihre Wahl:

- Pkw (34.000,00 €)
- allgemein verwendbare Druckmaschine (25.000,00 €)
- Kauf eines Lagergebäudes (1.000.000,00 €)
- Büromöbel (10.000,00 €)

9 Unterscheiden Sie zwischen Sicherungsübereignung und Pfandrecht.

10 Erklären Sie mit eigenen Worten diesen Satz aus dem Lehrwerk: „Ein Vorteil des Lombardkredits besteht darin, dass die Zinskosten im Vergleich zu ungesicherten Darlehensformen meistens günstiger sind, weil das Ausfallrisiko des Kreditgebers wesentlich geringer ist."

11 Unterscheiden Sie zwischen Hypothek und Grundschuld.

6 Useful office vocabulary

Warm up – Payment methods / Types of loans

1

2
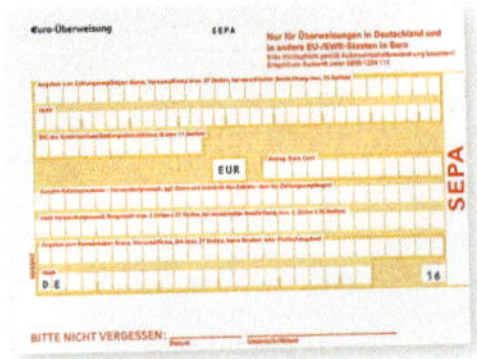

3

4

1 credit card, 2 bank transfer, 3 cash, 4 bank card

Types of loans	Annuity loan	Instalment loan	Interest only loan
	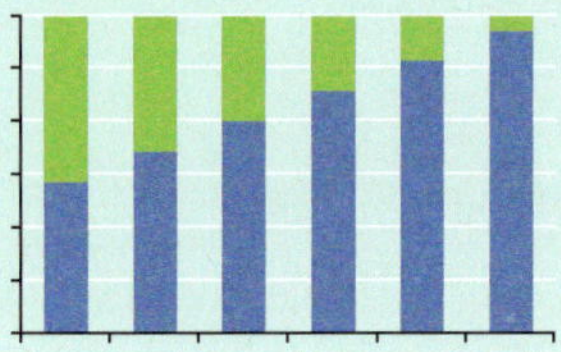	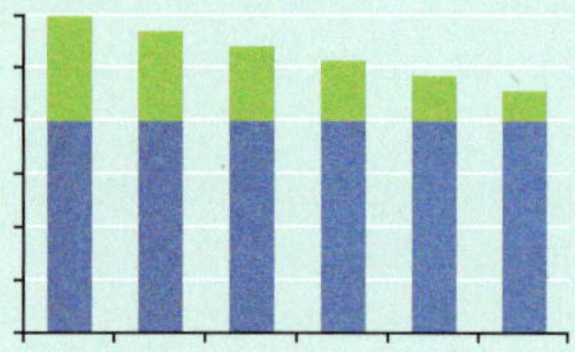	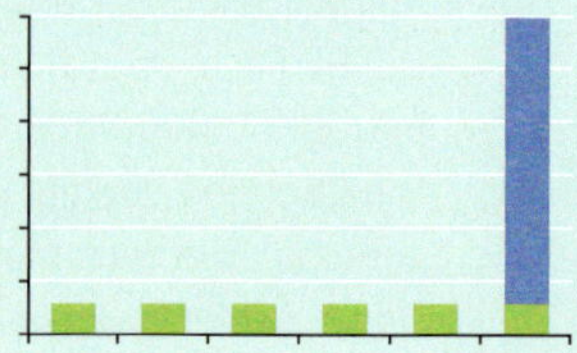
Interest ■	initially high, then decreasing	initially high, then decreasing	equal amounts
Repayment ■	initially low, then increasing	equal amounts	total sum at the end

Payment

letter of credit	Akkreditiv (Zahlung im internationalen Warenverkehr mit Bankgarantie)
bank card	Bankkarte
cash	Bargeld
credit assessment / credit check	Bonitätsprüfung
to manage scarce resources	mit knappen Mitteln umgehen
credit card	Kreditkarte
liquidity	Liquidität
to ensure liquidity	Liquidität sichern
(final) reminder	(letzte) Mahnung
late payment	nicht rechtzeitige Zahlung
to monitor open accounts	offene Zahlungen überwachen
accounting department	Rechnungsabteilung
receipt of invoice	Rechnungseingang
bank transfer	Überweisung
limitation of claims	Verjährung
period of limitation	Verjährungsfrist
terms of payment	Zahlungsbedingungen

solvency; solvent	Zahlungsfähigkeit; zahlungsfähig
arrears	Zahlungsrückstand
financial commitment	Zahlungsverpflichtung
credit period	Zahlungsziel

Finances

public limited company (UK), stock corporation (US)	Aktiengesellschaft
annuity loan	Annuitätenkredit
guarantee	Bürgschaft
to act as guarantor	als Bürge eintreten
dividend	Dividende
reservation of proprietary rights	Eigentumsvorbehalt
sole proprietorship	Einzelunternehmen
share (in a business)	Geschäftsanteil
to take on new partners	neue Gesellschafter aufnehmen
(retained) profit	(einbehaltener) Gewinn
Ltd. (UK) (limited company)	GmbH (Gesellschaft mit beschränkter Haftung)
liability	Haftung
mortgage	Hypothek (auf Grundstücke)
investment	Investition
limited partnership	Kommanditgesellschaft
overdraft	Kontokorrentkredit
(long term) loan	(langfristiger) Kredit
collateral	Kreditsicherheit
suppliers credit	Lieferantenkredit
general / ordinary partnership	Offene Handelsgesellschaft
collateral loan	Pfandkredit
instalment	Rate
instalment loan	Ratenkredit
profitability	Rentabilität
interest only loan	Rückzahlungsdarlehen
equity debt ratio, level of debt	Verschuldungsgrad
cession	Zessionskredit
interest *(singular)*	Zinsen

Useful phrases for dealing with reminders

How to write a reminder – Wie man eine Mahnung schreibt

1st reminder – gentle tone	1. Mahnung – freundlicher Ton
We hope you were satisfied with our service.	Wir hoffen, Sie waren mit unserer Leistung zufrieden.
As we understand that you have a very busy schedule, we're sending you this letter as a reminder.	Da wir wissen, dass Sie viel zu tun haben, senden wir Ihnen diesen Brief als Erinnerung.
The invoice has probably been overlooked.	Vermutlich wurde die Rechnung übersehen.
We are sending you this letter to remind you of our invoice no. 1234 amounting to € 300.00.	Wir senden Ihnen diesen Brief, um Sie an unsere Rechnung Nr. 1234 zu erinnern, die sich auf 300,00 € beläuft.
Please find a copy of the invoice enclosed (letter) / attached (email).	In der Anlage (Brief)/im Anhang (E-Mail) finden Sie eine Kopie der Rechnung.
Our records indicate that payment on your account for the sum of 500 USD ist outstanding.	Unsere Buchhaltung weist eine offene Forderung auf Ihrem Konto in Höhe von 500 USD auf.
Please make payment within the next 10 days.	Bitte bezahlen Sie innerhalb der nächsten 10 Tage.
We would be grateful if the outstanding amount could be paid to our bank account as detailed below.	Wir danken Ihnen für das Begleichen des ausstehenden Betrags auf unser unten genanntes Bankkonto.
We would kindly ask you to settle the amount in question in the next few days.	Wir bitten Sie, den ausstehenden Betrag in den nächsten Tagen zu begleichen.
If there is a reason why payment has not yet been made, please contact us.	Sollte es Gründe dafür geben, dass Sie noch nicht bezahlt haben, kontaktieren Sie uns bitte.
If payment has already been made, please disregard this letter.	Für den Fall, dass Sie die Zahlung bereits angewiesen haben, betrachten Sie dieses Schreiben bitte als gegenstandslos.

2nd reminder – more direct tone	2. Mahnung – direkter Ton
We wrote to you on 10 July 20XX about the outstanding balance on your account.	Wir haben Ihnen am 10 Juli 20XX geschrieben, dass Ihr Konto einen offenen Saldo aufweist.
We must insist that you transfer the outstanding sum without further delay.	Wir müssen darauf bestehen, dass Sie den ausstehenden Betrag ohne weitere Verzögerungen überweisen.
We would ask you to settle the balance by 20 July.	Wir bitten Sie, die Forderung bis 20. Juli zu begleichen.
As this is our second reminder, we would ask you to pay the outstanding amount immediately.	Da dies die 2. Mahnung ist, überweisen Sie bitte den Betrag umgehend.
If we do not receive payment within the next ten days, we will have to ask for advance payment for future deliveries.	Wenn wir die Zahlung nicht innerhalb der nächsten 10 Tage erhalten, müssen wir für zukünftige Lieferungen auf Vorauskasse bestehen.
If you don't settle the outstanding amount by 20 July 20XX, we will have no option but to pass our claims on to a collection agency.	Sollten Sie den Betrag nicht bis zum 20. Juli begleichen, werden wir die Forderungen an ein Inkassounternehmen weitergeben müssen.
Should you fail to meet this deadline, we will have to begin legal proceedings against you.	Sollten Sie diese Frist nicht einhalten, müssen wir rechtliche Schritte ergreifen.

How to react to a reminder – Wie man auf eine Mahnung reagiert

... if you can pay immediately	... wenn man sofort zahlen kann
We are truly sorry for having overlooked the invoice.	Es tut uns leid, dass wir die Rechnung übersehen haben.
We apologize for the delay in payment.	Wir entschuldigen uns für die Verzögerung bei der Zahlung.
We made the payment of the outstanding amount in the meantime.	Die ausstehende Zahlung wurde in der Zwischenzeit getätigt.
The delay was due to a problem with our computer system.	Die Verzögerung lag an einem Problem unseres Computersystems.

... if you have problems	... wenn man in Zahlungsschwierigkeiten steckt
Unfortunately we currently experienced difficulties getting our money from an important customer.	Unglücklicherweise haben wir derzeit Probleme, unser Geld von einem wichtigen Kunden zu bekommen.
We are afraid we must ask you to extend the credit period by three weeks.	Wir müssen Sie leider um eine Verlängerung des Zahlungsziels um drei Wochen bitten.
As an alternative, we can offer payment in two installments: half of the outstanding sum now and the other half at the end of the month.	Alternativ bieten wir an, den offenen Betrag in zwei Raten zu bezahlen, die Hälfte sofort und den Rest am Ende des Monats.
We trust you will understand our difficult situation and will therefore grant us the suggested concession.	Wir vertrauen darauf, dass Sie unsere schwierige Situation verstehen und mit dem vorgeschlagenen Zugeständnis einverstanden sind.

Materialkosten
+ Fertigungslöhne
= Herstellkosten
+ Verwaltungsgemeinkosten
+ Vertriebsgemeinkosten
+ Sondereinzelkosten des
= Selbstkosten
+ Gewinnzuschlag

Lernfeld 10
Wertschöpfungsprozesse erfolgsorientiert steuern

1 Betriebsergebnisrechnung

Beispiel In der BE Partners KG ist es üblich, jeweils zum Quartalsende einen Bericht zur Entwicklung des Betriebsergebnisses zu erstellen. Herr Bastian, der Geschäftsführer, hat damit Frau Wagner beauftragt und sie gebeten, ihm diesen Bericht zeitnah vorzulegen. Mit den Buchungen des 3. Quartals lässt sich schnell das GuV-Konto[1] erstellen. Sie weiß aber, dass die eigentliche Arbeit nun erst beginnt.

8020 GuV - Konto Quartal 3, 20XX (in €)

Soll	Aufwendungen			Erträge	Haben
6000	Aufwendungen für Rohstoffe	105.000,00	5000	Umsatzerlöse für eigene Erzeugnisse	434.000,00
6020	Aufwendungen für Hilfsstoffe	11.000,00	5100	Umsatzerlöse Handelsware	298.000,00
6030	Aufwendungen für Betriebsstoffe	16.000,00	5200	Bestandsveränderungen	2.000,00
6080	Aufwendungen für Waren (Handelswaren)	218.000,00	5400	Mieterträge	4.000,00
6160	Fremdinstandhaltung	8.000,00	5490	Erträge aus dem Abgang von Vermögensgegenständen	2.000,00
6200	Löhne	54.000,00	5490	Periodenfremde Erträge	3.000,00
6300	Gehälter	202.000,00	5800	Außerordentliche Erträge	9.000,00
6400	Arbeitgeberanteil zur Sozialversicherung	48.000,00			
6520	Abschreibungen auf Sachanlagen	18.000,00			
6870	Werbung	10.000,00			
6930	Verluste aus Schadensfällen	2.000,00			
6960	Verlust aus dem Abgang von Vermögenswerten	3.000,00			
6990	Periodenfremde Aufwendungen	1.000,00			
7460	Verluste aus dem Abgang von Wertpapieren des UV	2.000,00			
7510	Zinsaufwendungen	12.000,00			
7600	Außerordentliche Aufwendungen	6.000,00			
7700	Gewerbeertragsteuer	8.000,00			
	Gewinn	28.000,00			
	Summe	752.000,00			752.000,00

Das GuV-Konto weist einen Quartalsgewinn in Höhe von 28.000,00 € aus, die BE Partners KG hat im vergangenen Quartal also erfolgreich gearbeitet. Am Gewinn eines Unternehmens lässt sich aber nur sehr eingeschränkt ablesen, wie erfolgreich es im fraglichen Zeitraum war. Auch Herr Bastian, der Geschäftsführer, will außer den Zahlen des letzten Quartals eine Stellungnahme zur Entwicklung des Betriebsgewinns im Vergleich zu vorangegangenen Quartalen sehen. Dieser ist aber auf dem GuV-Konto nicht ausgewiesen.

1 GuV Konto
➔ FK 2, LF 6, Kap. 4.1.2

Welche Schritte im Einzelnen nötig sind, um die von Herrn Bastian verlangten Informationen zu liefern, zeigt das nachfolgende Kapitel.

1.1 Die verschiedenen Rechnungskreise des Rechnungswesens

Sie haben bereits gelernt, dass Kaufleute (und somit auch Unternehmen) gesetzlich verpflichtet sind, „Bücher zu führen“ und am Ende eines jeden Geschäftsjahres eine GuV-Rechnung und eine Bilanz vorzulegen. Diese Pflicht ergibt sich direkt aus § 242 HGB.

Dieser sogenannte Jahresabschluss dient der interessierten Öffentlichkeit und den Finanzbehörden als wichtige Informationsquelle. Zur interessierten Öffentlichkeit zählen z. B. alle Kapitalgeber (Gläubiger) des Unternehmens, aber auch Mitarbeiter oder Personen, die sich evtl. am Unternehmen beteiligen möchten. Für die Finanzbehörden ist die GuV-Rechnung die Quelle zur Ermittlung der vom Unternehmen abzuführenden Steuer. Das GuV-Konto weist den **Jahresüberschuss bzw. den Jahresfehlbetrag** (auch Gesamtergebnis) eines Unternehmens aus. Im Falle eines Jahresüberschusses wird auch vom **Gewinn**[1] gesprochen.

Dieser Teil des Rechnungswesens wird auch als **Finanzbuchhaltung** bezeichnet. In der Finanzbuchhaltung müssen wegen der geforderten Vollständigkeit der Buchführung **alle Geschäftsfälle** eines Unternehmens erfasst werden. Die Finanzbuchhaltung wird im Rahmen des Rechnungswesens auch als **Rechnungskreis I**[2] bezeichnet.

Eine Gewinn- und Verlustrechnung, die in der Finanzbuchhaltung[3] nach den handels- und steuerrechtlichen Vorschriften erstellt wurde, kann für betriebswirtschaftliche Entscheidungen ein schlechter Ratgeber sein. Das verdeutlicht das folgende Beispiel. Es zeigt die stark vereinfachten GuV-Konten[4] eines Unternehmens in zwei aufeinander folgenden Jahren.

1 Der steuerpflichtige Gewinn für die Finanzbehörden weicht wegen unterschiedlicher Bewertungsvorschriften vom Gewinn nach der Handelsbilanz ab. Zum Beispiel ist steuerlich nur noch die lineare Abschreibung erlaubt.

2 **Rechnungskreis I:** zeigt das Ergebnis der Finanzbuchhaltung

3 Die Finanzbuchhaltung erfasst grundsätzlich alle Geschäftsfälle der Unternehmung.

4 Das GuV-Konto zeigt den Gesamtgewinn des Unternehmens.

GuV-Konto
Jahr 20X1 (in €)

Soll			Haben
Aufwendungen für Rohstoffe	1.500.000,00	Umsatzerlöse eigene Erzeugnisse	2.500.000,00
Löhne	320.000,00		
Gehälter	140.000,00		
Abschreibungen auf Sachanlagen	220.000,00		
Sonstige produktionsbedingte Kosten	60.000,00		
Gewinn	260.000,00		
	2.500.000,00		**2.500.000,00**

Das Unternehmen hat im Jahr 20X1 einen Gewinn in Höhe von 260.000,00 € erzielt.

GuV-Konto
Jahr 20X2 (in €)

Soll			Haben
Aufwendungen für Rohstoffe	1.650.000,00	Umsatzerlöse eigene Erzeugnisse	2.300.000,00
Löhne	360.000,00	Erträge aus Aktienverkauf	450.000,00
Gehälter	150.000,00		
Abschreibungen auf Sachanlagen	220.000,00		
Sonstige produktionsbedingte Kosten	90.000,00		
Gewinn	280.000,00		
	2.750.000,00		**2.750.000,00**

Das Unternehmen hat im Jahr 20X2 einen Gewinn in Höhe von 280.000,00 € erzielt.

Ließe sich das Unternehmen bei der Beurteilung seiner wirtschaftlichen Lage und dem Erfolg seiner Geschäftstätigkeit nur vom Gewinn leiten, dann wäre es zufrieden, weil dieser um 20.000,00 € gestiegen ist. Bei näherer Betrachtung wird aber deutlich, dass die Steigerung des Gewinns nicht auf eine besonders erfolgreiche Tätigkeit im eigentlichen Kerngeschäft des Industrieunternehmens, nämlich der Produktion und dem Verkauf von Produkten, zurückzuführen ist, sondern auf einen (einmaligen) Gewinn aus einem Verkauf von Aktien aus dem Bestand des Unternehmens. Ein Großteil der weiteren Daten ist dagegen für das Unternehmen sehr negativ. Es gab deutliche Steigerungen des Aufwands und gleichzeitig gingen die Umsatzerlöse zurück.

Demnach ergibt sich dringender Handlungsbedarf, nachdem die Gründe für diese ungünstige Entwicklung geklärt sind.

Was hier auf den ersten Blick deutlich wird, da es sich um stark vereinfachte GuV-Konten handelt, ist in der Realität mit komplexeren Daten nicht so leicht zu erkennen. Unternehmen benötigen daher einen „**Filter**", der die gesamten Aufwendungen und Erträge, die in einem Unternehmen angefallen sind, von denjenigen Aufwendungen und Erträgen trennt (**abgrenzt**), die durch die Verfolgung des eigentlichen Betriebszweckes entstanden sind. Der Erfolg des eigentlichen Betriebszwecks wird im Rechnungskreis II ermittelt. Die Rechnungsgrößen, die sich nach der Abgrenzung ergeben und mit denen im Rechnungskreis II gerechnet wird, heißen **Kosten** und **Leistungen**, der **Rechnungskreis II** ist die **Kosten- und Leistungsrechnung**.[1]

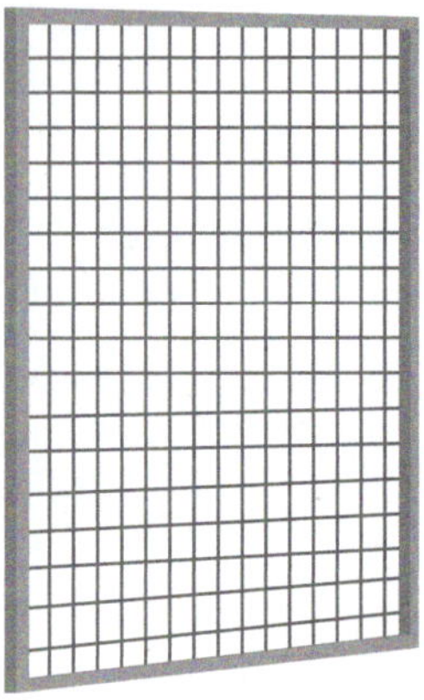

1 Durch die Abgrenzungsrechnung werden die Kosten und Leistungen ermittelt, die dem eigentlichen Betriebszweck zuzuordnen sind.

Der eigentliche Betriebszweck eines Unternehmens wird auch **Sachziel** genannt. Das Sachziel der BE Partners KG ist das Bereitstellen von Dienstleistungen im Marketingbereich und die Produktion von Druckerzeugnissen und Werbeartikeln.

Diese Überlegungen lassen sich wie folgt zusammenfassen:

Teilbereich des Rechnungswesens	Finanzbuchhaltung (= Rechnungskreis I)		Kosten- und Leistungsrechnung (= Rechnungskreis II)
Darstellungsumfang	**alle Aufwendungen und Erträge** (**unternehmensbezogene** Aufwendungen und Erträge)	F I	**nur diejenigen Aufwendungen und Erträge**, die im **Zusammenhang mit dem Sachziel**, d. h. der Erstellung und dem Vertrieb der betrieblichen Leistungen stehen (**betriebliche** Aufwendungen und Erträge = Kosten und Leistungen)
Informationen über ...	Unternehmen als rechtliche Einheit	L	Betrieb als „Ort der Produktion und des Vertriebs"
Jahresüberschuss/ Jahresfehlbetrag (Gewinn oder Verlust)	vom gesamten Unternehmen erwirtschaftetes Ergebnis (**Unternehmensergebnis**) ggf.: Gewinn	T	durch die eigentliche Betriebstätigkeit erwirtschaftetes Ergebnis (**Betriebsergebnis**) ggf.: Betriebsgewinn
Verpflichtung zur Veröffentlichung	**Verpflichtung zur Offenlegung** – Information für interessierte Öffentlichkeit (mindestens für die Steuerbehörden)	E	**keine Verpflichtung zur Offenlegung** – aber dringend benötigtes Instrument, um betriebswirtschaftlich notwendige Entscheidungen zu treffen.
Teilbereich des Rechnungswesens	Teil des **externen Rechnungswesens**	R	Teil des **internen Rechnungswesens**

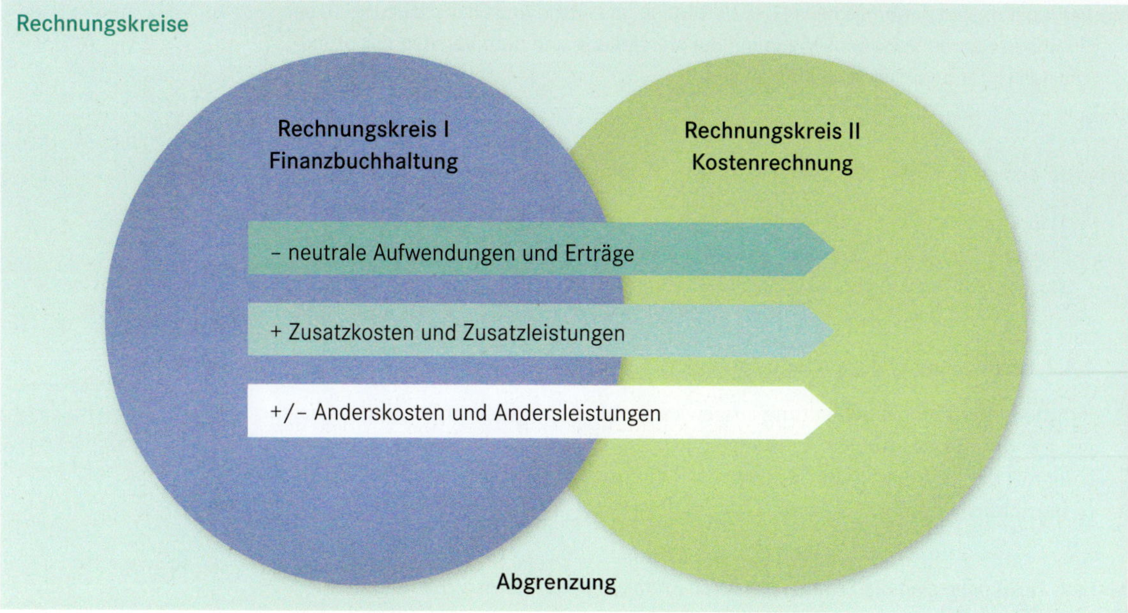

Merke! Die Abgrenzungsrechnung ist ein wichtiger Schritt auf dem Weg zur Kosten- und Leistungsrechnung, dem Rechnungskreis II eines Unternehmens. Hier werden nur die Aufwendungen und Erträge berücksichtigt, die für den bzw. aus dem Unternehmenszweck angefallen sind, die Kosten und Leistungen. Den Unternehmenszweck bezeichnet man auch als Sachziel des Unternehmens.

1.2 Aufgaben der Kosten- und Leistungsrechnung

Bevor wir uns den „Filter" näher anschauen, wollen wir zuerst einen allgemeinen Blick auf die Aufgaben der Kosten- und Leistungsrechnung werfen und einige wesentliche Grundbegriffe der Kostenrechnung kennen lernen.

Zu den wesentlichen Aufgaben gehören:

- **Ermittlung des Betriebsergebnisses** einer Abrechnungsperiode. Hierzu müssen die betrieblichen Aufwendungen und Erträge gegenübergestellt werden.
- **Ermittlung der Selbstkosten** einer angebotenen Dienstleistung oder eines erstellten Produktes
- **Ermittlung von Verkaufspreisen** auf der Basis der ermittelten Selbstkosten
- **Kontrolle der Wirtschaftlichkeit eines Unternehmens**
- **Bereitstellung von Zahlenmaterial** für betriebswirtschaftliche Entscheidungen

1.3 Grundbegriffe der Kosten- und Leistungsrechnung

1.3.1 Betriebliche Aufwendungen oder Kosten

Wir haben die Notwendigkeit erklärt, die Aufwendungen der Finanzbuchhaltung so zu bereinigen (zu filtern), dass nur diejenigen übrig bleiben, die in unmittelbarem Zusammenhang mit der Verfolgung des Sachziels eines Unternehmens stehen. Die übrig gebliebenen Aufwendungen werden **Kosten** (= **betriebliche Aufwendungen**) genannt. Für Unternehmen, die Güter oder Dienstleistungen „produzieren", lässt sich also auch sagen:

Merke! Kosten sind derjenige bewertete Verbrauch an Gütern und Dienstleistungen, der in unmittelbarem Zusammenhang mit der Herstellung und dem Vertrieb der produzierten Güter oder Dienstleistungen steht.

Beispiel Kosten entstehen der BE Partners KG z. B. dadurch, dass

- Handelswaren eingekauft werden,
- Dienstleistungen und Werbeartikel erstellt werden sowie
- Rechte und Dienste von anderen Unternehmen in Anspruch genommen werden.

1.3.2 Betriebliche Erträge oder Leistungen

Für die in der Finanzbuchhaltung ausgewiesenen Erträge gilt sinngemäß das Gleiche wie für die Aufwendungen. Diejenigen Erträge, die in unmittelbarem Zusammenhang mit der Verfolgung des Sachziels des Unternehmens stehen, werden **Leistungen** (= **betriebliche Erträge**) genannt. Oder anders:

Merke! Leistungen sind die Erträge, die durch Erstellung und Vertrieb der hergestellten Güter oder Dienstleistungen eines Unternehmens entstehen.

Beispiel Die BE Partners KG kann Leistungen dadurch erzielen, dass sie

- die produzierten Dienstleistungen oder Werbeartikel verkauft. Dadurch kommt es zu Umsatzerlösen = **Absatzleistungen;**
- erstellte Werbeartikel auf Lager legt = **Lagerleistungen.** Dies kommt auf dem GuV-Konto durch die Position „Erhöhung des Bestandes an unfertigen oder fertigen Erzeugnissen“ zum Ausdruck;
- grafische Gestaltungsaufträge für den privaten Bedarf ihres Geschäftsführers ausführt = **unentgeltliche Entnahmen**.

Merke! Die Differenz von Leistungen und Kosten ergibt das **Betriebsergebnis (Betriebsgewinn[1] bzw. Betriebsverlust).**

1 Betriebsgewinn = Leistungen − Kosten

1.3.3 Zur Bedeutung der Ermittlung des Betriebsergebnisses

Unternehmerische Entscheidungen müssen ständig hinterfragt werden, z. B.

– bei der Preisgestaltung auf der Grundlage der ermittelten Selbstkosten,
– bei der Zusammensetzung der Lieferanten,
– bei dem Einsatz von Personal,
– bei der Beantwortung der Frage „Soll ich selbst produzieren oder fremd beziehen?“.

Dafür müssen Rentabilitäten ermittelt und mit der Mindestverzinsungsanforderung verglichen oder Aspekte der Wirtschaftlichkeit überprüft werden.

Grundlage dafür ist der **Betriebs**gewinn bzw. -verlust. Die darin eingehenden Größen müssen aussagekräftig sein, d. h., alle außerordentlichen (zufälligen oder untypischen) und alle betriebsfremden Daten müssen ausgeklammert werden. Eine jährliche Überprüfung wie beim Jahresabschluss ist für die Vorbereitung unternehmerischer Entscheidungen ein zu langer Zeitraum. Die Kosten- und Leistungsrechnung liefert in sehr viel kürzeren Zeitabständen Informationen, meist erfolgt dies monatlich.

Das Betriebsergebnis wird aus den Kosten und Leistungen errechnet, die im dargestellten Zeitraum angefallen sind. Deshalb muss der Filter auch betriebliche Aufwendungen und Erträge bereinigen, die einen anderen Abrechnungszeitraum betreffen.

Alle Aufwendungen und Erträge, die im Sieb hängen bleiben und somit nicht zu den Kosten und Leistungen gehören, werden **neutrale Aufwendungen und neutrale Erträge** genannt.

Schauen wir uns nunmehr das obige GuV-Konto daraufhin an, welche Aufwendungen und Erträge **bei der Ermittlung des Betriebsgewinns** für diese Periode **nicht zu berücksichtigen** sind, bei welchen es sich also um **neutrale Aufwendungen und Erträge** handelt.

1.3.4 Neutrale Aufwendungen

(Betriebliche) außerordentliche Aufwendungen

Diese Aufwendungen werden durch ungewöhnliche oder seltene Ereignisse verursacht. Hierzu gehören z. B. Schadensfälle wie Diebstahl, Beschädigungen von Waren im Lager, Kassenfehlbeträge, Brandschäden oder auch Verluste, die dadurch entstehen, dass ein Anlagegut (z. B. ein gebrauchter PKW) lediglich zu einem Preis verkauft werden kann, der unter dem aktuellen Buchwert liegt. Diese Aufwendungen stehen zwar in unmittelbarem Zusammenhang mit dem Sachziel der BE Partners KG und sind ihrem Charakter nach betrieblich. Ihre Einbeziehung bei der Ermittlung des Betriebsergebnisses würde aber zu falschen Schlüssen führen.

Beispiel

Summe der betrieblichen Aufwendungen März	820.000,00 €	
Summe der betrieblichen Aufwendungen April	930.000,00 €	hierunter ein Brandschaden in Höhe von 110.000,00 €

Die betrieblichen Aufwendungen, die auch **Kosten** sind, sind **gleich geblieben.** Die Aufwendungen, die durch den **Brandschaden** entstanden sind, sind als **betrieblich außerordentlich** anzusehen und damit als **neutral.**[1] Sie gehen nicht in die Kosten- und Leistungsrechnung ein. Würden sie bei der Ermittlung des Betriebsergebnisses für April mit 930.000,00 € zugrunde gelegt, würde man zu falschen Rückschlüssen im Hinblick auf die Höhe der Kosten kommen.

1 **Neutrale Aufwendungen:**
- betriebsfremd
- (betrieblich) außerordentlich
- (betrieblich) periodenfremd

(Betriebliche) periodenfremde Aufwendungen

So bezeichnet man Aufwendungen, die in einer anderen Rechnungsperiode verursacht wurden, aber in der aktuellen Rechnungsperiode gebucht werden. Beispielhaft zu nennen wäre hier die Zahlung von Lohnvorschüssen oder Steuernachzahlungen für vergangene Jahre.

Betriebsfremde Aufwendungen

Betriebsfremd sind Aufwendungen, die mit dem Sachziel eines Unternehmens nichts zu tun haben. Verkauft die BE Partners KG z. B. Aktien zu einem Kurs, der unter dem Anschaffungskurs liegt, so entsteht dadurch ein Verlust, der aber nicht mit dem Sachziel des Unternehmens in Verbindung steht.

Merke! Neutrale Aufwendungen sind keine Folge des eigentlichen Geschäftsbetriebs.

1.3.5 Neutrale Erträge

Die Abgrenzung neutraler Erträge von betrieblichen Erträgen (Leistungen) folgt dem gleichen Schema wie bei den Aufwendungen.[1]

(Betrieblich) außerordentliche Erträge
Grund dafür sind außerordentliche Ereignisse, wie z. B. ein unerklärbarer Kassenüberschuss oder der Verkauf eines gebrauchten Druckers zu einem Preis von 50,00 €, der bereits bis auf den Erinnerungswert von 1,00 € abgeschrieben war.

(Betrieblich) periodenfremde Erträge
Das sind Erträge, die einer anderen Periode zuzurechnen sind, aber in der aktuellen Periode gebucht werden. Sie könnten z. B. dadurch entstanden sein, dass die BE Partners KG eine Steuererstattung für das vorherige Geschäftsjahr erhalten hat.

Betriebsfremde Erträge
Das sind Erträge, die nichts mit dem Sachziel des Unternehmens zu tun haben. Die Mieterträge im GuV-Konto gehören in diese Kategorie. Es ist nicht das Sachziel der BE Partners KG, Immobilien zu vermieten. Die entstandenen Mieterträge gehören somit nicht zu den Leistungen.[2] Auch Zinserträge oder Dividendenerträge resultieren aus betriebsfremden Geschäften.

1 **Neutrale Erträge:**
- betriebsfremd
- (betrieblich) außerordentlich
- (betrieblich) periodenfremd

2 Anders ist das natürlich, wenn die Mieten von einem Wohnungsunternehmen und die Zinserträge von einer Bank vereinnahmt werden. Ist der Betriebszweck z. B. die Vermietung von Wohnungen, so sind die Mieteinnahmen Leistungen.

1.4 Betriebsergebnis und neutrales Ergebnis in Kontenform

→ **LS 91** Eine Betriebsergebnisrechnung durchführen

In dem GuV-Konto der BE Partners KG sind nun alle neutralen Aufwendungen und Erträge blau und alle betrieblichen Aufwendungen (Kosten) und Erträge (Leistungen) rot markiert.

8020 GuV - Konto Quartal 3, 20XX (in €)

Soll	Aufwendungen			Erträge	Haben
6000	Aufwendungen für Rohstoffe	105.000,00	5000	Umsatzerlöse für eigene Erzeugnisse	434.000,00
6020	Aufwendungen für Hilfsstoffe	11.000,00	5100	Umsatzerlöse Handelsware	298.000,00
6030	Aufwendungen für Betriebsstoffe	16.000,00	5200	Bestandsveränderungen	2.000,00
6080	Aufwendungen für Waren (Handelswaren)	218.000,00	5400	Mieterträge	4.000,00
6160	Fremdinstandhaltung	8.000,00	5490	Erträge aus dem Abgang von Vermögensgegenständen	2.000,00
6200	Löhne	54.000,00	5490	Periodenfremde Erträge	3.000,00
6300	Gehälter	202.000,00	5800	Außerordentliche Erträge	9.000,00
6400	Arbeitgeberanteil zur Sozialversicherung	48.000,00			
6520	Abschreibungen auf Sachanlagen	18.000,00			
6870	Büromaterial	10.000,00			
6930	Verluste aus Schadensfällen	2.000,00			
6960	Verlust aus dem Abgang von Vermögenwerten	3.000,00			
6990	Periodenfremde Aufwendungen	1.000,00			
7460	Verluste aus dem Abgang von Wertpapieren des UV	2.000,00			
7510	Zinsaufwendungen	12.000,00			
7600	Außerordentliche Aufwendungen	6.000,00			
7700	Gewerbeertragsteuer	8.000,00			
	Gewinn	28.000,00			
	Summe	752.000,00			752.000,00

Um bei dem Bild des „Filters“ zu bleiben: Alle blau markierten neutralen Aufwendungen und Erträge werden aus dem Gesamtergebnis herausgefiltert und lassen sich somit in einem eigenen Konto, dem **neutralen Ergebniskonto** (NEK) darstellen.

Neutrales Ergebniskonto (NEK) Quartal 3, 20XX (in €)

Soll	Aufwendungen			Erträge	Haben
6930	Verluste aus Schadensfällen	2.000,00	5400	Mieterträge	4.000,00
6960	Verlust aus dem Abgang von Vermögenwerten	3.000,00	5490	Erträge aus dem Abgang von Vermögensgegenständen	2.000,00
6990	Periodenfremde Aufwendungen	1.000,00	5490	Periodenfremde Erträge	3.000,00
7460	Verluste aus dem Abgang von Wertpapieren des UV	2.000,00	5800	Außerordentliche Erträge	9.000,00
7600	Außerordentliche Aufwendungen	6.000,00			
	Neutraler Gewinn	4.000,00			
	Summe	18.000,00			18.000,00

Das neutrale Ergebniskonto zeigt, dass die BE Partners KG im dargestellten Zeitraum (Quartal) einen neutralen Gewinn in Höhe von 4.000,00 € erzielt hat.

Mit anderen Worten: Ein Anteil von 4.000,00 € des Gesamtgewinns von 28.000,00 € kam nicht durch die Verfolgung des Sachziels des Unternehmens zustande, also nicht dadurch, dass Werbeartikel hergestellt bzw. Werbedienstleistungen verkauft wurden.

Den durch die eigentlichen Betriebsaktivitäten erzielten Betriebsgewinn zeigt das **Betriebsergebniskonto** (BEK).

Betriebsergebniskonto (BEK) Quartal 3, 20XX (in €)

Soll	Kosten			Leistungen	Haben
6000	Aufwendungen für Rohstoffe	105.000,00	5000	Umsatzerlöse für eigene Erzeugnisse	434.000,00
6020	Aufwendungen für Hilfsstoffe	11.000,00	5100	Umsatzerlöse Handelsware	298.000,00
6030	Aufwendungen für Betriebsstoffe	16.000,00	5200	Bestandsveränderungen	2.000,00
6080	Aufwendungen für Waren (Handelswaren)	218.000,00			
6160	Fremdinstandhaltung	8.000,00			
6200	Löhne	54.000,00			
6300	Gehälter	202.000,00			
6400	Arbeitgeberanteil zur Sozialversicherung	48.000,00			
6520	Abschreibungen auf Sachanlagen	18.000,00			
6870	Büromaterial	10.000,00			
7510	Zinsaufwendungen	12.000,00			
7700	Gewerbeertragsteuer	8.000,00			
	Betriebsgewinn/Betriebsergebnis	24.000,00			
	Summe	734.000,00			734.000,00

Der Filter fügt weder etwas hinzu, noch nimmt er etwas weg. Die Addition der beiden Ergebnisse (neutrales Ergebnis und Betriebsergebnis) muss dem auf dem GuV-Konto ausgewiesenen Gesamtergebnis des Unternehmens entsprechen.

1.5 Abgrenzungsrechnung (Ergebnistabelle)

Beispiel Frau Wagner hat Herrn Bastian, dem Geschäftsführer, den gewünschten Quartalsbericht vorgelegt. Er kann sich an die Analyse machen, indem er diese Zahlen mit den Zahlen des letzten Quartals vergleicht. Somit hat er die gewünschte Basis für notwendige betriebswirtschaftliche Entscheidungen erhalten.

Häufig wird für die Abgrenzung von neutralen und betrieblichen Aufwendungen und Erträgen nicht die Kontenform, sondern die Tabellenform gewählt. Diese heißt dann „Ergebnistabelle". Der obige Sachverhalt sieht darin wie folgt aus:

ERGEBNISTABELLE betriebsbezogene ABGRENZUNG (in €)							Quartal 3, 20XX
	RECHNUNGSKREIS I			RECHNUNGSKREIS II			
	Ergebnisrechnung der Geschäftsbuchführung (GuV)			**Abgrenzungsbereich** **Neutrales Ergebnis**		**KLR-Bereich** Betriebsergebnis	
	Konto	Aufwendungen	Erträge	Aufwendungen	Erträge	Kosten	Leistung
5000	Umsatzerlöse für eigene Erzeugnisse		434.000,00				434.000,00
5100	Umsatzerlöse Handelsware		298.000,00				298.000,00
5200	Bestandsveränderungen		2.000,00				2.000,00
5400	Mieterträge		4000,00		4.000,00		
5460	Erträge aus dem Abgang von Vermögensgegenständen		2.000,00		2.000,00		
5490	Periodenfremde Erträge		3.000,00		3.000,00		
5800	Außerordentliche Erträge		9.000,00		9.000,00		
6000	Rohstoffaufwand	105.000,00				105.000,00	
6020	Hilfsstoffaufwand	11.000,00				11.000,00	
6030	Betriebsstoffaufwand/ Energie	16.000,00				16.000,00	
6080	Aufwendungen Handelsware	218.000,00				218.000,00	
6160	Fremdinstandhaltung	8.000,00				8.000,00	
6200	Fertigungslöhne	54.000,00				54.000,00	
6300	Gehälter	202.000,00				202.000,00	
6400	Soziale Aufwendungen	48.000,00				48.000,00	
6500	Abschreibungen auf Sachanlagen	18.000,00				18.000,00	
6800	Büromaterial	10.000,00				10.000,00	
6930	Verluste aus Schadensfällen	2.000,00		2.000,00			
6960	Verluste aus dem Abgang von Vermögensgegenständen	3.000,00		3.000,00			
6990	Periodenfremde Aufwendungen	1.000,00		1.000,00			
7460	Verluste aus dem Abgang von Wertpapieren	2.000,00		2.000,00			
7500	Zinsaufwendungen	12.000,00				12.000,00	
7600	Außerordentliche Aufwendungen	6.000,00		6.000,00			
7700	Gewerbeertragssreuer	8.000,00				8.000,00	
	Summe	724.000,00	752.000,00	14.000,00	18.000,00	710.000,00	734.000,00
	Ergebnis	28.000,00		4.000,00		24.000,00	
	Kontrollsumme	752.000,00	752.000,00	18.000,00	18.000,00	734.000,00	734.000,00

Auch in der Ergebnistabelle muss die Summe aus Betriebsergebnis und neutralem Ergebnis wieder das Gesamtergebnis dieses Quartals ergeben:

Neutrales Ergebnis	+ 4.000,00 €
+ Betriebsergebnis	+ 24.000,00 €
= Unternehmensergebnis (GuV)	= + 28.000,00 €

Merke! Unternehmensergebnis = Erträge – Aufwendungen

Betriebsergebnis = Kosten – Leistungen

Neutrales Ergebnis = Neutrale Erträge – Neutrale Aufwendungen

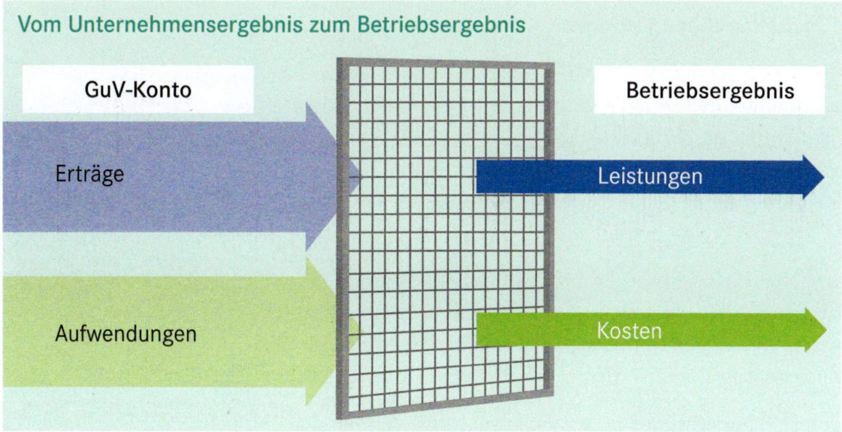

1.6 Auswertung des Betriebsergebnisses

LS 92 Kostenarten ermitteln und Produktionskosten berechnen

Das Betriebsergebnis zeigt die Kostenarten und Leistungen, die in dem Unternehmen durch die Verfolgung des Sachzieles entstanden sind. Diese Kostenarten können unter verschiedenen Gesichtspunkten ausgewertet werden.

1.6.1 Kosten in Abhängigkeit von der Produktionsmenge

Die Gesamtkosten des Unternehmens verändern sich in jeder Rechnungsperiode. Diese Veränderung wird durch unterschiedliche Produktionsmengen und die dadurch bedingte unterschiedliche Auslastung der Kapazität des Betriebes verursacht. Aber nicht alle Kostenarten hängen von der Produktionsmenge ab.

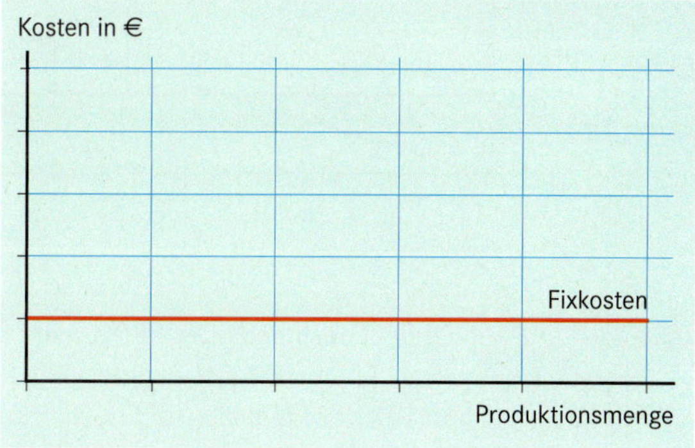

Fixe Kosten sind von der Höhe der Produktion unabhängig. Sie entstehen auch, wenn nichts produziert wird. Gebäude, Maschinen, Betriebs- und Geschäftsausstattung und Personal müssen bereitgestellt werden und verursachen Kosten.

Zu den Fixkosten gehören beispielsweise Gehälter, Abschreibungen, Mieten, Versicherungsbeiträge, Zinsen.

Neben den absolut fixen Kosten gibt es sprungfixe Kosten. **Sprungfixe Kosten** steigen oder fallen nur dann, wenn die Kapazität des Betriebes verändert wird, beispielsweise durch den Kauf einer neuen Maschine oder durch die Stilllegung nicht mehr benötigter Anlagen.

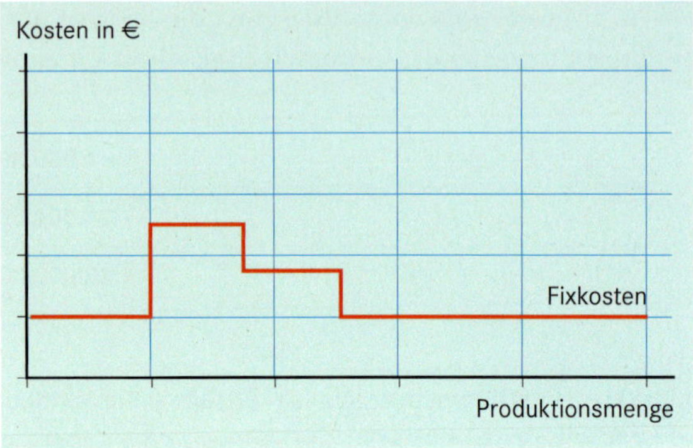

Durch den Kauf einer neuen Produktionsmaschine verändert sich beispielsweise die Höhe der Abschreibungen im Unternehmen.

Variable Kosten sind produktionsmengenabhängig. Sie ändern sich, wenn sich die Produktionsmenge (der Beschäftigungsgrad) verändert.

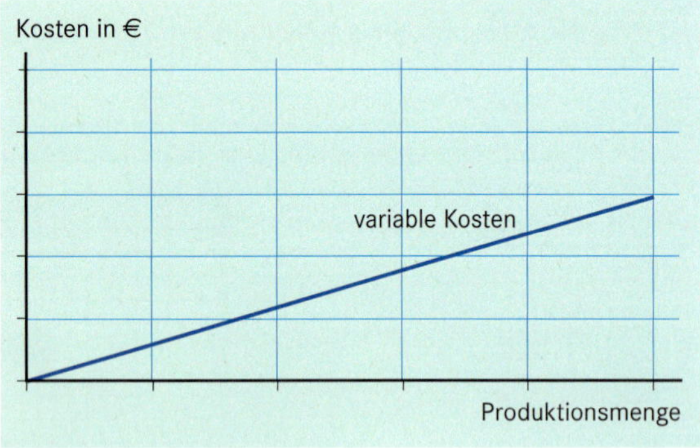

Bei einer höheren Produktionsmenge erhöht sich beispielsweise der Rohstoffaufwand, der Aufwand von Fremdbauteilen und durch die Mehrarbeit erhöhen sich in der Regel auch die Fertigungslöhne (Stundenlöhne) in der Produktion.

Der **Beschäftigungsgrad** beschreibt, zu wie viel Prozent die Kapazität ausgelastet ist. Wenn die Produktionsmenge der Maximalkapazität entspricht, dann ist der Beschäftigungsgrad 100 %. Wird nur die Hälfte der maximal möglichen Menge hergestellt, so beträgt der Beschäftigungsgrad 50 %.

Mischkosten sind die Kostenarten, die sich sowohl aus fixen als auch aus variablen Bestandteilen zusammensetzen. Dazu gehören beispielsweise die Kfz-Kosten. Die Kfz-Steuern und die Kfz-Versicherung sind fix, die Treibstoffkosten sind variabel.

Die Gesamtkosten (K) setzen sich zusammen aus den Fixkosten und den bei der jeweiligen Produktionsmenge anfallenden variablen Kosten ($K = K_f + K_v$).

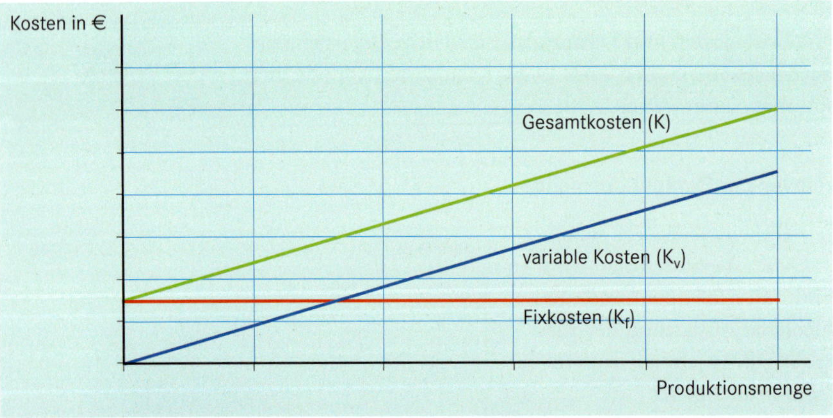

Beispiel Für einen Produktionsbereich der BE Partners KG werden aus dem Betriebsergebnis die Kosten für einen Monat ermittelt. Die Kapazitätsgrenze für die Produktion liegt bei 500 Stück pro Monat.

Die Fixkosten betragen 800,00 €.
Die variablen Kosten belaufen sich auf 5,00 € pro Stück.

Die Darstellung in einer Wertetabelle zeigt, dass die Gesamtkosten bis zur Kapazitätsgrenze linear ansteigen. Die Kosten pro Stück vermindern sich dagegen mit zunehmender Kapazitätsauslastung.

Produktionsmenge Stück	Fixkosten (K_f)	Variable Kosten (K_v)	Gesamtkosten (K)	Stückkosten (k)
0	800,00 €	0,00 €	800,00 €	-
100	800,00 €	500,00 €	1.300,00 €	13,00 €
200	800,00 €	1.000,00 €	1.800,00 €	9,00 €
300	800,00 €	1.500,00 €	2.300,00 €	7,67 €
400	800,00 €	2.000,00 €	2.800,00 €	7,00 €
500	800,00 €	2.500,00 €	3.300,00 €	6,60 €

Grafische Darstellung der Gesamtkosten bis zur Kapazitätsgrenze (= Beschäftigungsgrad 100 %) von 500 Stück:

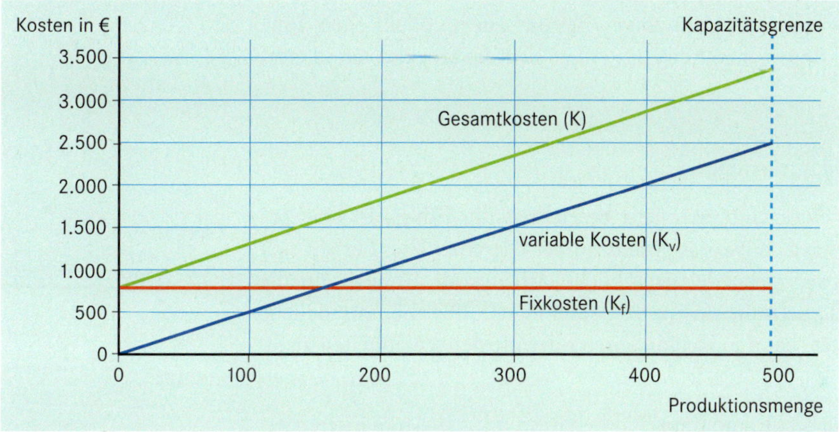

1.6.2 Gesetz der Massenproduktion

Henry Ford, der Begründer der Ford-Motor-Company in Detroit/USA, begann im Jahre 1908 mit der Produktion des berühmten T-Modells, das für lange Zeit das meistverkaufte Auto der Welt sein sollte. Er führte nicht nur die Fließfertigung ein, sondern er bot verschiedene Karosserieformen an, die alle auf dem gleichen Fahrgestell basierten. So gelang es ihm, die Stückkosten für das T-Modell zwischen 1909 und 1927 von 950,00 US-Dollar auf weniger als 300,00 US-Dollar zu senken – ein ganz erstaunliches Ergebnis. Doch was hat dieses Beispiel hier zu suchen?

Ford machte sich ein Phänomen zu eigen, das Gesetz der Massenproduktion genannt wird und auf der Degression der Fixkosten beruht. Die Gesamtkosten setzen sich aus variablen und fixen Kosten zusammen. Während die variablen Kosten je Stück in der Regel bei einer Ausweitung der Produktion konstant bleiben, verändern sich die fixen Stückkosten mit der Ausbringungsmenge. Je höher die Produktionsmenge, desto geringer die Fixkosten je Stück (unter der Annahme, dass sich die Fixkosten insgesamt nicht verändern).

Stellt man die Kosten pro Stück in Abhängigkeit von der Produktionsmenge grafisch dar, so wird deutlich, dass diese mit steigender Produktionsmenge sinken. Dieses Phänomen wird als **Gesetz der Massenproduktion** bezeichnet.

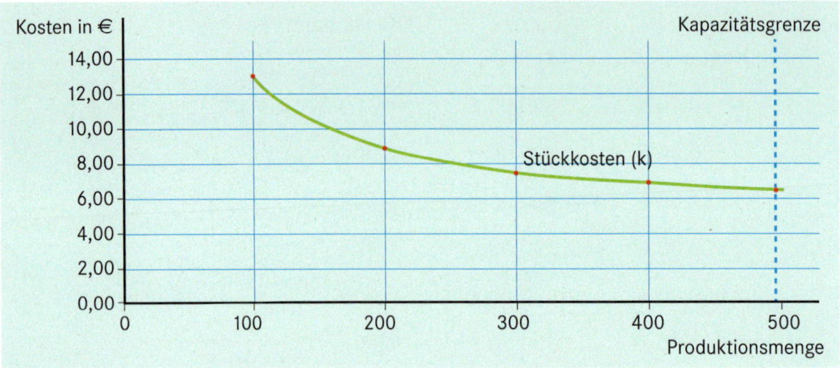

Die steigende Nachfrage nach dem T-Modell war die Ursache dafür, dass die Stückkosten sanken und das Produkt preiswerter angeboten werden konnte, wodurch sich die Nachfrage weiter erhöhte.

Diesen Zusammenhang kann man an dem obigen Beispiel gut nachvollziehen. Eine Verfünffachung der Produktionsmenge führt dazu, dass sich die Stückkosten in etwa halbieren.

1.6.3 Kapazitätsgrenze und Auslastung

Die Produktionskapazität eines Unternehmens bezeichnet die Fähigkeit, eine bestimmte Menge zu produzieren. Kapazitäten sind immer begrenzt. Dies bezieht sich sowohl auf die zur Verfügung stehende menschliche Arbeitskraft als auch auf die Einsatzbereitschaft von Betriebsmitteln (z. B. Maschinen). Die höchstmögliche Kapazität (Maximalkapazität) kann in Zeiteinheiten oder in Mengeneinheiten angegeben werden.

Hält ein Unternehmen eine bestimmte Kapazität bereit, so muss es daran interessiert sein, diese Kapazität zu einem großen Teil auszulasten. Die Bereitstellung der Kapazität ist mit Kosten verbunden (weitgehend fixe Kosten). So verursachen Betriebsmittel, wie z. B. Maschinen oder der Fuhrpark, Abschreibungen. Die menschliche Arbeit muss entlohnt werden, auch wenn sie nicht voll ausgeschöpft werden kann. Grundsätzlich gilt: Je höher die Kapazitätsauslastung, desto niedriger die Stückkosten.

Allerdings muss man beachten, dass eine Produktion an der Kapazitätsgrenze auch zusätzliche Kosten verursachen kann. Ein Motor, der ständig auf Hochtouren läuft, wird eher verschleißen. Menschen, die ständig zu Höchstleistungen getrieben werden, werden vielleicht krank oder auf Dauer in ihrer Leistungsfähigkeit eingeschränkt.

Merke! Die Kapazitätsauslastung (= Beschäftigung) lässt sich als Prozentsatz ermitteln, indem die tatsächliche Produktionsmenge zu der Produktionsmenge bei maximaler Auslastung ins Verhältnis gesetzt wird.

$$\text{Beschäftigung} = \frac{\text{tatsächliche Produktionsmenge}}{\text{Maximalkapazität}} \cdot 100\,\%$$

Würde das Unternehmen aus dem obigen Beispiel eine Stückzahl von 350 Einheiten produzieren, so ergäbe sich daraus folgende Kapazitätsauslastung:

$$\frac{350}{500} \cdot 100\,\% = 70\,\%$$

Die Kapazitätsauslastung aller Unternehmen der Volkswirtschaft eines Staates oder aller Unternehmen einer bestimmten Branche ist zudem ein wichtiger Indikator für die konjunkturelle Lage des Staates. Ausdruck der Kapazitätsauslastung einer Volkswirtschaft ist die Arbeitslosenquote: Liegt diese z. B. bei 6,8 % (2012), so beträgt die Kapazitätsauslastung der deutschen Volkswirtschaft
100 % – 6,8 % = 93,2 %.

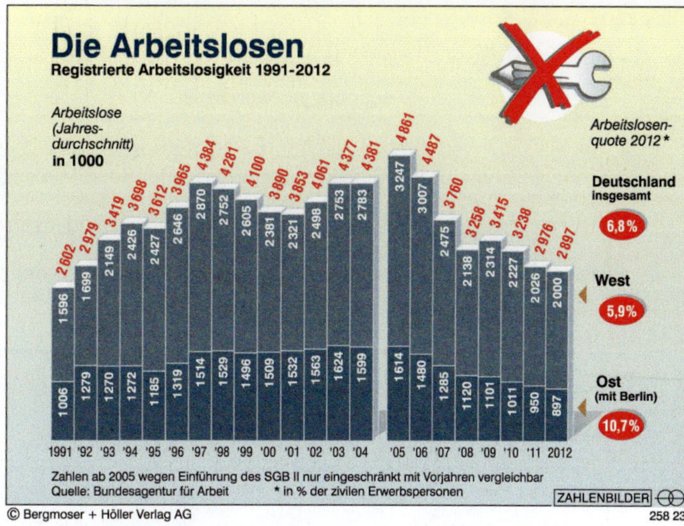

© Bergmoser + Höller Verlag AG 258 238

1.6.4 Wirtschaftlichkeit und Umsatzrentabilität

Wie oben bereits beschrieben, benötigen Unternehmen Informationen über Kosten und Leistungen, um beurteilen zu können, ob die Produktion erfolgreich war. Absolute Zahlen sind aber nicht immer sehr aussagekräftig, können sie sich doch auf unterschiedliche Zeiträume oder unterschiedliche Produktionsmengen beziehen. Deshalb werden in der betriebswirtschaftlichen Praxis Kennziffern errechnet, die Größen der Kosten- und Leistungsrechnung zueinander in Beziehung setzen. So lässt sich dann eher beurteilen, inwieweit das Sachziel eines Unternehmens erreicht wurde. Auch Vergleiche zwischen unterschiedlichen Abrechnungszeiträumen werden auf diese Weise aussagekräftiger.

Wichtige Kennziffern sind die Wirtschaftlichkeit und die Umsatzrentabilität:

$$\text{Wirtschaftlichkeit} = \frac{\text{Kosten}}{\text{Leistungen}} \qquad \text{Umsatzrentabilität} = \frac{\text{Betriebsergebnis}}{\text{Umsatzerlöse}}$$

Beispiel Die Ergebnistabelle der BE Partners KG auf Seite 86 zeigt, dass im abgebildeten Quartal die Leistungen die Kosten übersteigen. Rechnerisch ergibt sich eine Wirtschaftlichkeit von

$$\frac{734.000{,}00\ €}{710.000{,}00\ €} = 1{,}03.$$

Grundsätzlich gilt, dass immer dann, wenn die Wirtschaftlichkeit über 1,00 liegt, ein Unternehmen einen Betriebsgewinn erwirtschaftet hat.

Die Umsatzrentabilität sagt aus, wie viel Betriebsgewinn pro 100,00 € Umsatz erzielt wurde. Das Ergebnis aus

$$\frac{24.000{,}00\ €}{732.000{,}00\ €} \cdot 100\,\% = 3{,}28\,\%$$

bedeutet also, dass die BE Partners KG pro 100,00 € Umsatz einen Betriebsgewinn von 3,28 € gemacht hat. Dieser Wert kann von der Unternehmensleitung mit dem von allen Unternehmen in der Branche durchschnittlich erzielten Wert verglichen werden.

Alles klar?

1 Erklären Sie, warum neben dem Ergebnis der Finanzbuchhaltung (GuV) noch eine Betriebsergebnisrechnung notwendig ist.

2 Für welche außerbetrieblichen Interessenten ist das Ergebnis der Finanzbuchführung (GuV) eine wichtige Entscheidungs- oder Beurteilungsgrundlage?

3 Nennen Sie vier konkrete Beispiele für neutrale Aufwendungen.

4 Nach welchen drei Kriterien werden Aufwendungen und Erträge in das Neutrale Ergebnis der Ergebnistabelle abgegrenzt?

5 Welche der folgenden Aufwendungen sind im Neutralen Ergebnis abzugrenzen? Begründen Sie Ihre Entscheidung.

- Aufwendungen für die Inspektion bei einem Betriebs-Pkw
- Aufwendungen für Reparaturen an einer vermieteten Lagerhalle
- Aufwendungen für Weihnachtsgeld an die Angestellten
- Totalschaden an einem Pkw durch selbst verschuldeten Unfall
- Steuernachzahlung für das vergangene Jahr
- Aufwendungen für Fertigungslöhne
- Aufwendungen für Büromaterial

6 Welche der folgenden Erträge sind im Neutralen Ergebnis abzugrenzen? Begründen Sie Ihre Entscheidung.

- Erträge aus dem Verkauf von Waren
- Rückerstattung zu viel gezahlter Steuern im letzten Jahr
- Mieterträge aus einer vermieteten Werkswohnung
- Erträge aus Serviceleistungen gegenüber einem Kunden
- Ertrag aus dem Verkauf eines betrieblichen Pkw über dem aktuellen Buchwert
- Kassenüberschuss

7 Stellen Sie fest, welche der folgenden Kosten variable Kosten und welche vorwiegend fixe Kosten sind.

- Mietkosten für angemietete Lagerräume
- Zinsen für Bankkredite
- Aufwendungen für Rohstoffe in der Produktion
- Feuerversicherungsprämien der Gebäudeversicherung
- Aufwendungen für Stundenlöhne in der Produktion
- Abschreibungen auf die Büroeinrichtung

8 Erläutern Sie den Begriff „sprungfixe Kosten“ an einem Beispiel.

9 Erläutern Sie den Begriff „Kapazitätsauslastung“.

10 Erläutern Sie das Gesetz der Massenproduktion.

11 Nennen Sie die Formeln zur Berechnung der Kennzahlen Wirtschaftlichkeit und Umsatzrentabilität.

2 Berücksichtigung kalkulatorischer Kosten

Beispiel Rolf Bastian sieht sich die Daten der Abgrenzungsrechnung an und fragt sich, bei welcher Position seine Arbeitsleistung berücksichtigt wurde. Als Eigentümer ist seine monatliche Vergütung kein Aufwand, sondern ein Vorschuss auf den Gewinn, die Gegenleistung für seine Geschäftsführertätigkeit. Wenn die BE Partners KG keine KG, sondern eine GmbH wäre, wäre das Gehalt des Geschäftsführers Teil der Kosten. Ähnlich ist es mit dem eigenen Gebäude: Die dafür anfallenden Abschreibungen sind bei weitem nicht so hoch, wie die Miete eines fremden Gebäudes wäre. Wenn er nun mit den Zahlen aus der Betriebsergebnisrechnung seine Produkte kalkuliert, dann fließen diese Positionen nicht mit ein und er ist möglicherweise zu günstig im Vergleich zu anderen Unternehmen.

Eine zentrale Aufgabe der Kosten- und Leistungsrechnung besteht darin, die tatsächlichen Kosten einer Abrechnungsperiode zu ermitteln. Bei den meisten betriebsbezogenen Aufwendungen (z. B. Fremdinstandhaltungen, Löhne, Steuern) kann davon ausgegangen werden, dass in Höhe der entstandenen Aufwendungen gleichzeitig auch Kosten entstanden sind. Bei einigen Aufwendungen allerdings ist dies nicht der Fall. Deren Wertansatz im Rechnungskreis I wird von anderen Kriterien als den betriebswirtschaftlichen bestimmt. Das führt dazu, dass die im Rechnungskreis I angesetzten Werte mithilfe der Ergebnistabelle korrigiert werden müssen, um die genauen Kosten zu erhalten.

- Bei den im Rechnungskreis I aufgeführten **Abschreibungen** handelt es sich um bilanzielle Abschreibungen, deren Höhe durch steuerrechtliche bzw. handelsrechtliche Vorgaben bestimmt ist. Somit wird der tatsächlich eingetretene Wertverlust eines Anlagegutes (seine Kosten) nicht erfasst.
- Bei den für aufgenommene Kredite gezahlten und gebuchten Zinsen wird nicht berücksichtigt, dass nicht alle Investitionen mit Krediten finanziert wurden. Häufig finanzieren Unternehmen ihr auf der Aktivseite der Bilanz gebundenes Kapital zu einem erheblichen Teil aus eigenen Mitteln (Eigenkapital). Dieser Einsatz von Eigenkapital verursacht aber auch Kosten, und zwar in dem Sinne, dass dieses Kapital zinsbringend auch anderweitig angelegt werden könnte. Diese **Zinsen** entgehen einem Unternehmen, wenn es die Mittel investiert.
- Bei Kapitalgesellschaften, wie z. B. einer GmbH, wären für die angestellten Geschäftsführer entsprechende Gehaltszahlungen zu berücksichtigen. Bei Personengesellschaften dagegen, wie z. B. einer KG, arbeiten die Gesellschafter mit, erhalten dafür aber kein **Geschäftsführergehalt**, sondern den erzielten Gewinn.

Diese Überlegungen werden in der Betriebsergebnisrechnung durch die Erfassung sogenannter **kalkulatorischer Kosten** berücksichtigt.

2.1 Kalkulatorische Kostenarten

→ **LS 93** Kalkulatorische Kosten in der Betriebsergebnisrechnung berücksichtigen

Die wichtigsten **kalkulatorischen Kosten**, die in der Betriebsergebnisrechnung berücksichtigt werden, sind:

- kalkulatorische Abschreibungen und
- kalkulatorischer Unternehmerlohn

Weitere mögliche kalkulatorische Kosten sind:

– kalkulatorische Zinsen
– kalkulatorische Wagniskosten
– kalkulatorische Mieten

Kalkulatorische Kosten[1] werden entweder mit einem **anderen Betrag** als der Aufwand in der Finanzbuchhaltung oder **zusätzlich** im KLR-Bereich erfasst. Ziel ist es, die Genauigkeit der Kostenrechnung und damit auch der daraus erstellten Preiskalkulation zu erhöhen. Gleichzeitig wird die Vergleichbarkeit der Daten der eigenen Unternehmung mit anderen Unternehmen verbessert.

1 Kalkulatorische Kosten werden **abweichend** von der GuV oder **zusätzlich** zu den Werten in der GuV im Betriebsergebnis erfasst.

	Ergebnisrechnung der Geschäftsbuchführung (GuV)			KLR-Bereich Betriebsergebnis	
	Konto	Aufw.	Erträge	Kosten	Leistung
6000	Aufwendungen für Rohstoffe	105.000,00 €		105.000,00 €	
6200	Fertigungslöhne	54.000,00 €		54.000,00 €	
6520	Abschreibungen auf Sachanlagen	**18.000,00 €**		15.000,00 €	
7510	Zinsaufwendungen	**12.000,00 €**		20.000,00 €	
	Kalk. Unternehmerlohn	**0,00 €**		6.000,00 €	

2.2 Grundkosten, Anderskosten und Zusatzkosten

Je nachdem, ob die kalkulatorischen Kosten in der Kosten- und Leistungsrechnung (Rechnungskreis II) in einer anderen Höhe als in der Finanzbuchhaltung (Rechnungskreis I) oder als zusätzliche Kosten erfasst werden, handelt es sich um **Anderskosten** (aufwandsungleiche Kosten) oder um **Zusatzkosten** (aufwandslose Kosten)[2].

2 Anderskosten = aufwandsungleiche Kosten
Zusatzkosten = aufwandslose Kosten

Anderskosten werden im Rechnungskreis II in anderer Höhe als der Aufwand im Rechnungskreis I ausgewiesen. Zusatzkosten werden im Rechnungskreis II zusätzlich ausgewiesen und haben im Rechnungskreis I keine entsprechende Position.

Berücksichtigen wir außerdem diejenigen Aufwendungen, die in gleicher Höhe als Kosten erfasst werden, ergibt sich folgende Übersicht:

Grundkosten	Anderskosten	Zusatzkosten
aufwandsgleiche Kosten	aufwandsungleiche Kosten	aufwandslose Kosten
Aufwendungen im RK I entsprechen in der Höhe den Kosten im RK II	Aufwendungen im RK I werden mit einem anderen Wert in den RK II übernommen	Hier handelt es sich um Kosten im RK II, für die im RK I keine Aufwendungen entstanden sind.
Beispiele: Betriebssteuern, Reparaturaufwendungen, Gehälter	Beispiele: kalkulatorische Zinsen, kalkulatorische Abschreibung	Beispiel: kalkulatorischer Unternehmerlohn

Merke! Grundkosten: Kosten = Aufwand
Anderskosten: Kosten fallen in anderer Höhe als der Aufwand an.
Zusatzkosten: Kosten fallen an, ohne dass Aufwand entstand.

2.3 Kalkulatorische Abschreibungen

Beispiel Die BE Partners KG hat am 01. Dezember des Jahres 20X1 einen neuen Kleinlastwagen erworben, der für Auslieferungen vorgesehen ist. Die Anschaffungskosten des Fahrzeugs betragen 39.000,00 €. Das Fahrzeug wurde mit einem Kredit der Sparkasse finanziert. Die von der Finanzverwaltung vorgesehene Nutzungsdauer für Fahrzeuge dieser Art beträgt sechs Jahre. Hieraus ergibt sich ein Abschreibungssatz von 16,67 %.

In der Finanzbuchhaltung wird also monatlich $^1/_{12}$ des jährlichen Abschreibungsbetrags in Höhe von 6.500,00 € gebucht, im Jahr 20X1 sind das 542,00 €.[1]

1 Die Finanzbehörden gestatten ein Aufrunden auf volle €.

2.3.1 Die Ermittlung bilanzieller Abschreibungen

Abschreibungen erhöhen die Aufwendungen eines Unternehmens. In der Folge reduzieren sich ein erzielter Gewinn und damit auch die auf den Gewinn zu zahlenden Steuern. Abschreibungen stellen also für Unternehmen eine Möglichkeit dar, den steuerpflichtigen Gewinn zu beeinflussen.

Damit nicht jedes Unternehmen die Nutzungsdauer nach seiner eigenen Einschätzung festlegt und dadurch eine ungleiche Besteuerung entsteht, setzt der Fiskus[2] einen gesetzlich vorgegebenen Rahmen. § 7 Abs. 1 Einkommensteuergesetz legt fest, dass die steuerlich zulässige Abschreibungsdauer bei beweglichen Wirtschaftsgütern auf der Grundlage der betriebsgewöhnlichen Nutzungsdauer und dem Anschaffungswert zu ermitteln ist.

2 Der Begriff Fiskus kommt aus der Volkswirtschaftslehre und bezeichnet den Staat als Wirtschaftssubjekt. Im allgemeinen Sprachgebrauch versteht man unter Fiskus die Finanzverwaltung.

Die betriebsgewöhnliche Nutzungsdauer wird in der Regel durch die Finanzbehörden festgelegt und ist den sogenannten AfA-Tabellen (AfA = Absetzung für Abnutzung) zu entnehmen. Die Anschaffungskosten bilden die Höchstgrenze bei der Ermittlung des Abschreibungsbetrages. So ergibt sich für die jährlichen Abschreibungen ein Höchstwert, an den Unternehmen gebunden sind.[3]

3 Die **bilanzielle Abschreibung** berücksichtigt **Anschaffungswert** und **gewöhnliche** Nutzungsdauer.

$$\text{Bilanzielle Abschreibung pro Jahr} = \frac{\text{Anschaffungswert}}{\text{betriebsgewöhnliche Nutzungsdauer}} = 6.500{,}00\ €$$

2.3.2 Die Notwendigkeit der Ermittlung kalkulatorischer Abschreibungen

→ **LS 94** Kalkulatorische Kosten ermitteln

Beispiel Aufgrund der Erfahrungen mit bisherigen Fahrzeugen geht die BE Partners KG davon aus, dass der neue Lieferwagen nicht sechs Jahre halten wird, sondern dass aufgrund der hohen Beanspruchung bereits nach fünf Jahren ein neues Fahrzeug angeschafft werden muss. Ferner ist davon auszugehen, dass die Wiederbeschaffung eines gleichwertigen Lieferfahrzeuges in fünf Jahren 42.000,00 € kosten wird.

Die Höhe der bilanziellen Abschreibung wird bestimmt durch die Vorschriften der Finanzbehörden. Falls es hierbei Spielräume gibt, kann ein Unternehmen diese nutzen, um die Höhe des Gewinns und der zu zahlenden Steuern zu beeinflussen.

Ein solches Vorgehen entspricht nicht den Anforderungen der Kosten- und Leistungsrechnung, denn diese will die tatsächliche Wertminderung von Gütern des Anlagevermögens ermitteln. Das Beispiel zeigt, dass der Lieferwagen bereits nach fünf und nicht erst nach sechs Jahren ersetzt werden muss. Die tatsächliche jährliche Wertminderung ist höher als die bilanzielle Abschreibung von 6.500,00 €. Ferner muss bei der Ermittlung des Abschreibungsbetrages die Preisentwicklung berücksichtigt werden.[4]

4 Die kalkulatorische Abschreibung berücksichtigt den **Wiederbeschaffungswert** und die **tatsächliche betriebliche** Nutzungsdauer.

Nur wenn beide Faktoren in die Kosten eingehen, kann ein auf der Grundlage der ermittelten Kosten festgelegter Verkaufspreis gewährleisten, dass nach fünf Jahren über die Verkaufserlöse genügend finanzielle Mittel in das Unternehmen zurückgeflossen sind, um einen neuen Lieferwagen zu erwerben. Nur so lässt sich die Substanz des Anlagevermögens der Unternehmung langfristig erhalten.

Merke! Bei der Berechnung der kalkulatorischen Abschreibung sind der Wiederbeschaffungswert und die tatsächliche betriebliche Nutzungsdauer zugrunde zu legen.

$$\text{kalkulatorische Abschreibung}^{1} = \frac{\text{Wiederbeschaffungswert}}{\text{tatsächliche Nutzungsdauer}}$$

$$\text{kalkulatorische Abschreibung} = \frac{42.000{,}00\ €}{5} = 8.400{,}00\ €$$

1 Formel zur Berechnung der kalkulatorischen Abschreibung

Die hier am Beispiel des Lieferwagens durchgeführte Rechnung muss für das gesamte Anlagevermögen des Unternehmens entsprechend durchgeführt werden.

2.3.3 Darstellung kalkulatorischer Abschreibungen in der Ergebnistabelle

Die folgende Übersicht zeigt, wie kalkulatorische Abschreibungen in der Ergebnistabelle erfasst werden. Hierfür wird die Ergebnistabelle um eine zusätzliche Spalte „Kostenrechnerische Korrekturen“ ergänzt. Diese ist Teil des Abgrenzungsbereichs.

RECHNUNGSKREIS I			RECHNUNGSKREIS II					
Ergebnisrechnung der Geschäftsbuchführung (GuV)			**Abgrenzungsbereich**				**KLR-Bereich**	
			Unternehmensbez. Abgrenzung		Kostenrechnerische Korrekturen		Betriebsergebnis	
Konto	Aufw.	Erträge	neutrale Aufw.	neutrale Erträge	Aufwand	verrechnete Kosten	Kosten	Leistung
Abschreibungen	18.000,00 €		1. Schritt				18.000,00 €	
Abschreibungen	18.000,00 €		2. Schritt			21.000,00 € ⟷	**21.000,00 €**	
Abschreibungen	18.000,00 €		3. Schritt		18.000,00 €	**21.000,00 €**	**21.000,00 €**	

1. Schritt: Die Abschreibungen für das gesamte Anlagevermögen – in diesem Beispiel in Höhe von 18.000,00 € – sind dem Betriebszweck zuzuordnen. Sie wären eigentlich als Kosten in den KLR-Bereich zu übernehmen.

2. Schritt: Unter Kosten werden aber stattdessen die kalkulatorischen Abschreibungen von 21.000,00 € eingetragen. Diese 21.000,00 € werden gleichzeitig als Ertrag unter „verrechnete Kosten“ in ihrer Auswirkung auf das Gesamtergebnis im Rechnungskreis II wieder neutralisiert.

3. Schritt: Die bilanziellen Abschreibungen von 18.000,00 € werden als Aufwand bei den kostenrechnerischen Korrekturen in den Rechnungskreis II übernommen.

Durch die kostenrechnerischen Korrekturen wird das Gesamtergebnis des Rechnungskreises I nicht verändert. Es entspricht weiterhin dem Gewinn in der Geschäftsbuchführung.

Merke! In der Kostenrechnung wird nach der tatsächlichen Nutzungsdauer abgeschrieben; auf diese werden die Wiederbeschaffungskosten verteilt.

2.4 Kalkulatorischer Unternehmerlohn

Beispiel Die Braun GmbH mit Sitz in Bonn ist seit mehreren Jahren als Werbeagentur tätig und unmittelbare Konkurrentin der BE Partners KG. Die GmbH wird von Frau Roth geleitet. Sie ist als Geschäftsführerin angestellt und erhält ein monatliches Gehalt von 18.000 €.
Rolf Bastian dagegen erhält als geschäftsführender Komplementär der KG kein monatliches Gehalt. Er ist als Vollhafter stattdessen entsprechend seinem Kapitalanteil am Gewinn des Unternehmens beteiligt.

2.4.1 Struktur des Problems

Geschäftsführer und Vorstände von Kapitalgesellschaften wie GmbH oder AG erhalten für ihre Tätigkeit ein Gehalt. Diese Gehälter werden als Aufwand im Rechnungskreis I erfasst und gehen als Grundkosten in die Kosten- und Leistungsrechnung ein.

Einzelunternehmer oder die in der Geschäftsführung tätigen vollhaftenden Teilhaber von Personengesellschaften erhalten dagegen kein Gehalt.[1] Eine Personengesellschaft hat keine eigene Rechtspersönlichkeit und deshalb können die Gesellschafter nicht Angestellte des Unternehmens sein, das sie selbst darstellen. Sie erhalten dafür den Gewinn.[2]

Damit der Unternehmer für seine Tätigkeit ein angemessenes Entgelt erwirtschaften kann, muss er es in die Preise einkalkulieren. Dies geschieht durch den sogenannten kalkulatorischen Unternehmerlohn. Dieser stellt Zusatzkosten dar, da ihm keine Aufwendungen im Rechnungskreis I gegenüberstehen.

Bei der Höhe eines solchen kalkulatorischen Unternehmerlohnes kann sich der Unternehmer daran orientieren, welches Gehalt eine GmbH ihrem Geschäftsführer für eine vergleichbare Tätigkeit zahlt. Hierbei sind u. a. die Unternehmensgröße, die Branche und der Umfang der Verantwortung zu berücksichtigen.

Im Hinblick auf das obige Beispiel sorgt der kalkulatorische Unternehmerlohn also dafür, dass auch der Wert der Arbeit der Gesellschafter in die Preiskalkulation eingeht. Somit wird die Kostenstruktur von Personengesellschaften und Kapitalgesellschaften vergleichbar.

1 Rechtsformen
→ LF 9, Kap. 4

2 Dörthe Epstein ist als Kommanditistin der BE Partners KG keine vollhaftende Gesellschafterin und deshalb gehört ihr Gehalt zu den Aufwendungen und ist bereits im Rechnungskreis I enthalten.

2.4.2 Darstellung des kalkulatorischen Unternehmerlohns in der Ergebnistabelle

RECHNUNGSKREIS I				RECHNUNGSKREIS II					
	Ergebnisrechnung der Geschäftsbuchführung (GuV)			Abgrenzungsbereich				KLR-Bereich	
				Unternehmensbez. Abgrenzung		Kostenrechnerische Korrekturen		Betriebsergebnis	
	Kalkulatorischer Unternehmerlohn	0					15.000,00 € ⟷	15.000,00 €	

Der kalkulatorische Unternehmerlohn erhöht die Kosten des Unternehmens. Bei einer Kalkulation auf Vollkostenbasis geht er in den Preis ein und erhöht die Umsatzerlöse. Die Entlohnung für die in der Geschäftsführung mitarbeitenden Gesellschafter geht so in die Preiskalkulation ein.

Durch die Verrechnung als Ertrag unter den kostenrechnerischen Korrekturen hat der kalkulatorische Unternehmerlohn aber keine Auswirkung auf das Gesamtergebnis im Rechnungskreis I.

Merke! Durch den kalkulatorischen Unternehmerlohn wird die Arbeitsleistung der Gesellschafter einer Personengesellschaft in der Kostenrechnung berücksichtigt.

2.5 Kalkulatorische Zinsen

Beispiel Die BE Partners KG hat am 01. Dezember des Jahres 20X1 einen neuen Kleinlastwagen erworben, mit dem die Aufträge ausgeliefert werden sollen. Dieses Fahrzeug wurde mit einem Kredit finanziert. Die dafür zu zahlenden Kreditzinsen werden in der GuV ausgewiesen. Wenn der Lastwagen mit Eigenmitteln bezahlt wird, verursacht dies in der GuV keinen Aufwand. Da die Eigentümer der BE Partners KG für ihr Eigenkapital jedoch auch eine Verzinsung erwarten, muss diese im Rechnungskreis II berücksichtigt werden. Eine Berücksichtigung findet die Verwendung des Eigenkapitals durch die kalkulatorischen Zinsen.

Die Ermittlung der kalkulatorischen Zinsen könnte für jedes Anlagegut separat durchgeführt werden, indem gefragt wird, welche Zinszahlung tatsächlich erfolgt bzw. welche berechnet werden müsste, falls das Anlagegut mit eigenen Mitteln finanziert wurde. Eine solche Vorgehensweise wäre sehr kompliziert und zeitaufwendig und erforderte teilweise willkürliche Annahmen mit unternehmensindividuellen Ergebnissen, was die Vergleichbarkeit einschränkt.

Deshalb werden kalkulatorische Zinsen nach folgender Formel berechnet:

Betriebsnotwendiges Kapital · Kalkulationszinssatz

Zur Ermittlung des betriebsnotwendigen Kapitals geht man aus vom betriebsnotwendigen Vermögen:

	betriebsnotwendiges Anlagevermögen (z. B. Maschinen zur Produktion)
+	betriebsnotwendiges Umlaufvermögen (z. B. Rohstoffvorräte)
=	betriebsnotwendiges Vermögen
–	Abzugskapital (zinsfreies Fremdkapital, wie z. B. Anzahlungen von Kunden, Verbindlichkeiten aus LuL)
=	betriebsnotwendiges Kapital

Als Kalkulationszinssatz wird der aktuelle Marktzinssatz für langfristige Kapitalanlagen zuzüglich eines Risikozuschlags angesetzt. Auch dieser nach einheitlichen Kriterien ermittelte Kalkulationszinssatz dient der Vergleichbarkeit mit anderen Unternehmen.[1]

[1] Gesamtdarstellung der Betriebsergebnisrechnung ➔ in AB 3, LS 93, Vorlagen, Ergebnistabelle

Merke! Die kalkulatorischen Zinsen berücksichtigen die Kosten des im Unternehmen eingesetzten Eigenkapitals.

Alles klar?

1 Nennen Sie zwei konkrete Beispiele für kalkulatorische Kosten.

2 Erläutern Sie die Notwendigkeit, im Bereich der Kosten- und Leistungsrechnung mit kalkulatorischen Abschreibungen zu rechnen.

3 Nennen Sie ein konkretes Beispiel für Zusatzkosten.

4 Nehmen Sie Stellung zur folgenden These: „Falls der Betrag der kalkulatorischen Abschreibungen über dem der bilanziellen Abschreibungen liegt, sollte ein Unternehmen im Bereich der Kosten- und Leistungsrechnung besser mit den bilanziellen Abschreibungen rechnen. Ansonsten würden sich nämlich die Kosten erhöhen, was sich negativ auf das Betriebsergebnis auswirken würde.“

5 Wodurch unterscheiden sich die Berechnung zur Ermittlung der bilanziellen und der kalkulatorischen Abschreibung?

6 Geben Sie die Formel zur Berechnung der kalkulatorischen Abschreibung an.

7 Erläutern Sie die Notwendigkeit, in der Kosten- und Leistungsrechnung einen kalkulatorischen Unternehmerlohn zu berücksichtigen.

8 Welche Orientierungsgröße bietet sich an, um die Höhe eines kalkulatorischen Unternehmerlohnes festzulegen?

9 Erklären Sie, warum es bei einer KG erforderlich ist, einen kalkulatorischen Unternehmerlohn im KLR-Bereich zu berücksichtigen.

10 Welche Bedeutung hat der Kalkulationszinssatz für die Berechnung der kalkulatorischen Zinsen?

11 Erklären Sie, wie die kalkulatorischen Zinsen berechnet werden.

3 Vollkostenrechnung

Beispiel Der BE Partners KG liegt eine Anfrage des Autohauses Wünschle vor. Der Kunde möchte zu seinem 50-jährigen Firmenjubiläum Untersetzer aus Leder mit dem firmeneigenen Logo bedruckt herstellen lassen. Die Untersetzer sollen jeweils 6-teilig verpackt werden. Der Kunde fragt an, zu welchem Preis 1 000 Einheiten zu je sechs Untersetzern angeboten werden.

Frau Kolder, Leiterin der Abteilung Druckerei und Werbeartikel, weiß, dass die Produktion technisch kein Problem darstellt. Sie macht sich an die Aufgabe, den Verkaufspreis zu errechnen und ein Angebot zu erstellen.

3.1 Der Preis und seine Signalfunktion für den Käufer

Die Festlegung des Verkaufspreises für ein Produkt hat eine zentrale Bedeutung, denn der Preis entscheidet ganz wesentlich darüber, welche Anzahl eines Produkts der Hersteller absetzen kann. Das Unternehmen wird dabei seinen Preis u. a. an den Preisen der Konkurrenz und an der eigenen Kostensituation orientieren.

Dem Wunsch der Verbraucher, „günstig" einzukaufen, steht der Wunsch des Herstellers entgegen, mit dem Verkauf seiner Produkte Gewinn zu erwirtschaften. Dafür müssen die Erlöse die Kosten übersteigen, der Preis eines Produkts sollte also nicht nur die gesamten Stückkosten decken (Vollkostendeckung)[1], sondern er sollte noch etwas höher angesetzt werden, damit ein Stückgewinn erzielt wird.

1 **Vollkostendeckung:** Der Verkaufspreis deckt alle Kosten eines Produkts.

Dieser Idee folgt die **Vollkostenrechnung**. Verkaufspreise auf der Grundlage der Vollkostenrechnung berücksichtigen alle bei der Produktion entstehenden Kosten.

3.2 Einzel- und Gemeinkosten

Beispiel Frau Kolder wird zunächst die Kosten ermitteln, die bei der Herstellung von 1 000 Päckchen Untersetzer anfallen.

Ein wichtiger Kostenbestandteil ist das Material (hier: Leder). Diese Materialkosten pro Untersetzer lassen sich einfach ermitteln, indem man die benötigte Menge an Material mit dem Einstandspreis[2] bewertet. Die Löhne für die Fertigung werden durch Multiplikation des Stundensatzes, den die Lohnarbeit verursacht, mit der für die Herstellung benötigten Zeit ermittelt.

2 Einstandspreis
→ FK 1, LF 4, Kap. 4

Beispiel Die BE Partners KG stellt die Untersetzer allerdings nicht selbst her, sondern bezieht diese von einem Lieferanten. Für die BE Partners KG stellt der Einstandspreis für die unbedruckten Untersetzer Materialkosten dar.

3.2.1 Einzelkosten

Kostenarten, die sich einem hergestellten Produkt[3] eindeutig und unmittelbar zuordnen lassen, werden Einzelkosten genannt. Hierzu gehören die Kosten für das **Fertigungsmaterial** (**Rohstoffkosten, Hilfsstoffkosten**) und die **Fertigungslöhne**.

3 Die hergestellten Produkte werden im Rahmen der Kosten- und Leistungsrechnung **Kostenträger** genannt. Sie tragen die durch ihre Produktion entstehenden Kosten. Einzelkosten lassen sich Kostenträgern direkt zurechnen.

Beispiel Frau Kolder erfährt aus der Produktionsabteilung, dass die Materialkosten für die Herstellung von sechs Untersetzern 0,60 € und die Lohnkosten 1,00 € betragen.

Genau genommen lassen sich nur Stücklöhne (z. B. Akkordlöhne) als Einzelkosten den Kostenträgern direkt zurechnen. Dennoch werden Fertigungslöhne im Rahmen dieses Lehrwerks immer als Einzelkosten behandelt.

3.2.2 Gemeinkosten

Bei der Herstellung der Untersetzer fallen noch viele weitere Kosten an, deren genaue Höhe für den einzelnen Kostenträger nicht so einfach ermittelt werden kann. Wie sollen z. B. die Kosten für die Arbeitszeit von Frau Kolder ermittelt werden, die sie benötigt, um das Angebot zu erstellen? Es gibt noch viele andere Kosten, die sich nicht exakt den Kostenträgern zurechnen lassen, wie z. B.

- die Maschine, die die Untersetzer bedruckt, verursacht **Abschreibungen** und sie verbraucht **Strom**,
- die Halle, in der gearbeitet wird, muss geheizt und beleuchtet werden,
- das Angebot wird gedruckt, sodass **Kosten für Büromaterial** anfallen, und
- evtl. per Post zugesandt, was **Portokosten** verursacht.

An diesen Beispielen wird deutlich, dass viele Kostenarten, die aufgrund der Herstellung eines Produkts entstehen, einer einzelnen produzierten Einheit nicht genau zugerechnet werden können. Diese Kosten heißen **Gemeinkosten.**[1]

1 Gemeinkosten lassen sich Kostenträgern nur indirekt zuordnen.

Betriebsergebnis

	Konto	Kosten	Leistung	
E	Rohstoffkosten	34.000,00 €		
	Energie	10.000,00 €		G
E	Fert. Löhne	18.000,00 €		
	Gehälter	70.000,00 €		G
	Abschreibungen	6.000,00 €		G
	Sonstige Kosten	28.000,00 €		G
	Summe der Kosten	166.000,00 €		

E = Einzelkosten
G = Gemeinkosten

Die Gemeinkosten lassen sich den einzelnen Produkteinheiten nicht direkt zuordnen, sondern müssen mit einer Hilfskonstruktion, einem Verteilungsschlüssel, zugerechnet werden. Die Ermittlung solcher Verteilungsschlüssel ist Aufgabe der Kostenstellenrechnung.

Beispiel Frau Kolders erster Ansatz für die Kalkulation des Verkaufspreises sieht so aus:
Kalkulation der Selbstkosten je Stück (Set von sechs Untersetzern) und der Selbstkosten des Gesamtauftrages:

Kalkulation der Stückkosten (Set von 6 Untersetzern)

	Stück	Gesamtauftrag (1 000 Stück)
Materialkosten	0,60 €	600,00 €
Fertigungslöhne	1,00 €	1.000,00 €
Gemeinkosten	noch unbekannt	
Selbstkosten	?	?

Wie kann man ermitteln, welcher Teil der im Unternehmen insgesamt anfallenden Gemeinkosten durch den Auftrag von 1 000 Sets Untersetzer verursacht wird?[2] Der Beantwortung dieser Frage werden wir in den Abschnitten 3.3 und 3.4 nachgehen.

2 Einzelkosten
\+ Gemeinkosten
= Selbstkosten

3.3 Grundsätzliche Überlegungen zur Verteilung der Gemeinkosten auf die Kostenträger

Um die Selbstkosten eines Produkts (eines Kostenträgers) zu ermitteln, muss man herausfinden, wie viel Gemeinkosten die Produktion verursacht hat oder in Zukunft verursachen wird. Im zweiten Schritt müssen die Gemeinkosten einem Kostenträger (möglichst genau) zugeordnet werden. Hierzu werden im Rahmen der Kosten- und Leistungsrechnung zunächst einige grundsätzliche Annahmen getroffen.

1. Annahme

Im Bereich der Vollkostenrechnung nimmt man einen Zusammenhang zwischen der Entstehung von Einzelkosten, also dem Verbrauch von Fertigungsmaterial und der Zahlung von Fertigungslöhnen, und der Entstehung von Gemeinkosten an. **Einzelkosten und Gemeinkosten stehen in einem bestimmten (proportionalen) Verhältnis zueinander**, das je nach Betriebsart oder hergestelltem Produkt sehr unterschiedlich ausfallen kann. Dieses Verhältnis wird für eine Abrechnungsperiode (in der Regel der Monat) rückwirkend errechnet (**Ex-post-Betrachtung**[1]).

1 Ex-post-Betrachtung

2. Annahme

Die in der Vergangenheit beobachteten Beziehungen zwischen der Entstehung von Einzel- und Gemeinkosten unterliegen bestimmten Gesetzmäßigkeiten und sind relativ stabil. Deshalb sind sie für die Anwendung bei der Kalkulation von Verkaufspreisen geeignet, um damit die angenommenen Selbstkosten eines Produkts zu errechnen. Hierbei werden die rückwirkend ermittelten Verhältniszahlen für eine nach vorne gerichtete Betrachtungsweise verwendet (**Ex-ante-Betrachtung**[2]).

2 Ex-ante-Betrachtung

Merke! Das im Rahmen der Ex-post-Betrachtung ermittelte Verhältnis von Einzel- und Gemeinkosten zueinander wird in der Kostenstellenrechnung ermittelt.

3.4 Kostenstellenrechnung

LS 95 Die Kostenstellenrechnung durchführen

3.4.1 Was ist eine Kostenstelle?

Der Betriebsabrechnungsbogen (BAB), der im Rahmen der Kostenstellenrechnung zum Einsatz kommt, ist ein wichtiges Instrument, um den Zusammenhang zwischen Einzel- und Gemeinkosten darzustellen.

Als Kostenstelle wird der (räumliche) Ort bezeichnet, an dem Kosten, hier insbesondere die Gemeinkosten, entstehen. Die kleinste Kostenstelle in einem Unternehmen ist der einzelne Arbeitsplatz. Werden Arbeitsplätze zu größeren Einheiten zusammengefasst, so könnte z. B. **eine Abteilung eine Kostenstelle**[3] bilden.

3 Kostenstelle = konkreter Ort, an dem Kosten anfallen

Der Einfachheit halber soll angenommen werden, dass ein Unternehmen sich in vier Kostenstellen aufteilen lässt:

Kostenstelle	Tätigkeiten in der BE Partners KG
Materialstelle	Einkauf der Materialien, Lagerung, Materialverwaltung und -prüfung
Fertigung	Ort der Produktion: z. B. Druckerei, Gravuren
Verwaltung	Allgemeine Verwaltung, Rechnungswesen, Personal, Ausbildung
Vertrieb	Kundenberatung, Verkauf

In einem ersten Schritt wird ermittelt, welcher Teil der jeweils insgesamt angefallenen Gemeinkosten in jeder der vier Kostenstellen anfiel. Das ist teilweise relativ einfach und präzise möglich. Abschreibungen z. B. lassen sich wie die abzuschreibenden Anlagegüter in der Regel eindeutig einer Kostenstelle zuordnen. Gleiches gilt auch für die Gehälter, wenn sich die Arbeit der Mitarbeiter auf jeweils eine Kostenstelle beschränkt. Ist das nicht der Fall, kann man durch Erfassung der für jede Kostenstelle aufgewendeten Arbeitszeit ohne großen Aufwand eine präzise Zuordnung treffen.

Bei anderen Gemeinkosten ist die Zuordnung schwieriger. Die genaue Zuordnung von Kosten für die Heizung von Räumen würde eine Messung der Verbräuche in den einzelnen Kostenstellen voraussetzen, ebenso beim Strom- und Wasserverbrauch.

Aus Vereinfachungsgründen wird deshalb häufig mit Verteilungsschlüsseln gearbeitet, mit deren Hilfe eine Gemeinkostenart auf die Kostenstellen verteilt werden kann.

3.4.2 Der Betriebsabrechnungsbogen (BAB)

Die Verteilung der Gemeinkosten auf die Kostenstellen erfolgt mithilfe eines sogenannten **Betriebsabrechnungsbogens** (BAB). Dieser lässt sich in seiner Grundstruktur folgendermaßen darstellen:

Betriebsabrechnungsbogen (BAB)						
Gemeinkostenart	Zahlen der KLR	Verteil.-Schlüssel	Kostenstellen			
			Material	Fertigung	Verwaltung	Vertrieb
Energie	10.000,00 €	Raumgröße				
...						
...						
Summe Gemeinkosten		**gesamt:**	**Stellengemeinkosten**			
			MGK	FGK	VwGK	VtGK

MGK = Materialgemeinkosten FGK = Fertigungsgemeinkosten
VwGK = Verwaltungsgemeinkosten VtGk = Vertriebsgemeinkosten

Der BAB übernimmt in den Zeilen der **Spalte 1 und 2** die Gemeinkostenarten und die Höhe der jeweils entstandenen Gemeinkosten aus der Ergebnistabelle. Definitionsgemäß sind dies sämtliche Kosten außer den Fertigungslöhnen und den Kosten für das Fertigungsmaterial, die als Einzelkosten gelten.

In den **Spalten 4 bis 7** werden die Kostenstellen dargestellt. Die gesamten Gemeinkosten werden mithilfe von den in **Spalte 3** aufgeführten Verteilungsschlüsseln auf diese Kostenstellen verteilt. Ziel ist es, die Gemeinkosten jeder Kostenstelle möglichst genau, d. h. verursachungsgemäß, zu ermitteln.

Merke! Im BAB werden die Gemeinkosten verursachungsgemäß auf die einzelnen Kostenstellen verteilt.

Die Summe der Gemeinkosten, die sich je Kostenstelle ergibt, wird als Stellengemeinkosten bezeichnet. So ergeben sich z. B. für die Kostenstelle Material als Stellengemeinkosten die Materialgemeinkosten (MGK). Der BAB wird in der Regel monatlich erstellt.

Die folgende Abbildung zeigt den BAB der BE Partners KG für den Monat 20X1. Hier wird auch der Zusammenhang zwischen den im Betriebsergebnis ausgewiesenen Kosten und dem Betriebsabrechnungsbogen (BAB) deutlich.

Betriebsergebnis (in €)

	Konto	Kosten	Leistung	
	Bestandsveränderung	3.000,00 €	10.000,00 €	
E	Rohstoffkosten	34.000,00 €		
	Energie	10.000,00 €		G
E	Fert. Löhne	18.000,00 €		
	Gehälter	70.000,00 €		G
	Abschreibungen	6.000,00 €		G
	Sonstige Kosten	28.000,00 €		G
	Summe	169.000,00 €		

E = Einzelkosten
G = Gemeinkosten

BAB

Gemeinkostenart	Zahlen KLR in €	Verteil.-Schlüssel	Kostenstellen			
			Material €	Fertigung €	Verwaltung €	Vertrieb €
Energie	10.000,00	m²	1.000,00	5.000,00	3.000,00	1.000,00
Gehälter	70.000,00	Geh.-List.	5.000,00	5.000,00	40.000,00	20.000,00
Abschreibungen	6.000,00	Anl.-Kartei	1.000,00	3.000,00	2.000,00	0,00
Sonstige Kosten	28.000,00		2.000,00	8.000,00	15.000,00	3.000,00
Summe Gemeinkosten	114.000,00	**gesamt:**	9.000,00 MGK	21.000,00 FGK	60.000,00 VwGK	24.000,00 VtGK

Verteilung der Gemeinkosten auf die Kostenstellen

Die Verteilung der Gemeinkosten stellt ein betriebswirtschaftliches Problem dar, für das es unterschiedliche Lösungsansätze gibt. Diese Lösungsansätze sind teilweise durch die jeweilige Kostenart vorgegeben.

- Die Gemeinkosten lassen sich aufgrund von betriebsinternen Belegen eindeutig auf die Kostenstellen verteilen. Dies ist z. B. häufig bei den Gehältern möglich, wenn die Tätigkeit der Angestellten sich auf eine bestimmte Kostenstelle beschränkt oder die Zeiten einer Kostenstelle zuzuordnen sind.
- Die Gemeinkosten lassen sich auch auf der Grundlage von Erfahrungswerten verteilen. Hierzu ist dann ein Verteilungsschlüssel festzulegen.
- Eine weitere Möglichkeit stellt die Verteilung der Gemeinkosten auf der Grundlage von Bezugsgrößen dar. So könnte z. B. angenommen werden, dass die Energiekosten abhängig von der Größe der Raumfläche sind. Auch hierzu ist dann ein Verteilungsschlüssel festzulegen.

Eine Verteilung der Gemeinkosten nach einem Verteilungsschlüssel erfolgt immer in zwei Schritten:

1. Schritt: Den richtigen Verteilungsschlüssel festlegen

Der Verteilungsschlüssel wird sich an den betriebsinternen Erkenntnissen orientieren. Die BE Partners KG hat beispielsweise für die Zurechnung des Energieverbrauchs auf die einzelnen Kostenstellen die Bezugsgröße „Fläche“ gewählt:

Materialstelle	40 m²	einzelne Verteilungszahl
Fertigungsstelle	200 m²	
Verwaltung	120 m²	
Vertrieb	40 m²	
insgesamt	400 m²	Summe der Verteilungszahlen

Merke! Der Verteilungsschlüssel soll gewährleisten, dass die Gemeinkosten den Kostenstellen annähernd verursachungsgemäß zugerechnet werden.

2. Schritt: Die Kosten je Verteilungszahl errechnen

Die gesamten Gemeinkosten werden durch die Summe der Verteilungszahlen geteilt:

$$\frac{10.000,00\ €}{400\ m^2} = 25,00\ €/m^2$$

Ein m^2 Raumgröße hat 25,00 € Energiekosten verursacht.

3. Schritt: Ermittlung der Gemeinkosten je Kostenstelle

Die Kostenstelle Verwaltung umfasst insgesamt 40 m² Raumfläche. Somit sind

$40\ m^2 \cdot 25,00\ €/m^2 = 1.000,00\ €$ Energiekosten angefallen.

3.4.3 Die Ermittlung von Zuschlagssätzen als zentrale Aufgabe des BAB

Wie bereits dargestellt, geht man davon aus, dass es einen Zusammenhang gibt zwischen der Entstehung von Einzelkosten und den Gemeinkosten der einzelnen Kostenstellen. Die Gemeinkosten werden deshalb in jeder Kostenstelle in Form eines prozentualen Zuschlags auf die „Einzelkosten" eines Produkts verteilt. Dieser Zusammenhang wird im BAB durch die Zuschlagssätze dargestellt und wird im Folgenden verdeutlicht.

BAB						
Gemeinkostenart	Zahlen KLR	Verteilungsschlüssel	Kostenstellen			
			Material	Fertigung	Verwaltung	Vertrieb
Summe Gemeinkosten	114.000,00 €	**gesamt:**	**9.000,00 €** MGK	**21.000,00 €** FGK	**60.000,00 €** VwGK	**24.000,00 €** VtGK
	Zuschlagsgrundlagen		Fertigungsmaterial	Fertigungslöhne	Herstellkosten des Umsatzes	
			34.000,00 €	18.000,00 €	75.000,00 €	
	Zuschlagssätze %		26,5	116,7	80,0	32,0

Für die Berechnung der Verwaltungs- und Vertriebsgemeinkostenzuschlagssätze ist nicht die produzierte Menge Grundlage, sondern die verkaufte Menge. Deshalb sind auch hier die Bestandsveränderungen – diesmal bei den fertigen und unfertigen Erzeugnissen – für die Berechnung der Herstellkosten zu berücksichtigen: Zuschlagsgrundlagen sind die Herstellkosten des Umsatzes.

Auch für die Erstellung der Gewinn- und Verlustrechnung müssen abweichende Bestände zum Jahresende als jene zu Jahresbeginn auf den jeweiligen Aktivkonten des Umlaufvermögens berücksichtigt werden, da jeder Bezug von Waren oder Rohstoffen sofort als Aufwand gebucht wurde. Würde nämlich mehr eingekauft, als verbraucht, erhöhte sich der Bestand und der Aufwand wäre geringer als ohne die Buchung des Mehrbestands.

Der BAB zeigt, dass in der Kostenstelle Material im abgelaufenen Monat 9.000,00 € Gemeinkosten angefallen sind. Diese Gemeinkosten im Lager und im Einkauf sind durch die Beschaffung und Lagerung der Fertigungsmaterialien angefallen. Im gleichen Zeitraum wurden 34.000,00 € Fertigungsmaterial im Rahmen der Produktion verbraucht. Dividiert man die Materialgemeinkosten durch die Kosten für das Fertigungsmaterial, so erhält man den Materialgemeinkostenzuschlag (MGKZ):

$$\text{MGKZ} = \frac{9.000{,}00\ €}{34.000{,}00\ €} \cdot 100\,\% = 26{,}5\,\%$$

Diese Prozentzahl bedeutet Folgendes: Im vergangenen Monat wurden immer dann, wenn im Rahmen der Produktion 100,00 € Fertigungsmaterial (Rohstoffe und Hilfsstoffe) eingesetzt wurden, 26,50 € Gemeinkosten (also z. B. Kosten für Gehälter im Einkauf, Energiekosten im Lager usw.) verbraucht.

Die Höhe der Gemeinkosten steht in einem festen Verhältnis zur Höhe der Einzelkosten. Dieses Verhältnis betrug im abgelaufenen Monat 26,5 : 100.

Die ermittelte Prozentzahl ist der Zuschlagssatz und da er für den Materialbereich ermittelt wurde, wird er Materialgemeinkostenzuschlagssatz genannt. Die zugrunde liegenden Einzelkosten bilden die Zuschlagsgrundlage.

Die allgemeine Formel zu seiner Bestimmung lautet:

$$\frac{\text{Materialgemeinkosten}}{\text{Fertigungsmaterial}} = \text{Materialgemeinkostenzuschlag}$$

Der Zuschlagssatz für die Kostenstelle Fertigung wird genauso ermittelt:

$$\frac{\text{Fertigungsgemeinkosten}}{\text{Fertigungslöhne}} = \text{Fertigungsgemeinkostenzuschlag}$$

Diesem Zuschlagssatz liegt die Annahme zugrunde, dass die in der Kostenstelle Fertigung entstehenden Gemeinkosten proportional zum Einsatz der Arbeitskraft in der Fertigung entstehen und deshalb auf die Fertigungslöhne bezogen werden.

Auch für die Kostenstellen Verwaltung und Vertrieb werden auf die gleiche Weise Zuschlagssätze ermittelt. Hier wird angenommen, dass die Gemeinkosten von den entstandenen Herstellkosten für die verkauften Produkte abhängen:

$$\frac{\text{Verwaltungsgemeinkosten}}{\text{Herstellkosten des Umsatzes}} = \text{Verwaltungsgemeinkostenzuschlag}$$

$$\frac{\text{Vertriebsgemeinkosten}}{\text{Herstellkosten des Umsatzes}} = \text{Vertriebsgemeinkostenzuschlag}$$

Die Formeln zeigen, dass hier ein Zusammenhang zwischen den Kostenstellengemeinkosten und den **Herstellkosten des Umsatzes** hergestellt wird. Diese errechnen sich aus den gesamten Materialkosten zuzüglich den gesamten Fertigungskosten, bereinigt um Bestandsveränderungen:

Beispiel

Berechnung der Herstellkosten des Umsatzes

	Kostenträgerrechnung (in €)			€
	Fertigungsmaterial/Rohstoffaufwendungen		34.000,00	
+	Materialgemeinkosten (MGK)	26,5 %	+ 9.000,00	
=	Materialkosten			= **43.000,00 €**
	Fertigungslöhne		18.000,00	
+	Fertigungsgemeinkosten (FGK)	116,7 %	+ 21.000,00	
=	Fertigungskosten			= **39.000,00 €**
	Herstellkosten der Erzeugung (der produzierten Menge)			**82.000,00 €**
+	Minderbestand an fertigen Erzeugnissen			+ **3.000,00 €**
-	Mehrbestand an unfertigen Erzeugnissen			- **10.000,00 €**
=	Herstellkosten des Umsatzes (der verkauften Menge)			= **75.000,00 €**

Für die Berechnung der Herstellkosten sind zunächst die Kosten für das Fertigungsmaterial und für die Fertigungslöhne (also die Einzelkosten) und die in den zugehörigen Kostenstellen entstandenen Gemeinkosten, also Materialgemeinkosten und Fertigungsgemeinkosten, zu addieren. Die Addition ergibt die **Herstellkosten der Erzeugung.**[1] Sie geben Auskunft darüber, welche Kosten die in dem zurückliegenden Zeitraum produzierte Menge verursacht hat.

1 Herstellkosten der Erzeugung = Herstellkosten der produzierten Menge

Meistens stimmt die produzierte Menge der Erzeugnisse einer Periode nicht mit der abgesetzten Menge der Erzeugnisse im gleichen Zeitraum überein. Daraus folgt, dass die Kosten für die abgesetzte Menge (Herstellkosten des Umsatzes) von den Herstellkosten der Erzeugung abweichen. Es gibt also drei Möglichkeiten:

- Alle produzierten Erzeugnisse wurden auch abgesetzt.[2] Die Bestände an fertigen und unfertigen Erzeugnissen haben sich nicht verändert, d. h. die Herstellkosten der Erzeugung stimmen mit denen des Umsatzes (der abgesetzten Menge) überein.
- Es konnten nicht alle produzierten Erzeugnisse abgesetzt werden. Die Lagerbestände haben sich erhöht, es sind Mehrbestände entstanden. Daher sind die Herstellkosten der Erzeugung höher als diejenigen des Umsatzes. Der Wert der Bestandsmehrungen muss also von den Herstellkosten der Erzeugung abgezogen werden.[3]
- Kann mehr verkauft werden als produziert wurde, so erfolgt ein Verkauf von Lagerbeständen. Das hat zur Folge, dass die Herstellkosten der Erzeugung geringer sind als die Herstellkosten des Umsatzes. Der Wert der Bestandsminderungen muss also den Herstellkosten der Erzeugung zugeschlagen werden.[4]

2 Herstellkosten der Erzeugung = Herstellkosten des Umsatzes

3 Herstellkosten der Erzeugung
- Bestandsmehrungen
= Herstellkosten des Umsatzes

4 Herstellkosten der Erzeugung
+ Bestandsmehrungen
= Herstellkosten des Umsatzes

Die Betriebsergebnisrechnung der BE Partners KG gibt darüber Auskunft, dass im vergangenen Monat ein Minderbestand an fertigen Erzeugnissen in Höhe von 3.000,00 € und ein Mehrbestand an unfertigen Erzeugnissen in Höhe von 10.000,00 € vorlag.

Bei den ermittelten Zuschlagssätzen handelt es sich um sogenannte Istzuschlagssätze, da die zugrunde liegenden Kosten in der zurückliegenden Abrechnungsperiode tatsächlich in dieser Höhe angefallen sind. Es handelt sich um Istkosten.

Der BAB ermöglicht schließlich die Kostenkontrolle über längere Zeiträume. Die Kontrollmöglichkeit ergibt sich, weil die Kosten, die die einzelnen Kostenstellen verursachen, über längere Zeiträume miteinander verglichen werden können. Kostensteigerungen kann gezielt nachgegangen werden, da über die Kostenstelle der Ort, an dem sie entstanden sind, lokalisiert werden kann. Damit wird die Einleitung geeigneter Maßnahmen zur Kostenreduzierung erleichtert.

Merke! Aufgaben des BAB:

- Verteilung der Gemeinkosten auf die Kostenstellen
- Ermittlung von Zuschlagssätzen
- Kontrolle der entstandenen Kosten in den einzelnen Kostenstellen

Berechnung der Selbstkosten des Umsatzes

Wird die obige Rechnung weitergeführt, lassen sich aus den Herstellkosten des Umsatzes die gesamten Selbstkosten des Umsatzes (der abgesetzten Menge) errechnen:

Beispiel

Kostenträgerrechnung (in €)		€	
Fertigungsmaterial/Rohstoffaufwendungen		34.000,00	
+ Materialgemeinkosten (MGK)	26,5 % +	9.000,00	
= Materialkosten		=	43.000,00 €
Fertigungslöhne		18.000,00	
+ Fertigungsgemeinkosten (FGK)	116,7 % +	21.000,00	
= Fertigungskosten		=	39.000,00 €
Herstellkosten der Erzeugung (der produzierten Menge)			82.000,00 €
+ Minderbestand an fertigen Erzeugnissen			+ 3000,00 €
- Mehrbestand an unfertigen Erzeugnissen			- 10.000,00 €
= Herstellkosten des Umsatzes (der verkauften Menge)			= 75.000,00 €
+ Verwaltungsgemeinkosten (VwGK)	80,0 %	+	60.000,00 €
+ Vertriebsgemeinkosten (VgGK)	32,0 %	+	24.000,00 €
= **Selbstkosten des Umsatzes**		=	**159.000,00 €**

In der BE Partners KG sind im abgelaufenen Monat Selbstkosten in Höhe von 159.000,00 € entstanden.

Bedeutung der Zuschlagssätze

Ausgangspunkt unserer Überlegungen war die Aufgabe der Leiterin des Rechnungswesens der BE Partners KG, Frau Kolder, ein Angebot für den Kunden Autohaus Wünschle zu kalkulieren. Hierzu sollten die Selbstkosten, die sich aus Einzel- und Gemeinkosten zusammensetzen, ermittelt werden.

Diese Aufgabe lässt sich nun mithilfe der Informationen aus der Produktion und dem Rechnungswesen lösen. Frau Kolder kennt die entstehenden Einzelkosten, die ihr aus der Produktion von Herrn Hansen mitgeteilt wurden. Sie kennt zudem die für den letzten Monat ermittelten Zuschlagssätze. Sie weiß also, dass der Einsatz von 100,00 € Fertigungsmaterial im letzten Monat 26,50 € Gemeinkosten im Bereich Einkauf, Lagerung der Materialen usw. (Materialbereich) verursacht hat. Sie geht davon aus, dass dieses Verhältnis auch für den zu kalkulierenden Auftrag unverändert Gültigkeit haben wird.

Gleiches gilt auch für die Zuschlagssätze im Fertigungs-, Verwaltungs- und Vertriebsbereich.

Merke! Aus den Herstellkosten werden durch Hinzurechnung von Verwaltungs- und Vertriebsgemeinkosten die Selbstkosten ermittelt.

Die folgende Übersicht zeigt den Gesamtzusammenhang zwischen Betriebsergebnis, BAB und der Ermittlung der Selbstkosten des Umsatzes einer Periode.

Beispiel **Vom Betriebsergenis zum BAB:**

E = Einzelkosten

G = Gemeinkosten

Betriebsergebnis (in €)

	Konto	Kosten	Leistung	
	Bestandsveränderung	3.000,00	10.000,00	
E	Rohstoffkosten	34.000,00		
	Energie	10.000,00		G
E	Fert. Löhne	18.000,00		
	Gehälter	70.000,00		G
	Abschreibungen	6.000,00		G
	Sonstige Kosten	28.000,00		G
	€	**166.000,00**		

BAB (in €)

Gemeinkostenart	Zahlen KLR	Verteilungs-schlüssel	Kostenstellen: Material	Fertigung	Verwaltung	Vertrieb
Energie	10.000,00	kwh	1.000,00	5.000,00	3.000,00	1.000,00
Gehälter	70.000,00	Geh.List	5.000,00	5.000,00	40.000,00	20.000,00
Abschreibungen	6.000,00	AnlKartei	1.000,00	3.000,00	2.000,00	0,00
Sonstige Kosten	28.000,00		2.000,00	8.000,00	15.000,00	3.000,00
Summe Gemeinkosten	114.000,00	gesamt:	9.000,00 MGK	21.000,00 FKGK	60.000,00 VwGK	24.000,00 VtGK
	Zuschlagsgrundlagen:		Fertigungs-material 34.000,00	Fertigungs-löhne 18.000,00	Herstellkosten des Umsatzes 75.000,00	
	Zuschlagssätze %		26,5	116,7	80,0	32,0

Kostenträgerrechnung			€	
Fertigungsmaterial/RohAufw.			34.000,00	
+ Materialgemeinkosten (MGK)	26,5 %	+	9.000,00	
= Materialkosten			=	43.000,00 €
Fertigungslöhne			18.000,00	
+ Fertigungsgemeinkosten (FGK)	116,7 %	+	21.000,00	
= Fertigungskosten			=	39.000,00 €
Herstellkosten der Erzeugung (produzierten Menge)				82.000,00 €
+ Minderbestand an fertigen Erzeugnissen			+	3.000,00 €
– Mehrbestand an unfertigen Erzeugnissen			–	10.000,00 €
= Herstellkosten des Umsatzes (verk. Menge)			=	75.000,00 €
+ VwGK	80 %		+	60.000,00 €
+ VtGK	32 %		+	24.000,00 €
= Selbstkosten des Umsatzes			=	**159.000,00 €**

3.5 Kostenträgerstückrechnung (Kalkulation)

→ **LS 96** Angebotspreise kalkulieren

3.5.1 Die Zuschlagskalkulation mit Istkosten

1. Rechenverfahren

Die Kalkulation von Listenverkaufs- oder von Angebotspreisen ist Teil der sogenannten Kostenträgerstückrechnung. Sie basiert auf den Informationen über die Höhe der jeweiligen Einzelkosten und auf den Zuschlagssätzen für die Gemeinkosten, die die Kostenstellenrechnung zur Verfügung gestellt hat.

Die BE Partners KG wird aufgrund dieser Informationen dem Kunden ein Angebot über 6 000 Stück Leder-Untersetzer unterbreiten und geht davon aus, dass der Auftrag 6.203,12 € Selbstkosten verursachen wird. Da die Kalkulation vor dem Abschluss des Kaufvertrages und somit auch vor der Produktion liegt, wird sie **Vorkalkulation**[1] genannt.

[1] Vorkalkulation dient der Errechnung eines Angebotspreises

Beispiel

Kalkulation des Angebots Wünschle

	Zuschlagssatz	pro Stück	(in €)	Gesamtauftrag
Fertigungsmaterial		0,600		600,00 €
+ Materialgemeinkosten	26,5 %	0,159		159,00 €
= Materialkosten			0,759	759,00 €
Fertigungslöhne		1,000		1.000,00 €
+ Fertigungsgemeinkosten	116,7 %	1,167		1.167,00 €
= Fertigungskosten			2,167	2.167,00 €
Herstellkosten			2,926	2.926,00 €
+ Verwaltungsgemeinkosten	80,0 %		2,341	2.340,80 €
+ Vertriebsgemeinkosten	32,0 %		0,936	936,32 €
= Selbstkosten			6,203	6.203,12 €

Auf der Grundlage der Selbstkosten wird jetzt der Angebotspreis festgelegt (kalkuliert). Hierbei wird den Selbstkosten zunächst ein angemessener Gewinnzuschlag hinzugerechnet. Der kalkulierte Gewinn muss sicherstellen, dass damit einerseits das unternehmerische Risiko abgedeckt wird und dass andererseits daraus genügend finanzielle Mittel für Neu- und Ersatzinvestitionen gewonnen werden.

Werden dem Kunden in den Zahlungsbedingungen Rabatt und Skonto eingeräumt, so ist es üblich, diese Preisminderungen zunächst im Rahmen der Angebotskalkulation so einzurechnen, dass der geplante Gewinn dadurch nicht geschmälert wird.

Die BE Partners KG beabsichtigt, dem Kunden Wünschle 10 % Rabatt einzuräumen. Die Verträge beinhalten in der Regel die folgende Zahlungsbedingung: Die Rechnung ist zahlbar innerhalb von 30 Tagen netto oder innerhalb von 10 Tagen mit einem Skonto von 2 %. Unter der Berücksichtigung dieser Regelungen ergibt sich ausgehend von den Selbstkosten ein Angebotspreis (= Listenverkaufspreis) von 8.087,81 € für den Auftrag.

2. Ermittlung des Verkaufspreises

Beispiel

		(in €)			
Selbstkosten		**6,203**			
Gewinnzuschlag	15%	0,930			
Barverkaufspreis		**7,133**		98 % ↑	
Kundenskonto	2%	0,146		2 %	
Zielverkaufspreis		**7,279**		– 100 %	90 % ↑
Rabatt	10%	0,809			10 %
Listenverkaufspreis/Angebotspreis		**8,088**			100 %
Angebotspreis pro Stück		8,088	pro Stück		
Angebotspreis Gesamtauftrag 1 000 Stück		8.087,81			

Die einzelnen Zuschläge werden wie folgt berechnet:

Kundenskonto: $\frac{7{,}133\ € \cdot 2}{98} = 0{,}146\ €$

Kundenrabatt: $\frac{7{,}279\ € \cdot 10}{90} = 0{,}809\ €$

Merke! Selbstkosten + Gewinnzuschlag ergeben den Barverkaufspreis. Werden Rabatte bzw. Kundenskonti gewährt, so müssen diese in den Angebotspreis mit einkalkuliert werden.

3. Kritik an der Zuschlagskalkulation mit Istkosten

Es gibt eine Reihe von Kritikpunkten an dieser Form der Kalkulation. Die drei wichtigsten Punkte sind im Folgenden genannt:

- Die Berechnung des Angebotspreises beruht auf den für den Vormonat ermittelten Zuschlagssätzen. Die Ermittlung von Zuschlagssätzen geht von den oben erwähnten zentralen Annahmen aus. In der Realität ist es aber durchaus möglich, dass die Gemeinkosten sich nicht proportional zu den jeweiligen Zuschlagsgrundlagen, wie z. B. den Einzelkosten, entwickeln. Zum Beispiel verursacht die Bestellung von teuren Fertigungsmaterialien keine höheren Kosten als die Bestellung von billigen. Die Heizkosten für eine Fabrikhalle sind nicht höher, wenn die Mitarbeiter mehr verdienen.
- Die Rechnung geht davon aus, dass die für den Vormonat ermittelten Zuschlagssätze auch für den kommenden Monat bzw. für den Zeitraum der geplanten Produktion gelten werden. Hierin liegt eine gewisse Unsicherheit. Diese lässt sich teilweise dadurch reduzieren, dass in der Vorkalkulation mit sogenannten **Normalzuschlagssätzen**[1] gerechnet wird.
- Ein weiterer wesentlicher Kritikpunkt der Zuschlagskalkulation mit Istkosten ist, dass sie den Markt nicht berücksichtigt. Die BE Partners KG geht davon aus, dass der Kunde Wünschle bereit ist, einen Angebotspreis zu akzeptieren, der alle mit der Produktion entstehenden Kosten deckt (Vollkostendeckung). Möglicherweise ist er das, aber vielleicht holt er auch Angebote von Konkurrenzunternehmen ein und bestellt dann bei dem Lieferanten, der ihm den günstigsten Angebotspreis macht.

Allein auf der Grundlage der Vollkosten kann kein Verkaufspreis kalkuliert werden.

1 **Normalzuschlagssätze** = durchschnittliche Zuschlagssätze vergangener Zeiträume. Sie dienen als Grundlage für die zukünftige Preiskalkulation.

3.5.2 Die Zuschlagskalkulation mit Normalkosten

LS 97 Normalgemeinkostenzuschlagssätze im Rahmen der Kalkulation anwenden

Die Istzuschlagssätze können von Monat zu Monat großen Schwankungen unterliegen. Eine Preisgestaltung mithilfe der Istzuschlagssätze würde damit ebenfalls zu stark schwankenden Preisen führen. Zum Beispiel muss man im Winter höhere Strom- und Heizkosten als Gemeinkosten verrechnen als im Sommer. Damit würden die Produkte im Winter teurer kalkuliert als im Sommer.

Um solche Schwankungen auszugleichen, kalkulieren Unternehmen ihre Angebotspreise in der Regel mit **Normalzuschlagssätzen.** Normalzuschlagssätze sind Durchschnittszuschlagssätze, die sich aus dem Durchschnitt der Istzuschlagssätze eines bestimmten längeren Zeitraums ermitteln lassen.

Beispiel **Übersicht über die Zuschlagssätze der BE Partners KG**

	Istzuschlagssätze vorvergangener Monat	Istzuschlagssätze vergangener Monat	Normalzuschlagssätze
Materialgemeinkostenzuschlagssatz MGKZ	24,0 %	26,5 %	25,0 %
Fertigungsgemeinkostenzuschlagssatz FGKZ	118,0 %	116,7 %	117,0 %
Verwaltungsgemeinkostenzuschlagssatz VwGKZ	45,0 %	80,0 %	46,0 %
Vertriebsgemeinkostenzuschlagssatz VtGKZ	29,0 %	32,0 %	30,0 %

Die Übersicht zeigt, dass sich die Istzuschlagssätze des vergangenen Monats im Rahmen des Üblichen bewegten. Eine Ausnahme bildet der Verwaltungskostenzuschlagssatz. Dieser liegt deutlich über dem entsprechenden Zuschlagssatz des Vormonats und ebenfalls deutlich über dem durchschnittlichen (Normalgemeinkosten-)Zuschlagssatz. Die Ursachen dafür zu ermitteln, ist Aufgabe des Controllings.

Die Auswirkung eines kurzfristig erhöhten Istverwaltungsgemeinkostenzuschlagssatzes auf die Preisgestaltung zeigt die folgende Rechnung, die die Kalkulation mit Istgemeinkosten und Normalgemeinkosten gegenüberstellt.

Beispiel **Stückkalkulation im Vergleich**

Istzuschläge aktuell	in %	(in €)	Normalzuschläge in %	(in €)
Fertigungsmaterial		0,600		0,600
+ MGKZ	26,50	0,159	25,00	0,150
= Materialkosten		0,759		0,750
Fertigungslöhne		1,000		1,000
+ FGKZ	116,70	1,167	117,00	1,170
= Fertigungskosten		2,167		2,170
Materialkosten		0,759		0,750
+ Fertigungskosten		2,167		2,170
= Herstellkosten		2,926		2,920
Herstellkosten		**2,926**		**2,920**
+ VwGKZ	80,00	2,341	46,00	1,343
+ VtGKZ	32,00	0,936	30,00	0,876
= Selbstkosten		**6,203**		**5,139**

	in %	(in €)	in %	(in €)
= **Selbstkosten**		6,203		5,139
+ Gewinnzuschlag	15,00	0,930	15,00	0,771
= Bar VK		**7,133**		**5,910**
+ Skonto	2,00	0,146	2,00	0,121
= Ziel VK		**7,279**		**6,031**
+ Rabatt	10,00	0,809	10,00	0,670
= Listenpreis		**8,088**		**6,701**

Bei Anwendung der Normalzuschlagssätze, also der längerfristigen Erfahrungswerte über die Höhe der Gemeinkosten, ergibt sich ein um etwa 1,40 € pro Stück geringerer Listenpreis. Wir können dem **Kunden Wünschle** also ein erheblich **günstigeres Angebot zu 6,70 €** machen.

Die Verwendung von Istzuschlagssätzen hat zu einem erheblich höheren Verkaufspreis geführt. Sollte sich bei der Kostenkontrolle herausstellen, dass die Erhöhung des Zuschlagssatzes nur vorübergehender Natur ist, wäre der Preis zu hoch berechnet worden. Sollte es sich allerdings ergeben, dass die Kostensteigerung längerfristig Bestand hat, müsste der Normalverwaltungsgemeinkostenzuschlagssatz angepasst werden. Zu berücksichtigen ist in jedem Fall die Tatsache, dass Unternehmen, die in Konkurrenz zu anderen Anbietern stehen, ihre Preise möglichst genau berechnen müssen, d. h., es muss versucht werden, die zum Ausführungszeitpunkt eines erteilten Auftrags (Zeitpunkt der Produktion) anfallenden Kosten möglichst genau im Voraus zu bestimmen (Ex-ante-Betrachtung).

Merke! Normalzuschlagssätze gleichen kurzfristige Kostenschwankungen, die sich in den Istzuschlagssätzen widerspiegeln, aus.

3.5.3 Anwendungsmöglichkeiten der Kostenträgerstückrechnung

- Wie bereits gezeigt, lassen sich im Rahmen der **Vorkalkulation Angebotspreise bestimmen** und die **Listenpreise des Sortimentes errechnen.**
- Nach Abwicklung eines Kundenauftrages bietet die Kostenträgerstückrechnung auch die **Möglichkeit,** im Rahmen **einer Nachkalkulation**[1] den tatsächlichen Gewinn zu errechnen. Hierzu werden die durch einen Kundenauftrag tatsächlich entstandenen Kosten den in der Vorkalkulation geplanten Kosten gegenübergestellt.
- Die Kostenträgerstückrechnung ermöglicht die **Prüfung, ob** ein **Auftrag angenommen** werden soll. Sollte der Kunde den Angebotspreis nicht akzeptieren, sondern den Auftrag nur zu einem reduzierten Preis bzw. zu verbesserten Zahlungsbedingungen annehmen wollen, so erlaubt es die Kostenträgerstückrechnung, festzustellen, ob dadurch noch ein Gewinn erzielt werden kann bzw. ob dadurch immer noch alle Kosten gedeckt werden können.[2]

1 Nachkalkulation eines Kundenauftrages durch Gegenüberstellung geplanter und tatsächlicher Kosten

2 Prüfung, ob vom Kunden gewünschte veränderte Konditionen angenommen werden sollen

3.5.4 Die Zuschlagskalkulation als Nachkalkulation

LS 98 Über- und Unterdeckung der Istgemeinkostenzuschläge analysieren

Beispiel Das Autohaus Wünschle hat das Angebot der BE Partners KG für die 1.000 Einheiten zu je 6 Untersetzern zum **Angebotspreis von 6,70 € pro Stück** angenommen. Allerdings musste dem Kunden ein Rabatt in Höhe von 15 % eingeräumt werden.

Zwischenzeitlich, ca. zwei Monate nach Abgabe des Angebotes, ist der Auftrag abgewickelt. Frau Wagner in der Abteilung Rechnungswesen hat nun die Aufgabe, den tatsächlich erzielten Gewinn zu ermitteln.

Dafür fragt sie zunächst in der Produktion nach, wie hoch die tatsächlichen Kosten für das Fertigungsmaterial und die tatsächlichen Fertigungslöhne waren. Außerdem erkundigt sie sich nach den Istzuschlagssätzen für den vergangenen Monat.

Von Frau Arslan aus der Qualitätsanalyse erfährt sie, dass die Kosten für das Fertigungsmaterial wegen eines Einstellungsfehlers der Druckmaschine und wegen einiger unbrauchbarer Lederuntersetzer um 5 % höher als geplant lagen und dass die Fertigungslöhne für den Gesamtauftrag 1.050,00 €, also 1,05 € pro Stück betrugen. Die höheren Kosten des Fertigungsmaterials lägen aber „durchaus im Rahmen“.

Dem BAB des **zurückliegenden Monats** entnimmt sie die folgenden **Istzuschlagssätze:**

Materialgemeinkostenzuschlagssatz	24,0 %
Fertigungsgemeinkostenzuschlagssatz	121,0 %
Verwaltungsgemeinkostenzuschlagssatz	45,0 %
Vertriebsgemeinkostenzuschlagssatz	29,0 %

Im Rahmen der Nachkalkulation werden nunmehr die bei der Angebotserstellung an den Kunden Wünschle auf **Normalzuschlagssätzen** basierenden Preise nachträglich überprüft. Sie werden mit den **nach Durchführung der Produktion** und Auftragsabwicklung tatsächlich entstandenen Kosten und Istzuschlagssätzen **verglichen.**

Berechnung mit Normalzuschlägen	Berechnung mit Istzuschlägen
Auf Basis der Einzelkosten wird mithilfe der Normalzuschlagssätze berechnet, wie hoch die erwarteten Gemeinkosten in Euro gemäß Kalkulation sein werden.	Mithilfe der jetzt tatsächlich vorliegenden Istzuschlagssätze wird berechnet, wie hoch die Gemeinkosten für diesen Auftrag **tatsächlich** waren.

Der **Vergleich** der **geplanten Normalgemeinkosten** mit den jeweils tatsächlich entstandenen **Istgemeinkosten** zeigt eine Über- oder Unterdeckung der Istgemeinkosten. Es zeigt sich im Ergebnis, inwieweit der **kalkulierte (geplante) Gewinn** bei dem erzielten Verkaufspreis tatsächlich erreicht werden konnte.

- Ausgehend vom Fertigungsmaterialverbrauch werden mit den Istzuschlagssätzen die tatsächlichen Selbstkosten ermittelt.
- Vom erzielten (Listen-)Verkaufspreis ergibt die Rückwärtsrechnung den realisierten Barverkaufspreis.
- Die Differenz zwischen Istbarverkaufspreis und Istselbstkosten stellt den realisierten Gewinn dar.

Die Nachkalkulation zeigt, dass der geplante Gewinn in Höhe von 7,71 € nicht realisiert werden konnte. Stattdessen betrug der tatsächliche Gewinn lediglich 1,85 €, was 3,4 % Gewinnaufschlag auf die Selbstkosten bedeutet.

Diese Differenz zwischen realisiertem und erwartetem Gewinn ist etwa zur Hälfte auf den höheren Rabatt zurückzuführen, auf dem der Kunde bestanden hat. Dies bedeutet, dass der ursprünglich errechnete höhere Angebotspreis sich am Markt nicht durchsetzen ließ. Diese Komponente ist nur bedingt durch den Anbieter, die BE Partners KG, zu beeinflussen.

Innerbetrieblich gibt es dagegen durchaus Handlungsbedarf. Positiv zu vermerken ist, dass die Zuschlagssätze in drei Fällen niedriger ausgefallen sind, als vor zwei Monaten kalkuliert. Das heißt, es wurden bezogen auf die Zuschlagsgrundlagen weniger Gemeinkosten verbraucht als vorher. Lediglich im Fertigungsbereich ist dies umgekehrt. Hier ist der Zuschlagssatz gestiegen, was den Gewinn negativ beeinflusst hat.[1]

1 Der realisierte Gewinn wird ausgehend vom tatsächlich erzielten Gewinn errechnet.

Beispiel

Nachkalkulation des Auftrags Wünschle

	Normal-Zuschlagssatz	pro Stück	(in €)	Ist-Zuschlagssatz	pro Stück	(in €)
Fertigungsmaterial		**0,600**		**Ist-Fert. Material**	**0,630**	
Materialgemeinkosten	25,0 %	0,150		24,0 %	0,151	
Materialkosten			0,750			0,781
Fertigungslohn		**1,000**		**Ist-Fert.lohn**	**1,050**	
Fertigungsgemeinkosten	117,0 %	1,170		121,0 %	1,271	
Fertigungskosten			2,170			2,321
Herstellkosten			2,920			3,102
Verwaltungsgemeinkosten	46,0 %		1,343	45,0 %		1,396
Vertriebsgemeinkosten	30,0 %		0,876	29,0 %		0,899
Selbstkosten			5,139	Ist-Selbstkosten		5,397
Gewinnzuschlag	15,0 %	geplant	0,771	3,4 %	realisiert	0,185
Barverkaufspreis			5,910	Ist-Barverkaufspreis		5,582
Kundenskonto	2,0 %		0,121	2,0 %		0,114
Zielverkaufspreis			6,031			5,696
Rabatt	**10,0 %**		0,670	**15,0 %**		1,005
Angebotspreis			**6,701**			**6,701**

Ein weiterer negativer Einfluss geht von den um 10 % gestiegenen Kosten für das Fertigungsmaterial aus. Als Gründe dafür werden von der Qualitätsanalyse Einstellungsfehler der Gravurmaschine und mangelhafte Rohlinge genannt. Hier besteht offenbar ein dringender Handlungsbedarf. Unter Berücksichtigung der Tatsache, dass die 10%ige Abweichung von der zuständigen Sachbearbeiterin als „normal" bezeichnet wird, muss hier dringend überprüft werden, inwiefern sich Einstellungsfehler der Maschine, die zudem auch noch höhere Lohnkosten nach sich gezogen haben, nicht in Zukunft vermeiden lassen. Im Hinblick auf den Ausschuss der Rohlinge ist zu prüfen, inwieweit die Rechte aus mangelhafter Lieferung geltend gemacht wurden. Eventuell ist ein Gespräch mit dem Lieferer zu führen mit dem Ziel, die Qualität der gelieferten Rohlinge zu verbessern.

Bleibt noch positiv zu vermerken, dass der Auftrag immerhin alle entstandenen Kosten abgedeckt hat und darüber hinaus auch noch einen – wenn auch sehr geringen – Gewinn erzielt hat.

Merke! Die Nachkalkulation mit Istzuschlagssätzen zeigt, ob die kalkulierten Preise den geplanten Gewinn gebracht haben und an welcher Stelle Abweichungen entstanden sind.

3.6 Die Kostenträgerzeitrechnung

3.6.1 Erzeugnisbezogene Kostenträgerzeitrechnung

Die Kostenträgerzeitrechnung bietet dem Unternehmen die Möglichkeit, die einzelnen Kosten und die Ergebnisse einer Abrechnungsperiode je Erzeugnis oder Erzeugnisgruppe zu verdeutlichen. Voraussetzung dafür ist, dass das Unternehmen die Einzelkosten – Rohstoffkosten und Fertigungslöhne – je Erzeugnis bzw. Erzeugnisgruppe bestimmen kann. Die Gemeinkosten werden dann mithilfe der Zuschlagssätze ermittelt und den einzelnen Erzeugnissen zugeordnet.

Beispiel Die BE Partners KG hat z. B. im letzten Monat bei der Erzeugnisgruppe „bedruckte T-Shirts, Baumwolle/Synthetik, mittlere Qualität“ die folgenden Daten ermittelt:

	Gesamt (in €)	Zuschlagssatz	Erzeugnis A (in €)	Erzeugnis B (in €)
Fertigungsmaterial	2.918,00		1.750,80	1.167,20
+ Materialgemeinkosten	773,27	26,5 %	463,96	309,31
= Materialkosten	3.691,27		2.214,76	1.476,51
Fertigungslöhne	3.770,00		2.262,00	1.508,00
+ Fertigungsgemeinkosten	4.399,59	116,7 %	2.639,75	1.759,84
= Fertigungskosten	8.169,59		4.901,75	3.267,84
Herstellkosten der produzierten Menge	11.860,86		7.116,51	4.744,34
– Mehrbestand Erzeugnisse	800,00		400,00	400,00
+ Minderbestand Erzeugnisse	200,00		200,00	0
= Herstellkosten des Umsatzes	11.260,86		6.916,51	4.344,34
+ Verwaltungsgemeinkosten	9.008,69	80,0 %	5.533,21	3.475,47
+ Vertriebsgemeinkosten	3.603,48	32,0 %	2.213,28	1.390,19
= Selbstkosten des Umsatzes	23.873,02		14.663,00	9.210,00
Umsatzerlöse	28.580,00		15.800,00	12.780,00
Gewinn Erzeugnisgruppe	4.706,98		1.137,00	3.57,00

Aus der Kostenträgerzeitrechnung geht hervor, dass mit den T-Shirts insgesamt 4.707,00 € Gewinn erzielt wurde. Dieser verteilt sich allerdings sehr ungleichmäßig auf die beiden produzierten Erzeugnisse. Mit dem Erzeugnis B wurde etwa dreimal so viel Gewinn erzielt wie mit dem Erzeugnis A, das allerdings auch ein positives Ergebnis erzielte und zum Gesamtgewinn der T-Shirts beitrug.

Merke! Mit der Kostenträgerzeitrechnung lässt sich erzeugnis- oder erzeugnisgruppenbezogen der erzielte Gewinn ermitteln.

3.6.2 Die Kostenträgerzeitrechnung mit Über- und Unterdeckungen

Wie oben aufgezeigt, lassen sich im Rahmen einer Nachkalkulation geplante und tatsächlich entstandene Kosten miteinander vergleichen. Eine solche Vergleichsmöglichkeit bietet sich auch im Rahmen der Kostenträgerzeitrechnung. Werden nämlich **rückblickend** die tatsächlich entstandenen Gemeinkosten (Istgemeinkosten) eines Monats mit den **vorher geplanten** Normalgemeinkosten verglichen, so bietet sich für Unternehmen eine aussagekräftige Vergleichsmöglichkeit, die den Blick auf mögliche Quellen des Erfolgs bzw. Misserfolgs eines Monats zulässt.

Beispiel

	Istkosten lt. BAB (in €)	%	Normalkosten (in €)	%	Über- (+)/ Unterdeckung (–) der GMK (in €)
Fertigungsmaterial	2.918,00		2.918,00		
+ Materialgemeinkosten (MGK)	773,27	26,5	729,50	25,0	–43,77
= Materialkosten	**3.691,27**		**3.647,50**		
Fertigungslöhne	3.770,00		3.770,00		
+ Fertigungsgemeinkosten (FGK)	4.399,59	116,7	4.410,90	117,0	11,31
= Fertigungskosten	**8.169,59**		**8.180,90**		
Herstellkosten der produzierten Menge	**11.860,86**		**11.828,40**		
– Mehrbestand Erzeugnisse	800,00		800,00		
+ Minderbestand Erzeugnisse	200,00		200,00		
= Herstellkosten des Umsatzes	**11.260,86**		**11.228,40**		
+ VwGK	9.008,69	80,0	5.165,06	46,0	–3.843,62
+ VtGK	3.603,48	32,0	3.368,52	30,0	–234,96
= Selbstkosten des Umsatzes	**23.873,02**		19.761,98		–4.111,04
Umsatzerlöse	28.580,00		28.580,00		
Gewinn	**4.707,00**		**8.818,02**[1]		–4.111,04

1 Die Abweichung bei der Gewinnermittlung resultiert aus Rundungsdifferenzen.

Die Gegenüberstellung von Ist- und Normalkosten für den vergangenen Monat zeigt, dass die tatsächlich entstandenen Gemeinkosten überwiegend höher ausfielen als die Gemeinkosten, mit denen das Unternehmen aufgrund der Erfahrungen der letzten Monate rechnete. Lediglich die Istfertigungsgemeinkosten liegen knapp unter den Normalgemeinkosten. Besonders augenfällig ist die Erhöhung der Verwaltungsgemeinkosten. Verglichen mit den Normalgemeinkosten wurden im Verwaltungsbereich im abgelaufenen Monat 3.843,62 € mehr Gemeinkosten verursacht. Insgesamt werden die Gemeinkosten nicht durch die in die Verkaufspreise einkalkulierten Gemeinkosten gedeckt. Dies geht zulasten des geplanten Gewinnes. Es bleibt zu prüfen, ob die Normalgemeinkostenzuschlagsätze erhöht werden sollten.

Merke! In der Kostenträgerzeitrechnung wird durch Vergleich der kalkulierten Normalkosten mit den Istkosten die Kostenüber- bzw. -unterdeckung ermittelt.

3.7 Kalkulation von Handelswaren

Beispiel Um das Gesamtsortiment von BE Partners KG für den Kunden attraktiv zu gestalten, werden nicht nur selbst hergestellte Artikel, sondern auch sogenannte Handelswaren angeboten. Diese Artikel werden bei anderen Produzenten gekauft und von der BE Partners KG unverändert weiterverkauft. Sie ergänzen das Sortiment selbst produzierter Waren.

In das Sortiment wird ein Siegerpokal neu aufgenommen. Er hat einen Einstandspreis (= Preis, den die BE Partners KG beim Hersteller dafür zahlen muss) von 8,00 €. Der Verkaufspreis muss auf dieser Basis berechnet werden.

Die Beschaffung und der anschließende Verkauf von Handelswaren verursachen genau wie die eigene Produktion Gemeinkosten. Diese fallen z. B. dafür an, dass Angebote eingeholt, Waren bestellt und gelagert werden müssen. Diese Gemeinkosten müssen an die Käufer weitergegeben und somit anteilig in den Verkaufspreis einkalkuliert werden. Dieser Prozess wird im Folgenden beschrieben.

3.7.1 Ermittlung von Handlungskostenzuschlag und Selbstkosten

Die Einstandspreise können für jeden einzelnen Kostenträger der Handelswaren direkt ermittelt werden. Sie werden als Wareneingang im Konto **6060 Aufwendungen für Waren** erfasst. Da die Einstandspreise jeder einzelnen Handelsware (aus der Sicht der Kostenrechnung auch Kostenträger) direkt zugerechnet werden können, handelt es sich um Einzelkosten.

Nun müssen die anteiligen Gemeinkosten ermittelt werden, die auf die einzelne Handelsware entfallen. Dafür wird der Handlungskostenzuschlagssatz (HKZ) errechnet.

In einem ersten Schritt werden die durch den Kauf und Verkauf von Handelswaren verursachten Gemeinkosten ermittelt. Dies geschieht, indem diese aus den insgesamt angefallenen Gemeinkosten herausgefiltert werden.

Beispiel Die Tabelle zeigt, dass die Gemeinkosten für Waren (Personalkosten, Abschreibungen und Verwaltungsaufwand) im letzten Monat 54.000,00 € betrugen. Gleichzeitig betrug der Wareneinsatz 72.000,00 €. Diesen Kosten stehen Umsatzerlöse für Waren in Höhe von 138.000,00 € gegenüber.

Monat Februar 20XX (in €)

Aufwendungen für Waren	**72.000,00**	**Umsatzerlöse für Waren**	**138.000,00**
Gemeinkosten für Waren:			
Gehälter	34.000,00		
Soziale Aufwendungen	8.000,00		
Abschreibungen	4.000,00		
Verwaltungsaufwand	8.000,00		

Aus dem prozentualen Verhältnis von Gemeinkosten zu den Einstandspreisen (Wareneinsatz) lässt sich nunmehr ein Handlungskostenzuschlagssatz (HKZ) ermitteln.[1]

$$\text{Handlungskostenzuschlagssatz (in \%)} = \frac{\text{Gemeinkosten}}{\text{Einzelkosten (Wareneinsatz)}}$$

$$= \frac{54.000{,}00\ €}{72.000{,}00\ €} \cdot 100\,\% = 75\,\%$$

1 Mit dem **Handlungskostenzuschlagssatz (HKZ)** werden die Gemeinkosten dem Kostenträger zugerechnet.

Hieraus lässt sich die folgende Aussage ableiten: Immer wenn die BE Partners KG im vergangenen Monat für 100,00 € Handelswaren gekauft hat, sind für den Kauf und Verkauf dieser Waren 75,00 € Gemeinkosten angefallen.

Mit dem ermittelten Handlungskostenzuschlagssatz lassen sich die Selbstkosten der Handelswaren in einem Schritt bestimmen. Hierzu werden die Handlungskosten (Gemeinkosten) mithilfe des Zuschlagssatzes auf den jeweiligen Einstandspreis aufgeschlagen.[1]

1 Einstandspreis
+ Handlungskosten
= **Selbstkosten**

Selbstkosten = Einstandspreis + Einstandspreis · 75 %
= 8,00 € + 8,00 € · 75 %
= 14,00 €.

Beispiel Ermittlung der Selbstkosten für den Siegerpokal:

	Zuschlagssatz	
Einstandspreis		8,00 €
Handlungskostenzuschlag	75 %	6,00 €
Selbstkosten		14,00 €

Der neue Pokal verursacht Selbstkosten in Höhe von 14,00 €.

Merke! Mit dem Handlungskostenzuschlag kann man in einer Multiplikation aus dem Einstandspreis die Selbstkosten berechnen.

3.7.2 Verkaufspreiskalkulation bei Handelswaren

Beispiel Frau Hermann hat eine Anfrage eines Kunden zu bearbeiten, der am Kauf des neu ins Programm aufgenommenen Siegerpokals interessiert ist. Sie muss zunächst einen Angebotspreis pro Stück ermitteln.

Auf der Grundlage des Einstandspreises kann mithilfe des Handlungskostenzuschlagssatzes (HKZ) und dem geplanten Gewinnzuschlag sowie Informationen über dem Kunden zu gewährenden Rabatt und Skonto mithilfe der Vorwärtskalkulation der Listenverkaufspreis errechnet werden.

Beispiel Ermittlung des Listeneinkaufspreises für den Siegerpokal:

	Zuschlagssatz	
Bezugspreis		8,00 €
Handlungskostenzuschlag	75%	6,00 €
Selbstkosten		14,00 €
Gewinnzuschlag	10%	1,40 €
Barverkaufspreis		15,40 €
Kundenskonto	2%	0,31 €
Zielverkaufspreis		15,71 €
Rabatt	10%	1,75 €
Listenverkaufspreis		17,46 €

Die BE Partner KG kann den Siegerpokal zum Preis von 17,46 € netto pro Stück anbieten. In der Verkaufskalkulation sind dann 75 % Handlungskosten, 10 % Gewinn, 2 % Kundenskonto und 10 % Rabatt berücksichtigt.

Merke! Der Listenverkaufspreis ergibt sich aus den Selbstkosten durch Hinzurechnen von Gewinnzuschlag, Kundenskonto und Rabatt.

3.7.3 Vereinfachte Vorwärtskalkulation mit Kalkulationszuschlagssatz

Unternehmen bieten häufig eine Vielzahl unterschiedlicher Handelswaren an. Die Kalkulation jedes einzelnen Artikels ist dann sehr aufwendig. Um dieses Verfahren zu vereinfachen, wird in der Praxis deshalb häufig mit einem Kalkulationszuschlagssatz gerechnet. Dieser fasst die Zuschläge für Handlungskosten, Gewinn, Kundenskonto und Kundenrabatt zu einem Kalkulationszuschlagssatz zusammen.

Im Hinblick auf das obige Beispiel ergibt sich folgender Kalkulationszuschlagssatz:

Kalkulationszuschlagssatz (in %) =

$$\frac{\text{Listenverkaufspreis} - \text{Bezugspreis}}{\text{Bezugspreis}} = \frac{17{,}46 - 8{,}00}{8{,}00} \cdot 100\,\% = 118{,}25\,\%$$

Der Kalkulationszuschlagssatz[1] ergibt sich aus der Differenz zwischen dem Bezugspreis und dem einmalig kalkulierten Listenpreis. Er gibt an, wie viel Prozent des Bezugspreises aufgeschlagen werden müssen, um den Listenverkaufspreis zu ermitteln.

1 Einstandspreis · Kalkulationsfaktor = Listenverkaufspreis

Mithilfe des Kalkulationszuschlagssatzes lassen sich die Listenpreise aller Waren mit nur einem Rechenschritt ausgehend vom Einstandspreis berechnen.

Listenverkaufspreis = Einstandspreis + Einstandspreis · 118,25 %

Auf den neuen Pokal bezogen:

Listenverkaufspreis = 8,00 € + 8,00 € · 118,25 % = 17,46 €

Sollte sich der Einstandspreis des Pokals auf 6,00 € ändern, ist schnell der neue Listenverkaufspreis berechnet:

Listenverkaufspreis = 6,00 € + 6,00 € · 118,25 % = 13,10 €

Merke! Durch Multiplikation des Einstandspreises mit dem Kalkulationszuschlagssatz erhält man den Betrag, der zum Einkaufspreis addiert werden muss, um den Listenverkaufspreis zu erhalten.

3.7.4 Kalkulationsfaktor

Mithilfe des **Kalkulationsfaktors** kann der Arbeitsaufwand noch weiter reduziert werden. Er wird ermittelt, indem der einmalig kalkulierte Listenverkaufspreis durch den Einstandspreis dividiert wird.

$$\text{Kalkulationsfaktor} = \frac{\text{Listenverkaufspreis}}{\text{Einstandspreis}} = \frac{17{,}46\ €}{8{,}00\ €} = 2{,}1825\ €$$

Durch Multiplikation des Einstandspreises (Bezugspreises) mit dem Kalkulationsfaktor gelangt man in einem Schritt vom Bezugs- zum Listenverkaufspreis.[1]

Listenverkaufspreis = 8,00 € · 2,1825 = 17,46 €.

Es ist allerdings zu beachten, dass der Kalkulationsfaktor bei jeder Änderung des Einstandspreises geändert werden muss.

Merke! Der Kalkulationsfaktor ist die Größe, mit der der Einstandspreis multipliziert werden muss, um den Listenverkaufspreis zu erhalten.

3.7.5 Vereinfachte Rückwärtskalkulation mit Handelsspanne

LS 99 Rückwärtskalkulation im Rahmen der Angebotserstellung anwenden

Beispiel Die BE Partners KG stellt fest, dass der geplante Verkaufspreis von netto 17,46 € für die Siegerpokale am Markt nicht durchsetzbar ist. Der Listenverkaufspreis soll deshalb wegen der starken Konkurrenz auf 15,99 € reduziert werden. Die Senkung des Verkaufspreises soll allerdings **möglichst nicht zu Lasten des Gewinns** gehen. Deshalb sollen Verhandlungen mit dem Lieferanten geführt werden, um die Pokale zu einem geringeren Preis einkaufen zu können.

In dieser Situation muss die BE Partners KG ermitteln, welchen Bezugspreis/Einstandspreis sie bei ihrem Lieferer im Einkauf erreichen muss, damit das geplante Gewinnziel von 10 % nicht gefährdet wird. Bei der Ermittlung dieses Preises hilft die Handelsspanne.

Die Handelsspanne ist ein Prozentsatz, der den Unterschied (die Spanne) zwischen Bezugspreis und Listenverkaufspreis im Verhältnis zum Listenverkaufspreis ausdrückt.

$$\text{Handelsspanne (in \%)} = \frac{\text{Listenverkaufspreis} - \text{Bezugspreis}}{\text{Listenverkaufspreis}}$$

Für den oben kalkulierten Pokal ergibt sich folgende Rechnung:

$$\text{Handelsspanne} = \frac{17{,}46\ € - 8{,}00\ €}{17{,}46\ €} \cdot 100\ \% = 54{,}18\ \%$$

Mithilfe der so errechneten Handelsspanne kann die BE Partners KG nunmehr feststellen, zu welchem Einstandspreis die Pokale in Zukunft eingekauft werden müssen, wenn bei einem Verkaufspreis von 15,99 € weiterhin gewährleistet werden soll, dass 10 % Gewinn erwirtschaftet wird.[1]

Einstandspreis = Listenverkaufspreis – Listenverkaufspreis · 54,18 %

Einstandspreis = 15,99 € – 15,99 € · 54,18 % = 15,99 € – 8,66 € = 7,33 €.

Die Rechnung zeigt, dass ein auf 7,33 € reduzierter Verkaufspreis des Lieferers die gewünschten Bedingungen erfüllt.

[1] Listenverkaufspreis
– Handelsspanne
= **Einstandspreis**

Merke! Die Handelsspanne gibt den prozentualen Anteil des Listenverkaufspreises an, der nicht als Einstandspreis bezahlt werden muss und zur Deckung der Gemeinkosten und als Gewinn im Unternehmen verbleibt.

Alles klar?

1 Frau Werner, Geschäftsführerin der Roter KG, äußert in einer Besprechung gegenüber ihrem Marketingleiter den Satz: „Ich gehe davon aus, dass Sie die Preise auf Vollkostenbasis planen." Erläutern Sie diese Aussage.

2 Beschreiben Sie den Unterschied zwischen Einzel- und Gemeinkosten.

3 Definieren Sie den Begriff „Kostenstelle".

4 Beschreiben Sie die zentralen Aufgaben des Betriebsabrechnungsbogens (BAB).

5 Ordnen Sie die folgenden Kostenarten den Einzel- bzw. Gemeinkosten zu:

- Fertigungsmaterial
- Reparaturaufwendungen
- Gewerbeertragsteuer
- Gehälter
- Mietaufwendungen
- Fertigungslöhne
- Zinsaufwendungen

6 Ordnen Sie die folgenden Kostenarten einer Kostenstelle zu:

- Reparatur eines Laptops des Vertriebsleiters
- Miete für eine Lagerhalle
- Abschreibung auf den im Lager verwendeten Gabelstapler
- Im Rahmen der Produktion verwendete Betriebsstoffe
- Vertriebsprovisionen
- Gehalt einer Angestellten in der Personalbuchhaltung

7 Erklären Sie den Rechenschritt von den Herstellkosten der Erzeugung zu den Herstellkosten des Umsatzes.

8 Erläutern Sie, wie die Selbstkosten des Umsatzes ermittelt werden.

9 Ein Unternehmen weist folgende Daten auf: Rohstoffaufwendungen 125.000,00 €, Hilfsstoffaufwendungen 32.000,00 €, Fertigungslöhne 158.000 €, Kostenstellengemeinkosten: Material 15.700 €, Fertigung 316.000 €. Ermitteln Sie die entsprechenden Zuschlagssätze.

10 Die Wedekind GmbH produziert u. a. Mülltonnen. Sie kauft im November 20XX eine neue Presse zur Herstellung der Deckel, die ab Dezember in der Produktion eingesetzt wird. Beschreiben Sie die Auswirkung dieser Maßnahme auf den Fertigungsgemeinkostenzuschlagssatz und den Verwaltungsgemeinkostenzuschlagssatz, wenn alle anderen Daten im Dezember unverändert bleiben.

11 Wie wirkt sich unter sonst gleichen Bedingungen eine Erhöhung der Rohstoffpreise auf die Zuschlagssätze aus?

12 Wozu dient die Vorkalkulation?

13 Ermitteln Sie den Angebotspreis eines Produktes, wenn Folgendes gilt:

- Selbstkosten 24,80 €
- Gewinnerwartung des Unternehmens 15 %
- Skonto 2 %
- Rabatt 10 %

14 Nehmen Sie Stellung zu folgender Aussage: „Eine Kalkulation mit Istzuschlagssätzen führt zu falschen Angebotspreisen."

15 Erläutern Sie den Begriff „Normalgemeinkosten".

16 Welche Funktion hat die Nachkalkulation für ein Unternehmen?

17 Ein Unternehmen kalkuliert in der Fertigung mit einem Normalgemeinkostenzuschlagssatz von 180 %. Im Monat März 21XX beträgt der Istzuschlagssatz 210 %. Erläutern Sie mögliche Gründe für die Abweichung des Istzuschlagssatzes vom Normalgemeinkostenzuschlagssatz.

18 Erläutern Sie den Begriff „Kostenüberdeckung".

4 Teilkostenrechnung (Deckungsbeitragsrechnung)

Beispiel Frau Bernle hat ihrem Chef, Herrn Bastian, heute Vormittag eine Anfrage der Goldfang GmbH weitergereicht.

In der Regel gibt sie die Bearbeitung von Anfragen nicht an den Geschäftsführer weiter. Diesmal jedoch stellt sich eine besondere Situation, denn die Goldfang GmbH aus Bonn ist einer der größten und bedeutendsten Süßwarenhersteller Deutschlands und gehört bisher nicht zu den Kunden der BE Partners KG.

Goldfang

BE Partners KG
Schlesienstraße 490–492
53119 Bonn

XX.XX.20XX

Sehr geehrte Damen und Herren,

im März kommenden Jahres feiern wir unser 100-jähriges Bestehen. In diesem Rahmen haben wir bereits jetzt eine Fülle von Aktionen geplant.

Bei unseren Kunden möchten wir uns mit speziell zu diesem Anlass bedruckten T-Shirts bedanken. Die T-Shirts sollten in der für unser Unternehmen typischen hellblauen Farbe angefertigt und lediglich auf der Vorderseite dreifarbig bedruckt werden. Wir fügen ein Muster des Aufdrucks in der Anlage bei. Wir erwarten eine feste, mittlere Qualität in gekämmter Baumwolle.

Bitte teilen Sie uns mit, ob Sie uns 25 000 T-Shirts liefern können. Lieferungstermin sollte spätestens Ende November des Jahres sein. Unsere Preisvorstellung für den Gesamtauftrag liegt bei 100.000,00 € netto.

Mit freundlichem Gruß

Gerd Erdmann

Herr Bastian übergibt das Schreiben der Auszubildenden Tüley Ötztürk mit den Worten: „Schauen Sie sich doch bitte dieses Schreiben einmal an. Mir wäre es sehr wichtig, die Goldfang GmbH als Kunden zu gewinnen. Da könnten wir wahrscheinlich auch mit Folgeaufträgen rechnen.

Ermitteln Sie doch bitte zunächst einmal auf Vollkostenbasis die Selbstkosten für diesen Auftrag. Auch der Deckungsbeitrag interessiert mich, da er wahrscheinlich unsere Entscheidung beeinflussen wird. Und fragen Sie bitte in der Produktion nach, wie stark derzeit unsere Kapazitäten ausgelastet sind."

Tüley Ötztürk informiert sich in der Produktion über die Materialkosten und die Fertigungslöhne und in der Abteilung Rechnungswesen über die derzeitigen Normalgemeinkostenzuschlagssätze. Aufgrund dieser Angaben errechnet sie die Selbstkosten je Stück und für den gesamten Auftrag.

Beispiel

Kalkulation des Angebots an die Goldfang GmbH auf Vollkostenbasis

	Zuschlagssatz	in €/Ct. (gerundet)		
		pro Stück	für 25 000	
Fertigungsmaterial		1,50	37.500,00	
+ Materialgemeinkosten	25,0 %	0,38	9.500,00	
= Materialkosten		1,88		47.000,00
Fertigungslöhne		0,38	9.500,00	
+ Fertigungsgemeinkosten	117,0 %	0,44	11.000,00	
= Fertigungskosten		0,82		20.500,00
= Herstellkosten		2,70		67.500,00
+ Verwaltungsgemeinkosten	46,0 %	1,24		+31.000,00
+ Vertriebsgemeinkosten	30,0 %	0,81		+20.250,00
= Selbstkosten		4,75		=118.750,00

1

Tüley Ötztürk wird klar, dass die BE Partners KG den Auftrag zu einem Preis von 100.000,00 € auf keinen Fall annehmen kann. Sie konnte allerdings noch nicht klären, was es mit dem von Herrn Bastian genannten Deckungsbeitrag auf sich hat.

4.1 Kosten aus Sicht der Voll- und Teilkostenrechnung

Beispiel Tüley Ötztürk fragt Tanja Wagner, was es mit dem Deckungsbeitrag auf sich hat. Sie erklärt es ihr: „Der Deckungsbeitrag ist die Differenz zwischen Umsatzerlösen und den variablen Kosten. Der Deckungsbeitrag lässt sich auf ein Stück (**Stückdeckungsbeitrag**) oder auf die Gesamtheit der erstellten Produkte einer Produktart eines Unternehmens (**Gesamtdeckungsbeitrag**) beziehen. Es heißt Deckungsbeitrag, weil dieser Betrag zur Deckung der fixen Kosten zur Verfügung steht.

Im Rahmen der Kosten- und Leistungsrechnung werden zwei grundsätzlich verschiedene Kostenrechnungssysteme unterschieden: die Vollkostenrechnung und die Teilkosten- bzw. Deckungsbeitragsrechnung.

Die Vollkostenrechnung berücksichtigt im Rahmen ihrer Vorgänge immer alle in einer Abrechnungsperiode entstandenen Kosten, die „vollen Kosten“ eben.

Die Teilkostenrechnung dagegen geht davon aus, dass sich betriebswirtschaftliche Entscheidungen auch auf der Grundlage lediglich eines Teils der Kosten treffen lassen. Dafür werden die Kosten berücksichtigt, die durch die jeweilige Situation beeinflusst werden, in der Regel sind das die **variablen Kosten**. Die **fixen Kosten** dagegen zeichnen sich dadurch aus, dass sie kurzfristig nicht beeinflusst werden können, eben fix sind.[2]

2 Verkaufspreis
– Variable Kosten
= Deckungsbeitrag

Die Vollkostenrechnung und die Teilkostenrechnung arbeiten mit unterschiedlichen Begrifflichkeiten: Die Vollkostenrechnung teilt die Kosten je nach Zurechenbarkeit auf einzelne Kostenträger in Einzel- und Gemeinkosten ein, die Teilkostenrechnung dagegen arbeitet mit der Einteilung in fixe und variable Kosten, je nachdem, ob die

Kosten durch eine Entscheidung beeinflusst werden oder nicht. Da es sich meistens um Entscheidungen über die Annahme eines Auftrags handelt, verändern sich variable Kosten mit der Produktionsmenge und fixe bleiben bei einer Veränderung der Produktionsmenge unverändert.

Beide Kostenrechnungssysteme existieren in Unternehmen nebeneinander und werden gleichzeitig angewendet. Sie haben unterschiedliche Entscheidungssituationen im Blick und dienen dem Unternehmen dazu, unterschiedliche betriebliche Funktionen zu unterstützen.

4.1.1 Fixe Kosten

Merke! Als **fixe Kosten oder Fixkosten** werden alle diejenigen Kosten bezeichnet, die **unabhängig von der Höhe der jeweiligen Produktionsmenge** anfallen.

Viele Gemeinkosten sind fixe Kosten. **Mietaufwendungen** gehören z. B. dazu. Die Miete für eine Lagerhalle ist unabhängig davon vereinbart und zu zahlen, wie groß die Menge der darin gelagerten Produkte ist. Auch **Gehälter** sind immer fix. Herr Thomas, Kaufmännischer Assistent in der Druckerei der BE Partners KG, erhält monatlich ein gleich bleibendes Gehalt, unabhängig davon, wie viele Produkte in der Druckerei erstellt werden.

Für die Beurteilung, ob eine Kostenart zu den fixen Kosten gehört, ist nicht entscheidend, ob sich diese Kosten verändern können. Fixkosten können sich in ihrer Höhe durchaus verändern. Gehälter können steigen oder evtl. auch sinken, wenn für die gleiche Arbeit weniger bezahlt werden muss, weil ein ausscheidender Arbeitnehmer z. B. durch einen neuen Mitarbeiter mit geringerem Gehalt ersetzt wird. Entscheidend ist, dass eine Änderung der Höhe der Fixkosten nicht durch eine geringere oder höhere Produktionsmenge ausgelöst wird.[1]

1 Fixkosten entstehen unabhängig von der Produktionsmenge in gleicher Höhe.

4.1.2 Variable Kosten

Als variable Kosten werden im Gegensatz dazu alle Kosten bezeichnet, deren Höhe von der jeweiligen Produktionsmenge unmittelbar abhängig ist. Das gilt z. B. für alle **Materialkosten**. Die Kosten für das verwendete Papier beim Druck von Kalendern sind von der Menge der hergestellten Kalender abhängig. Werden **Fertigungslöhne** in Form von Stücklöhnen gezahlt, so sind auch die Fertigungslöhne variabel. Im Rahmen dieses Lehrwerkes wird davon ausgegangen, dass alle Fertigungslöhne variabel sind.[2]

2 Variable Kosten verändern sich in Abhängigkeit von der jeweiligen Produktionsmenge.

Merke! Die in der Vollkostenrechnung angesetzten Einzelkosten gelten in der Teilkostenrechnung als variable Kosten.

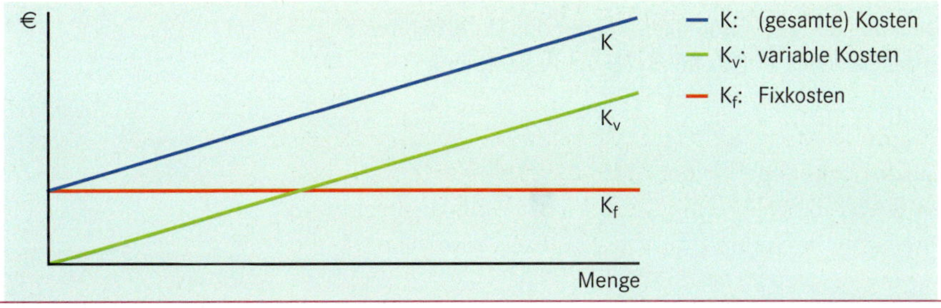

4.1.3 Mischkosten

Nicht alle Kostenarten sind eindeutig fix oder eindeutig variabel. Eine Stromrechnung beinhaltet z. B. in der Regel die Kosten für die Bereitstellung des Zählers (fixe Kosten) sowie die verbrauchsabhängigen eigentlichen Stromkosten (variable Kosten). Die Flatrate des Mobiltelefons von Herrn Bastian erlaubt unbegrenztes Telefonieren, ist also den fixen Kosten zuzuordnen. Mischkosten würden entstehen, wenn Herr Bastian den Vertrag ändern würde und lieber eine Grundgebühr (fix) und dann einen bestimmten Minutenpreis je Anruf zahlen würde (variabel).[1]

1 Mischkosten enthalten variable und fixe Anteile.

Die Zuordnung der verschiedenen Anteile der Mischkosten zu den fixen bzw. zu den variablen Kosten stellt in Unternehmen häufig ein größeres Problem dar. Am Beispiel der Stromkosten wird dies insofern deutlich, als selbst der verbrauchte Strom nicht vollständig den variablen Kosten zugerechnet werden kann.

Die Kosten für die Beleuchtung der Verwaltungsräume oder die Versorgung der PC in der Verwaltung der BE Partners KG entstehen unabhängig von der Menge der hergestellten Kalender oder bedruckten T-Shirts. Während die Stromkosten für den Betrieb der Druckmaschinen durchaus in einem direkten Verhältnis zur Produktionsmenge stehen, also variabel sind.

4.1.4 Rechnerische Ermittlung des Deckungsbeitrages

Stückdeckungsbeitrag	db
Preis - variable Kosten je Stück	$p - k_v$
Gesamtdeckungsbeitrag	DB
Umsatzerlöse - gesamte variable Kosten	$E (p \cdot x) - K_v$

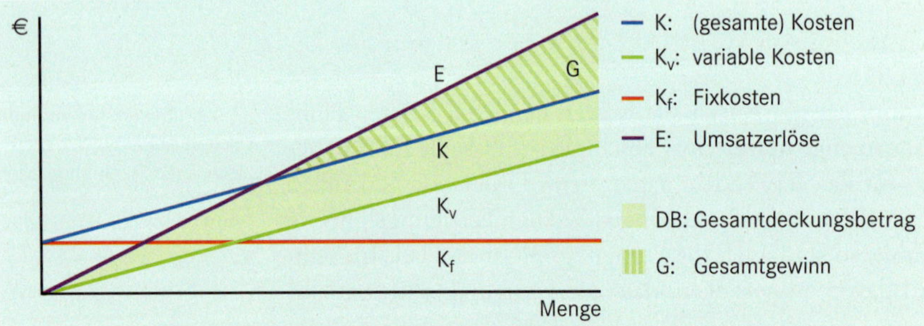

Merke! Der Stückdeckungsbeitrag ist der Betrag, der einem Unternehmen zur Deckung der fixen Kosten zur Verfügung steht, wenn es ein Stück dieses Produktes verkauft. Ist der Deckungsbeitrag positiv, so heißt das, dass der Preis zunächst die im Rahmen der Produktion entstehenden variablen Kosten deckt und dass darüber hinaus auch noch ein Betrag zur Deckung der gesamten fixen Kosten des Unternehmens übrig bleibt. Die Ermittlung des Gewinns erfolgt durch folgende Rechnung:

Gesamtdeckungsbeitrag (DB)
- Fixkosten (K_f)

= Gewinn (bzw. Verlust).

4.2 Anwendungsmöglichkeiten der Deckungsbeitragsrechnung

4.2.1 Entscheidung über die Annahme eines Auftrages

LS 100 Teilkostenrechnung als Grundlage für Preisentscheidungen anwenden

LS 101 Eine Entscheidung über einen Zusatzauftrag treffen

Beispiel Herr Bastian möchte seine Entscheidung über die Annahme des Auftrages der Goldfang GmbH von der Höhe des Deckungsbeitrages abhängig machen. Zur Bestimmung dieses Deckungsbeitrages müssen weitere Informationen eingeholt werden.

Es muss nämlich bestimmt werden, welche Teile der Gemeinkosten variabel und welche fix sind. Erfahrungsgemäß geht man in der BE Partners KG davon aus, dass die entstandenen **Gemeinkosten** zu 75 % fix und zu 25 % variabel sind. Die folgende Tabelle zeigt, welche Teile der ermittelten Stückkosten jeweils fix bzw. variabel sind.

Kalkulation des Angebots an die Goldfang GmbH mit fixen und variablen Kosten

	Zuschlagssatz in %			Fix 75 % der GMK	Variabel 25 % der GMK
Fertigungsmaterial		1,50 €			**1,50 €**
+ Materialgemeinkosten	25,0 %	0,38 €		0,30 €	0,09 €
= Materialkosten			1,88 €		1,59 €
Fertigungslöhne		0,38 €			**0,38 €**
+ Fertigungsgemeinkosten	117,0 %	0,44 €		0,33 €	0,11 €
= Fertigungskosten			0,82 €		0,49 €
= Herstellkosten			2,70 €		2,08 €
+ Verwaltungsgemeinkosten	46,0 %		1,24 €	0,93 €	0,31 €
+ Vertriebsgemeinkosten	30,0 %		0,81 €	0,61 €	0,20 €
= Selbstkosten			4,75 €	2,15 €	**2,60 €**

Die variablen Kosten eines T-Shirts betragen 2,85 €. Somit lassen sich auch die Deckungsbeiträge ermitteln.

Beispiel Deckungsbeiträge Kalkulation Goldfang GmbH

	Stückrechnung	Gesamtrechnung	
Verkaufspreis	4,00 €	Umsatz	100.000,00 €
k_v	2,60 €	K_v	65.000,00 €
db	**1,40 €**	**DB**	**35.000,00 €**

Die Rechnung zeigt, dass die Annahme des Auftrages der Goldfang GmbH die Situation der BE Partners KG deutlich verbessern würde. Es stünden aus diesem Auftrag 35.000,00 € zur Deckung der anfallenden gesamten Fixkosten zur Verfügung. Bleiben die Fixkosten konstant, erhöht sich das Betriebsergebnis der BE Partners KG um diesen Betrag.[1]

An diesem Beispiel wird deutlich, dass die BE Partners KG eine falsche Entscheidung getroffen hätte, wenn die Anfrage der Goldfang GmbH auf der Grundlage der Vollkostenrechnung abgelehnt worden wäre.

1 Umsatzerlös = Verkaufspreis · abgesetzte Menge: 100.000,00 € = 4,00 € · 25 000

gesamte variable Kosten = variable Kosten je Stück · abgesetzte Menge: 65 000,00 € = 2,60 € · 25 000

Vor der endgültigen Auftragsbestätigung ist produktionswirtschaftlich noch zu klären, ob die entsprechenden Kapazitäten für die Produktion zur Verfügung stehen. Die Annahme des Auftrages ist auch aus strategischer Sicht des Unternehmens wichtig, da die Hoffnung besteht, auf diese Art und Weise einen neuen, wichtigen Kunden zu gewinnen. Theoretisch würde sogar die Möglichkeit bestehen, beim Verkaufspreis noch deutlich unterhalb der angebotenen 100.000,00 € zu bleiben, denn selbst ein Deckungsbeitrag von 0 € würde die Gewinnsituation des Unternehmens nicht verschlechtern.

Merke! Die Annahme eines Auftrages mit einem positiveren Deckungsbeitrag verbessert immer die Gewinnsituation eines Unternehmens, wenn die Fixkosten konstant bleiben bzw. wenn der Anstieg der Fixkosten durch den angenommenen Zusatzauftrag unter dem dadurch erwirtschafteten Deckungsbeitrag bleibt.

4.2.2 Ermittlung von Preisuntergrenzen

LS 102 Preisuntergrenzen diskutieren und festlegen

Das obige Beispiel zeigt, dass der von der Goldfang GmbH nachgefragte Artikel diesem Unternehmen zu einem günstigeren Preis angeboten werden kann, als ihn andere Unternehmen bei der BE Partners KG bezahlen. Wie die Rechnung zeigt, ist diese Preisgestaltung für die BE Partners KG auch völlig unproblematisch, da der Gesamtgewinn sich dennoch positiv entwickelt.

Manchmal kommen Unternehmen aber auch in Situationen, in den sie – z. B. durch Konkurrenzdruck – ihre Preise senken müssen, um keine Kunden zu verlieren. Umgekehrt könnte sich auch die Frage stellen, wie weit das Unternehmen selbst den Preis eines Artikels senken könnte, um z. B. Konkurrenten vom Markt zu verdrängen. Es geht also um die Ermittlung von sogenannten Preisuntergrenzen.

Grundsätzlich wird zwischen langfristiger und kurzfristiger Preisuntergrenze unterschieden.

Langfristige Preisuntergrenze

Unternehmen, die eine solide finanzielle Basis haben und keine weiteren Investitionen planen, können über einen längeren Zeitraum ein Produkt zu Selbstkosten anbieten. So wird zwar kein Gewinn erzielt, aber das Unternehmen kann mit dem Produkt auf dem Markt bleiben und so ein eventuell wichtiges Unternehmensziel erreichen.

Insgesamt ist dabei aber zu bedenken, dass Unternehmen langfristig darauf angewiesen sind, Gewinn zu erwirtschaften.[1] Nur so können sie wichtige Investitionen finanzieren und die Anteilseigner für die Bereitstellung des Eigenkapitals entschädigen. Eine Preisstellung an der langfristigen Preisuntergrenze kann also immer nur für einzelne Produkte erfolgen.

1 Langfristige Preisuntergrenze = Selbstkosten/Stück

Merke! Die langfristige Preisuntergrenze liegt dort, wo der Preis gerade noch die Selbstkosten deckt.

Beispiel Die oben ermittelten Daten der Kostenrechnung werden um die Daten aus dem Vertrieb (Barverkaufspreis und Listenverkaufspreis) ergänzt:

Während der Artikel bisher also zu einem Listenverkaufspreis von 5,93 € angeboten wird, wäre es möglich, den Preis langfristig bis auf 4,75 € zu senken (langfristige Preisuntergrenze). Dieser Preis würde die Selbstkosten decken.

Artikel: T-Shirt	
Variable Kosten pro Stück	2,60 €
Fixe Gemeinkosten pro Stück	2,15 €
Selbstkosten	4,75 €
Gewinnzuschlag 10%	0,48 €
Barverkaufspreis	5,23 €
Listenverkaufspreis auf Vollkostenbasis	5,93 €

Kurzfristige (absolute) Preisuntergrenze

Für einen begrenzten Zeitraum, d. h. kurzfristig, haben Unternehmen durchaus die Möglichkeit, den Preis auch unterhalb der Selbstkosten festzulegen. Der Preis muss aber immer zumindest die variablen Kosten decken. Für das obige Beispiel könnte die BE Partners KG den Preis für das bedruckte T-Shirt kurzfristig auf 2,60 € senken, denn damit wären die Kosten für das Fertigungsmaterial und die Fertigungslöhne gedeckt. Ferner würden die variablen Bestandteile der Gemeinkosten gedeckt, alle Kosten also, die durch die Produktion dieses T-Shirts anfallen.[1]

1 kurzfristige Preisuntergrenze = variable Stückkosten

Der so festgelegte Preis führt dann allerdings dazu, dass das Produkt keinen Beitrag mehr zur Deckung der Fixkosten des Unternehmens leistet.

Betriebswirtschaftliche Gründe für eine solche Preisgestaltung können z. B. sein:

- Gewinnung von Neukunden
- Reaktion auf eine vorübergehende aggressive Preispolitik der Konkurrenz
- Versuch, einen Konkurrenten vom Markt zu verdrängen
- Bekanntmachung einzelner neuer Produkte

Längerfristig führt diese Preispolitik zwangsläufig zur Verschuldung des Unternehmens und zur Insolvenz. Reichen die Deckungsbeiträge aller Produkte nicht zur Deckung der Fixkosten des Unternehmens aus, entstehen Verluste.

Merke! Die langfristige Preisuntergrenze liegt dort, wo der Preis gerade noch die Selbstkosten deckt.
Für die kurzfristige Preisuntergrenze gilt: Preis = variable Stückkosten

4.2.3 Ermittlung des gewinnoptimalen Sortiments

Mit knappen Mitteln hauszuhalten, ist eine wesentliche Anforderung wirtschaftlichen Handelns. Knappe Mittel treten auch dann auf, wenn die Nachfrage nach den Produkten eines Unternehmens dessen Produktionskapazität übersteigt. In einer solchen Situation stellt sich dann die Frage, wie mit den knappen Produktionskapazitäten umgegangen werden soll, d. h., welche Kundennachfragen bedient werden und welche Kunden „leer ausgehen“.

Das folgende Beispiel zeigt an der Situation eines Produzenten hochwertiger Sportbekleidung, dass die Teilkostenrechnung zur Lösung eines solchen Problems beitragen kann.

Beispiel Die Wilbert GmbH ist ein größerer Hersteller von Sportbekleidung. Zum Produktionsprogramm gehört u. a. auch die Trainingsanzugs-Serie „Run“. Für die Serie „Run“ gelten die folgenden Daten:

Artikel	A	B	C	D	**gesamt**
mögliche Verkaufsmenge **monatlich** in Stück	4 200	3 300	5 500	2 500	15 500
Nettoerlöse je Stück	15,00 €	30,00 €	48,00 €	58,00 €	
Rohstoffe/Lohn (var. Kosten) je Stück EUR	8,00 €	18,00 €	38,00 €	42,00 €	
Fixkosten des Unternehmens **monatlich**	148.000,00 €				

Die gesamte monatliche Nachfrage an das Unternehmen beträgt 15 500 Stück. Allerdings verfügt die Wilbert GmbH lediglich über eine Produktionskapazität von 15 000 Stück.

Betriebswirtschaftlich wird von einem Produktionsengpass gesprochen. Dieser Engpass führt ganz offensichtlich dazu, dass nicht alle Kundenwünsche erfüllt werden können. Aber an welcher Stelle soll die Wilbert GmbH mit ihrer Produktion unter der möglichen Verkaufsmenge bleiben?

Aus betriebswirtschaftlicher Sicht ist der Gewinn des Unternehmens ein wichtiges Kriterium, das bei der Lösung dieses Problems berücksichtigt werden sollte. Gesucht wird also diejenige Lösung, die dazu führt, dass trotz Streichung eines Teils der Nachfrage der Gewinn möglichst groß wird. Hierzu werden zunächst die (absoluten) Deckungsbeiträge der jeweiligen Produkte ermittelt.

Beispiel

Produkt	A	B	C	D
mögliche Verkaufsmenge in Stück	4 200	3 300	5 500	2 500
Nettoerlös pro Stück	15,00 €	30,00 €	48,00 €	58,00 €
variable Kosten je Stück	8,00 €	18,00 €	38,00 €	42,00 €
Absoluter Deckungsbeitrag	7,00 €	12,00 €	10,00 €	16,00 €
Rang	4	2	3	1

Die Tabelle zeigt, dass das Produkt D den höchsten Deckungsbeitrag erwirtschaftet. Wird ein Stück des Produktes D verkauft, dann stehen hierdurch 16,00 € zur Verfügung, um die Fixkosten des Unternehmens zu decken. Der Verkauf eines Stücks des Produkts A würde dagegen nur einen Deckungsbeitrag von 7,00 € erzielen.
Will das Unternehmen seinen Gewinn optimieren, wird es zunächst so viel wie möglich von dem Produkt mit dem höchsten Deckungsbeitrag produzieren. Im obigen Beispiel führt dieses Vorgehen dazu, dass von den Produkten D, B und C die möglichen Verkaufsmengen produziert werden, während vom Produkt A nur noch 3 700 Stück produziert werden können, da dann die Kapazitätsgrenze erreicht ist.

Das Beispiel zeigt, dass die Berechnung absoluter Deckungsbeiträge und die Ermittlung einer Rangfolge es dem Unternehmen ermöglicht, diejenige Zusammensetzung der Produktionsmengen zu ermitteln, die die Erreichung des größtmöglichen Gewinns gewährleistet.[1]

1 Bei der Optimierung des Sortimentes hilft die Rangfolge der Deckungsbeiträge der Produkte.

Merke! Reicht die Kapazität nicht aus, um die Nachfrage zu befriedigen, wird nach der Höhe der Deckungsbeiträge produziert und verkauft.

4.2.4 Ermittlung der Gewinnschwelle

LS 103 Die Gewinnschwelle ermitteln

Beispiel Die Schülerinnen einer Berufsschulklasse wollen für ein lokales Kinderhilfsprojekt Geld spenden. Das Geld soll durch den einmaligen Verkauf von Waffeln an einem Stand auf dem örtlichen Flohmarkt erwirtschaftet werden. Die Standmiete beträgt 50,00 €, für die Miete eines geeigneten professionellen Waffeleisens und verschiedener Zubehörteile sind 30,00 € zu entrichten. Es entstehen also Fixkosten. Petra, eine der Schülerinnen, meint: „Das lohnt sich dann gar nicht. Da werden wir ja kaum Gewinn machen." Charlotte entgegnet: „Wir müssten mal errechnen, wie viele Waffeln wir überhaupt verkaufen müssen, um Gewinn zu erzielen."

Die Menge, von der die Schülerinnen reden, wird als Gewinnschwellenmenge bezeichnet. Die Gewinnschwelle eines Unternehmens (auch „Break-even-Point" genannt) ist der Punkt, an dem die gesamten Erlöse des Unternehmens die gesamten Kosten genau decken.[2]

2 E = Gesamterlös
K = Gesamtkosten
Gewinnschwelle = Break-even-Point

Mathematisch gilt also:

Gewinnschwelle: E = K

In einem Einprodukt-Unternehmen, in dem alle Fixkosten einem Produkt zugerechnet werden können, lässt sich die Gewinnschwellenmenge x mithilfe der Deckungsbeitragsrechnung aus der obigen Formel wie folgt ermitteln:

E	$= K$	
$p \cdot x$	$= K_f + k_v \cdot x$	$\mid -\, k_v \cdot x$
$p \cdot x - k_v \cdot x$	$= K_f$	
$(p - k_v) \cdot x$	$= K_f$	$\mid :(p - k_v)$
x	$= \dfrac{K_f}{p - k_v}$	$\mid$ ($p - k_v$ ist der Stückdeckungsbeitrag)

Merke! Die Gewinnschwellenmenge oder der Break-even-Point ergibt sich, indem die fixen Kosten durch den Stückdeckungsbeitrag geteilt werden.

Das folgende Zahlenbeispiel verdeutlicht diesen Zusammenhang nochmals:

Fixkosten	84.000,00 €
Variable Kosten/Stück	4,80 €
Erlöse/Stück	9,00 €
Deckungsbeitrag/Stück	4,20 €
Absatzmenge	x
Gesamterlöse	9,00 € · x
Gesamte variable Kosten	4,80 € · x
Gesamtkosten	4,80 x + 84.000,00 €

Berechnung der Gewinnschwellenmenge:

Gesamterlöse = Gesamtkosten		
9,00 € x	= 4,80 € x + 84.000,00 €	| −4,80 € x
4,20 € x	= 84.000,00 €	| : 4,20 €
x	= 20 000 Stück	

Ermittlung der Gewinnschwellenmenge mithilfe des Deckungsbeitrages:
x = 84.000,00 €/4,20 € = 20 000 Stück.

Die Gewinnschwelle liegt bei 20 000 Stück. Bei dieser Produktionsmenge entsprechen die gesamten Erlöse den gesamten Kosten, der Gewinn beträgt 0,00 €. Ab einer Produktion von 20 001 Stück erwirtschaftet das Unternehmen Gewinn.

Dieser Sachverhalt wird auch in der folgenden Grafik deutlich. Unterhalb der Produktionsmenge von 20 000 Stück befindet sich das Unternehmen in der **Verlustzone**, oberhalb wird die **Gewinnzone** erreicht.

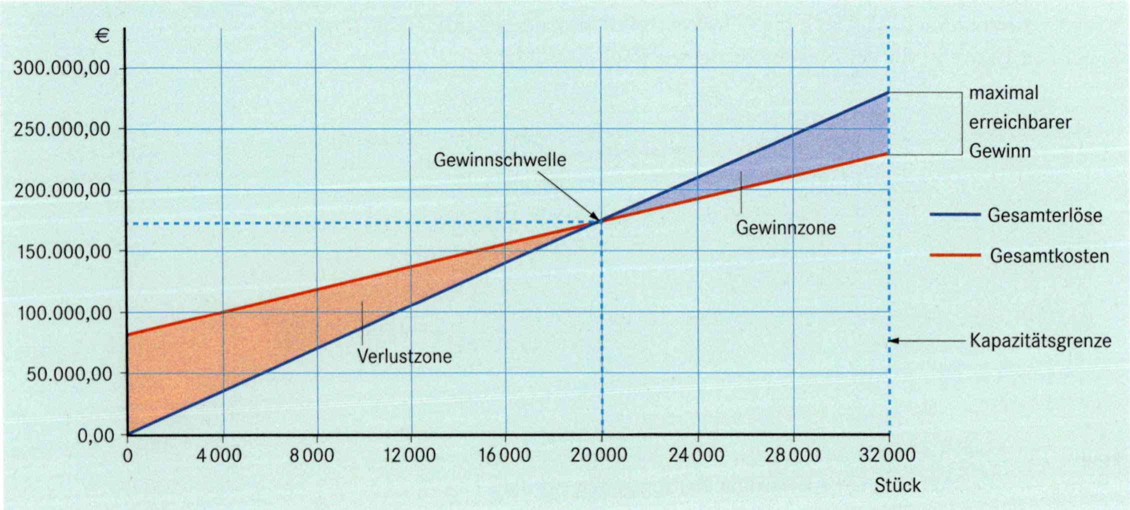

Merke! Produziert und verkauft ein Unternehmen weniger als die Gewinnschwellenmenge, so ist es in der Verlustzone, produziert und verkauft es mehr, so befindet es sich in der Gewinnzone.

Alles klar?

1 In einer Schreinerei fallen die folgenden Kosten an. Ordnen Sie die Kostenarten den variablen, fixen oder den Mischkosten zu:

- Fertigungslöhne für die im Akkordlohn arbeitenden Schreiner
- Gehalt für die Leiterin der Buchhaltung
- Betriebssteuern
- Stromkosten
- Mobilfunkkosten für das Handy der Geschäftsführerin (Flatrate)
- Kosten für den Festnetzanschluss der Dt. Telekom
- Fertigungsmaterial/Rohstoffaufwand
- Feuerversicherungsprämien

2 Erläutern Sie, wodurch sich die Ermittlung eines Verkaufspreises mithilfe der Vollkostenrechnung (auf Vollkostenbasis) von der Ermittlung eines Verkaufspreises auf Basis der Teilkostenrechnung unterscheidet.

3 Definieren Sie den Begriff „Fixkosten".

4 Erläutern Sie an einem Beispiel die folgende Aussage: „Häufig ist es für Unternehmen nicht so einfach, entstandene Kosten in fixe und variable Anteile aufzuteilen."

5 Unterscheiden Sie zwischen kurzfristiger und langfristiger Preisuntergrenze.

6 Ein Unternehmen produziert lediglich eine einzelne Produktart. Hiervon werden monatlich 25 000 Stück hergestellt. Die variablen Stückkosten betragen 5,00 €, die Fixkosten belaufen sich auf monatlich 150.000,00 €.

Ermitteln Sie die langfristige und die kurzfristige Preisuntergrenze.

7 Warum können Unternehmen nicht dauerhaft einen Preis anbieten, der an der langfristigen Preisuntergrenze liegt?

8 Erläutern Sie zwei Gründe, warum Unternehmen im Ausnahmefall Produkte zu einem Preis anbieten, der lediglich die variablen Kosten deckt.

9 Ermitteln Sie aufgrund der folgenden Daten die Gewinnschwelle:

- Fixkosten: 78.000,00 €
- Preis pro Stück: 12,00 €
- variable Kosten pro Stück: 9,00 €

10 Stellen Sie den Sachverhalt in einer Grafik dar.

11 Definieren Sie die Begriffe „Gewinnzone" und „Verlustzone".

5 Useful office vocabulary

Warm-up – What is Management Accounting?

Which of the following statements are true?

Remember that management accounting is often translated into German as Controlling. This can be misleading, as a controller in English normally refers to the person in charge of all the accounting functions in the company.

Management Accounting

- Management accountants prepare information which managers use to make decisions.
- Management accountants sometimes suggest ways to improve financial performance.
- Management accounts are normally for internal use only.
- Management accountants may also analyse non-financial data.

outlay costs	Anderskosten
extraordinary expenses	außerordentliche Aufwendungen
extraordinary revenues / income	außerordentliche Erträge
operating results	Betriebsergebnis
operating statement	Betriebsergebnisrechnung
non-operating expenses	betriebsfremde Aufwendungen
non-operating revenues / income	betriebsfremde Erträge
contribution margin	Deckungsbeitrag
contribution analysis	Deckungsbeitragsrechnung
direct costs	Einzelkosten
financial accounting	externes Rechnungswesen (Finanzbuchhaltung)
fixed costs	Fixkosten
overheads	Gemeinkosten
total costs	Gesamtkosten ($K = K_f + K_v$)
law of mass production	Gesetz der Massenproduktion
break-even (point)	Gewinnschwelle
profit zone, in the black	Gewinnzone
management accounting	internes Rechnungswesen (Kosten-Leistungs-Rechnung)
actual costs	Istkosten
(anual) net loss	Jahresfehlbetrag
(anual) net profit	Jahresüberschuss, Gewinn
calculation factor	Kalkulationsfaktor
imputed costs	kalkulatorische Kosten
to calculate	kalkulieren
limit of capacity	Kapazitätsgrenze

(operating) expenses	Kosten (= betriebliche Aufwendungen)
cost centre	Kostenstelle
revenues (operating income)	Leistungen (betriebliche Erträge)
mixed costs	Mischkosten
non-operating result	neutrales Ergebnis
standard (predicted) costs	Normalkosten
standard cost system	Normalkostenrechnung
expenses relating to other (previous) periods	periodenfremde Aufwendungen
revenues relating to other (previous) periods	periodenfremde Erträge
activity-based costing	Prozesskostenrechnung
prime costs, total production costs	Selbstkosten
budget costs	Sollkosten
semi-fixed costs	sprungfixe Kosten
percentage return on sales	Umsatzrentabilität
variable costs	variable Kosten
in the red	Verlustzone
to distribute	verteilen
full cost accounting, absorption costing	Vollkostenrechnung
efficiency, cost effectiveness	Wirtschaftlichkeit

Numbers

Cardinal numbers	**Ordinal numbers**	**Fractions**
122 one hundred (and) twenty-two	**1st** first	$^1/_2$ one / a half
1,000 one / a thousand	**2nd** second	$^1/_3$ one / a third
62,496 sixty-two thousand four hundred (and) ninety-six	**3rd** third	$^2/_3$ two thirds
100,000 one / a hundred thousand	**4th** fourth	$^1/_4$ one / a quarter
1,000,000 one / a million (1 m)	**33rd** thirty-third	$^4/_5$ four fifths
1,000,000,000 one / a billion (1 bn)	**200th** two hundredth	$5\,^2/_3$ five and two thirds

Decimals	**Years**	**Sums of money**
0.89 zero point eight nine	**1998** nineteen ninety-eight	**€ 52.99** fifty-two euros ninety-nine cents
1.785 one point seven eight five	**2004** two thousand (and) four	**$ 5 m** five million dollars
33.08 thirty-three point zero eight	**2030** two thousand (and) thirty (or twenty thirty)	

Lernfeld 11
Geschäftsprozesse darstellen und optimieren

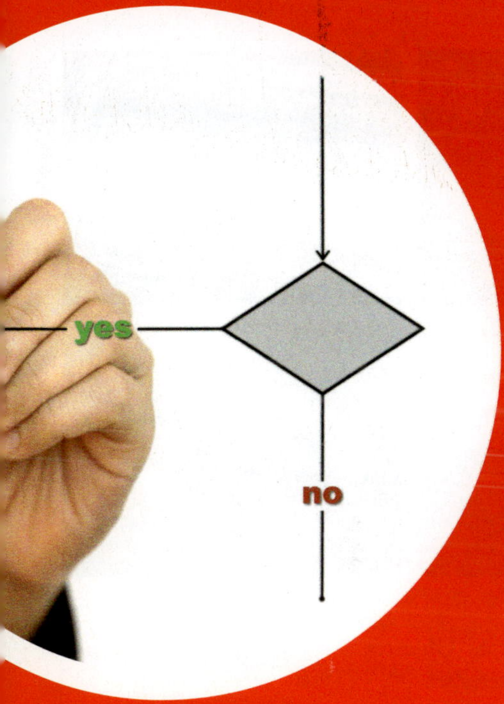

1 Differenzierung von Geschäftsprozessen

LS 104 Geschäftsprozesse untersuchen

Beispiel In der BE Partners KG wird gegenwärtig überlegt, eine Zertifizierung nach DIN EN ISO 9001 vorzunehmen. Die ISO 9001 definiert Mindestanforderungen an ein Qualitätsmanagementsystem[1]. Diese Mindestanforderungen sind die Grundlage für eine stetige Verbesserung des eigenen Qualitätsmanagementsystems. Die BE Partners KG möchte dadurch beispielsweise eine höhere Kundenzufriedenheit und eine spürbare Kostensenkung erreichen.

Um eine Entscheidung hinsichtlich des weiteren Vorgehens treffen zu können, wird Tüley beauftragt, Informationen zur DIN EN ISO 9001 zusammenzutragen und diese auch aufzubereiten. In den Unterlagen liest sie dabei immer wieder, dass die Orientierung an den betrieblichen Geschäftsprozessen eine wichtige Grundlage der DIN darstellt.

Was aber sind Geschäftsprozesse genau? Durch was sind sie gekennzeichnet? Wie werden sie dargestellt? Wie können sie optimiert werden?

1 Qualitäts- und Umweltmanagement
→ LF 11, Kap. 4

1.1 Definition und Konzept von Geschäftsprozessen

Jedes Unternehmen verfügt über eigene Geschäftsprozesse, die in ihrer Gesamtheit wesentlich für die Wertschöpfungsaktivitäten sind.

Ein **Geschäftsprozess** ist gekennzeichnet durch

- eine Folge von zusammenhängenden Tätigkeiten in einem Unternehmen, um ein Ziel zu erreichen,
- standardisierte Tätigkeiten, die immer wiederkehrend ausgeführt werden,
- Tätigkeiten von verschiedenen Mitarbeitern in verschiedenen Abteilungen,
- einen genau definierten Beginn, ausgelöst durch ein Ereignis, und
- ein genau definiertes Ende, welches messbar ist.

Zu den Geschäftsprozessen der BE Partners KG gehört u. a. das Erstellen von Werbeflyern.

Geschäftsprozesse lassen sich somit definieren als Transformation eines Objektes durch Tätigkeiten von Menschen oder Maschinen mit einem bestimmten Ziel.

- **Transformation** bedeutet die Veränderung von Material und Informationen.
- **Objekte** können Materialien, Teile und Informationen sein.
- **Ziel** ist die Erreichung einer Unternehmensleistung, z. B. das Erbringen einer Dienstleistung.

Außerdem können Geschäftsprozesse auch als **Input-Output-Prozess** dargestellt werden: Einer messbaren Input-Leistung wird durch den Einsatz von betrieblichen Leistungsfaktoren (z. B. menschliche Arbeit, Software) Wert zugefügt (Wertschöpfung). Ergebnis des Transformationsprozesses ist eine messbare Output-Leistung. Der Input kommt von einem internen oder externen Lieferanten, der Output geht an einen innerbetrieblichen Leistungsempfänger oder einen externen Kunden.

Ein wesentliches **Ziel von Geschäftsprozessen** ist es, die Kundenzufriedenheit zu erhöhen und damit den wirtschaftlichen Erfolg des Unternehmens zu steigern. Weitere Ziele, die auch immer der Kundenzufriedenheit zugutekommen, können zum Beispiel Mitarbeiterzufriedenheit, Umweltschutz oder Kosteneinsparungen sein.

Innerhalb eines jeden Geschäftsprozesses lassen sich die folgenden unternehmensübergreifenden Vorgänge erkennen:

- Informationsfluss
- Materialfluss
- Geldfluss

1.1.1 Informationsfluss

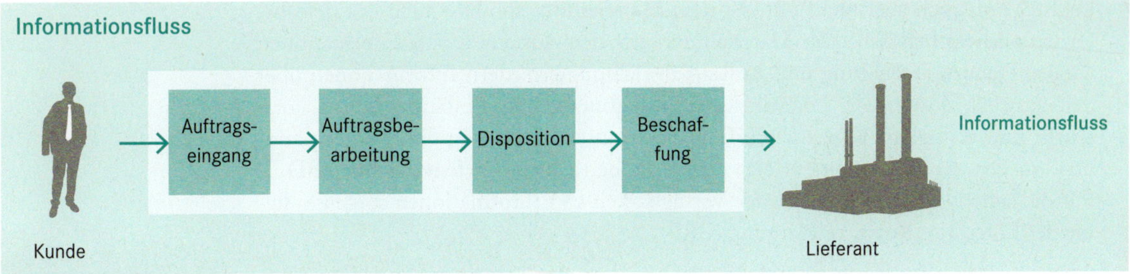

Mit dieser Situationsschilderung ist der erste Teil eines funktionsübergreifenden Geschäftsprozesses dargestellt: vom Kunden über das herstellende Unternehmen zum Lieferanten. Dieser Teil der Kundenauftragsbearbeitung ist typisch für den Informationsfluss im Unternehmen. Mithilfe von Informationsflüssen werden Material- und Geldflüsse geplant, gesteuert und kontrolliert. Unter Informationsflüssen werden sämtliche betriebliche Informationsverarbeitungsprozesse verstanden.

1.1.2 Materialfluss

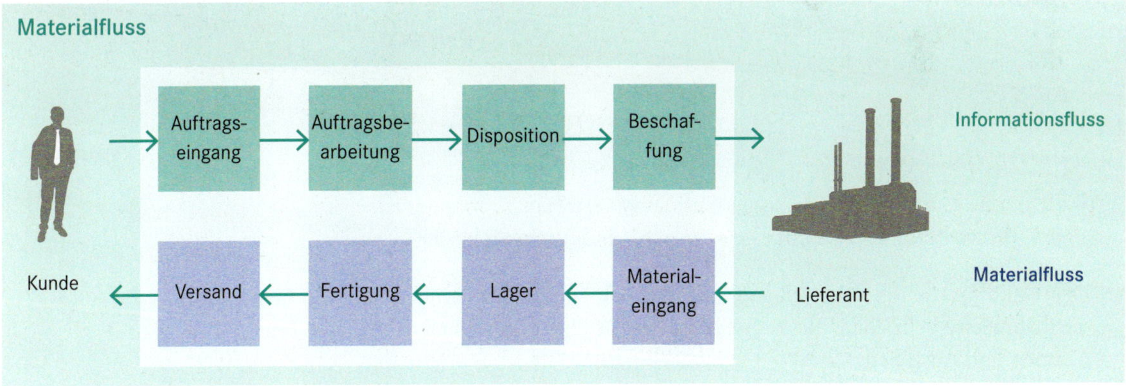

Der zweite Teil des unternehmensübergreifenden Geschäftsprozesses verläuft vom Lieferanten zurück zum herstellenden Unternehmen und schließlich wieder zum Kunden. Dies ist typisch für den Materialfluss: Materialien werden **beschafft** (Einkauf, Wareneingang, Lager), innerhalb des Betriebs **bewegt** (Fertigung, Lager, Transport) und **verteilt** (Lager, Warenausgang, Fakturierung, Entsorgung).

Objekte des Materialflusses sind die unmittelbar zur Leistungserstellung benötigten Werkstoffe (Roh-, Hilfs-, Betriebsstoffe und Vorprodukte), aber auch die Fertigerzeugnisse und Handelswaren.

Die **Logistik** stellt sicher, dass Materialien zur richtigen Zeit am richtigen Ort in der richtigen Menge und Qualität zur Verfügung stehen. Der Sammelbegriff „Unternehmenslogistik" umfasst folgende Bereiche:

- Die Beschaffungslogistik beschäftigt sich mit der Versorgung des Produktionsprozesses mit Werkstoffen vom Beschaffungsmarkt.
- Die Produktionslogistik steuert den Fluss der Güter durch den Produktionsprozess.
- Die Distributionslogistik steuert den Absatz der Produkte auf dem Absatzmarkt.
- Die Entsorgungslogistik befasst sich mit der Entsorgung des im Leistungserstellungsprozess entstandenen Ausschusses sowie der Abfälle.

Logistik muss sich aber nicht nur mit dem Materialfluss, sondern auch mit dem Informationsfluss befassen. Der Materialfluss setzt den Austausch von Informationen voraus. Planung, Steuerung und Auftragsabwicklung erfordern Informationen über den aktuellen Zustand der Logistik-Kette, insbesondere über Bestände, Auftragsfortschritt und verfügbare Kapazitäten. Eine elektronische Erfassung dieser Informationen am Ort der Entstehung erfolgt durch die betriebliche Datenerfassung (BDE). Für die laufende unternehmensweite Verfügbarkeit von Informationen sorgen Systeme des Enterprise Resource Planning (ERP).

1.1.3 Geldfluss

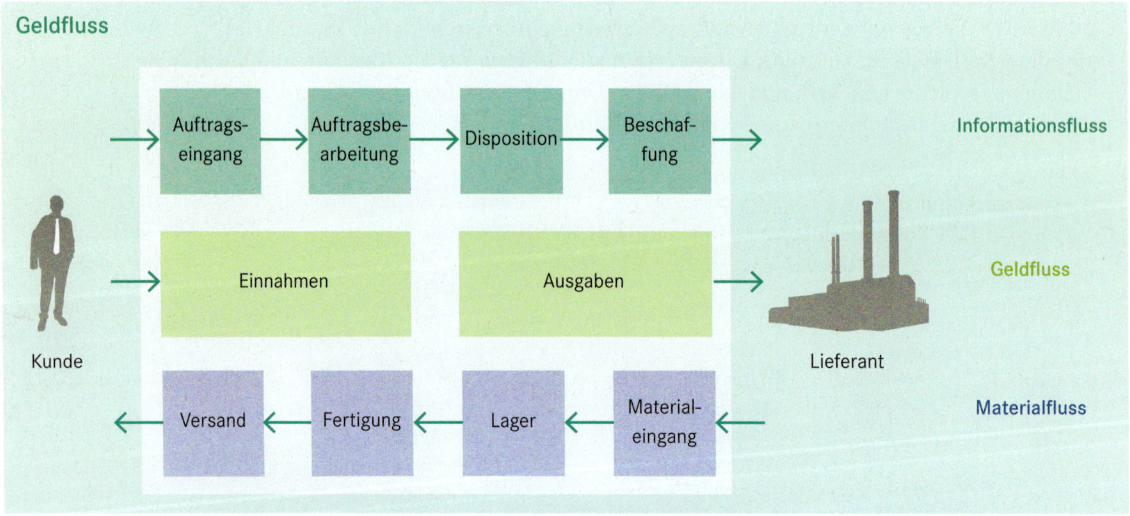

Der Geldfluss ist die dritte Ebene, auf der sich unternehmensübergreifende Geschäftsprozesse vollziehen. Beim Geldfluss erfolgt eine Gegenüberstellung der Einnahmen und Ausgaben.

Der Zahlungseingang seitens eines Kunden stellt aus Sicht der BE Partners KG eine **Einnahme** dar. Die BE Partners KG wiederum tätigt eine **Ausgabe**, indem sie die Rechnung des Lieferanten begleicht.

Bei der Abwicklung von Geschäftsprozessen muss darauf geachtet werden, dass die Zahlungsfähigkeit des Unternehmens (Liquidität) nicht gefährdet wird, d. h., dass die Einnahmen und Ausgaben aufeinander abgestimmt sind.

1.2 Arten von Prozessen

In Kapitel 1.1 wurde bereits darauf hingewiesen, dass Geschäftsprozesse in verschiedener Form dargestellt werden können, so z. B. als **Input-Output-Prozess.**

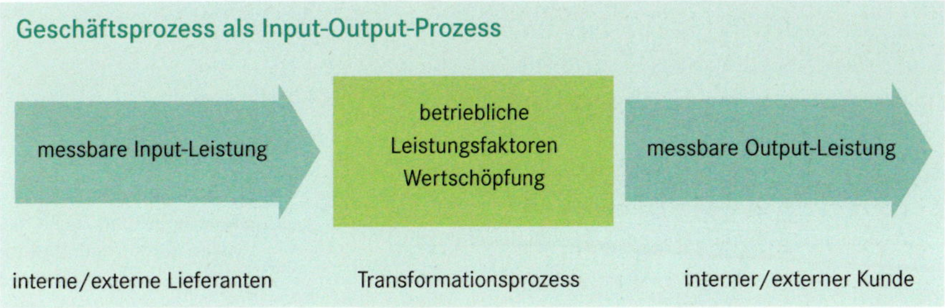

Je nachdem, auf welcher Unternehmensebene, mit welcher Bedeutung für das Unternehmen und im Rahmen welcher Funktion Geschäftsprozesse abgewickelt werden, lassen sich folgende **Arten von Geschäftsprozessen** unterscheiden:

Kernprozesse sind in der Regel kundennahe Prozesse, bei denen das Unternehmen einen Wert herstellt, für den ein Kunde bereit ist, Geld zu bezahlen. Kernprozesse steigern also unmittelbar die Kundenzufriedenheit und zeichnen sich durch einen hohen Wertschöpfungsgrad aus. Sie bestimmen die Kernkompetenz[1] des Unternehmens.

1 Bezeichnet die Fähigkeit eines Unternehmens, etwas besonders gut zu können – besser als die Konkurrenz. Dadurch entsteht ein strategischer Vorteil.

Beispiel Zu den Kernprozessen der BE Partners KG gehören u. a. der Handel mit Werbeartikeln sowie die Konzeption und Umsetzung von Werbekampagnen.

Unterstützungsprozesse sind nicht wertschöpfend, jedoch unbedingt notwendig, um den reibungslosen Ablauf der Kernprozesse zu gewährleisten. Unterstützungsprozesse sind nicht kundennah und können unter Umständen ausgegliedert werden, da sie nicht zu den Kernkompetenzen des Unternehmens gehören.

Beispiel Zu den Unterstützungsprozessen der BE Partners KG gehören u. a. das Rechnungswesen und die Personalverwaltung.

Managementprozesse sind ganzheitliche, ergebnisorientierte Prozesse, die der strategischen Ausrichtung des Unternehmens, der organisatorischen Strukturierung des Unternehmens sowie der Planung und Überwachung der Zusammenarbeit von Kern- und Unterstützungsprozessen dienen.

Beispiel Die Managementprozesse der BE Partners KG werden im Controlling und der Geschäftsführung umgesetzt.

Alle diese Prozesse können zur besseren Übersicht in kleinere Teilprozesse aufgegliedert werden.

Beispiel Geschäftsprozesse lassen sich weiter untergliedern in Teilprozesse und in einzelne Aktivitäten. Der funktionsübergreifende Geschäftsprozess Kundenauftragsbearbeitung zählt zu den Absatzprozessen. Er ist ein Kernprozess, da er einen unmittelbaren Kundennutzen erzeugt. Die Bearbeitung von Kundenaufträgen umfasst verschiedene Teilprozesse: „Auftrag erfassen“, „Machbarkeit prüfen“ und „Angebot erstellen“. Jeder dieser Teilprozesse kann weiter in einzelne Aktivitäten untergliedert werden. Die Prüfung der Machbarkeit bedeutet, dass die zeitliche Lieferfähigkeit geprüft wird, ebenso wie die materielle Lieferfähigkeit (Lagerbestände).

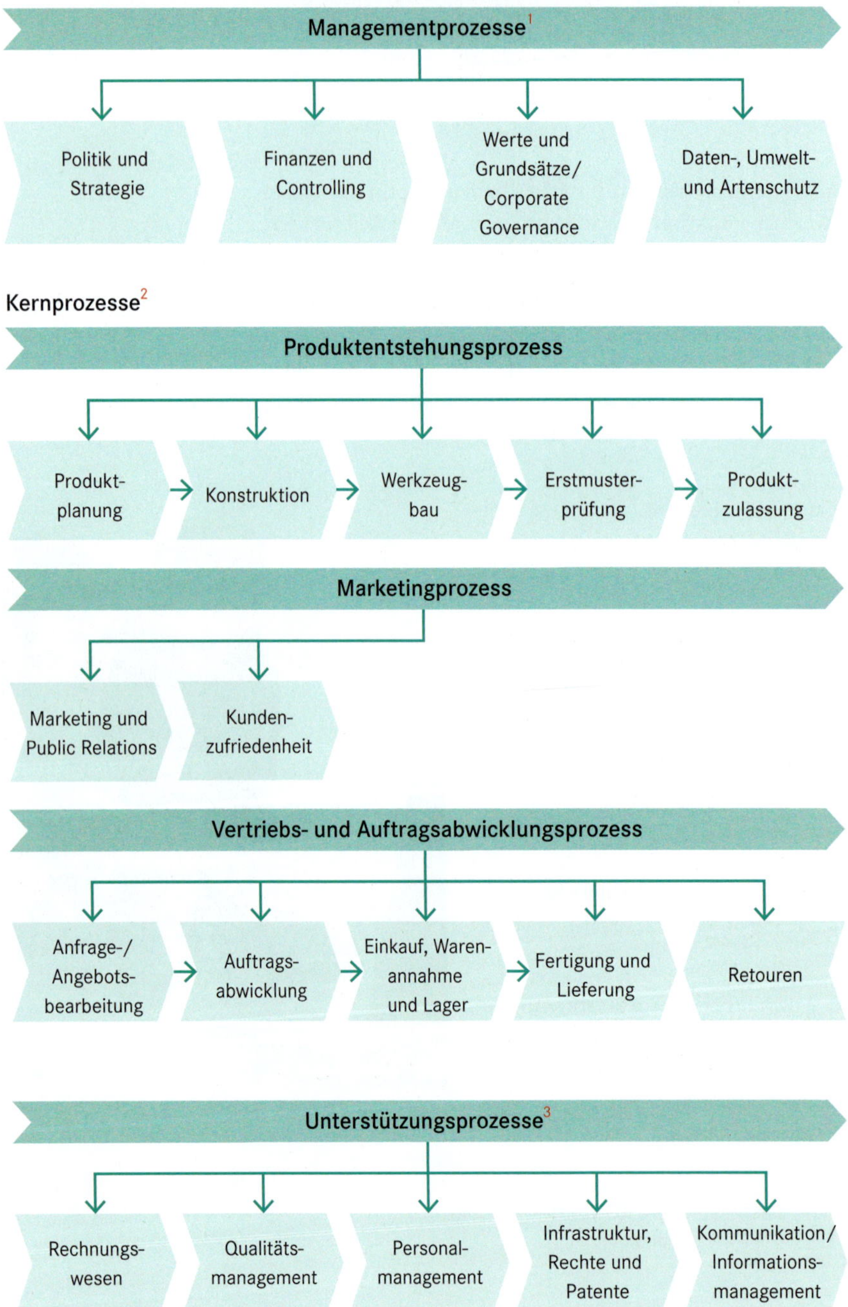

nach: de.wikipedia.org/wiki/Geschäftsprozessmodellierung

1 **Managementprozesse** steuern Ziel und Zusammenwirken der Kern- und Unterstützungsprozesse und überwachen deren Effektivität.

2 **Kernprozesse** stellen die sogenannte Marktleistung des Unternehmens dar, die vom Kunden über die Produktpreise entlohnt wird.
Das sind alle Tätigkeiten, die den Kundennutzen beim Produkterwerb unmittelbar steigern.
Dies bewirkt eine Akzeptanz höherer Absatzpreise (und damit eine Wertschöpfung).

3 **Unterstützungsprozesse** stellen Hilfen und Mittel bereit, um Kernprozesse durchführen zu können.

Alles klar?

1 Beschreiben Sie, was unter einem Geschäftsprozess zu verstehen ist.

2 Erläutern Sie an Beispielen der BE Partners KG, wodurch Geschäftsprozesse gekennzeichnet sind.

3 Beschreiben Sie die wesentlichen Ziele, die Geschäftsprozesse in einem Unternehmen haben.

4 Innerhalb von Geschäftsprozessen gibt es unternehmensübergreifende Vorgänge. Beschreiben und erläutern Sie diese Vorgänge.

5 Beschreiben Sie, was man unter dem Sammelbegriff „Unternehmenslogistik" versteht.

6 Der Geldfluss stellt die dritte Ebene von Unternehmensprozessen dar. Woraus besteht der Geldfluss und worauf muss ein Unternehmen hier unbedingt achten? Begründen Sie Ihre Antwort.

7 Beschreiben Sie, welche Arten von Geschäftsprozessen unterschieden werden, und finden Sie hierzu Beispiele in der BE Partners KG.

8 Geschäftsprozesse können in Teilprozesse untergliedert werden. Ordnen Sie die unten genannten Prozesse den Arten Kern-, Unterstützungs- und Managementprozess zu. Finden und beschreiben Sie zudem Teilprozesse bzw. Aktivitäten, die folgenden Hauptprozessen zugeordnet werden können:

- Datenschutz
- Marketing
- Retouren
- Rechnungswesen

2 Betriebsorganisation

Beispiel Natalie Fiedler absolviert gerade ihren Ausbildungsabschnitt in der Abteilung Druckerei der BE Partners KG. In den letzten Wochen hat sie die folgenden Situationen erlebt:

- Die Druckerin Cornelia Gruber gibt der Hilfskraft Hans Scherrer seit einiger Zeit Arbeitsanweisungen. Herr Scherrer ist unsicher, ob er diese auszuführen hat, da er bisher seine Anweisungen von der Abteilungsleiterin Heike Kolder erhalten hat.
- Der Drucker Bernhard Finke ist verärgert, weil er häufig Druckvorlagen mit Grafiken in zu geringer Auflösung für einen qualitativ ansprechenden Druck erhält. Die Sachbearbeiterin in der Druckvorstufe, Swenja Tobler, ist der Meinung, dass sie nicht für die Qualität der Grafiken verantwortlich ist.
- Ein Kunde der BE Partners KG beklagt einen unsauberen Druck bei den gelieferten 5 000 Kugelschreibern. Da der Sachbearbeiter Vertrieb Thomas Martin für zwei Wochen im Urlaub ist, bleibt die Reklamation auf seinem Schreibtisch liegen. Seine Urlaubsvertretung, Swenja Tobler, ist sich unsicher, wie sie auf die Reklamation reagieren soll.

Natalie überlegt, wie man diese Vorfälle zukünftig vermeiden könnte.

Um Geschäftsprozesse darstellen und optimieren zu können, ist es zunächst wichtig, sich mit der Betriebsorganisation zu beschäftigen. Unter Betriebsorganisation versteht man sämtliche dauerhaften Regelungen für das betriebliche Geschehen, die die vielen betrieblichen Einflussfaktoren berücksichtigen, die bei der Leistungserstellung eine Rolle spielen.

Ziel ist es, die Organisation eines Betriebs so zu gestalten, dass möglichst wettbewerbsfähige Leistungen erstellt werden und die Kundenzufriedenheit einen möglichst hohen Grad erreicht.[1] Wichtig ist in diesem Zusammenhang, dass dabei alle betrieblichen Aufgaben effizient, d. h. mit möglichst geringem (Zeit-)Aufwand und reibungslos ausgeführt werden können.

1 Unternehmensziele
→ FK 1, LF 1, Kap. 3.1

Hierbei hilft ein System von organisatorischen Regelungen, das einerseits die Art und Weise des Betriebsaufbaus (**Aufbauorganisation**) und andererseits die betrieblichen Abläufe (**Ablauforganisation**) regelt.

Betriebsorganisation

Aufbauorganisation	Ablauforganisation
- Bildung von Stellen und Abteilungen sowie Regelung der Beziehungen untereinander - Festlegung von Verantwortlichkeiten und Kompetenzen	- Regelung der verschiedenen (sich regelmäßig wiederholenden) Arbeitsabläufe

2.1 Organisatorisches Gleichgewicht

Die Betriebsorganisation muss wirtschaftlich sein, d. h., sie muss dazu beitragen, dass die Effizienz der betrieblichen Abläufe optimiert wird. Dabei sollte beachtet werden, dass nicht alle Eventualitäten vorgeplant und geregelt werden sollen. Den Mitarbeitern müssen auch Freiheiten gelassen werden, um in bestimmten Situationen flexibel agieren zu können. Es ist ein **ausgewogenes Verhältnis zwischen Organisation, Disposition und Improvisation** anzustreben.

Organisation

Für voraussehbare und sich häufig wiederholende Vorgänge sollten **dauerhafte Regelungen** geschaffen werden. Standardaufgaben können dadurch schnell und kostensparend erledigt werden.

Beispiel In der Druckerei der BE Partners KG gilt die grundsätzliche Arbeitsanweisung, dass Kundenaufträge immer in der Reihenfolge des Eingangs bearbeitet werden.

Disposition

In vielen betrieblichen Bereichen ist es sinnvoll, dass in begründeten Einzelfällen auch Entscheidungen getroffen werden können, die von der grundsätzlichen Regelung abweichen. Durch die **planmäßige Festlegung von Entscheidungsspielräumen** kann insbesondere auf Kundenwünsche flexibel reagiert und Kundenorientierung verwirklicht werden.

Beispiel Die Autohaus Wünschle KG in Köln ist einer der besten Kunden der BE Partners KG. Die Einkaufsleiterin Helga Sohnemann bittet Heike Kolder darum, 500 Kaffeetassen mit Werbedruck für einen bevorstehenden Tag der offenen Tür möglichst schnell zu produzieren. Um den guten Kunden zufrieden zu stellen, nimmt die Leiterin der Druckerei den Auftrag an und weist den Produktioner Matthias Schneider sofort an, den Auftrag vorzuziehen.

Improvisation

Nicht alle betrieblichen Situationen sind vorhersehbar. Bei unerwarteten bzw. nicht planbaren Ereignissen müssen **spontane Regelungen** getroffen werden, die vorher nicht festgelegt waren.

Beispiel Die Kaffeetassen sind zwei Tage vor dem Tag der offenen Tür fertig geworden. Da im Rheinland zurzeit die Paketdienste streiken, liefert Matthias Schneider die Tassen persönlich mit dem Firmenwagen aus.

Während Organisation einem Unternehmen zu **Stabilität** verhilft, sorgen Disposition und Improvisation für die auch erforderliche **Flexibilität**.

Merke! Ein grundsätzliches **Ziel der Betriebsorganisation** ist ein ausgewogenes Verhältnis zwischen Organisation, Disposition und Improvisation, damit der Betrieb weder überorganisiert (zu viel Organisation) noch unterorganisiert (zu wenig Organisation) ist. Bei einer optimalen Mischung aus Stabilität und Flexibilität befindet sich der Betrieb im **organisatorischen Gleichgewicht.**

2.2 Aufbauorganisation

LS 105 Aufbauorganisation gliedern und visualisieren

Beispiel Natalie Fiedler begleitet ihren Neffen Leon am Samstag zu einem Fußballspiel der F-Jugend vom FC Bonn. In der Halbzeitpause trifft sie Ina Peters, eine Mitschülerin aus der Berufsschule. Es ergibt sich folgendes Gespräch:

Natalie: Hallo Ina! Was machst du denn hier?
Ina: Hi Natalie! Ich bin mit meinem kleinen Bruder Jannis hier. Sag mal, die Kleinen spielen aber ziemlich chaotisch.
Natalie: Das finde ich auch. Absolut unorganisiert. Jeder will immer da sein, wo der Ball ist.
Ina: Wie das wohl wäre, wenn es in unseren Unternehmen so zugehen würde?
Natalie: Deswegen gibt es in Unternehmen ja Organigramme. Ich habe das Organigramm meines Ausbildungsbetriebs gleich am ersten Tag bekommen.
Ina: Was ist denn ein Organigramm?

Das **Organigramm**[1] ist als Darstellungsmittel gewissermaßen das visuelle Endprodukt der Aufbauorganisation. Es soll den Mitarbeitern eines Betriebs Aufschluss geben bezüglich der folgenden drei Fragestellungen:

1 **Organigramm:** grafische Darstellung der Organisationsstruktur und des hierarchischen Aufbaus eines Betriebs

Merke! Fragen, die ein Organigramm beantworten muss

1. Welcher Mitarbeiter gehört zu welcher Abteilung?
2. Welcher Mitarbeiter darf welchen Mitarbeitern Weisungen erteilen?
3. Welcher Mitarbeiter ist für welchen Aufgabenbereich zuständig?

Um das Organigramm erstellen zu können, müssen zunächst im Rahmen der Aufbauorganisation einige Schritte durchgeführt werden.

2.2.1 Aufgabenanalyse (Aufgabengliederung)

Im ersten Schritt auf dem Weg zur fertigen Aufbauorganisation muss geklärt werden, welche Aufgaben bzw. Tätigkeiten in dem Betrieb insgesamt erledigt werden müssen. Bei der **Aufgabenanalyse**[2] wird hierzu die Gesamtaufgabe des Betriebs in Teilaufgaben und Einzelaufgaben zerlegt bzw. gegliedert. Das Ziel der Aufgabenanalyse ist die vollständige Erfassung aller im Betrieb anfallenden Arbeiten bzw. Tätigkeiten.

2 **Aufgabenanalyse:** Aufgabengliederung (Analyse = Untersuchung, bei der ein Ganzes in seine Bestandteile zergliedert wird)

Beispiel Als Rolf Bastian im Jahr 1985 die heutige BE Partners KG als Druckerei gegründet hat, hat er mehrere Stunden damit verbracht, die **Gesamtaufgabe** des Unternehmens (Herstellung und Vertrieb von Druckerzeugnissen) zu analysieren. Zunächst hat er in einer Liste die **Teilaufgaben** „Werkstoffe beschaffen", „Produzieren", „fertige Erzeugnisse verkaufen" und „Betrieb verwalten" notiert. Diese Teilaufgaben hat er dann in einem weiteren Schritt noch detaillierter zergliedert und insgesamt hunderte von **Einzelaufgaben** notiert (z. B. „Angebote vergleichen", „Druckvorlagen erstellen", „Anfragen beantworten", Verkaufspreise kalkulieren", „Reklamationen bearbeiten", „Gehälter überweisen", „Mitarbeiter fortbilden", „Entgeltfortzahlung überwachen", „Lohnsteuer überweisen" usw.).

Merke! Unter **Aufgabenanalyse** versteht man die (gedankliche) Zerlegung der Gesamtaufgabe eines Betriebs in alle zu erledigenden Einzelaufgaben.

2.2.2 Aufgabensynthese (Stellenbildung)

Im zweiten Schritt werden die vielen im Rahmen der Aufgabenanalyse ermittelten Einzelaufgaben zu sinnvollen Arbeitsbereichen einzelner Mitarbeiter zusammengefasst. Bei dieser sogenannten **Aufgabensynthese**[1] entstehen die Stellen des Betriebs. Das Ziel der Aufgabensynthese ist es, alle Einzelaufgaben so zusammenzufassen, dass Stellen mit sinnvollen und überschaubaren Aufgabenbereichen entstehen.

1 **Aufgabensynthese:** Stellenbildung (Synthese = Zusammenfügung gleichartiger Elemente zu einer Einheit)

Merke! Eine **Stelle** ist die kleinste organisatorische Einheit eines Unternehmens. Sie ist gekennzeichnet durch die klare Festlegung von Aufgaben, Zuständigkeiten und Kompetenzen.

Beispiel Rolf Bastian hat sich bei der Gründung seines Unternehmens bei der Aufgabensynthese zunächst dafür entschieden, 15 Stellen zu bilden. Der Stelle „Sachbearbeiter/in Personalwesen" hat er damals u. a. die Einzelaufgaben „Gehälter ermitteln", „Gehälter überweisen", „Arbeitsverträge erstellen", „Entgeltfortzahlung überwachen", „Lohnsteuer überweisen", „Personalakten führen", „Kündigungen schreiben" und „Stellenanzeigen verfassen" zugewiesen.

Merke! Unter **Aufgabensynthese** versteht man die sinnvolle Zusammenfassung von Einzelaufgaben zu Aufgabengebieten einzelner Mitarbeiter (Stellen).

Stellenarten

Grundsätzlich können in Betrieben drei Stellenarten gebildet werden, wobei vor allem nach dem Vorhandensein von Weisungsbefugnissen in Ausführungsstellen, Weisungsstellen (Instanzen) und Stabsstellen unterschieden wird.

1. Ausführungsstellen

Dies sind Stellen zur reinen Ausführung von Aufgaben. Sie befinden sich auf der untersten Ebene der Betriebshierarchie. Inhaber von ausführenden Stellen erhalten Anweisungen und führen diese aus. Sie haben keine Weisungsbefugnis.

Beispiel In der BE Partners KG ist heutzutage beispielsweise die Stelle des Produktioners Matthias Schneider eine ausführende Stelle. Er erhält Anweisungen von seinem Abteilungsleiter Oliver Hansen. Die Stelle befindet sich auf der untersten Hierarchieebene, so dass Matthias Schneider niemandem Anweisungen erteilen kann.

2. Weisungsstellen (Instanzen)

Hierunter werden alle Stellen mit Weisungsbefugnis verstanden. Es handelt sich meist um Geschäftsführer, Abteilungsleiter oder Gruppenleiter. Es ist also unerheblich, welches Ausmaß an Weisungsbefugnis ein Mitarbeiter hat. Sobald eine Stelle das Recht hat, Weisungen an untergeordnete Stellen zu erteilen, handelt es sich um eine Instanz.

Beispiel In der BE Partners KG ist heutzutage z. B. die Stelle der Abteilungsleiterin Kreation eine Instanz. Die Inhaberin, Susanne Herrmann, darf allen ihr unterstellten Mitarbeitern in der Abteilung Weisungen erteilen.

3. Stabsstellen

In manchen Unternehmen werden auch Stabsstellen eingerichtet. Es handelt sich hierbei um Stellen, deren Stelleninhaber andere Stellen (in der Regel Instanzen) beraten sollen. Sie sollen durch Spezialwissen die Instanzen entlasten und durch ihre Beratung dazu beitragen, dass deren Entscheidungen verbessert werden.[1]

1 Stabsstellen haben keine Weisungsbefugnis, sondern nur Beratungsfunktion.

Beispiel In der BE Partners KG sind seit einigen Jahren dem Geschäftsführer, Herrn Bastian, zwei Stabsstellen zugeordnet. Edith Bernle entlastet Herrn Bastian, indem sie vor allem die Sekretariatsaufgaben der Geschäftsführung übernimmt. Beispielsweise berät sie Herrn Bastian aber auch bei der Terminplanung. Peter Müller berät Herrn Bastian als Systemadministrator in EDV-Angelegenheiten.

Abteilungsbildung

In größeren Unternehmen werden im Rahmen der Aufgabensynthese viele Stellen gebildet. In diesem Fall sollte gleichzeitig mit der Stellenbildung schon festgelegt werden, in welchen Abteilungen welche Stellen zusammengefasst werden sollen.

Merke! Bei der **Abteilungsbildung** werden mehrere Stellen unter einer einheitlichen Leitung zusammengefasst. Es entstehen Abteilungen.

In diesem Zusammenhang muss bei der Stellen- und Abteilungsbildung überlegt werden, nach welchen Prinzipien bzw. Gliederungsmerkmalen sie erfolgen soll.

1. Funktionsprinzip

Es werden Stellen mit verschiedenartigen Tätigkeiten (Funktionen) gebildet.

Beispiel Bei der Gründung des Unternehmens hat Herr Bastian die Abteilung Einkauf so gegliedert, dass sich Sachbearbeiter A um Anfragen und Angebotsvergleiche kümmert, Sachbearbeiter B das Bestellwesen bearbeitet und Sachbearbeiter C Eingangsrechnungen prüft und Mängelrügen abwickelt. Alle drei Mitarbeiter führten ihre Aufgaben jeweils für alle zu beschaffenden Materialien durch.

2. Objektprinzip

Es werden Stellen für unterschiedliche Objekte (z. B. Produktgruppen, Kundengruppen, Absatzgebiete) gebildet.

Beispiel Für die Abteilung Verkauf hatte Herr Bastian bei der Gründung des Unternehmens zwei Mitarbeiter eingeplant. Sachbearbeiter A sollte sich hier um alle Kunden im Stadtgebiet von Bonn kümmern und Sachbearbeiter B um alle weiteren Kunden. Beide Mitarbeiter haben für ihren jeweiligen Kundenkreis alle verkaufstypischen Tätigkeiten von der Auftragsannahme bis zur Rechnungserstellung durchgeführt.

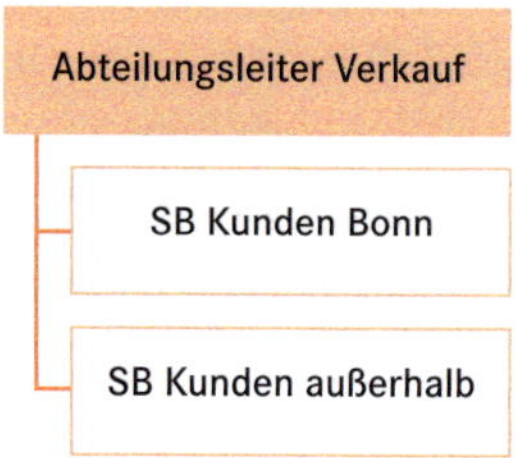

2.2.3 Organigramm und Stellenbeschreibung

Wenn die Aufgabenanalyse, Stellenbildung und Abteilungsbildung erledigt sind, kann das Ergebnis als hierarchischer Aufbau des Betriebs in einem Organigramm dargestellt werden (siehe folgende Seite).

Organigramm der BE Partners KG

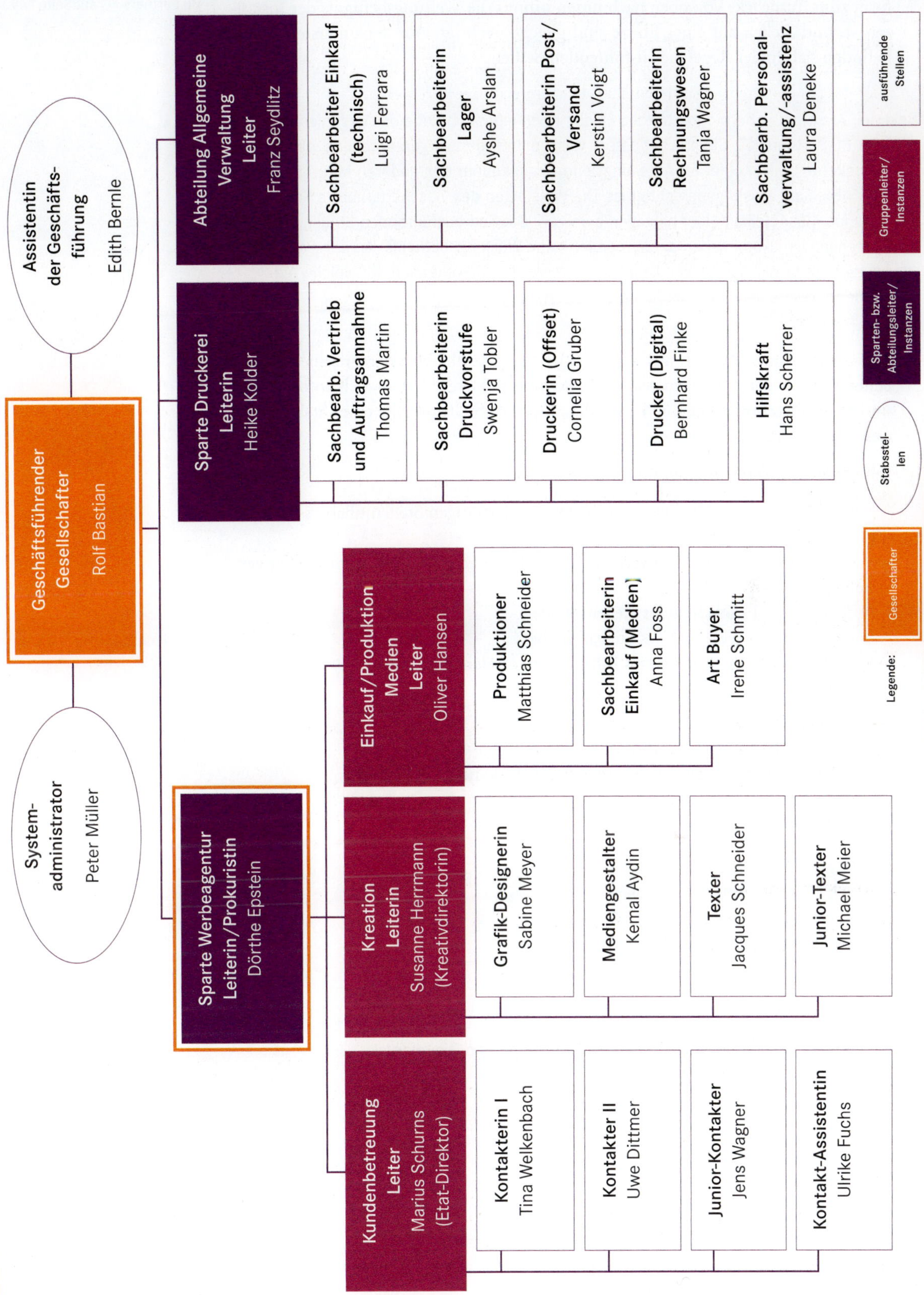

Die **Betriebshierarchie** kommt im Organigramm durch die vertikale Darstellungsform zum Ausdruck. Von oben nach unten nimmt die Weisungsbefugnis der Instanzen ab und Stellen auf einer Ebene sind gleichberechtigt. Auf der untersten Ebene befinden sich in der Regel die ausführenden Stellen.[1]

1 Organigramm der BE Partners KG auf Seite 149

Beispiel Am Montag betrachtet Natalie Fiedler noch einmal in Ruhe das Organigramm der BE Partners KG. Sie erkennt sofort, dass in ihrer derzeitigen Abteilung, der Druckerei, Heike Kolder als Abteilungsleiterin gegenüber den anderen Mitarbeitern der Abteilung weisungsberechtigt ist. Die Weisungen des Geschäftsführers Rolf Bastian muss Heike Kolder hingegen befolgen. Die fünf ausführenden Stellen der Abteilung Druckerei haben untereinander keine Weisungsbefugnis. An den Bezeichnungen der einzelnen Stellen kann sie auch schon grob erkennen, für welche Aufgabenbereiche die einzelnen Mitarbeiter zuständig sind.

Im Organigramm lässt sich nur sehr grob der Aufgabenbereich der einzelnen Mitarbeiter anhand der jeweiligen Stellenbezeichnung ablesen. Wesentlich informativer sind **Stellenbeschreibungen**, in denen detailliert die Stelleninhalte einer Stelle erfasst werden können.

Inhalte einer Stellenbeschreibung:

- Stellenbezeichnung, Abteilung und Name des derzeitigen Stelleninhabers
- hierarchisch über- bzw. untergeordnete Stellen
- Vertretungsregelungen (Wen vertritt der Stelleninhaber und von wem wird er vertreten?)
- Aufgaben und Tätigkeiten des Stelleninhabers
- Befugnisse (Vollmachten[2]) des Stelleninhabers
- Anforderungen (Kenntnisse und Fähigkeiten) an den Stelleninhaber

2 Vollmachten
→ FK 1, LF 1, Kap. 3.4.4

Stellenbeschreibung — **BE Partners KG**

1. **Stellenbezeichnung:** Sachbearbeiter(in) Druckvorstufe
2. **Abteilung:** Druckerei
3. **Stelleninhaber:** Swenja Tobler

4. **Vorgesetzter:** Leiter(in) der Sparte Druckerei
5. **Weisungsberechtigt gegenüber:** –
6. **Vertritt:** Drucker(in) (Offset)
7. **Wird vertreten von:** Drucker(in) (Offset)

8. Hauptaufgabe und Stellenziel:

Durchführung aller erforderlichen Maßnahmen im Rahmen der Druckvorbereitung und Erstellung fertiger Druckformen für den Offset- und Digitaldruck

9. Einzelaufgaben:

- Scanarbeiten, Bildbearbeitung und Datenaufbereitung
- Zusammenführen von Texten, Bildern und Grafiken
- Layouterstellung
- Plattenbelichtung (Offset-Druck)
- Erstellen druckbarer pdf-Dateien (Digital-Druck)
- Ansprechpartner für Kunden bei technischen Fragen

10. Verantwortung und Befugnisse:

Der Stelleninhaber ist dafür verantwortlich, den Druckern (Offset und Digital) Druckvorlagen in der erforderlichen Qualität zur Verfügung zu Stellen. Über die Verwendbarkeit der vom Kunden zugelieferten Texte, Bilder und Grafiken entscheidet er und regelt diesbezügliche Probleme mit den Kunden eigenständig.

11. Anforderungen:

- Ausbildung als Mediengestalter(in)
- Kenntnisse in Acrobat, Photoshop und InDesign, möglichst auch in HTML
- Erfahrung in der Kundenkommunikation
- Organisationsfähigkeit
- Problemanalyse- und -lösungsfähigkeit

Auch wenn die Erstellung und regelmäßige Überprüfung bzw. Aktualisierung von Stellenbeschreibungen im Betrieb Arbeitsaufwand verursachen, so sind sie für unterschiedliche Personen in verschiedenen Situationen sehr hilfreich.

Vorteile für den Stelleninhaber:

– leichte Orientierung für neue Mitarbeiter
– Erwartungen an den Mitarbeiter werden transparent
– Absicherung bei Unsicherheiten bez. Kompetenzen oder Aufgaben
– Absicherung bei Unsicherheiten bez. Weisungsbeziehungen

Vorteile für den Vorgesetzten bzw. die Unternehmensleitung:

– Arbeitsleistung kann überwacht und beurteilt werden
– Grundlage für die Eingruppierung bzw. Bezahlung des Mitarbeiters

Vorteil für die Personalabteilung:

– Hilfsmittel bei der Formulierung von Stellenanzeigen und Stellenausschreibungen im Rahmen der Personalbeschaffung

2.2.4 Leitungssysteme

Im Rahmen der Aufbauorganisation werden die verschiedenen Organisationseinheiten (Stellen und Abteilungen) miteinander in Verbindung gebracht. Diese Kommunikationswege (auch: Weisungs-, Melde- oder Dienstwege) regeln die Beziehungen zwischen den Mitarbeitern und legen fest, welchen Weg Anweisungen oder Informationen innerhalb eines Betriebs zu nehmen haben. Dabei können verschiedenartige **Leitungssysteme**[1] entstehen.

1 Die Leitungssysteme werden auch als **Organisations- oder Weisungssysteme** bezeichnet.

Die Wahl des Leitungssystems und die Organisationsstruktur eines Betriebs sind abhängig von folgenden Faktoren:

– Größe des Unternehmens
– Art des Unternehmens (Handel, Handwerk, Industrie, Dienstleistung usw.)
– Führungsstil[2] des Unternehmens (autoritär oder kooperativ)

2 **Führungsstil:**
Der Führungsstil in einem Unternehmen ist durch ein genau definiertes Verhaltensmuster der Führungskräfte gekennzeichnet.

Je nach gewähltem Leitungssystem werden die einzelnen Stellen und Abteilungen in einem Unternehmen auf unterschiedliche Art und Weise miteinander verknüpft.

Im Folgenden werden fünf Möglichkeiten vorgestellt, wie Unternehmen organisatorisch aufgebaut sein können.

1. Einliniensystem

Beispiel Als Kontakterin der BE Partners KG hat Tina Welkenbach manchmal auch Einblick in die Organisationsstrukturen der Kunden. Im Rahmen einer Imageanalyse für die Autohaus Wünschle KG hat sie sich u. a. auch mit dem Organigramm beschäftigt.

1 AL = Abteilungsleiter(in)
2 SB = Sachbearbeiter(in)

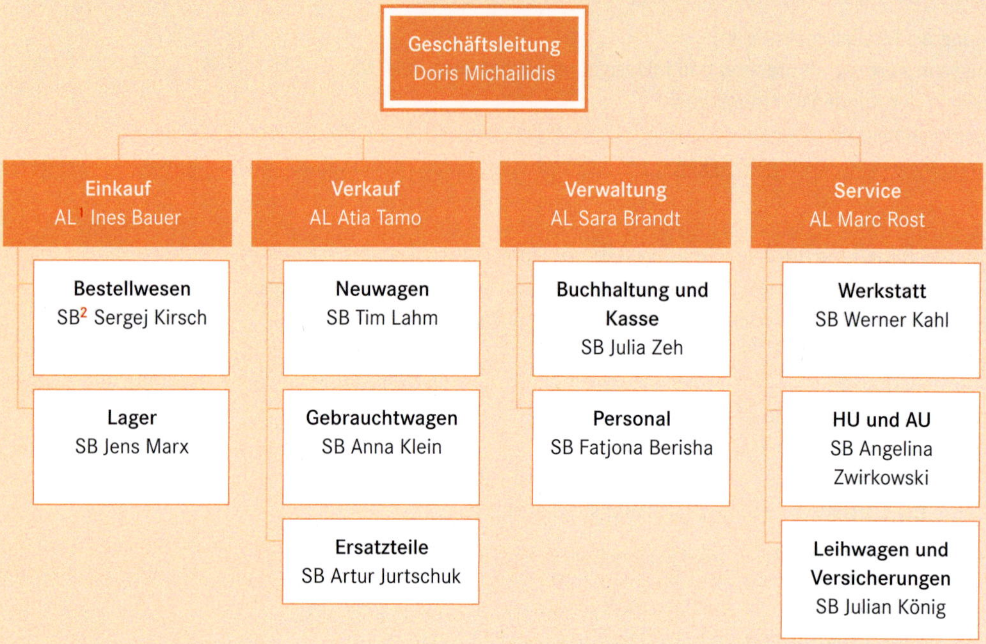

Beim **Einliniensystem** sind alle Stellen in einem einheitlichen Kommunikationsweg eingegliedert. Jeder Mitarbeiter erhält genau von einem Vorgesetzten Anweisungen (Weisungsweg) und hat in umgekehrter Richtung genau einen direkten Ansprechpartner bei Meldungen oder Vorschlägen (Meldeweg). Durch die klare Struktur entsteht ein sehr übersichtliches Organigramm.

Beispiel Auch die Geschäftsleiterin Doris Michailidis hält sich im Normalfall an den Kommunikationsweg. Heute hat sie Informationen zu Änderungen bei der Abgasuntersuchung an Marc Rost weitergeleitet. Dieser hat dann Angelina Zwirkowski informiert.

Einliniensystem[3]

Vorteile	Nachteile
- übersichtliche Organisation - eindeutige Weisungsbeziehungen - eindeutige Aufgaben- bzw. Verantwortungsbereiche - einheitliche Leitung bzw. Führung - gute Kontrollmöglichkeiten durch die Instanzen	- lange und schwerfällige Kommunikationswege (Bürokratisierung) - lange Entscheidungsprozesse - hohe Belastung der Instanzen (insbesondere der oberen Leitungsebene) - mangelnde Fähigkeiten einzelner Instanzen haben große Wirkung

3 **Anwendungsbereich des Einliniensystems:** kleine und mittlere Betriebe, öffentliche Verwaltung

2. Mehrliniensystem

Beispiel Ein anderer Kunde der BE Partners KG, die Tischlerei Holz-Reinhardt GmbH, ist teilweise nach dem Mehrliniensystem organisiert.

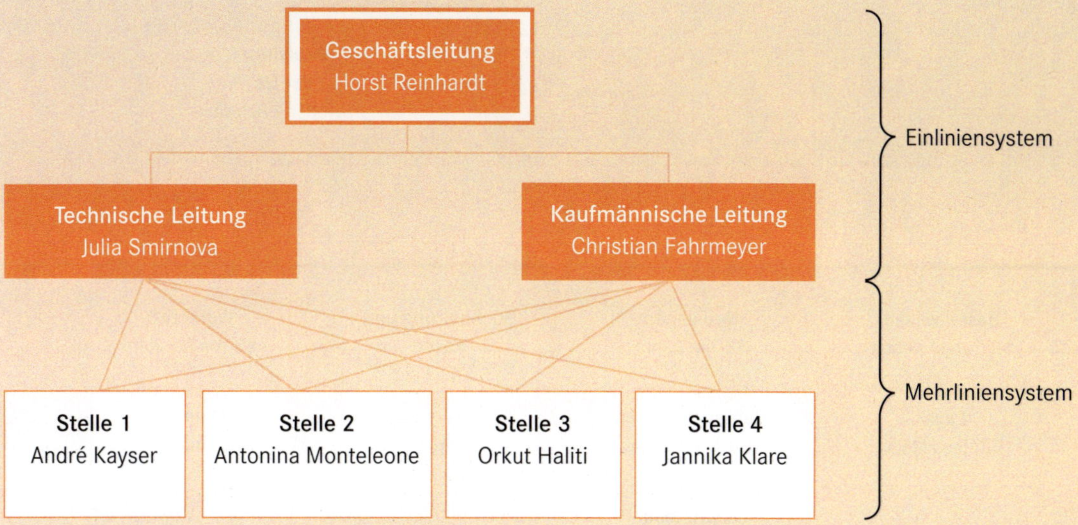

Im **Mehrliniensystem**[1] hat jede ausführende Stelle mehrere Vorgesetzte. Die Instanzen sind Spezialisten für bestimmte Funktionen und können innerhalb ihres Fachbereichs Weisungen an die untergeordneten Mitarbeiter geben. Dadurch kommt es häufig dazu, dass Mitarbeiter von mehreren Vorgesetzten Anweisungen erhalten, wenn sich für die Aufgabenerfüllung mehrere Funktionen überschneiden.

An die ausführenden Stellen wird beim Mehrliniensystem insofern ein hoher Anspruch gestellt, da diese Mitarbeiter gewissermaßen universell (für mehrere Vorgesetzte) in verschiedenen Funktionsbereichen eingesetzt werden können.

1 Das Mehrliniensystem kommt meistens als **Mischform** mit dem Einliniensystem vor.

Beispiel Julia Smirnova gibt einen Kundenauftrag an Orkut Haliti weiter. Er soll ein Bücherregal aus massiver Eiche fertigen. Christian Fahrmeyer gibt ihm die Anweisung, aus Kostengründen die Regalböden aus Sperrholz mit Eichenfurnier[2] zu fertigen.

2 Als Furnier werden dünne Echtholzschichten bezeichnet, mit denen weniger wertvolles Holz belegt wird, um ihm eine Echtholzoptik zu geben.

Mehrliniensystem[3]

Vorteile	Nachteile
- kurze Weisungswege - hohe Flexibilität - Mitarbeiternähe und unbürokratisches Agieren - Spezialisierung der Instanzen auf ihren Funktionsbereich	- Weisungskonflikte durch Mehrfachunterstellung - Absprachen zwischen den Instanzen sind erforderlich - Konfliktpotenzial durch unklare Verantwortungsbereiche - Verunsicherung der Mitarbeiter - ungleiche Belastung der Mitarbeiter

3 **Anwendungsbereich des Mehrliniensystems:** kleine Betriebe, Handwerksbetriebe

3. Stabliniensystem

Beispiel In der Autohaus Wünschle KG wurde im letzten Monat zur Entlastung der Geschäftsleitung zusätzlich die Stabsstelle „Assistenz der Geschäftsleitung" geschaffen.[1]

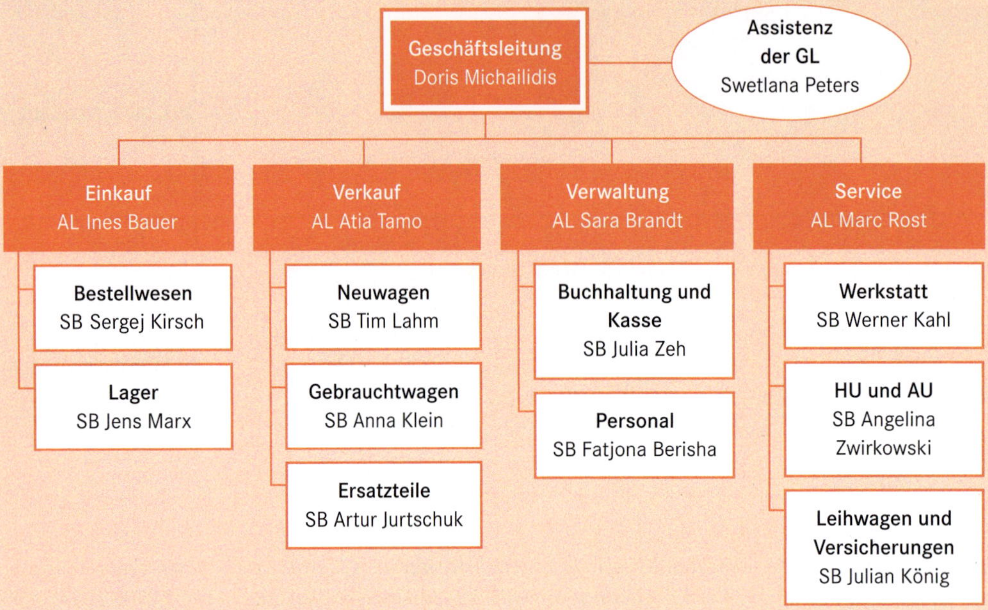

Das **Stabliniensystem** ist eine Weiterentwicklung des Einliniensystems. Zur Entlastung von bestimmten Leitungsstellen (Instanzen) werden diesen **Stabsstellen**[2] zugeordnet. Stabsstellen sind Stellen mit beratender Funktion ohne Weisungsbefugnis. Inhaber von Stabsstellen haben häufig Spezialwissen, mit dem sie die Instanzen bei Entscheidungen unterstützen können.[3]

Beispiel Seit Einrichtung der Stabsstelle Assistenz der Geschäftsleitung wird Doris Michailidis deutlich entlastet, da ihr Svetlana Peters viel Routinearbeit abnimmt. Frau Michaelidis überlegt nun, auch der Abteilungsleiterin Verkauf, Atia Tamo, eine Stabsstelle Marketing zuzuordnen. Frau Tamo beklagt seit einiger Zeit, dass ihr in diesem Fachgebiet die erforderlichen Kenntnisse fehlen.

Stabliniensystem[4]	
Vorteile	**Nachteile**
- Vorteile des Einliniensystems bleiben weitgehend erhalten - Entlastung der Instanzen - hohe Qualität der Entscheidungen	- lange Kommunikationswege und lange Entscheidungsprozesse (siehe Einliniensystem) - Konflikte zwischen Stab und Instanz, da Stäbe keine Entscheidungsbefugnis haben (Instanz kann Ideen der Stabsstelle blockieren oder Stabsstelle kann „inoffizieller" Machthaber werden) - Instanzen entfernen sich von untergeordneten Mitarbeitern, da sie ihre Beratung nicht benötigen - zusätzliche Personalkosten

1 Die drei unterschiedlichen Stellenarten werden in Organigrammen zur Veranschaulichung meistens mit drei unterschiedlichen Symbolen dargestellt.
In diesem Kapitel:
Instanzen =
Stabsstellen =
ausführende Stellen =

2 Beispiele für Stabsstellen bzw. Stabsabteilungen:
- Assistenzen
- Sekretariat
- Organisation
- Öffentlichkeitsarbeit
- Recht
- Finanzen
- EDV

3 In großen Unternehmen gibt es neben Stabsstellen auch Stabsabteilungen, in denen sich mehrere Mitarbeiter um die entsprechenden Aufgaben kümmern.

4 **Anwendungsbereich des Stabliniensystems:**
mittlere und große Betriebe

4. Spartenorganisation

Beispiel Uwe Dittmer betreut in der BE Partners KG zurzeit ein Marketingprojekt für den Kunden R & K Deutschland GmbH, einen Produzenten von Autoteilen. In diesem Zusammenhang hat er auch das Organigramm des Unternehmens vorliegen.

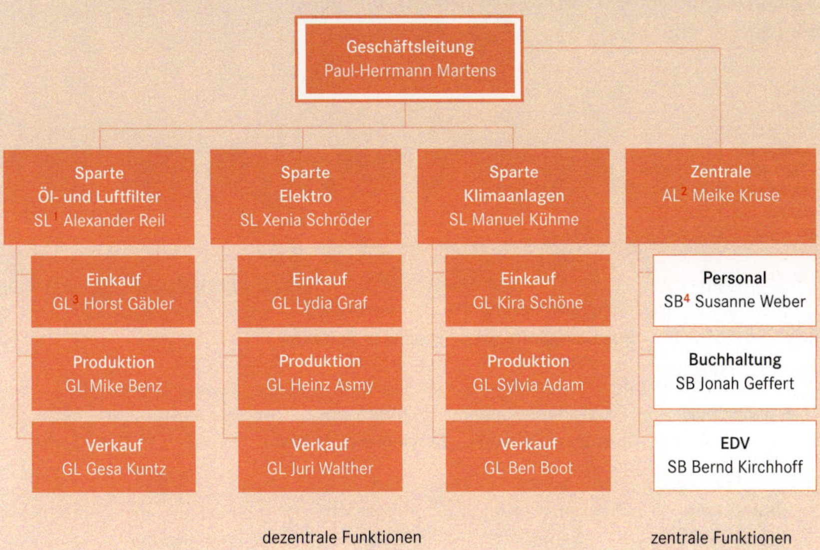

1 **SL** = Spartenleiter(in)
2 **AL** = Abteilungsleiter(in)
3 **GL** = Gruppenleiter(in)
4 **SB** = Sachbearbeiter(in)

Hinweis:
Aus Platzgründen werden die ausführenden Stellen innerhalb der drei Sparten nicht dargestellt.

Bei der **Spartenorganisation**[5] werden auf der zweiten Hierarchieebene (nach der Geschäftsleitung) sogenannte Sparten nach dem Objektprinzip (z. B. nach Produkten, Warengruppen, Kundengruppen, Absatzgebieten) gebildet. Jede Sparte (Geschäftsbereich) agiert sehr eigenständig und die Spartenleiter tragen Verantwortung für den Erfolg der Sparte. Deswegen werden Sparten häufig auch als Profit-Center[6] bezeichnet. Die Sparten werden in sich meist nach dem Einlinien- oder Stabliniensystem aufgebaut. Hierbei kommt das Funktionsprinzip zur Anwendung, da die zur Leistungserstellung erforderlichen Aufgaben (z. B. Einkauf, Produktion, Verkauf) in den Sparten erfüllt werden müssen.

Unternehmen müssen bei der Anwendung der Spartenorganisation entscheiden, welche Funktionen dezentralisiert werden, also in jeder einzelnen Sparte erforderlich sind. Übergreifende Funktionen (z. B. Personal, Buchhaltung, EDV) werden hingegen aus Effizienzgründen häufig zentralisiert.

5 Die **Spartenorganisation** wird auch als **divisionale Organisation** bezeichnet. Die **Sparten** werden dort **Divisionen** genannt.

6 **profit (engl.):** Gewinn, Ertrag

7 **Anwendungsbereich der Spartenorganisation:** große Betriebe, Betriebe mit sehr unterschiedlichen Produktgruppen

Spartenorganisation[7]

Vorteile	Nachteile
– große Unternehmen können in kleinere übersichtliche „Teilunternehmen" gegliedert werden – bessere Marktnähe (Marktorientierung) durch Spezialisierung innerhalb der Sparten – flexible Reaktion auf Marktentwicklungen – Entlastung der obersten Führungsebene – Motivation durch ein hohes Maß an Eigenständigkeit – bessere Kundenorientierung	– Unternehmensleitung verliert den Überblick über die Vorgänge in den Sparten – Aufgaben werden mehrfach verrichtet (z. B. bei dezentralisierter Forschung) – Spartenegoismus (kontraproduktive Konkurrenz zwischen den Sparten) – individuelle Ziele einzelner Sparten können dem Gesamtziel des Unternehmens widersprechen

5. Matrixorganisation

Beispiel Auch für den Softwareentwickler Dynasoft AG realisiert die BE Partners KG regelmäßig Marketingaufträge. Tina Welkenbach hat sich lange gewundert, warum sie in dem Unternehmen unterschiedliche Ansprechpartner für die verschiedenen Projekte hat. Vor wenigen Wochen erfuhr sie, dass die Matrixorganisation in dem Unternehmen der Grund dafür ist.

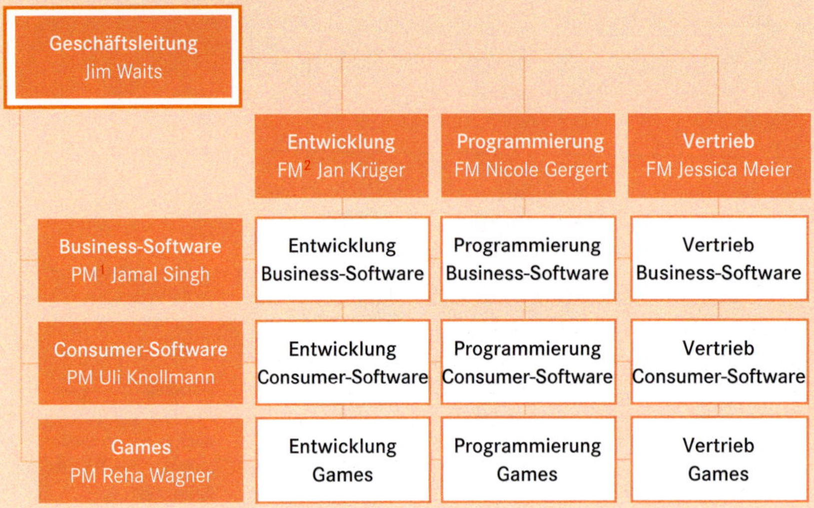

1 **PM** = Produktmanager(in)
2 **FM** = Funktionsmanager(in)

Bei der **Matrixorganisation** existieren zwei Weisungsebenen nebeneinander. Die eine Weisungsebene ist **funktionsorientiert**. Die Instanzen sind als Funktionsmanager Spezialisten für die entsprechende Tätigkeit (Funktion). Die andere Weisungsebene ist **objektorientiert** (meistens produktorientiert). Die Instanzen sind als Produktmanager Experten für eine bestimmte Produktgruppe.

In der Matrixorganisation haben die ausführenden Stellen jeweils zwei Vorgesetzte, die ihnen gleichrangig Anweisungen erteilen dürfen. Es ist eine Spezialform des Mehrliniensystems für große Unternehmen.[3]

3 Die Weisungslinien im Organigramm kreuzen sich bei den Unterabteilungen oder ausführenden Stellen.

Beispiel Da die Absatzzahlen im Bereich Consumer-Software rückläufig sind, diskutieren der Produktmanager Uli Knollmann und die Funktionsmanagerin Jessica Meier über mögliche Maßnahmen. Sie haben entschieden, die BE Partners KG mit einer Werbekampagne zu beauftragen, und legen das Budget fest. Markus Weidmeier wird beauftragt, die konkrete Ausgestaltung der Kampagne mit der BE Partners KG zu erarbeiten. Er ist Mitarbeiter der Unterabteilung „Vertrieb Consumer-Software".

4 **Anwendungsbereich der Matrixorganisation:** große Betriebe, Betriebe mit häufiger Projektarbeit

Matrixorganisation[4]

Vorteile	Nachteile
- Vermeidung von Spartenegoismus - gute Ausnutzung der Mitarbeiterpotenziale - Förderung der Teamarbeit - guter Informationsfluss - qualitativ hochwertige Problemlösungen - Entlastung der Geschäftsleitung	- hohe Anforderungen an Mitarbeiter (Teamfähigkeit, Konflikttoleranz, Organisationsfähigkeit) - großer Kommunikationsbedarf - lange Entscheidungsprozesse - schwierige Kompetenzabgrenzung - hohes Konfliktpotenzial

Alles klar?

1 Begründen Sie, warum Unternehmen

a) Aufbauorganisation und
b) Ablauforganisation

betreiben.

2 Erläutern Sie, wie ein Betrieb das organisatorische Gleichgewicht erreichen kann.

3 In verschiedenen Unternehmen ist es in der Vergangenheit zu den folgenden Situationen gekommen. Geben Sie jeweils an, ob Über- oder Unterorganisation vorliegt, und machen Sie konkrete Lösungsvorschläge.

a) In der Rheintaler Brunnen GmbH & Co. KG werden immer häufiger Regelungen und Arbeitsanweisungen nicht beachtet, da sie sich als zu unflexibel erwiesen haben.
b) Bei der Goldregen Einkaufszentrum GmbH sind vier Mitarbeiter für die Ladengestaltung verantwortlich. Dem Geschäftsführer fällt häufig auf, dass sich die Gestaltung der verschiedenen Ladenbereiche stark unterscheidet.
c) Bei der Autohaus Wünschle KG wird häufig der Geschäftsführer gefragt, da den Mitarbeitern nicht klar ist, wer für bestimmte Aufgaben zuständig ist.
d) Die Fly Bike Werke GmbH hat einen Großauftrag verloren, da sich der zuständige Sachbearbeiter bei den Preisverhandlungen strikt an die grundsätzliche Rabattstaffel des Unternehmens gehalten hat.

4 Tüley Öztürk hält am ersten Tag ihrer Ausbildung das Organigramm der BE Partners KG in den Händen. Erläutern Sie, welche Informationen ihr das Organigramm liefert.

5 Grenzen Sie Aufgabenanalyse und Aufgabensynthese voneinander ab.

6 Beschreiben Sie den Unterschied zwischen den drei Stellenarten.

7 Erläutern Sie das Funktions- und Objektprinzip im Rahmen der Abteilungsbildung.

8 Entscheiden Sie, welches Prinzip der Abteilungsbildung (Funktions- oder Objektprinzip) angewendet wurde.

a) In der Abteilung Verkauf werden die Stellen „Kunden Inland" und „Kunden Ausland" gebildet.
b) Ein Industriebetrieb wird in einen „Technischen Bereich" und einen „Kaufmännischen Bereich" unterteilt.
c) Die Fertigungsabteilung eines Möbelproduzenten wird in die Gruppen „Fertigung Büromöbel", „Fertigung Wohnmöbel" und „Fertigung Schlafzimmermöbel" unterteilt.
d) In einer Rechnungswesenabteilung werden die Stellen „Rechnungsprüfung", „Buchhaltung" und „Controlling" gebildet.

9 Begründen Sie, warum Unternehmen Stellenbeschreibungen erstellen sollten.

10 Nennen Sie sechs Inhalte einer Stellenbeschreibung.

11 Erläutern Sie an Beispielen, welche Faktoren die Wahl des Organisationssystems beeinflussen.

12 Beschreiben Sie den Unterschied zwischen

a) dem Einlinien- und dem Mehrliniensystem sowie
b) dem Einlinien- und dem Stabliniensystem.

13 Warum sollten bei der Einlinienorganisation auch lange Weisungswege im Normalfall eingehalten werden? Welcher Nachteil ergibt sich daraus?

14 Erläutern Sie Vor- und Nachteile von Stabsstellen.

15 Begründen Sie, warum durch die Spartenorganisation Markt- und Kundennähe erreicht werden und besonders flexibel auf Marktveränderungen reagiert werden kann.

16 Fassen Sie in einer Tabelle den jeweils wichtigsten Vor- und Nachteil der fünf Organisationssysteme zusammen.

17 Wovon ist es abhängig, ob bei der Spartenorganisation bestimmte Funktionen dezentralisiert oder zentralisiert werden?

18 Erläutern Sie die Weisungssituation der ausführenden Stellen in der Matrixorganisation.

19 Betrachten Sie zur Bearbeitung der folgenden Teilaufgaben und Fragen das Organigramm der BE Partners KG auf Seite 149.

a) Nennen Sie jeweils zwei Instanzen, Stabsstellen und ausführende Stellen (jeweils Stellenbezeichnung und Stelleninhaber) und geben Sie an, mit welchen Symbolen diese Stellenarten dargestellt werden.
b) Wem darf Peter Müller Weisungen erteilen?
c) Wem darf Marius Schurns Weisungen erteilen?
d) Rolf Bastian möchte, dass Jens Wagner einen Spezialauftrag für ihn erledigt. Beschreiben Sie den Weisungsweg.
e) Was wäre die Folge, wenn dieser Weisungsweg nicht eingehalten werden würde?
f) Wie viele Hierarchieebenen existieren in der BE Partners KG?
g) Warum werden die Auszubildenden der BE Partners KG im Organigramm nicht erfasst?
h) Nennen Sie drei Informationen, die Sie dem Organigramm nicht entnehmen können, aber in den Stellenbeschreibungen der Mitarbeiter finden würden.

2.3 Ablauforganisation und Darstellung von Prozessen

LS 106 Geschäftsprozesse darstellen

Beispiel Die Goldregen Einkaufszentrum GmbH in Sankt Augustin ist Stammkunde der BE Partners KG. Für das kommende Weihnachtsgeschäft bestellt der Kunde 500 Adventskalender und 200 Plätzchen-Ausstechsets mit Aufdruck als Werbegeschenke für Kunden, die im Vorjahr einen Umsatz von über 20.000,00 € hatten.

Zunächst geht die Bestellung der Goldregen Einkaufszentrum GmbH schriftlich bei Kerstin Voigt, Sachbearbeiterin Post/Versand, ein. Sie leitet das Schreiben an Jens Wagner, zuständiger Kontakter in der Kundenbetreuung, weiter. Dieser überprüft sämtliche Kundendaten und die grundsätzliche Machbarkeit des Auftrages. Er erfasst den Auftrag und stellt eine Anfrage an Hans Scherrer, Hilfskraft im Materiallager, ob die bestellten Waren vorhanden sind, und eine weitere Anfrage an Cornelia Gruber, Druckerin, ob die Kapazitäten vorhanden sind, die bestellten Artikel mit dem Firmenlogo des Einkaufszentrums zu bedrucken.

Frau Gruber gibt ihr Okay für den Druckauftrag, Herr Scherrer jedoch meldet, dass nicht genügend Waren auf Lager sind. Jens Wagner klärt mit Anna Foss die Lieferdauer der fehlenden Materialien und erstellt auf Basis der vorliegenden Informationen eine Auftragsbestätigung.

Während die Aufbauorganisation mit der Bildung von Stellen und Abteilungen gewissermaßen einen „organisatorischen Rahmen" für das Unternehmen schafft, werden durch die **Ablauforganisation die häufig wiederkehrenden betrieblichen Arbeitsabläufe geregelt und optimiert**. Je nach Betriebsart und Branche sind dabei ganz unterschiedliche Arbeitsabläufe zu organisieren. Die grundsätzlichen Aufgaben der Ablauforganisation sind aber für alle Betriebe identisch.

Aufgaben der Ablauforganisation

Orientierung	Optimierung
(Neue) Mitarbeiter können sich einen guten Überblick über komplexe Arbeitsabläufe verschaffen. Es wird verdeutlicht, - **welche Tätigkeiten,** - **in welcher Reihenfolge,** - **von welchen Mitarbeitern** für die erfolgreiche Durchführung eines Arbeitsablaufs erledigt werden müssen.	Arbeitsabläufe sollten effizient organisiert werden, damit folgende Ziele möglichst gut realisiert werden: - minimale **Durchlaufzeit** des Arbeitsablaufs (Zeit- und Kostenersparnis, Termineinhaltung) - optimale **Auslastung** der Mitarbeiter und Arbeitsmittel (Input) - hohe **Qualität** des Arbeitsergebnisses (Output) - humane **Arbeitsbedingungen**, z. B. Vermeidung von Monotonie

Um einen besseren Überblick zu bekommen, werden Arbeitsabläufe üblicherweise grafisch dargestellt. Hierzu können verschiedene Verfahren genutzt werden, wie z. B.:

- Wertschöpfungskette
- Flussdiagramm
- ereignisgesteuerte Prozesskette (EPK)
- erweiterte ereignisgesteuerte Prozesskette (eEPK)
- Arbeitsablaufdiagramm
- Arbeits- und Verfahrensanweisung

Die Ablauforganisation stellt die Gestaltung der Arbeitsprozesse, des Workflows, in den Vordergrund. So sind beispielsweise alle zur Leistungserstellung notwendigen Ressourcen unter der Berücksichtigung von zeitlichen und räumlichen Aspekten optimal einzuplanen, damit bei der Produktion möglichst wenig Leerlauf entsteht. Ziele der Ablauforganisation sind z. B.:

- Reduzierung der Leerzeiten
- Kosteneinsparung
- optimale Kapazitätsauslastung

2.3.1 Wertschöpfungskette

Eine Wertschöpfungskette stellt einen Geschäftsprozess als Aneinanderreihung von aufeinanderfolgenden Tätigkeiten dar. Am Beispiel der Eingangssituation der BE Partners KG würde sich folgende Wertschöpfungskette als Wertschöpfungsdiagramm darstellen lassen.

Jede einzelne Tätigkeit lässt sich ebenfalls noch in Teilprozesse aufgliedern. So könnte der Prozess der Kundenprüfung zum Beispiel in folgende Arbeitsschritte untergliedert werden:

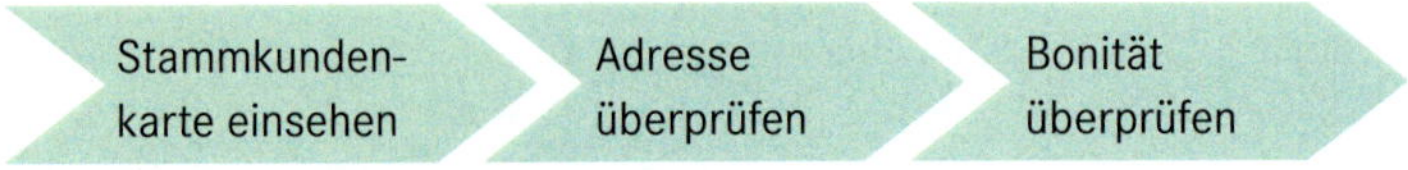

2.3.2 Flussdiagramm

Ein Flussdiagramm bietet die Möglichkeit, die Ablaufschritte eines Arbeits- und Geschäftsprozesses in einem zeitlichen Ablauf darzustellen. Dazu wird der Prozess in einzelne Tätigkeiten zerlegt und werden die Bearbeitungsschritte und Entscheidungsabfragen (die mit „ja" oder „nein" beantwortet werden können) entsprechend so kombiniert, dass der Ablauf strukturiert dargestellt werden kann.

Zur Darstellung eines Flussdiagramms werden folgende Symbole verwendet:[1]

[1] Symbole nach der DIN 66001

Symbol	Bezeichnung	Bedeutung
	Input bzw. Output	Bei der Beschreibung eines Inputs sollte benannt werden, wodurch der Prozess ausgelöst wird, z. B. „Kundenbestellung ist eingegangen". Entsprechend sollte auch der Output bezeichnet werden, z. B. „Lieferung ist ausgeführt".
	Prozessschritt	Ein Prozessschritt sollte eine konkrete Bezeichnung erhalten, sodass deutlich ausgedrückt wird, was in dem Schritt gemacht wird, z. B. „Lagerbestände prüfen".
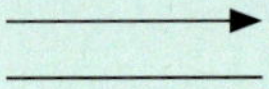	Pfeil/Ablauflinie	Durch Pfeile/Ablauflinien werden die Flussrichtung bzw. die Reihenfolge der Bearbeitungsschritte und Beziehungen zwischen Bearbeitungsschritten und Dokumenten und/oder Daten verdeutlicht.
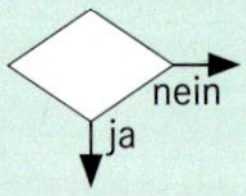	Verzweigung	Abhängig davon, ob eine Bedingung erfüllt ist oder nicht, wird mithilfe der Verzweigung die jeweils weitere Bearbeitung des Prozesses durch die Verzweigung verdeutlicht, z. B. „Lagerbestände ausreichend?".

Symbol	Bezeichnung	Bedeutung
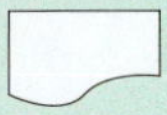	Dokument	Darstellung eines verwendeten Dokuments, z. B. eine „Kundenbestellung“, die eingegangen ist, oder ein „Materialentnahmeschein“, der verwendet wird.
	Daten	Durch das Parallelogramm werden Daten, die z. B. aus der Unternehmenssoftware oder -datenbank benötigt werden, verdeutlicht, z. B. Konditionen oder Kundendaten.
	Verbindungsstelle	Durch die Benennung mit Großbuchstaben kann das Flussdiagramm mithilfe von Verbindungsstellen auf der nächsten Seite fortgesetzt werden, wenn eine Seite für das Flussdiagramm nicht ausreicht.
	(anderer) Prozess	Hiermit kann ein anderer Prozess im Flussdiagramm dargestellt werden, der zur Einhaltung der Übersichtlichkeit durch ein eigenes Flussdiagramm beschrieben wird.

Durch die Verknüpfung der zuvor dargestellten Symbole ergeben sich die folgenden Darstellungsmöglichkeiten:

- Kette
- Und-Verzweigung oder Und-Verknüpfung
- Oder-Verzweigung oder Oder-Verknüpfung
- Oder-Rückkopplung

Diese Darstellungsmöglichkeiten werden in der folgenden Übersicht schematisch dargestellt.

Kette	Und-Verzweigung	Und-Verknüpfung
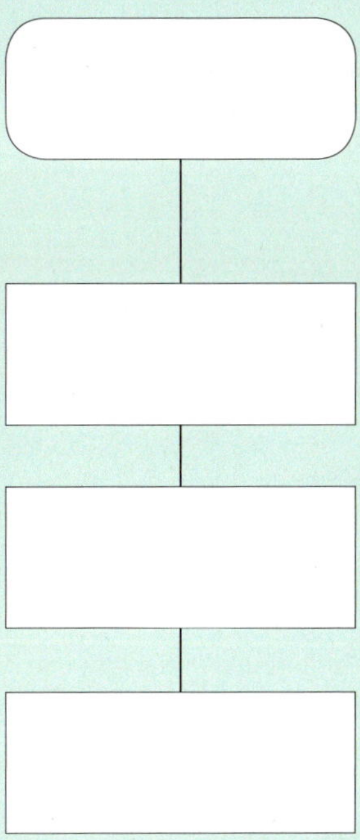	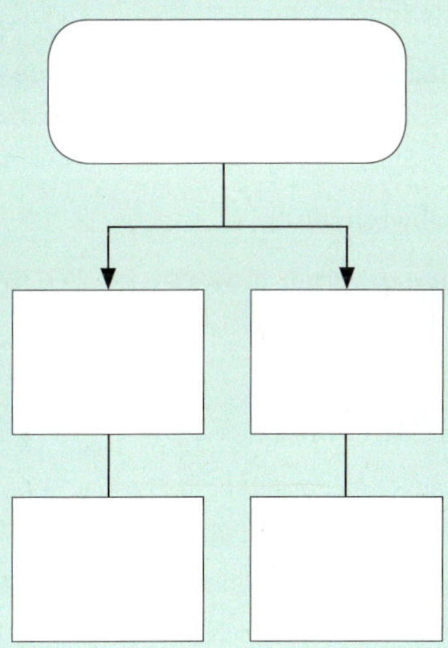	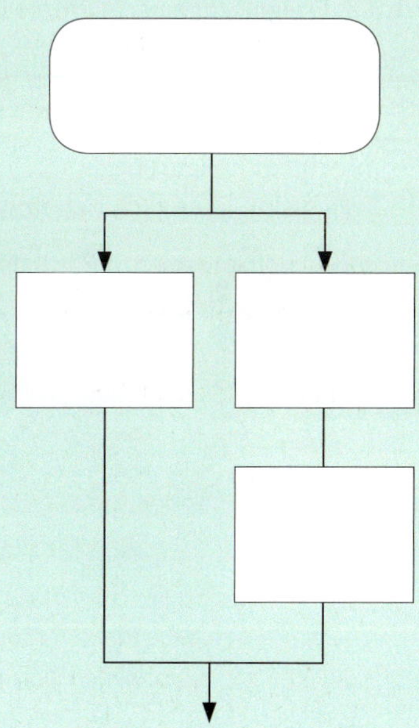

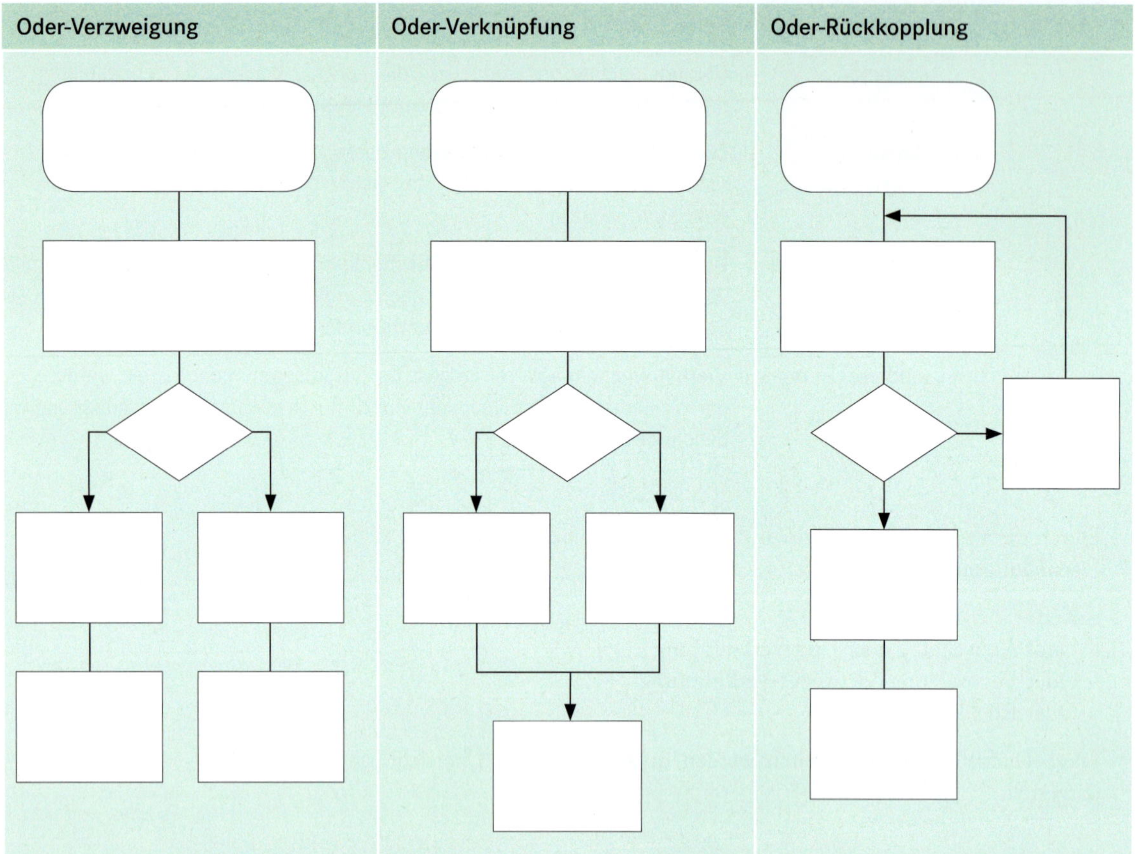

2.3.3 Ereignisgesteuerte Prozesskette (EPK)

Eine weitere Darstellungsmöglichkeit für Geschäftsprozesse sind ereignisgesteuerte Prozessketten. Hierbei ist zu beachten, dass jede ereignisgesteuerte Prozesskette

- mit einem Ereignis beginnt,
- Ereignis und Tätigkeit sich immer abwechseln.

Für Geschäftsprozesse, die in ereignisgesteuerten Prozessketten beschrieben werden sollen, werden folgende Symbole zur Darstellung genutzt.

Element	Beschreibung
Ereignis	Ein Ereignis ist ein Auslöser oder ein Ergebnis eines Prozesses.
Tätigkeit	Eine Tätigkeit, auch Funktion genannt, muss während eines Prozesses ausgeführt werden.
⟶	Richtung bzw. Kontrollfluss, in der bzw. dem der Prozess verläuft und Ereignisse und Tätigkeiten sich in logischer und zeitlicher Reihenfolge abwechseln.
⊗ (V) (Λ) XOR V Λ	Operatoren, die bei Verzweigungen z. B. durch verschiedene Entscheidungsmöglichkeiten verwendet werden. XOR = Es kann entweder das eine oder das andere Ereignis eintreten. V = Es können das eine oder das andere Ereignis eintreten oder auch beide gleichzeitig. Λ = Es müssen beide Ereignisse gleichzeitig eintreten.

Beispiel Vereinfachte Darstellung des Prozesses aus der Eingangssituation mithilfe der ereignisgesteuerten Prozesskette (EPK).

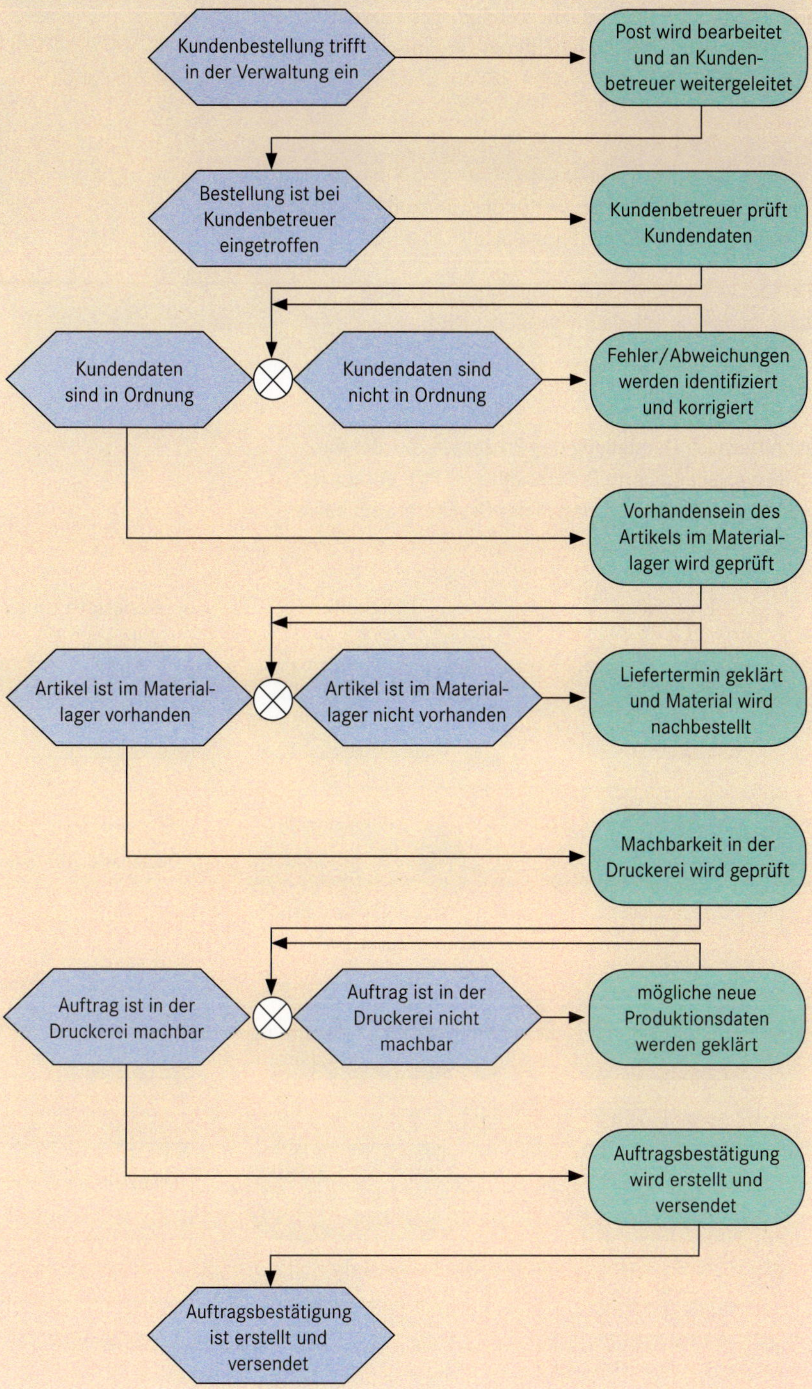

Die ereignisgesteuerte Prozesskette ist eine Weiterentwicklung des **Flussdiagramms**. Das Flussdiagramm ist dementsprechend der EPK sehr ähnlich, jedoch nicht so stark systematisiert. Zum Beispiel unterscheidet das Flussdiagramm keine Ereignisse und Funktionen.

2.3.4 Erweiterte ereignisgesteuerte Prozesskette (eEPK)

Bei erweiterten ereignisgesteuerten Prozessketten werden zusätzliche Symbole benötigt, welche die Ereignisse und Tätigkeiten der einfachen ereignisgesteuerten Prozessketten durch die benötigten Arbeitsmittel und die beteiligten Organisationseinheiten ergänzen.

Element	Beschreibung
Objekt	Ein Objekt ist eine Ressource, die für die Tätigkeit benötigt wird, z. B. eine Datei oder ein Formular.
Organisations-einheit	Eine Person, welche die Tätigkeit ausführt, oder eine Abteilung, in der die Tätigkeit ausgeführt wird.

Beispiel Nachfolgend eine ausschnittsweise Darstellung des Prozesses aus der Eingangssituation als erweiterte ereignisgesteuerte Prozesskette (eEPK). Voraussetzung: Das Material ist vorhanden und die Kapazitäten in der Druckerei sind ausreichend.

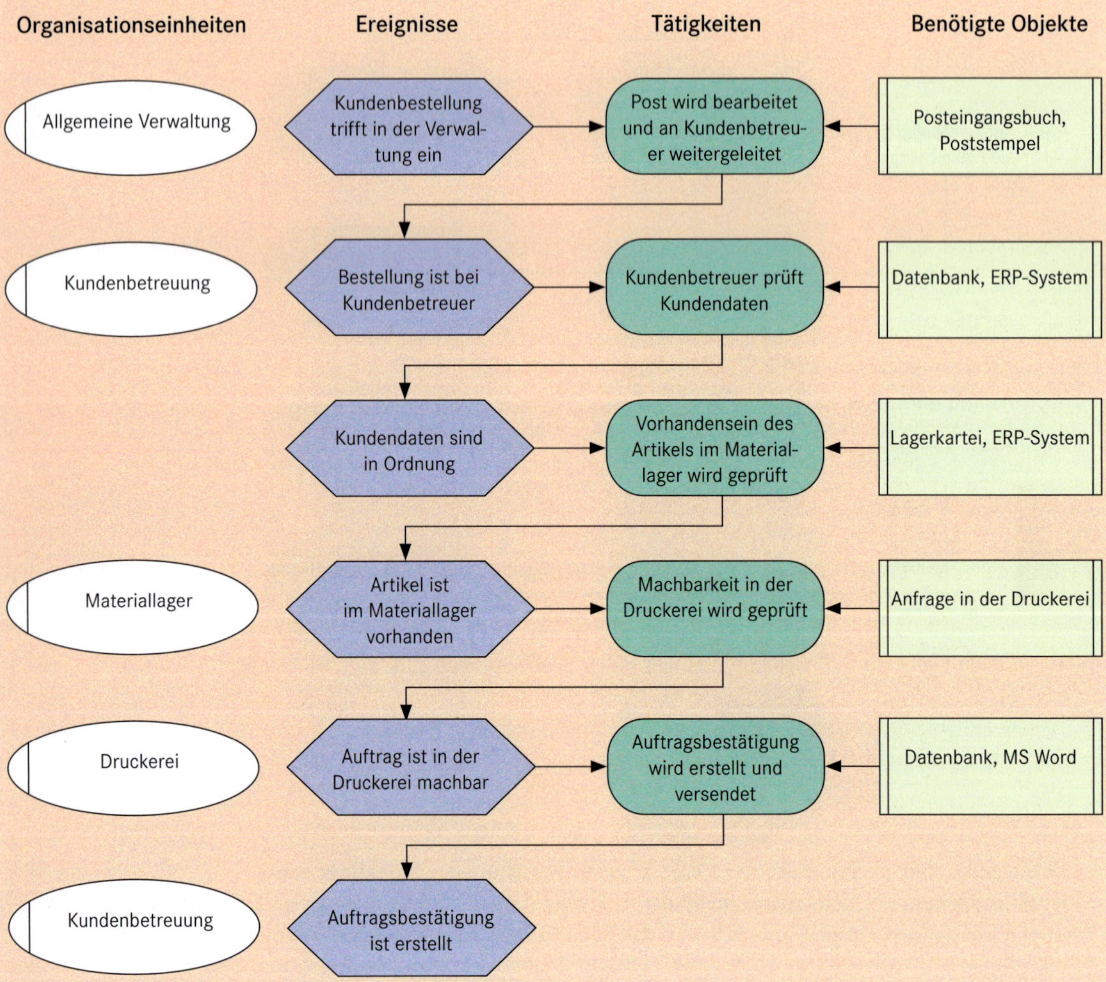

2.3.5 Arbeitsablaufdiagramm

In einem Arbeitsablaufdiagramm werden die einzelnen Arbeitsschritte (**Stufen des Arbeitsablaufs**) in chronologischer Reihenfolge angeordnet. Es wird klar, welcher Arbeitsschritt auf welchen folgt.

Durch die Hervorhebung des entsprechenden **Symbols** in der nächsten Spalte wird verdeutlicht, welcher Tätigkeitstyp jeweils durchgeführt wird.

Symbol	Tätigkeitstyp
●	Bearbeitung/ Tätigkeit
➡	Transport/ Weiterleitung
■	Prüfung
◗	Verzögerung/ Warten
▼	Lagerung/ Ablage

Arbeitsablaufkarte

Arbeitsablauf: Bearbeitung einer Anfrage				
Abteilung: Vertrieb				
Lfd. Nr.	**Stufen des Arbeitsablaufs**	**Symbole**	**Zeit (Min.)**	**Weg (m)**
1	Vertriebsmitarbeiter erhält Anfrage	○ ➡ □ D ▽		20
2	Mitarbeiter sammelt Daten aus der Datenbank	● ⇨ □ D ▽	20	
3	Mitarbeiter stellt Anfrage über Bonität im Rechnungswesen	● ⇨ □ D ▽	2	
4	Mitarbeiter wartet auf Informationen über Bonität	○ ⇨ □ ◗ ▽	5	
5	Mitarbeiter stellt Anfrage über Lieferzeiten von fehlenden Lagerbeständen im Einkauf	● ⇨ □ D ▽	2	
6	Mitarbeiter wartet auf Informationen vom Einkauf	○ ⇨ □ ◗ ▽	20	
7	Mitarbeiter erhält Informationen über Bonität und Lieferzeiten	○ ➡ □ D ▽	2+2	
8	Mitarbeiter formuliert Angebot	● ⇨ □ D ▽	20	
9	Mitarbeiter druckt Angebot	○ ⇨ □ ◗ ▽	3	
10	Mitarbeiter leitet das Angebot an Abteilungsleiter zur Prüfung weiter	○ ➡ □ D ▽	1	30
11	Mitarbeiter wartet auf Prüfung durch den Abteilungsleiter	○ ⇨ □ ◗ ▽	30	
12	Unterschriebenes Angebot kehrt zum Mitarbeiter zurück	○ ➡ □ D ▽		30
13	Mitarbeiter kopiert das Angebot	● ⇨ □ D ▽	30	
14	Mitarbeiter versendet Original an den Kunden	● ⇨ □ D ▽	2	
15	Mitarbeiter legt Kopie in seinen Unterlagen ab	○ ⇨ □ D ▼	2	

nach: Lydia und Karl-Heinz Korbmacher; http://www.luk-korbmacher.de/Schule/Orga/arbkart.htm

Einerseits dient das Diagramm zur **Orientierung**, da es anschaulich einen Arbeitsablauf (hier: Bearbeitung einer Anfrage) in seinem Ist-Zustand darstellt. Andererseits kann das Diagramm als Ausgangspunkt für einen **Optimierungsprozess**[1] genutzt werden.

1 **Optimierungsprozess:** dient der kontinuierlichen Verbesserung von Effizienz und Effektivität von bestehenden Prozessen

2.3.6 Verfahrens- und Arbeitsanweisung

Die Verfahrens- und die Arbeitsanweisung sind keine Darstellungsweisen, die zwingend Symbole und/oder Pfeile usw. verwenden. Sie sind in erster Linie verbal formulierte Dokumente.

Die **Verfahrensanweisung** beschreibt übergreifende Verfahren und Abläufe. Weiterhin werden entsprechende Zuständigkeiten für alle wesentlichen Stellen des Prozesses festgelegt. Dabei sind alle Verfahrensanweisungen eines Unternehmens nach demselben Schema dargestellt. Sie umfassen z. B. Zweck, Geltungsbereich, Begriffe, Zuständigkeiten und Beschreibung/Ablauf, Vertraulichkeit, Änderungsdienst und Verteilungsdienst, mitgeltende Unterlagen sowie Anlagen.

Die Beschreibung des Ablaufs kann durch eine verbale Beschreibung der Abläufe in jeder betroffenen Abteilung des gesamten Prozesses vorgenommen werden. Ist der zu beschreibende Prozess komplex, so bieten sich die zuvor beschriebenen Darstellungsmöglichkeiten an, um diese in die Verfahrensanweisung zu integrieren.

Die **Arbeitsanweisung** bezieht sich hingegen nicht auf einen gesamten übergreifenden Prozess, sondern nur auf die genaue Beschreibung eines bestimmten Arbeitsschrittes oder die Tätigkeit an einem bestimmten Arbeitsplatz. So könnte die Beschreibung, z. B. wie Kundendaten bei der Bearbeitung einer Kundenanfrage, geprüft und in Form einer Arbeitsanweisung formuliert werden.

Alles klar?

1 Erklären Sie den Unterschied zwischen Aufbau und Ablauforganisation.

2 Welche Aufgaben hat die Ablauforganisation?

3 Arbeitsabläufe werden üblicherweise grafisch dargestellt. Dazu können die folgenden Formen genutzt werden:

- Wertschöpfungsketten
- Flussdiagramme
- ereignisgesteuerte Prozessketten (EPK)
- erweiterte ereignisgesteuerte Prozessketten (eEPK)
- Arbeitsablaufdiagramme
- Arbeits- und Verfahrensanweisungen

Worin unterscheiden sich die genannten Darstellungsformen?

4 Um Geschäftsprozesse mittels einer ereignisgesteuerten Prozesskette zu beschreiben, werden verschiedene Symbole zur Darstellung genutzt. Erklären Sie sie.

5 Auch im privaten Bereich laufen viele Prozesse ab. Beschreiben Sie einen privaten Prozess, der

- mit dem auslösenden Ereignis „Wecker klingelt“ beginnt und
- mit dem Ziel „Eintreffen am Arbeitsplatz“ endet.

3 Schnittstellen

LS 107 Schnittstellen identifizieren und optimieren

Beispiel Herr Schurns, Gruppenleiter des Bereichs Kundenbetreuung bei der BE Partners KG, führt ein wichtiges Kundengespräch mit Herrn Rückert von der BESKA GmbH. Die BESKA GmbH ist ein langjähriger Stammkunde, für den die BE Partners KG beispielsweise schon Werbekampagnen konzipiert und umgesetzt hat.
Herr Rückert nutzt das Gespräch u. a. dazu, seinem Unmut etwas Luft zu machen. Bereits mehrfach musste die BESKA GmbH tagelang auf schriftliche Angebote warten. Herr Rückert weist Herrn Schurns darauf hin, dass andere Agenturen wesentlich schneller bei der Erstellung von Angeboten sind. Dies ist auch ein Grund, warum in letzter Zeit einige Aufträge an die Konkurrenten der BE Partners KG gegangen sind.

Herr Schurns kommt nach dem Kundengespräch sehr verärgert zurück ins Büro und überlegt, woran es liegen könnte, dass die Erstellung eines Angebots so lange dauert. Er macht sich sofort an die Arbeit und nimmt sich die erweiterte Prozesskette zur Angebotserstellung zur Hand. Er will prüfen, ob es Schnittstellen im Prozess gibt, die optimiert werden müssen.

3.1 Was ist unter einer Schnittstelle zu verstehen?

Eine **Schnittstelle** entsteht dort, wo es zu einer Arbeitsteilung kommt, da beispielsweise ein einzelner Mitarbeiter nicht in der Lage ist, die komplexe Aufgabenstellung alleine zu bewältigen. So entstehen z. B. im Rahmen eines Geschäftsprozesses Schnittstellen, wenn zwischen zwei Stellen (intern oder extern) ein Koordinationsbedarf erforderlich ist, der sich u. a. durch

- Kommunikation,
- Abstimmung und/oder
- Bereitstellung von Informationen ausdrückt.

Der Koordinationsbedarf kann sich auf verschiedene Mitarbeiter oder verschiedene Abteilungen beziehen und ist für die weitere Bearbeitung des Geschäftsprozesses grundlegend.

Betrachtet man z. B. die auf Seite 164 dargestellte eEPK aus Sicht der Kundenbetreuung, so ist ersichtlich, dass ein Koordinationsbedarf (in Form von Kommunikation, Abstimmung oder Bereitstellung von Informationen) mit den folgenden Abteilungen besteht:

- Kundenbetreuung ⟷ Allgemeine Verwaltung
- Kundenbetreuung ⟷ Materiallager
- Kundenbetreuung ⟷ Druckerei

Bei einer näheren Betrachtung fällt zudem auf, dass z. B. bei der Abstimmung zwischen der Kundenbetreuung und der Druckerei auch noch weitere Schnittstellen zum Tragen kommen. So muss die Druckerei im Rahmen der Überprüfung der Durchführbarkeit des Auftrags u. a. auch klären, ob alle Druckfarben auf Lager sind. Hier ist somit ein weiterer Koordinationsbedarf zwischen der Druckerei und dem Materiallager erforderlich.

Funktioniert die Zusammenarbeit zwischen den Mitarbeitern oder zwischen den Abteilungen nicht reibungslos, so besteht die Gefahr von Informations- und Zeitverlusten bei der Bearbeitung der Geschäftsprozesse.

Dies kann u. a. zur Konsequenz haben, dass

- die Geschäftsprozesse eine längere Bearbeitungszeit in Anspruch nehmen (z. B. durch längere Transport- und Liegezeiten),
- die Flexibilität, auf spontane Kundenwünsche einzugehen, gering ist,
- sich die Qualität bei der Durchführung der Geschäftsprozesse verringert und
- längere Einarbeitungszeiten für Mitarbeiter notwendig sind.

Für ein Unternehmen kann das wiederrum zur Folge haben, dass beispielsweise

- durch die verringerte Qualität bei der Durchführung der Geschäftsprozesse auch die erstellten Leistungen Qualitätsmängel aufweisen können,
- im Beschaffungsprozess schlechtere Einkaufspreise erzielt werden, da nicht alle erforderlichen Informationen für die Preisverhandlungen vorliegen, oder
- durch längere Einarbeitungszeiten erhöhte (Personal-)Kosten anfallen.

Merke! Schnittstellenprobleme können weitreichende Folgen haben und letztlich auch zu einer Verringerung des Unternehmensgewinns führen.

Um entsprechenden Situationen entgegenwirken zu können, sollte ein Unternehmen über ein **Schnittstellenmanagement** verfügen. Mit zu seinen wichtigsten Aufgaben gehört es, die Schnittstellen zu reduzieren und anfallende Probleme zu lösen. Nur so kann die Gefahr einer Verringerung des Unternehmensgewinns reduziert werden.

Allerdings ermöglicht nicht nur eine eEPK das Auffinden von Schnittstellen und damit von möglichen Schwachstellen. Auch alle weiteren Darstellungsmöglichkeiten von Geschäftsprozessen wie das Ablaufdiagramm, das Flussdiagramm oder die Wertschöpfungskette ermöglichen die Identifikation von unterschiedlichen Schwachstellen.

Beispiel Bei der Arbeitsauflaufkarte kann aufgrund des Detaillierungsgrads bei jedem Arbeitsschritt überlegt werden, ob die Anzahl der Arbeitsschritte oder deren einzelne Zeiten reduziert werden könnten. Zudem könnte unter dem Aspekt der Prozessdauer die Notwendigkeit der ineffizienten Tätigkeiten (Transport und Verzögerung) hinterfragt werden.

3.2 Schnittstellen und ihre Schwachstellen

Durch die Existenz einer Schnittstelle ist immer die Gefahr vorhanden, dass die zuvor genannten Risiken auch wirklich auftreten. Dies ist aber nicht zwangsläufig so. Mögliche Schwachstellen an den Schnittstellen können sein:

- Arbeitsteilung
- Organisationsbrüche
- Medienbrüche
- Systembrüche
- Informationstransport
- Liegezeiten
- Notwendigkeit der Prüfung durch Vorgesetzte
- Doppelarbeiten
- externe Auslagerungen

Im Folgenden werden die genannten Schwachstellen näher erläutert und anhand von Beispielen dargestellt.

Wird innerhalb eines Prozesses eine **Arbeitsteilung** vorgenommen, so kann dies dazu führen, dass sich der Arbeitsprozess verlangsamt. Außerdem kann dies zu vermehrten Fehlern führen. Auch Einarbeitungs- und mögliche Transportzeiten können zu Ineffizienzen im Prozess führen.

Beispiel Im zuvor dargestellten Prozess der Bearbeitung einer Kundenbestellung könnte dies dann gegeben sein, wenn ein Mitarbeiter der Kundenbetreuung die Kundenanfrage erfasst, ein zweiter Mitarbeiter die Kundendaten prüft, ein dritter Mitarbeiter alle Fragen mit dem Materiallager und der Druckerei klärt und ein vierter Mitarbeiter das Angebot erstellt.

Genau wie bei der Arbeitsteilung können **Organisationsbrüche** zu erhöhten Transportzeiten führen und auch eine erhöhte Fehlerquelle darstellen.

Beispiel Beim Prozess der Bearbeitung einer Kundenbestellung läge ein Organisationsbruch vor, wenn die Prüfung der Kundendaten (inklusive der Bonitätsprüfung) nicht durch die Kundenbetreuung durchgeführt werden würde, sondern durch eine andere Abteilung.

Ein **Medienbruch** liegt dann vor, wenn innerhalb des Prozesses verschiedene Medien genutzt werden und z. B. Informationen entsprechend transformiert werden müssen.

Beispiel Eine Kundenanfrage trifft per Post im Unternehmen ein. Anschließend werden alle relevanten Informationen in die Unternehmenssoftware übertragen, um darin das entsprechende Angebot zu erstellen. Abschließend wird das Angebot ausgedruckt und wiederum per Post an den Kunden versandt.

Wird innerhalb des Unternehmens mit verschiedenen Systemen gearbeitet, so spricht man von **Systembrüchen**.

Beispiel Die BE Partners KG setzt in der Verwaltung die Unternehmenssoftware SAP ein, in der Druckerei jedoch ein druckereispezifisches System, in dem alle Kundenaufträge noch mal eingepflegt werden müssen.

Arbeiten verschiedene Mitarbeiter an einem Prozess, so muss während dieser Bearbeitung ein **Informationstransport** vorgenommen werden. Dieser kann z. B. in Form von E-Mails oder Schriftstücken erfolgen.

Beispiel Um zu prüfen, ob die von einem Kunden bestellten Werbeartikel am Lager sind, fragt die Kundenbetreuerin Frau Welkenbach im Materiallager bei Herrn Scherrer nach. Sie schickt ihm eine Mail mit allen wichtigen Informationen (Artikel – evtl. mit Artikelnummer –, Menge, Farbe usw.). Herr Scherrer antwortet ihr ebenfalls per Mail.

An den verschiedenen Schnittstellen im Prozess kann es zu erhöhten **Liegezeiten** kommen. Erhält ein Mitarbeiter einen neuen Vorgang zur Bearbeitung, bleibt dieser meist so lange „liegen“, bis der Mitarbeiter Zeit hat, diesen zu bearbeiten. Somit verlängert sich die Bearbeitungszeit des Vorgangs jeweils um die Liegezeit, die bei den jeweiligen Mitarbeitern entsteht. Dies tritt auch dann ein, wenn es beispielsweise notwendig ist, alle ausgehenden Angebote durch den Abteilungsleiter der Kundenbetreuung prüfen zu lassen (**Notwendigkeit der Prüfung durch Vorgesetzte**).

Beispiel In Köln findet dieses Jahr eine Reisemesse statt, an der viele regionale Reiseveranstalter teilnehmen. Aus diesem Grund gehen bei der BE Partners KG gegenwärtig viele Anfragen zu Werbeartikeln ein. Leider ist der Kontakter Herr Dittmer momentan krank, sodass die Kontakterin Frau Welkenbach und der Junior-Kontakter Herr Wagner auch seine Anfragen übernehmen. Das erhöhte Arbeitsaufkommen führt allerdings dazu, dass die Anfragen nicht ganz so schnell bearbeitet werden können wie sonst.

Darüber hinaus liegen zwei Anfragen vor, die ein Auftragsvolumen von mehr als 10.000,00 € haben. Aufträge dieser Größe sind grundsätzlich immer durch den Leiter der Kundenbetreuung, Herrn Schurns, zu prüfen. Erst wenn sein Okay vorliegt, kann der Auftrag weiter bearbeitet werden.

Doppelarbeiten können anfallen, wenn unter Umständen die Kundendaten der vorliegenden Anfrage von verschiedenen Mitarbeitern erfasst werden müssen. Dies kann z. B. mit Systembrüchen zusammenhängen.

Beispiel Da die BE Partners KG einerseits die Unternehmenssoftware SAP nutzt, andererseits in der Druckerei jedoch ein druckereispezifisches System benötigt wird, müssen die Kundendaten in beiden Systemen erfasst werden, um eine korrekte Bearbeitung einer Bestellung zu gewährleisten.

Es kommt häufig vor, dass in Unternehmen Teile eines Kundenauftrags **extern ausgelagert** werden. Dies kann z. B. der Fall sein, wenn das Auftragsvolumen die eigenen Kapazitäten übersteigt oder Spezialisten gefragt sind. Erfolgt keine ausreichende Abstimmung mit den Externen, kann dies eine mögliche Fehlerquelle sein.

Beispiel Als Teil einer Werbekampagne, für deren Konzeption und Umsetzung die BE Partners KG verantwortlich ist, soll sie für einen Kunden auch besonders auffällige 3D-Werbeplakate entwerfen. Obwohl die BE Partners KG eine eigene Abteilung Kreation besitzt, hat sie zwei externe Grafiker, die auf 3D-Werbeplakate spezialisiert sind, beauftragt, verschiedene Entwürfe auszuarbeiten. Damit es möglichst nicht zu Fehlern kommt, sind beide Grafiker umfassend gebrieft[1] worden. Zudem gibt es regelmäßige Treffen, damit die Entwürfe und mögliche Probleme besprochen werden können.

1 **Briefing:** In Form eines Informationsgespräches bzw. einer Einweisung werden die Anforderungen an die Aufgabe besprochen und festgehalten.

Beispiel für ein 3D-Werbeplakat

3.3 Optimierung der Abläufe

3.3.1 Maßnahmen zur Optimierung

Mögliche Probleme, wie z. B. erhöhte Einarbeitungs-, Liege- oder Transportzeiten, die an den zuvor genannten Schwachstellen des Prozesses anfallen, können durch verschiedene Maßnahmen verringert bzw. gelöst werden. Dazu können die folgenden Maßnahmen durchgeführt werden:

Maßnahme	Beispiel
Aufgaben zusammenfassen	Jeder Mitarbeiter in der Abteilung Kundenbetreuung der BE Partners KG ist für den gesamten Bearbeitungsprozess der ihm zugeteilten Anfrage verantwortlich, d. h., er erfasst die Kundendaten, er prüft die Kundendaten usw.
Prozessschritte parallelisieren	Bei der BE Partners KG wird im Rahmen der Auftragsbearbeitung das Prüfen sämtlicher Kundendaten in der Kundenbetreuung und das Prüfen der Bonität im Rechnungswesen gleichzeitig durchgeführt (zeitgleiche Bearbeitung von verschiedenen Prozessschritten).
Weitere Prozessschritte einfügen	Die BE Partners KG hat beschlossen, einen Qualitätssicherungsmitarbeiter mit einzubeziehen, wenn an einem Prozessschritt erhöhte Fehlerquoten vorliegen.
Veränderung der Prozessreihenfolge	Da die Druckerei in letzter Zeit öfters stark ausgelastet war und somit die Machbarkeit eines Auftrags häufig an der Überlastung der Druckerei scheiterte, wird in der BE Partners KG überlegt, zuerst die Machbarkeit in der Druckerei zu prüfen und anschließend die Lagerbestände.
Erweiterung von Kompetenzen und Entscheidungsbefugnissen	Bei der BE Partners KG wird zukünftig die Notwendigkeit der Prüfung durch Vorgesetzte direkt an den ausführenden Mitarbeiter übertragen. Hierdurch können Liegezeiten vermieden werden. Zudem kann dieser Mitarbeiter auch zusammengefasste Aufgaben übernehmen.

Eliminierung von unnötigen Vorgängen bzw. Doppelarbeiten

Hier sollte überlegt werden, ob die **Einführung einer einheitlichen Unternehmenssoftware** oder von **Zusatztools** sinnvoll ist, um mögliche System- und/oder Medienbrüche zu vermeiden. Dies kann z. B. ein Softwaretool sein, welches den Kunden mit dem Lieferanten verbindet.

Erstellt der Kunde in seinem System eine Bestellung, so wird diese automatisch beim Lieferanten als Kundenauftrag erfasst. Damit würde der Medienbruch „Kundenbestellung per Mail/Post" zu „Kundenauftrag im Unternehmenssystem erfassen" entfallen.

Zudem können **Workflows in die Unternehmenssoftware integriert werden**, um mögliche Transport- und Liegezeiten zu verringern.

Liegt eine Auslagerung (Outsourcing) vor, so sollte geprüft werden, wie effizient diese ist. Ist sie ineffizient, sollte eine mögliche **(Rück-)Verlagerung** ins Unternehmen geprüft werden.

Andererseits ist es aber auch denkbar, mögliche Teilprozesse an externe Unternehmen zu vergeben, um sich auf die eigenen Kernkompetenzen[1] konzentrieren zu können.

1 Kernkompetenzen
➔ LF 11, Kap. 1.2

3.3.2 Identifikation von Schwachstellen zur Entwicklung von Optimierungsvorschlägen

Beispiel Tüley ist während ihrer Ausbildung bereits öfter aufgefallen, dass Kollegen über Probleme bei der Auftragsabwicklung klagen. Und nun spricht auch Herr Schurns, Leiter der Kundenbetreuung, darüber, die vorhandenen Prozesse zu optimieren, weil die BE Partners KG aufgrund von verschiedenen Schwachstellen in letzter Zeit wichtige Kundenaufträge verloren hat.

Durch ein Gespräch mit einer Kollegin hat Tüley schon herausgefunden, dass im Bereich der Kundenbetreuung häufig Arbeitsschritte unnötigerweise doppelt oder auch gar nicht ausgeführt werden, da die genaue Zuteilung der Kunden nicht immer ganz klar ist.

Dabei fragt sich Tüley, ob und wie Maßnahmen zur Optimierung von Prozessen identifiziert und beurteilt werden können.

Die übergeordneten Ziele einer Schwachstellenanalyse und der darauf aufbauenden Prozessoptimierung sollten stets die Erhöhung der Kundenzufriedenheit und die Verringerung von unnötig anfallenden Kosten sein. Beide Ziele tragen zur Erhöhung des Unternehmensgewinns bei.

Kann durch die Verringerung der Kosten, z. B. durch einen reduzierten bzw. optimierten Ressourceneinsatz, ein direkter positiver Einfluss auf den Unternehmensgewinn zum Tragen kommen, so geht es bei der Erhöhung der Kundenzufriedenheit um mögliche Folgeaufträge bereits vorhandener Kunden oder um neue Aufträge durch Weiterempfehlungen.

Doch wie kann beispielsweise die Kundenzufriedenheit gemessen bzw. können mögliche Schwachstellen im Prozess mit dem Kunden identifiziert werden, um entsprechende Optimierungsvorschläge auszuarbeiten?

Grundsätzlich kann die Kundenzufriedenheit z. B. anhand verschiedener Kriterien gemessen werden, die u. a. mithilfe einer Kundenbefragung[1] in Form eines Fragebogens oder durch Interviews erhoben werden können.

1 Kundenbefragung
➔ FK 2, LF 5, Kap. 2.2.2

Beispiel Im Laufe des letzten halben Jahres sind bei der BE Partners KG verstärkt Kundenbeschwerden eingegangen, die sich auf die Leistungen und Produkte sowie die Abwicklung der Bestellungen bezogen haben. Um dieser Entwicklung entgegenzuwirken, will die BE Partners KG ihre angebotenen Leistungen und Produkte sowie die Auftragsabwicklung optimieren, um die Kundenzufriedenheit wieder zu erhöhen. Dazu wird eine Kundenbefragung per Interview durchgeführt, die Informationen zu den folgenden Themen liefert:

- Qualität der Leistungen und Produkte
- Preise der Leistungen und Produkte
- Bearbeitungszeit von Anfragen
- Kompetenz des Kundenservice
- Freundlichkeit des Kundenservice
- Lieferzeiten

Aus den Informationen, die im Rahmen der Kundenbefragung gewonnen werden, leitet die BE Partners KG verschiedene Maßnahmen zur Optimierung ab.

Zur Identifikation von Schwachstellen in betrieblichen Abläufen können darüber hinaus die folgenden Verfahren genutzt werden:

Verfahren	Beschreibung
Fragebogen	Ein Fragebogen dient der zweckgerichteten Informationsgewinnung durch gezielte Fragen und bildet damit eine Grundform der Erhebungstechniken.
Dokumentenanalyse	Es werden Informationen und Daten zum Prozess, die in Schriftform oder elektronisch vorliegen, gesammelt und ausgewertet.
Selbstaufschreibung	Die Selbstaufschreibung ist ein Verfahren zur systematischen Datengewinnung. Dabei werden beispielsweise einmalig die im Prozess angefallenen Tätigkeiten usw. mit Zeitangaben in zeitlicher Reihenfolge festgehalten.
Laufzettelverfahren	Das Laufzettelverfahren ist eine prozessbezogene Datenerhebungstechnik. Dabei erheben die Beschäftigten begleitend zu ihrer Tätigkeit die relevanten Daten zum Prozess eigenständig.
Analytisches Schätzen	Mithilfe des analytischen Schätzens werden quantitative Daten auf Basis von Schätzungen erhoben. Meistens durch Interviews geben die Mitarbeiter Schätzungen und Erfahrungswerte zum entsprechenden Sachverhalt ab.
Multimomentaufnahme	Mithilfe von stichprobenartigen Kurzzeitbeobachtungen wird die Auftrittshäufigkeit von festgelegten Ereignissen ermittelt. Dabei werden die darin involvierten Mitarbeiter nicht in ihrer Arbeit unterbrochen oder aktiv mit einbezogen.
Workshops	Workshops sind Veranstaltungen, bei denen sich kleinere Gruppen mit begrenzter Zeitdauer intensiv mit einem Thema auseinandersetzen.
Zeitaufnahme	Hierbei werden Zeitdaten innerhalb eines Prozesses durch Messen der Ist-Zeiten in Form einer Fremdbeobachtung oder -aufschreibung ermittelt.

nach: Bundesministerium des Inneren: Organisationshandbuch – Methoden und Techniken (http://www.orghandbuch.de/OHB/DE/Organisationshandbuch/6_Methodentechniken/methodentechniken-node.html)

Auch das Benchmarking[1] bietet die Möglichkeit, Schwachstellen und deren Ursachen zu identifizieren und entsprechende Optimierungsmaßnahmen zu entwickeln. Das Benchmarking kann sowohl intern durch den Vergleich von Organisationsteilen (z. B. verschiedenen Abteilungen) durchgeführt werden als auch extern zwischen verschiedenen Unternehmen. Einige der zuvor genannten Techniken können dabei wiederum zum Einsatz kommen.

1 Das **Benchmarking** ist ein systematischer Vergleich und Erfahrungsaustausch zwischen zwei Institutionen zur Verbesserung der Qualität, der Prozesse oder von Ergebnissen. Dazu werden vorhandene Lösungen von besonders erfolgreichen Unternehmen (externes Benchmarking) oder Abteilungen (internes Benchmarking) genutzt und mit den eigenen verglichen.

Beispiel Der BE Partners KG liegen Prozessbeschreibungen zur Angebotserstellung eines anderen Unternehmens (durch ein Benchmarking ausgewählt) vor. Durch eine Dokumentenanalyse der vorliegenden mit den internen Beschreibungen konnten wichtige Schwachstellen identifiziert und Optimierungsmaßnahmen entwickelt werden.

Wurden Schwachstellen im Arbeitsprozess identifiziert, müssen entsprechende Maßnahmen geplant werden. Es ist jedoch zu klären, ob die geplanten Optimierungsvorschläge aufgrund von rechtlichen Bedingungen oder anderen Voraussetzungen, wie z. B. der Arbeitsplatzsicherheit, überhaupt umsetzbar sind und inwieweit diese von den Mitarbeitern akzeptiert werden.

Finden die Vorschläge bei den Mitarbeitern keine Akzeptanz, muss sorgfältig geprüft werden, inwiefern die Vorschläge umgesetzt werden sollten. Denn ohne Akzeptanz bei den Mitarbeitern muss damit gerechnet werden, dass es zu weiteren, eventuell gravierenderen Schwachstellen im Prozess kommen kann.

Werden die Optimierungsvorschläge nach sorgfältiger Prüfung umgesetzt, sollten parallel dazu die Darstellungen der Prozesse in den entsprechenden Unterlagen korrigiert werden. Im Anschluss an die Umsetzung wird die Wirksamkeit der Maßnahmen evaluiert. Auch hierzu kann wiederum eine weitere Kundenbefragung hilfreich sein oder eine wiederholte Verwendung einer der genannten Erhebungstechniken.

Sind auf Basis der erneuten Erhebung weitere Maßnahmen notwendig, sind diese Veränderungen wiederum in die Darstellung der Prozesse zu integrieren. Weiterhin ist es sinnvoll, die Veränderungen bzw. die alten Versionen an einer geeigneten Stelle zu dokumentieren. Dazu dient z. B. ein entsprechendes Qualitätsmanagementsystem.

Alles klar?

1 Erklären Sie mit eigenen Worten, was unter einer Schnittstelle zu verstehen ist.

2 Welche typischen Schnittstellen gibt es in Ihrem Ausbildungsbetrieb? Nennen Sie drei Beispiele.

3 In einem Autohaus gibt es häufig Probleme bei der Zusammenarbeit von Ersatzteilverkauf und -lager. Welche Konsequenzen und Folgen können sich für das Autohaus ergeben?

4 Welche wesentlichen Aufgaben fallen dem Schnittstellenmanagement zu?

5 Mögliche Schwachstellen an den Schnittstellen können u. a. sein:

- Arbeitsteilung
- Organisationsbrüche
- Medienbrüche
- Systembrüche
- Liegezeiten

Gibt es hierzu Beispiele aus ihrer betrieblichen Praxis?

6 Um betriebliche Abläufe zu optimieren, können verschiedene Maßnahmen ergriffen werden. Nennen und erklären Sie sie anhand eines Beispiels.

7 Welche übergeordneten Ziele verfolgen die Schwachstellenanalyse und die darauf aufbauende Prozessoptimierung?

8 In einem produzierenden Unternehmen wurde ein Problem an der Schnittstelle zwischen Produktion und Materiallager festgestellt. Der erarbeitete Optimierungsvorschlag wird jedoch nicht umgesetzt, sondern wieder verworfen. Welche Gründe kann es geben, die gegen eine Umsetzung sprechen?

9 Welche Verfahren zur Identifikation von Schwachstellen in betrieblichen Abläufen kennen Sie? Erklären Sie drei.

10 Was ist unter Benchmarking zu verstehen?

4 Qualitäts- und Umweltmanagement

4.1 Qualitätsmanagement

LS 108 Qualitäts- und Umweltmanagement anwenden

Beispiel Nach einer anstrengenden Arbeitswoche möchte sich Natalie heute am Sonntag etwas entspannen. Da das Wetter gut ist, beschließt sie, mit einer Freundin in eine kleine Pizzeria zu gehen, um dort auf der Sonnenterrasse etwas zu essen und die Sonne zu genießen. Beide bestellen je eine kalte Apfelschorle und eine Pizza. Da der Kellner viele Gäste zu bedienen hat, dauert es lange, bis sie ihre Getränke und ihr Essen bekommen. Als der Kellner ihre Bestellung endlich bringt, sind die Getränke lauwarm und die Pizza bereits kalt. So hatten sie sich das Essen nicht vorgestellt.

Um wettbewerbsfähig zu bleiben, müssen Unternehmen die Wünsche ihrer Kunden erfüllen. Sie müssen dafür z. B. ihre Produktions- und Lieferabläufe optimal planen und aufeinander abstimmen. Dabei sollen die Zielgrößen

- gute Qualität der Prozesse und Waren (Produkte),
- zu angemessenen Kosten sowie
- in einer effizienten Zeiteinteilung

miteinander in Einklang gebracht werden.

In der Vergangenheit wurde unter dem Begriff der Qualität meist nur die Güte eines Produkts oder einer Dienstleistung verstanden. Heutzutage müssen auch die Kriterien Zeit und Kosten genauer betrachtet werden, da sie gleichwertige Zielgrößen darstellen. Qualität ist in der heutigen Zeit eines der wichtigsten Unternehmensziele.

Merke! Qualität bedeutet, die Bedürfnisse eines Kunden zu erfüllen. Dabei sind immer auch die zuvor genannten Aspekte (Prozesse, Zeit usw.) zu berücksichtigen.

In unserem Beispiel sollte der Wirt der Pizzeria überlegen, wie er den Service gestaltet, damit jeder Gast seine Getränke und Speisen zukünftig rechtzeitig und in der versprochenen Qualität erhält. Verbessert er den Service nicht, verliert er in Zukunft mit großer Sicherheit seine Gäste an die Konkurrenz. Die Qualität spielt also eine grundlegende Rolle, um sich abzugrenzen und auch weiterhin Gäste begrüßen zu können.

4.1.1 Zertifizierung mithilfe von Qualitätsnormen

Um Qualität messbar bzw. vergleichbar zu machen, gibt es für die gesamte Wirtschaft einheitliche Regeln, sogenannte Qualitätsnormen. Allgemein versteht man unter Zertifizierung die Überprüfung von Betriebsabläufen oder Produkten eines Unternehmens anhand von bestimmten Kriterien. Die Erfüllung dieser Kriterien kann dem Unternehmen von einer unabhängigen Zertifizierungsgesellschaft (z. B. TÜV, DEKRA) durch Gütesiegel, Gütezeichen oder durch ein Zertifikat bestätigt werden.

Die Qualitätsmanagement-Normen der Reihe ISO 9000 sind 1987 von der internationalen Organisation für Standardisierung (ISO) eingeführt worden. Diese Normen wurden durch das Deutsche Institut für Normung e. V. unverändert übernommen.

Sie bilden weltweit für mehr als 500 000 Organisationen der verschiedensten Branchen die Basis für Qualitätssicherung und für international anerkannte Zertifikate.

Die Normreihen zeichnen sich dadurch aus, dass sie branchenunabhängig umgesetzt werden können. Sie „funktionieren“ beispielsweise somit genauso in Produktions- und Dienstleistungsbetrieben wie auch in der Logistikbranche.

Besondere Bedeutung haben die ISO-Normen 9000 bis 9004. Sie dienen der Einführung und Überprüfung innerbetrieblicher Qualitätssicherung, sodass Fehler und Mängel in den Prozessen von vornherein verhindert werden können.

Kernnorm	Inhalt
DIN EN ISO 9000	Beinhaltet allgemeine Zielsetzungen und Begriffe für Qualitätsmanagementsysteme sowie Anleitungen zu deren Darstellung. Ist ein Unternehmen nach DIN EN ISO 9000 zertifiziert, hat es einen offiziellen Nachweis der Qualifikation zur Erzeugung qualitätsgerechter Produkte.
DIN EN ISO 9001	Beinhaltet Grundsätze des Qualitätsmanagementsystems. Sie hilft Betrieben bei der Optimierung ihrer betrieblichen Prozesse.
DIN EN ISO 9002	Diese Normen werden seit 2003 nicht mehr angewendet. (Ausnahme: DIN EN ISO 9003 wird in der Medizintechnik manchmal noch angewendet.)
DIN EN ISO 9003	
DIN EN ISO 9004	Leitfaden zur Leistungsverbesserung für Qualitätsmanagementsysteme. Die Norm enthält unverbindliche Empfehlungen zur Einrichtung eines QM-Systems und bietet die Anleitungen zur Umsetzung eines Total Quality Management[1] (TQM).

[1] **Total Quality Management:** Ziel ist die Verbesserung der betrieblichen Leistungen unter Einbeziehung aller Funktionsbereiche und aller Mitarbeiter

Die Normen sind auch Grundlage für die Regelung der Zusammenarbeit zwischen Vorgesetzten und Mitarbeitern, zwischen Lieferanten und Verbrauchern sowie zwischen Anbietern und Kunden. Hat ein Unternehmen ein solches Qualitätsmanagementsystem aufgebaut, kann es sich nach den ISO-Normen zertifizieren lassen. Doch wieso lassen sich immer mehr Unternehmen überhaupt zertifizieren?

Merke! Eine Zertifizierung nach der ISO-Normreihe hat viele Gründe. Sie erfolgt aber immer freiwillig. Es gibt keine rechtliche Verpflichtung dazu.

Gründe für eine Zertifizierung sind:

- Die Zertifizierung wird von anderen Unternehmen als Nachweis verlangt, z. B. als Beweismittel in Produkthaftungsfällen. So können Unternehmen mit Zertifizierungen belegen, dass sie ihre Produkte qualitätsgerecht herstellen.

Beispiel Die BE Partners KG bezieht ihre T-Shirts und Sweater von der Textilgroßhandel Merkado GmbH. Sie verlangt als Qualitätsnachweis eine ISO-Zertifizierung von der Textilgroßhandel Merkado GmbH. Im Schadensfall kann die Haftung durch die Dokumentation der Prozesse in der gesamten Lieferkette leichter geklärt werden.

– Die Zertifizierung bringt dem Unternehmen eine bessere Wettbewerbsfähigkeit und ist eine Maßnahme zur Vertrauensbildung. Dies kann im Wettbewerb sehr schnell erforderlich werden, wenn nämlich Wettbewerber bereits eine Zertifizierung haben oder Kunden dies verlangen.

Beispiel Die BE Partners KG verlangt von allen ihren Papierlieferanten, dass sie eine ISO-Zertifizierung haben. Die Kunden der BE Partners KG haben so die Sicherheit, dass die Qualität der Prozesse und Produkte bei der BE Partners KG stimmt.

– Die Zertifizierung ist Voraussetzung für die Teilnahme an öffentlichen Ausschreibungen.

Beispiel Die BE Partners KG möchte an der öffentlichen Ausschreibung für eine Imagekampagne der Stadt Bonn teilnehmen. Bei der Ausschreibung des Auftrags verlangt die Behörde, dass die Bewerber ISO-zertifiziert sein müssen.

4.1.2 Zertifizierungsverfahren

Hat sich ein Unternehmen aus einem der zuvor genannten Gründe dazu entschieden, sich freiwillig zertifizieren zu lassen, dann muss es sich an die jeweils zuständige Zertifizierungsstelle wenden. Für die Prüfung sind beispielsweise verschiedene Unterlagen einzureichen (Qualitätsmanagementhandbuch, Liste mit den dokumentierten Verfahren usw.).

Das Zertifizierungsverfahren erfolgt in mehreren Schritten:

Schritt	Beschreibung
Schritt 1	Selbsteinschätzung des Unternehmens anhand eines Fragebogens der Zertifizierungsstelle, Bewertung und Prüfung des Fragebogens durch die Zertifizierungsstelle; wenn o. k., dann Schritt 2
Schritt 2	Einsicht in die Qualitätsmanagementunterlagen und Prüfung derselben; wenn o. k., dann Schritt 3
Schritt 3	Qualitätsuntersuchung im Unternehmen; wenn o. k., dann Schritt 4
Schritt 4	Erteilung des Zertifikats für die Dauer von drei Jahren; wenn o. k., dann Schritt 5
Schritt 5	jährliche Überwachung und nach Ablauf von drei Jahren erneute umfassende Zertifizierung

Qualitätsmanagementhandbuch

Hat sich ein Unternehmen dazu entschieden, ein Qualitätsmanagementsystem einzuführen, so ist das Erstellen und Pflegen eines Qualitätsmanagementhandbuchs im Rahmen der ISO 9001 verpflichtend. Dabei erstellt jedes Unternehmen sein eigenes Handbuch. In ihm werden alle Absichten und Vorgaben der Unternehmensführung festgehalten, die der Sicherung und Verbesserung der Qualität dienen.

Um diese Zielsetzungen zu erreichen, werden in einem Qualitätsmanagementhandbuch die wichtigsten Geschäftsprozesse[1] abgebildet, Schnittstellen[2] und Wechselbeziehungen aufgezeigt sowie auf Verfahrensanweisungen[3] verwiesen. Auch weitere Normen und Rechtsvorschriften finden Erwähnung. Insgesamt gibt das Qualitätsmanagementhandbuch einen Überblick über alle für die Qualitätssicherung relevanten Aspekte der Aufbau-[4] und Ablauforganisation[5] des Unternehmens.

1 Geschäftsprozesse
→ LF 11, Kap. 1.1

2 Schnittstellen
→ LF 11, Kap. 3

3 Verfahrensanweisungen
→ LF 11, Kap. 2.2

4 Aufbauorganisation
→ LF 11, Kap. 2.1

5 Ablauforganisation
→ LF 11, Kap. 2.2

4.1.3 Qualitätsmanagement als Teil der Unternehmensführung

Wie können die Unternehmen ihre Qualitätsziele mithilfe der DIN-ISO-Zertifizierungsverfahren erreichen? Sie benötigen ein professionelles Qualitätsmanagement, um die Bedürfnisse ihrer Kunden tatsächlich zu erfüllen.

Qualität ist dabei keine mathematische Größe und auch keine Frage, die man mit Ja oder Nein beantwortet.

Bei Qualität geht es um viel mehr. Beim Ziel, Qualitätsstandards umzusetzen, geht es nicht nur um den Zustand eines Produkts, sondern um eine ganzheitliche Denkweise: Alle Bereiche und Abläufe des Unternehmens spielen hier eine Rolle.

Beispiel Sauberkeit am Arbeitsplatz ist ein wichtiges Qualitätsziel der BE Partners KG, das sie auch ihren Kunden gegenüber darstellen möchte, beispielweise im Rahmen von Marketingaktivitäten (z. B. Tag der offenen Tür oder Druckereibesichtigungen). Die Sauberkeit in einer Lagerhalle kann zu einem bestimmten Zeitpunkt gegeben sein. Aber erst, wenn die Halle und die Arbeitsplätze aller Mitarbeiter im Unternehmen dauerhaft sauber gehalten werden, hat die BE Partners KG dieses Qualitätsziel erreicht.

Deshalb ist das Qualitätsmanagement ein Teil der weitsichtigen Unternehmensführung und eine wichtige Aufgabe der Führungsebene unter Einbeziehung sämtlicher Mitarbeiter. Das Unternehmen orientiert sich bei der Qualität vorrangig an den Kundenbedürfnissen, denn Umfragen zufolge schätzen Verbraucher die Qualität eines Produkts als bedeutsamer ein als den Preis.

Merke! Erstes Ziel des Qualitätsmanagements ist die Zufriedenheit des Kunden.

Um einer ganzheitlichen Denkweise näherzukommen, setzen Unternehmen Qualitätsmanagement ein.

Merke! „Qualitätsmanagement ist ein systematischer Weg, um sicherzustellen, dass Aktivitäten so stattfinden, wie sie geplant sind."

Philip Crosby (1926–2001), amerikanischer Unternehmensberater

Doch was genau muss ein Qualitätsmanagementsystem überhaupt leisten und wen oder was muss es steuern?

Werden Fehler entdeckt, sind bereits Fehlerkosten angefallen (z. B. Kunden wandern ab, Mitarbeiter sind unmotiviert und machen weitere Fehler).

Nur auf sichtbare Mängel zu reagieren verhindert Fehler nicht. Es geht also vielmehr darum, gute und beständige Prozesse durch ein geeignetes Qualitätsmanagementsystem (QM-System) sicherzustellen und so Fehler schon im Voraus zu verhindern. Das QM-System muss auch dabei helfen, dass die Erfahrungen aus gemachten Fehlern automatisch zu einer ständigen Systemverbesserung führen. In diesem Zusammenhang übernimmt das Qualitätsmanagement die folgenden Aufgaben: Qualitätsplanung, Qualitätskontrolle, Qualitätsprüfung und Qualitätssteuerung.

4.2 Umweltmanagement

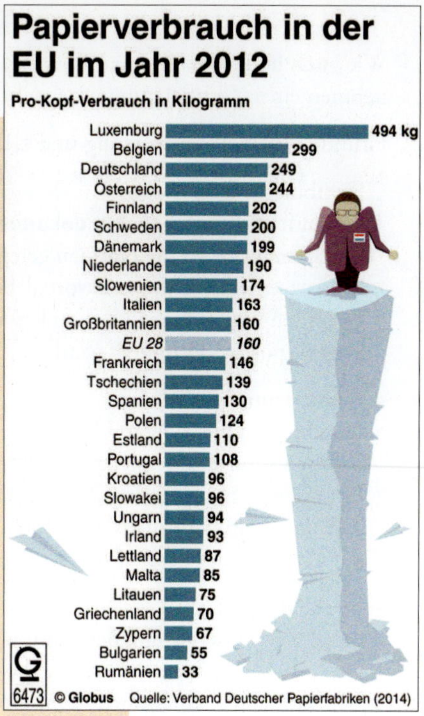

Beispiel In der Druckerei der BE Partners KG werden jeden Tag große Mengen an Papier benötigt. Dabei muss das Druckpapier bestimmten Anforderungen entsprechen. Auf der diesjährigen Fachmesse „Druck & Papier" haben Frau Kolder, Leiterin der Sparte „Druckerei/Werbeartikel", und Herr Hansen, Gruppenleiter der Abteilung „Einkauf/Produktion Medien", interessante Papiersorten entdeckt, die nicht nur qualitativ sehr hochwertig sind, sondern auch speziell dem Thema Umweltschutz Rechnung tragen. Da bereits für Rechnungen, Auftragsbestätigungen usw. ein hochwertiges Recyclingpapier genutzt wird, soll nun auch in der Druckerei entsprechendes Papier zum Einsatz kommen.

Ziel der BE Partners KG ist es, dass innerhalb der nächsten fünf Jahre 80 % des verwendeten Papiers aus einer nachhaltigen Waldbewirtschaftung stammen oder es sich um Recyclingpapier handelt. Diese Zielsetzung fließt auch als wichtiger Bestandteil in das betriebsinterne Umweltmanagement der BE Partners KG mit ein.

Wie auch das Qualitätsmanagement ist das Umweltmanagement ein wichtiger Bestandteil des Managements eines Unternehmens. So kann sich ein Unternehmen neben den DIN EN ISO 9000–9004 zur Qualitätssicherung auch im Hinblick auf das Umwelt- und Energiemanagement prüfen lassen. Ein **Umweltmanagementsystem** dient dazu, dass alle behördlichen und gesetzlichen Anforderungen in Bezug auf die Umweltverträglichkeit berücksichtigt werden. Somit wird innerhalb der betrieblichen Abläufe ein umweltverträgliches Handeln sichergestellt. Dabei spielen z. B. Aspekte wie Energieverbrauch, Emissionen, Abfall oder aber auch die Lebensdauer von Produkten eine Rolle.

4.2.1 Zertifizierung mithilfe von Umweltnormen

Im Rahmen des Umwelt- und Energiemanagements nehmen die Normen DIN EN ISO 14001, 50001 und die EMAS einen besonderen Stellenwert ein.

1 EMAS:
Eco-Management and Audit Scheme = Gemeinschaftssystem für Umweltmanagement und Umweltbetriebsprüfung

Kernnorm	Inhalt
DIN EN ISO 14001	Diese Norm regelt Anforderungen zur Einrichtung und Anwendung eines Umweltmanagementsystems. Es regelt den Umweltschutz und die Vermeidung von Umweltbelastungen.
DIN EN ISO 50001	Die im Jahre 2011 herausgegebene Norm regelt die Anforderungen zur Einführung, Verwirklichung und Verbesserung eines Energiemanagementsystems im Unternehmen mit dem Ziel, energiebezogene Leistungen kontinuierlich zu verbessern und die Energieeffizienz und -nutzung zu optimieren und Kosten zu senken.
EMAS	Die Europäische Umweltmanagement-Verordnung EMAS[1] weist die Leistungen eines Unternehmens in Bezug auf den Aufbau und den Betrieb eines Managementsystems zur kontinuierlichen Verbesserung der Umweltleistungen nach. EMAS-geprüfte Unternehmen verpflichten sich, ihren betrieblichen Umweltschutz über die gesetzlichen Pflichten hinaus zu verbessern.

Wie auch beim Qualitätsmanagement können die Gründe, warum sich ein Unternehmen einer Zertifizierung unterzieht, vielfältig sein.

Gründe für eine Zertifizierung sind z. B.:

- **Wettbewerb und Image**
  Gegenüber Kunden kann dokumentiert werden, dass betriebsinterne Abläufe durch umweltgerechte Normen geregelt sind. Dies kann im Hinblick auf die Konkurrenz einen Wettbewerbsvorteil bringen. Durch die Umsetzung von umweltgerechten Maßnahmen kann zudem das Image eines Unternehmens in der Öffentlichkeit positiv beeinflusst werden.
- **Reduzierung von Kosten**
  Durch eine konsequente Umsetzung von betrieblichen Umweltmanagementmaßnahmen kann eine Kostensenkung erreicht werden. Das betrifft beispielsweise den Einsatz von Energie, den Umgang mit Abwasser oder auch die Entsorgung von Abfällen. Darüber hinaus ist es auch möglich, im Rahmen der Produktionsverfahren sowie bei der Beschaffung Kosten zu senken.
- **Nachhaltigkeit**
  Das Thema Energie und der damit verbundene Verbrauch von Ressourcen sind ein wesentliches Problem unserer Zeit. So kann ein Unternehmen z. B. durch ein effizientes Energiemanagement seinen Beitrag zur Lösung dieses Problems beitragen.
- **Gesetze, Verordnungen und Auflagen**
  Vorgaben durch Gesetze, Verordnungen und Auflagen können durch eine Zertifizierung und ein Umweltmanagement in die betrieblichen Abläufe integriert werden, sodass deren Einhaltung und somit eine Rechtssicherheit gewährleistet sind.

4.2.2 Zertifizierungsverfahren

Auch die Umweltnormen sollen eine Messbarkeit und Vergleichbarkeit gewährleisten. Darüber hinaus zeichnen sie sich auch dadurch aus, dass sie branchenunabhängig umgesetzt werden können.

Dass alle Kriterien im Rahmen der DIN EN ISO 14001 und 50001 erfüllt werden, kann sich das Unternehmen auch durch eine unabhängige Zertifizierungsgesellschaft (z. B. TÜV) durch ein Gütesiegel, Gütezeichen oder ein Zertifikat belegen lassen. Die Zertifizierung erfolgt dabei in mehreren Schritten.[1]

Bei der EMAS erfolgt diese Prüfung hingegen durch einen EMAS-Umweltgutachter, eine Umweltgutachterorganisation und eine Zertifizierungsorganisation. Als Nachweis wird eine Gültigkeitserklärung vergeben (gültig für drei Jahre) und eine Registrierung im EMAS-Register vorgenommen.[2]

1 Das Zertifizierungsverfahren erfolgt in der gleichen Form wie beim Qualitätsmanagement.
➔ LF 11, Kap. 4.1.2

2 Weitere Informationen zum Thema EMAS und das Zertifizierungsverfahren finden Sie unter www.emas.de.

4.2.3 Umweltmanagement als Teil der Unternehmensführung

Auch das Umweltmanagement ist, wie das Qualitätsmanagement, ein wichtiger und wesentlicher Bestandteil einer weitsichtigen Unternehmensführung und eine wichtige Aufgabe der Führungsebene. Dabei muss hier gewährleistet werden, dass sämtliche Mitarbeiter an der Umsetzung und Einhaltung der Vorgaben beteiligt sind.

Da Umweltmanagementnormen (z. B. ISO 14001) von ihrem Aufbau her vergleichbar sind mit Qualitätsmanagementnormen (z. B. ISO 9001), können sie recht einfach integriert werden (integrierte Managementsysteme). Qualitäts- sowie Umweltmanagementsysteme sollten somit stets als Einheit betrachtet werden.

Alles klar?

1 Erläutern Sie mit eigenen Worten, was Sie unter dem Begriff „Qualität" verstehen.

2 Was ist unter einer Zertifizierung zu verstehen? Gehen Sie in diesem Zusammenhang auch auf die sogenannten Qualitätsnormen ein.

3 Was wird im Rahmen einer Zertifizierung in einem Unternehmen genau geprüft?

4 Wer ist zuständig für eine Zertifizierung?

5 Wie wird bestätigt, dass ein Unternehmen erfolgreich geprüft worden ist?

6 Eine besondere Bedeutung haben die folgenden ISO-Normen:

- DIN EN ISO 9000
- DIN EN ISO 9001
- DIN EN ISO 9002
- DIN EN ISO 9003
- DIN EN ISO 9004

Gehen Sie kurz auf die Inhalte dieser ISO-Normen ein.

7 Nennen Sie einige Gründe und Beispiele, warum sich ein Unternehmen für eine Zertifizierung nach der ISO-Normreihe entschließt.

8 Das Zertifizierungsverfahren erfolgt grundsätzlich in mehreren Schritten. Bringen Sie die folgenden Schritte in die richtige Reihenfolge.

a) Einsicht in die Qualitätsmanagementunterlagen und Prüfung derselben
b) jährliche Überwachung und nach Ablauf von drei Jahren erneute umfassende Zertifizierung
c) Erteilung des Zertifikats für die Dauer von drei Jahren
d) Selbsteinschätzung des Unternehmens anhand eines Fragebogens der Zertifizierungsstelle, Bewertung und Prüfung des Fragebogens durch die Zertifizierungsstelle
e) Qualitätsuntersuchung im Unternehmen

9 Was ist das erste Ziel des Qualitätsmanagements?

10 Welche der folgenden Aussagen zum Qualitätsmanagement ist nicht richtig?

a) Qualitätsmanagement ist ein wesentlicher Bestandteil einer weitsichtigen Unternehmensführung.
b) Qualitätsmanagement ist eine wichtige Aufgabe der Führungsebene.
c) Die Einbeziehung sämtlicher Mitarbeiter in das Qualitätsmanagement ist nicht erforderlich.

11 Nennen und erklären Sie kurz die wichtigsten Normen des Umwelt- und Energiemanagements.

12 Wie auch beim Qualitätsmanagement gibt es beim Umwelt- und Energiemanagement verschiedene Gründe, warum sich ein Unternehmen für eine Zertifizierung entscheidet. Nennen Sie einige.

13 Verfügt Ihr Ausbildungsbetrieb über ein Umwelt- und Energiemanagement? Auf was wird dabei besonderen Wert gelegt?

5 Useful office vocabulary

Warm up – The decision-making process

The decision-making process can help make better choices. It helps you to identify and consider various alternatives and their consequences before making a final decision. The essential steps of the process are outlined below.

5 Step 5: Evaluate your decision
Once the decision is put into effect and the plan is carried out, check the results with the expected outcome. Would you make the same choice again?

4 Step 4: Make a decision
Use the information gathered to rank the alternatives and make a decision. Once a decision has been made, a plan can be drafted on how to reach your goal.

3 Step 3: Determine the pros and cons
Consider your values and goals when determining the advantages and disadvantages of each alternative. Compare and evaluate your choices.

2 Step 2: Identify possible courses of action
Take time to analyse the situation thoroughly so that you can identify and consider all the important alternatives.

1 Step 1: Identify the situation
Whether the problem is one that occurs daily or only comes up a few times in a lifetime, identifying the problem is the first step.

workflow management	Ablauforganisation
alternative	Alternative
work flow	Arbeitsablauf
work assignment	Arbeitsvorgabe
company structure	Aufbauorganisation
order processing	Auftragsabwicklungsprozess
capacity utilisation	Auslastung
capacity utilization rate	Auslastungsgrad
authority	Befugnis
to consider	berücksichtigen, bedenken
company organization	Betriebsorganisation
to delegate	delegieren, ab-, übergeben
straight line organization	Einliniensystem
to rank	einstufen

decision	Entscheidung
to authorize	ermächtigen, bevollmächtigen
consequence	Folge, Konsequenz
functional organization	funktionale Organisation
functional authority	funktionales Weisungsrecht
cash flow	Geldfluss
business process	Geschäftsprozess
thoroughly	gründlich, völlig
information flow	Informationsfluss
downward communication	Informationsfluss von oben nach unten
core process	Kernprozess
logistics	Logistik
material flow system	Materialflusssystem
matrix organization	Matrixorganisation
multiple line system	Mehrliniensystem
optimization process	Optimierungsprozess
organizational chart	Organigramm
organizational structure	Organisationsstruktur
product engineering process	Produktentstehungsprozess
quality management	Qualitätsmanagement
weak spot	Schwachstelle
divisional organisation	Spartenorganisation
line and staff organization	Stablinienorganisation
job requirement	Stellenanforderung
job description	Stellenbeschreibung
accountability	Verantwortlichkeit
approach, policy	Verfahrensweise
various	verschieden, unterschiedlich
chain of command	Vorgesetztenkette, Weisungslinie
to occur	vorkommen, sich ereignen
value	Wert
value-added chain	Wertschöpfungskette
essential	wesentlich, zentral
certification	Zertifizierung

Lernfeld 12
Veranstaltungen und Geschäftsreisen organisieren

1 Vorbereitung von Veranstaltungen
2 Durchführung von Veranstaltungen
3 Nachbereitung von Veranstaltungen
4 Vorbereitung von Geschäftsreisen
5 Organisation von Geschäftsreisen
6 Nachbereitung von Geschäftsreisen
7 Useful office vocabulary

1 Vorbereitung von Veranstaltungen

Beispiel Rolf Bastian, Geschäftsführer der BE Partners KG, möchte eine Tagung zu aktuellen Entwicklungen in der Werbung veranstalten. Themen sollen z. B. „Kundenbindung mit Social Media Marketing" und „Das soziale Gewissen – neue Werte in der Werbung" sein.

Eingeladen werden derzeitige und potenzielle Kunden und Lieferanten der BE Partners KG. Rolf Bastians Assistentin, Edith Bernle, übernimmt die Planung der Veranstaltung und bittet die Auszubildende Tüley Öztürk, sie dabei zu unterstützen.

Veranstaltungen sind aus dem beruflichen Alltag nicht mehr wegzudenken. Ob eine Großveranstaltung mit ausländischen Geschäftspartnern geplant wird, ein Tag der offenen Tür oder auch nur ein Arbeitsessen. Dies alles sind Veranstaltungen, deren Gelingen mit über den **wirtschaftlichen Erfolg** eines Unternehmens entscheidet. Gleichsam sind sie eine Art Visitenkarte für ein Unternehmen.

→ **LS 109** Eine Hausmesse planen, durchführen und nachbereiten
→ **LS 110** Eine Fortbildung planen und nachbereiten

Merke! Eine **Veranstaltung** ist ein geplantes, zeitlich begrenztes Ereignis mit einem bestimmten Ziel, an dem eine Gruppe von Menschen teilnimmt.[1]

1 Die Begriffe „Veranstaltung" und „Event" werden häufig synonym verwendet. Eigentlich ist das Event aber eine Veranstaltung mit hohem Emotionswert.

Wegen ihrer hohen Bedeutung für das Unternehmen müssen Veranstaltungen sorgsam geplant, durchgeführt und nachbereitet werden.

1.1 Festlegung der Ziele

Die Ziele der Veranstaltung sind der **Ausgangspunkt** für die gesamte Veranstaltungsplanung.[2] Sie entscheiden über die Details wie Veranstaltungsart und Teilnehmer. Der **Erfolg** einer Veranstaltung misst sich daran, ob die vorher festgelegten Ziele erreicht wurden. Die Ziele der Veranstaltung können sich z. B. beziehen auf

2 Auch das **Motto** (ein kurzer Leitgedanke) einer Veranstaltung wird häufig von der Zielsetzung abgeleitet.

- Kommunikation bzw. Austausch,
- Informationsvermittlung,
- Weiterbildung,
- Verbesserung von Kundenbeziehungen,
- Erhöhung von Image oder Bekanntheitsgrad.

Man unterscheidet quantitative und qualitative Ziele:

- **Quantitative Ziele** sind direkt messbare Ziele, z. B. Umsatz, Gewinn, Anzahl der Vertragsabschlüsse oder Besucher.
- **Qualitative Ziele** sind nicht direkt messbar, können sich aber langfristig auch quantitativ niederschlagen. Beispiele sind eine höhere Bekanntheit des Unternehmens, eine Imageverbesserung oder die Pflege von Kundenkontakten.

Die Ziele einer Veranstaltung sollten **spezifisch**, **messbar**, **akzeptiert**, **realistisch** und **terminiert** sein.[3] Ein so formuliertes Ziel ist leichter zu erreichen und der Erfolg einer Veranstaltung wird durch einen Soll-Ist-Vergleich konkret messbar. Die Veranstaltungsziele sind auch in Übereinstimmung mit dem Zielsystem des Unternehmens festzulegen.[4]

3 SMARTe Ziele → LF 13, Kap. 2.1.3

4 Zielsystem des Unternehmens → FK 1, LF 1, Kap. 3.1

1.2 Veranstaltungsarten

Die verschiedenen Veranstaltungsarten unterscheiden sich z. B. nach Anlass bzw. Zielsetzung der Veranstaltung, Teilnehmerzahl und Dauer.

Am häufigsten werden in Unternehmen **interne Sitzungen und Besprechungen**[1] einberufen. Sie zu organisieren ist i. d. R. kostengünstiger und für die Mitarbeiter weniger arbeitsintensiv.

Ganz anders sieht das für die Vorbereitung, Durchführung und Nachbereitung von größeren Veranstaltungen wie Seminaren, Webinaren, Konferenzen, Telefonkonferenzen, Tagungen, Kongressen, Lehrgängen und Messen aus. Sie sind wesentlich aufwendiger und stellen höhere Anforderungen an die verantwortlichen Mitarbeiter. Diese müssen in der Lage sein, die Veranstaltungen unter Beachtung ökonomischer[2], ökologischer[3] sowie rechtlicher[4] Aspekte zu planen und zu organisieren.

1 Sitzungen und Besprechungen
→ FK 1, LF 2, Kap. 4

2 **ökonomische Aspekte:** z. B. die Wirtschaftlichkeit

3 **ökologische Aspekte:** z. B. Benutzung von Recyclingpapier

4 **rechtliche Aspekte:** z. B. Vertrag zwischen BE Partners KG und einem Caterer

Veranstaltungsart	Beschreibung	Anforderungen	Zielsetzungen
Besprechung	- Zusammenkunft einer kleinen Gruppe von Personen - Besprechung von betriebsinternen Themen oder Problemen	keine besonderen Formalitäten	Austausch betrieblicher Informationen
	Beispiel: Die Sachbearbeiterin Post/Versand in der BE Partners KG, Kerstin Voigt, bespricht mit dem Auszubildenden Sascha Reimers die heutige Eingangspost.		
Sitzung	Zusammenkunft von mehreren Personen	- Besprechungsraum - schriftliche Einladung mit Tagesordnung - Sitzungsleiter muss bestimmt werden. - In der Regel muss ein Protokoll[5] geschrieben werden.	Diskussion eines betriebsinternen Problems mit Ergebnisfindung
	Beispiel: Herr Bastian beruft eine Gesellschaftersitzung zum Gesellschaftsvertrag der BE Partners KG ein.		
Konferenz (lat. conferre: vergleichen)	- Bestimmte Themen werden diskutiert, es soll möglichst ein Beschluss gefasst werden. - Dauert meistens einen Tag. - Teilnehmerzahl liegt bei 30 bis 60 Personen.	- Konferenzraum muss vorhanden sein. - schriftliche Einladung mit Tagesordnung - Protokoll muss geschrieben werden. - zeitlicher Vorlauf bis zu ca. drei Monaten	- Lösung von Problemen - Beschlussfassung
	Beispiel: Die Drucker Cornelia Gruber und Bernhard Finke fahren zur Konferenz „Drucker, Toner, Tinte" nach Nürnberg.[6]		

5 Protokoll
→ FK 1, LF 2, Kap. 4.5

6 Fortsetzung der Tabelle auf den nächsten beiden Seiten

Veranstaltungsart	Beschreibung	Anforderungen	Zielsetzungen
Telefonkonferenz[1]	- Eine Beratung bzw. Diskussion wird mittels Telefon durchgeführt. - Teilnehmer sehen sich nicht. - in der Regel drei bis zehn Teilnehmer	- Terminabstimmung - Anmeldung der Telefonkonferenz - Vorhandensein einer Telefonanlage - Protokoll muss geschrieben werden.	- Lösung von Problemen - Beschlussfassung
	Beispiel: Frau Bernle organisiert eine Telefonkonferenz zwischen Herrn Bastian, Frau Heinrich, der Geschäftsführerin der Heinrich GmbH, und der Produktionsfirma für einen Werbespot, bei der die Details der Dreharbeiten besprochen werden.		
Videokonferenz[2]	- eine Beratung bzw. Diskussion mittels Videotechnik - Teilnehmer können sich sehen und hören, sitzen aber nicht unbedingt alle in einem Raum.	- Terminabstimmung - technische Voraussetzungen: einfache Point-to-Point-Lösungen, Multipoint-Konferenzen, Videokonferenzräume, Videotechnik - Protokoll muss geschrieben werden.	- Lösung von Problemen - Beschlussfassung
	Beispiel: Frau Epstein hält eine Videokonferenz mit einem Werbeartikelhersteller, bei der neue Produkte gezeigt werden.		
Kongress (lat. congressus: Zusammenkunft)	- Ein nationaler oder internationaler größerer Teilnehmerkreis informiert sich über aktuelle Entwicklungen zu einem bestimmten Thema durch Vorträge, Expertenrunden und Workshops. - bedeutende fachliche Veranstaltung, die von Berufs-, Standes- Wirtschaftsorganisationen oder Parteien durchgeführt wird - dauert i. d. R. mehrere Tage - 100 bis 1 000 Teilnehmer	umfangreiche und fachgerechte Vorbereitung, ca. 12 bis 15 Monate	Informationen über aktuelle fachspezifische Entwicklungen
	Beispiel: Frau Epstein und Herr Bastian fahren zum „IHK-Kongress für Unternehmen" der IHK Bonn/Rhein-Sieg.		
Tagung	- ähnlich wie ein Kongress - dauert aber meist nur 1, mitunter auch 2 Tage - bis zu 300 Teilnehmer	siehe Kongress	siehe Kongress
	Beispiel: Der Mediengestalter Kemal Aydin fährt zu einer Tagung, bei der neue Entwicklungen im Bereich Grafik-Design und Mediengestaltung vorgestellt werden.		

1 Hinweise zur Gesprächsführung am Telefon
→ FK 2, LF 7, Kap. 4.5

2 Videokonferenzen
→ FK 2, LF 7, Kap. 4.6

Veranstaltungsart	Beschreibung	Anforderungen	Zielsetzungen
Seminar (auch Schulung, Lehrgang)	eine zeitliche begrenzte, wissenschaftliche oder zumindest systematische Lehrveranstaltung unter Anleitung durch eine Lehrperson	- Seminarthema abgestimmt auf die Anforderungen der Teilnehmer - Seminarunterlagen für die Teilnehmer - Teilnehmerzahl meist auf Klassenstärke begrenzt	Schulung von Mitarbeitern
	Beispiel: Die Abteilung „Kundenbetreuung" der BE Partners KG nimmt am Seminar „Emotionale Kundenbindung" teil.		
Webinar (Wortbildung aus Web und Seminar)	Seminar, das über das World Wide Web gehalten wird	- internetfähiger Computer mit entsprechender Software - Headset - Webcam - Terminabstimmung	Schulung von Mitarbeitern
	Beispiel: Bei der BE Partners KG soll eine neue Software eingeführt werden. Der Systemadministrator Peter Müller nimmt an einem Webinar der Softwarefirma teil.		
Ausstellung	- (Verkaufs-)Präsentation eines Unternehmens (bzw. Künstlers) - Exponate sind (außer bei Verkaufsausstellungen) nicht an Ort und Stelle käuflich.	- ansprechender Ausstellungsraum - ansprechende Exponate	Präsentation von Neuheiten sowie Kontaktaufnahme/-pflege mit Geschäftspartnern
	Beispiel: Die Bürobunt AG, ein Lieferant der BE Partners KG, fertigt recyclebare Büromöbel. Sie nutzt eine modernisierte alte Fabrikhalle als permanenten Ausstellungsraum.		
Messe	- eine Ausstellung mehrerer Unternehmen einer oder mehrerer Branchen - regional oder überregional, national oder international	umfangreiche Vorbereitungsarbeiten je nach Größe der Messe	- siehe Ausstellung - außerdem Verkauf
	Beispiel: Frau Kolder, die Leiterin der Sparte Druckerei/Werbeartikel, fährt zur drupa, der weltweit führenden Messe für grafischen und industriellen Druck.		
Hausmesse	eine Ausstellung eines einzelnen Unternehmens	- i. d. R. umfangreiche Vorbereitung - auskunftsfähige Mitarbeiter, Informationsstände	siehe Messe
	Beispiel: Die BE Partners KG veranstaltet eine Hausmesse mit dem Ziel, neue Leistungen vorzustellen und die Kundenbindung zu stärken.		
Tag der offenen Tür	Ein Unternehmen (oder eine Institution) ist für einen Tag für Besucher geöffnet.	- Das Unternehmen zeigt sich von seiner besten Seite. - evtl. Rahmenprogramm, Führungen	Kontaktaufnahme und Kontaktpflege
	Beispiel: Die BE Partners KG veranstaltet einen Tag der offenen Tür für Schulabgänger, um sie für einen Ausbildungsplatz im Haus zu interessieren.		

Weitere Veranstaltungsarten sind z. B. Training, Firmenjubiläum, Betriebsfeier oder Weihnachtsfeier.

1.3 Budget

Beispiel Herr Bastian möchte nicht mehr als 20.000,00 € für die gesamte Tagung zum Thema „Aktuelle Entwicklungen in der Werbung“ ausgeben. Edith Bernle bittet Tüley darum, die einzelnen Kostenfaktoren möglichst genau aufzulisten, um während der gesamten Planungsphase den Überblick über das Budget zu behalten.

Bevor mit der eigentlichen Planung einer Veranstaltung begonnen wird, ist es hilfreich, wenn das Budget bereits grob feststeht.[1] Denn es hat Einfluss auf alle weiteren Entscheidungen: von der Wahl des Veranstaltungsortes über die Redner, die Gästebewirtung und Service- und Beratungsdienstleistungen bis hin zum Zeiteinsatz der unternehmensinternen Mitarbeiter. Im Laufe der Veranstaltungsplanung muss das Budget ggf. angepasst werden.

1 zum Beispiel als Kostenobergrenze

Merke! Das **Veranstaltungsbudget** ist die Summe aller Kosten, die für die Planung, Durchführung und Nachbereitung einer Veranstaltung anfallen.

Für die Einhaltung des Budgets ist es hilfreich, wenn seine einzelnen Bestandteile so genau wie möglich aufgelistet sind: Raumkosten können z. B. die Miete für einen externen Veranstaltungsraum, Nebenkosten und Dekoration enthalten. So lässt sich genau planen und Überraschungen können vermieden werden.

Beispiel Tüley hat das Budget für die Tagung in mehrere Kategorien aufgeteilt. Sie hofft, die Kosten so besser im Griff zu haben.

BE Partners KG

Budget: Tagung „Aktuelle Entwicklungen in der Werbung“[2]

Art der Ausgabe		Geplante Ausgabe	Tatsächliche Ausgabe
Honorare Referenten		3.000,00 €	
Übernachtung			
	Teilnehmer	4.000,00 €	
	Referenten	500,00 €	
Verpflegung			
	Teilnehmer	1.000,00 €	
	Referenten	200,00 €	

2 Im Laufe der Vorbereitung, Durchführung und Nachbereitung der Veranstaltung können die tatsächlichen Ausgaben festgehalten werden.

Während der gesamten Vorbereitung und Durchführung der Veranstaltung müssen unbedingt alle **Belege** gesammelt werden. Sie helfen, das Budget im Auge zu behalten, und sind Grundlage für die Abrechnung.[3]

3 Abrechnung
→ LF 12, Kap. 3.2

1.4 Interne Organisation oder externer Dienstleister

Sobald die Veranstaltungsart feststeht, muss darüber entschieden werden, ob die Veranstaltung intern oder von externen Dienstleistern organisiert wird:

- Manche große Unternehmen oder Verbände haben eine **interne Veranstaltungsabteilung.**
- Auch **einzelne Mitarbeiter** können mit Planung, Durchführung und Nachbereitung einer Veranstaltung betraut werden.[1]
- Wenn in einem Unternehmen keine eigene Abteilung für die Veranstaltungsorganisation existiert, bietet sich gerade bei größeren Veranstaltungen der Einsatz eines **externen Dienstleisters** für die gesamte Organisation oder für Teilaufgaben an.

1 Oft übernimmt ein Sekretär oder eine Assistentin diese Aufgabe.

Bei der Entscheidung für oder gegen einen externen Dienstleister handelt es sich um eine **Make-or-Buy-Entscheidung.**[2] Das heißt, dass der Entscheidung ein möglichst genauer Kostenvergleich vorausgehen sollte. Ausschlaggebend ist auch, ob im Unternehmen freie Kapazitäten vorhanden sind, Mitarbeiter also die Zeit haben, die Veranstaltung zu organisieren. Die Make-or-Buy-Entscheidung ist im Prinzip für alle Dienstleistungen im Rahmen der Veranstaltungsorganisation ähnlich zu treffen.

2 Eigenfertigung oder Fremdbezug (Make or Buy)
→ FK 1, LF 4, Kap. 1.6

Wird die Veranstaltung **intern** vorbereitet und durchgeführt und sind mehrere Mitarbeiter daran beteiligt, müssen die einzelnen Aufgaben den Mitarbeitern klar zugeordnet werden. Jedem von ihnen muss die Bedeutung seiner Aufgabe für das Gelingen der Veranstaltung klar sein. Dies gilt auch für die Mitarbeiter, die die betriebliche Vertretung am Tag der Veranstaltung übernehmen.

Zu Beginn der Veranstaltungsvorbereitung sollte unbedingt geprüft werden, ob **betriebsinterne Vorbereitungsunterlagen**[3] wie Checklisten oder eine Referentendatei vorliegen, denn sie erleichtern die Arbeit enorm.

3 Dokumentenmanagement
→ FK 1, LF 2, Kap. 6

Die interne Veranstaltungsorganisation ist je nach Größe der Veranstaltung eine **komplexe Aufgabe** und stellt hohe Anforderungen an die mit der Organisation betrauten Mitarbeiter. Sie müssen z. B. in der Lage sein, flexibel auf Veränderungen zu reagieren und zu improvisieren[4]. Sie müssen außerdem dafür sorgen, dass alle an der Organisation beteiligten Personen über den aktuellen Stand informiert werden.

4 **improvisieren:** etwas ohne Vorbereitung, aus dem Stegreif tun

Falls ein **externer Dienstleister** die Veranstaltungsorganisation übernehmen soll, muss ein passender Anbieter ausgewählt und beauftragt werden. Im Einzelnen sind dabei die folgenden **Schritte** zu gehen[5]:

1. **Konzeption:** Für die Veranstaltung muss eine Gesamtkonzeption erstellt werden, sodass der Dienstleister einen guten Eindruck von den Details der Veranstaltung wie Budget, Zielsetzung, Teilnehmerzahl und Besonderheiten der Teilnehmer hat.
2. **Recherche von Dienstleistern:** Die wichtigste interne Informationsquelle in diesem Zusammenhang ist die Lieferantendatei. Die wichtigste externe Informationsquelle in diesem Zusammenhang ist das Internet.[6]
3. **Treffen einer Vorauswahl:** Mit Blick auf die Konzeption wird eine Vorauswahl getroffen. Das wichtigste Kriterium ist hierbei häufig das Budget.
4. **Einholen von Angeboten:** Von den infrage kommenden Dienstleistern holt man Angebote ein. Dies kann schriftlich, mündlich, telefonisch oder per E-Mail geschehen.[7]
5. **Angebotsvergleich:** Die Angebote werden verglichen. Will man verschiedene Aspekte mehrerer Angebote miteinander vergleichen, eignet sich die Nutzwertanalyse.[8]
6. **Auftragserteilung:** Hat der Käufer sich für eine bestimmte Dienstleistung entschieden, erteilt er den Auftrag.[9]

5 Die sechs dargestellten Schritte gelten im Prinzip für die Beauftragung aller externen Dienstleister im Rahmen der Veranstaltungsorganisation.

6 Ermittlung von Bezugsquellen
→ FK 1, LF 4, Kap. 3.1

7 Anfrage
→ FK 1, LF 4, Kap. 3.2

8 Angebotsvergleich mithilfe der Nutzwertanalyse
→ FK 1, LF 4, Kap. 4.3

9 Bestellungen
→ FK 1, LF 4, Kap. 5.4

1.5 Referenten

Referenten sind Experten zu bestimmten Themen, die während einer Veranstaltung einen Vortrag halten. Während der Veranstaltungsvorbereitung wird der Termin mit ihnen abgestimmt. Auch das Ziel der Veranstaltung und ihr Auftrag müssen abgeklärt werden (sogenanntes Briefing). Neben dem Honorar werden auch Reise-, Unterbringungs- und Verpflegungskosten verhandelt. Die Ergebnisse der Verhandlungen werden am besten schriftlich festgehalten.

1.6 Teilnehmer

Beispiel Zu der Tagung der BE Partners KG werden 50 Mitarbeiter von derzeitigen und potenziellen Kunden und Lieferanten erwartet. Einige werden sogar aus dem Ausland anreisen.

Der **Teilnehmerkreis** ist die Gesamtheit aller an der Veranstaltung teilnehmenden Personen. Er ist die Zielgruppe der Veranstaltung. Die Zusammensetzung des Teilnehmerkreises hat Einfluss auf die gesamte Veranstaltungsvorbereitung, z. B. auf die Tagesordnung[1], den Veranstaltungsraum[2] und die Bewirtung[3]. Das gilt besonders, wenn unternehmensexterne Geschäftspartner und Besucher teilnehmen. Folgende Merkmale der Teilnehmer sind zu berücksichtigen:

- **Alter:** Das Alter der Teilnehmer hat z. B. Auswirkungen auf den Veranstaltungsort. Um eine junge Zielgruppe zu motivieren, kann die Veranstaltung auch einmal an einem ungewöhnlichen Ort (z. B. „Szenelocation“) stattfinden. Auch die Aufmerksamkeitsspanne oder die Fähigkeit zu langem Sitzen können je nach Altersgruppe variieren, sodass die Tagesordnung und die Pausen daran angepasst werden müssen.
- **Geschlecht:** Das Geschlecht spielt immer dann eine Rolle, wenn überwiegend Frauen oder überwiegend Männer teilnehmen. Das kann z. B. Auswirkungen auf die Auswahl der Redner oder die Wahl und Dekoration des Veranstaltungsortes haben.
- **Funktion im Unternehmen:** Nach der Funktion im Unternehmen richtet sich z. B. die Rednerfolge oder auch die Sitzordnung.
- **Wertmaßstäbe:** Sie können z. B. die Auswahl der Redner beeinflussen. Auch die Sitzordnung kann sich unterscheiden, je nachdem, ob die Teilnehmer eher konservativ oder modern eingestellt sind. Wertmaßstäbe können auch das Essverhalten der Teilnehmer beeinflussen, z. B. wenn ökologische oder vegetarische Mahlzeiten von den Teilnehmern bevorzugt werden.
- **Sitten und Gebräuche der Teilnehmer:** Nehmen Personen mit besonderem kulturellem Hintergrund an der Veranstaltung teil, ist dieser zu berücksichtigen.[4] Er kann sich z. B. auf die Gästebewirtung auswirken.

1 Tagesordnung
→ LF 12, Kap. 1.11

2 Veranstaltungsraum
→ LF 12, Kap. 1.9

3 Bewirtung
→ LF 12, Kap. 1.10

4 interkulturelle Besonderheiten
→ FK 2, LF 7, Kap. 2.4

1.7 Termin

Beispiel Edith Bernle bittet Tüley Öztürk, einen geeigneten Termin für die Veranstaltung zu finden. Sie rechnet mit einem Planungszeitraum von ca. sechs Monaten. Tüley sieht zunächst in den Firmenkalender. Sie prüft auch, welche Ferien, Feiertage oder wichtigen Veranstaltungen in dieser Zeit anfallen. Da die Teilnehmer aus mehreren Bundesländern und zum Teil auch aus dem Ausland anreisen, bezieht sie die entsprechenden Kalender ebenfalls in ihre Prüfung ein.

Der Erfolg einer Veranstaltung hängt maßgeblich von der Wahl des richtigen Termins ab.

Dabei müssen folgende Punkte in die Überlegungen einbezogen werden[1]:

- **Verpflichtungen der internen Teilnehmer:** Ein Beispiel ist die Erstellung der Umsatzstatistik zum 5. des Folgemonats.
- **innerbetriebliche Termine:** Ein Beispiel ist ein Gesprächstermin mit einem Großkunden.
- **Veranstaltungen am Veranstaltungsort:** Zum Beispiel kann der unternehmensinterne Konferenzraum bereits reserviert sein.[2]
- **Feiertage:** Bei der Planung sollten Sie immer auch Feiertage in anderen (Bundes-)Ländern im Blick haben, z. B. ist Fronleichnam in einigen Bundesländern ein Feiertag, in anderen nicht.
- **Brückentage:** An sogenannten Brückentagen nehmen viele Mitarbeiter frei.
- **Schulferien:** In den Schulferien sind viele Mitarbeiter im Urlaub. Auch hier sind ggf. die Ferien in anderen (Bundes-)Ländern zu berücksichtigen.
- **Betriebsferien:** Alle Mitarbeiter eines Unternehmens sind im Urlaub.
- **Großveranstaltungen:** Wenn sie zeitgleich zur eigenen Veranstaltung stattfinden, konkurrieren die Teilnehmer z. B. um Hotelzimmer.
- **Messen:** Veranstaltungen sollten sich nicht mit wichtigen Messeterminen für dieselbe Branche überschneiden.
- **Urlaubszeiten der Mitarbeiter:** Je weniger unternehmensinterne Mitarbeiter während der Vorbereitung und Durchführung einer größeren Veranstaltung im Urlaub sind, desto besser. Auch Kollegen, die an der Veranstaltung nicht direkt beteiligt sind, müssen häufig für ihre Kollegen Arbeit übernehmen.

1 Termine finden
→ FK 1, LF 2, Kap. 3.3.2

2 Veranstaltungsraum
→ LF 12, Kap. 1.9

Ist der passende Termin gefunden, wird er in die entsprechenden Kalender eingetragen.[3]

3 Termine eintragen
→ FK 1, LF 2, Kap. 3.3.3

1.8 Formalitäten

1.8.1 Gesetzliche Vorschriften und Genehmigungen

Bei der Vorbereitung der Veranstaltung müssen unter Umständen gesetzliche Vorschriften und Genehmigungen beachtet werden:

- **Anmeldepflicht:** Ob eine Veranstaltung angemeldet werden muss, ist beim zuständigen Ordnungsamt zu erfragen.
- **Lärmschutzverordnung:** Es muss auf die Einhaltung der Lärmschutzverordnung der Kommune bzw. des Landes geachtet werden.
- **Versammlungsstättenverordnungen (VStättVO):** Sie sind landesspezifische Rechtsverordnungen und beziehen sich auf den Bau und den Betrieb von Versammlungsstätten. Das jeweilige Recht des Bundeslandes ist zu beachten. Im Einzelnen regelt die Verordnung z. B. verwendete Baustoffe, Treppen, Bestuhlung, Toilettenräume, Rauchabzüge oder Rettungswege. Unter bestimmten Voraussetzungen kann eine landesspezifische VStättVO für die folgenden Veranstaltungsorte gelten: geschlossene Räume (mehr als 200 Besucher), Open Air (mehr als 1 000 Besucher) und Sportstadien (mehr als 5 000 Besucherplätze).

1.8.2 Versicherungen

Des Weiteren ist zu prüfen, ob Versicherungen abzuschließen sind, damit Schäden, die bei der Durchführung der Veranstaltung entstehen können, ggf. ersetzt werden. Die folgenden Versicherungen kommen z. B. infrage:

- **Veranstaltungshaftpflicht:** Jeder, der eine Veranstaltung durchführt, haftet grundsätzlich für Schäden und Unfälle, die im Rahmen der Veranstaltung entstehen. Das kann u. U. teuer werden. Die Veranstaltungshaftpflicht tritt im Schadensfall ein.
- **Veranstaltungsausfallversicherung:** Eine Veranstaltungsausfallversicherung zahlt die unmittelbaren Kosten, die durch Ausfall, Abbruch oder Verlegung der angekündigten Veranstaltung entstanden sind. Die Ursachen dafür müssen außerhalb des Einflussbereiches des Versicherungsnehmers oder seiner Organisation liegen.
- **Feuerversicherung:** Sie ersetzt die durch ein Feuer entstandenen Schäden.
- **Diebstahlversicherung:** Sie tritt für das Abhandenkommen versicherter Sachen (i. d. R. die eigene oder angemietete Veranstaltungstechnik) durch Diebstahl und Einbruchdiebstahl während der Veranstaltung ein.

Bestehende Versicherungen sind daraufhin zu überprüfen, ob die Veranstaltung durch sie bereits abgesichert ist. Falls neue Versicherungen abgeschlossen werden müssen, ist ein sorgfältiger Angebotsvergleich ratsam, da es eine Vielzahl von verschiedenen Versicherungsmöglichkeiten und -bedingungen gibt.[1]

1 Angebotsvergleich
➔ FK 1, LF 4, Kap. 4

1.8.3 Gebühren und Beiträge

- **GEMA**[2]: Der Urheber eines Werkes hat das sogenannte „Verwertungsrecht“[3]. Will man auf der Veranstaltung Musik abspielen, die urheberrechtlich geschützt ist, muss man deshalb eine kostenpflichtige Lizenz[4] bei der GEMA beantragen.
- **Künstlersozialkasse:** Eventuell muss das veranstaltende Unternehmen für Leistungen von Künstlern, Grafikern und bestimmten anderen Dienstleistern Abgaben an die Künstlersozialkasse entrichten. Ob dies der Fall ist, muss geprüft werden.[5]

2 Gesellschaft für musikalische Aufführungs- und mechanische Vervielfältigungsrechte

Nutzungsrechte
➔ FK 1, LF 1, Kap. 4.3.3

3 **Verwertungsrecht:**
Begriff aus dem Urheberrecht. Er besagt, dass der Urheber eines Werkes das ausschließliche Recht hat, es zu vervielfältigen, zu verbreiten oder öffentlich auszustellen.

4 **Lizenz:**
Erlaubnis, etwas zu tun, das ohne diese Erlaubnis verboten ist

5 www.kuenstlersozialkasse.de

1.9 Veranstaltungsraum

Beispiel Edith Bernle prüft, ob ein Raum der BE Partners KG für die Veranstaltung genutzt werden kann. Es zeigt sich schnell, dass Raumaufteilung und sanitäre Anlagen einer so großen Teilnehmerzahl nicht gewachsen sind. Der Veranstaltungsraum muss also extern gebucht werden.

Der Veranstaltungsort kann sich auf dem Firmengelände befinden. Kommt keiner der Räume des Unternehmens infrage, muss ein externer Veranstaltungsort gesucht und gebucht werden.[6]

Kriterien für die Wahl eines passenden Veranstaltungsraums sind vor allem die Zielsetzung[7] der Veranstaltung sowie die Teilnehmerzahl[8].

Beispiel Tüley recherchiert mit Blick auf die Konzeption der Veranstaltung verschiedene Tagungsräume in und um Bonn, trifft eine Vorauswahl und schreibt Anfragen. Nach einem detaillierten Angebotsvergleich entscheidet sie sich für das „Tagungshotel Rheinsteig“. Das Hotel bietet umfassenden Service und angenehme Atmosphäre zu einem Preis, der im Budget liegt.

6 Der in LF 12, Kap. 1.4, dargestellte Entscheidungsprozess gilt prinzipiell auch für die Wahl des geeigneten externen Veranstaltungsraums.

7 Ziele der Veranstaltung
➔ LF 12, Kap. 1.1

8 Teilnehmer
➔ LF 12, Kap. 1.6

Der Raum muss **rechtzeitig** vor dem Veranstaltungstermin **reserviert bzw. gebucht** werden. Denn steht kein passender Raum zur Verfügung, kann das die gesamte Veranstaltung gefährden.

1.9.1 Gestaltung

Der Veranstaltungsraum muss vor der Veranstaltung entsprechend ihren Anforderungen gestaltet und für die Veranstaltung vorbereitet werden:

- **Bestuhlung:** Die Anzahl der Stühle richtet sich nach der Zahl der Teilnehmer, es sollten aber in jedem Fall genügend Stühle vorhanden sein, auch für den Fall, dass unvorhergesehene Teilnehmer hinzukommen. Je nach Dauer der Veranstaltung sollte darauf geachtet werden, dass die Teilnehmer auch über einen längeren Zeitraum bequem sitzen.
- **Tisch- und Sitzordnung:** Die Anordnung der Tische und Stühle muss zur Veranstaltung passen. Sollen die Teilnehmer z. B. nur zuhören, können Stuhlreihen ausreichend sein. Die **U-Form** fördert den Kontakt zwischen den Teilnehmern. Je nach Veranstaltung kann es auch sinnvoll sein, vorher festzulegen, wer wo sitzt. Diese Entscheidung sollte wohlbedacht getroffen werden. Für besonders wichtige Teilnehmer können bestimmte Plätze reserviert werden. So sitzen z. B. Redner auf einem Kongress gewöhnlich in der ersten Reihe, wenn sie selbst nicht sprechen. Gegebenenfalls muss es möglich sein, die Sitzordnung im Raum leicht zu ändern, z. B. für Übungen in Kleingruppen.

Tisch- bzw. Sitzordnungen

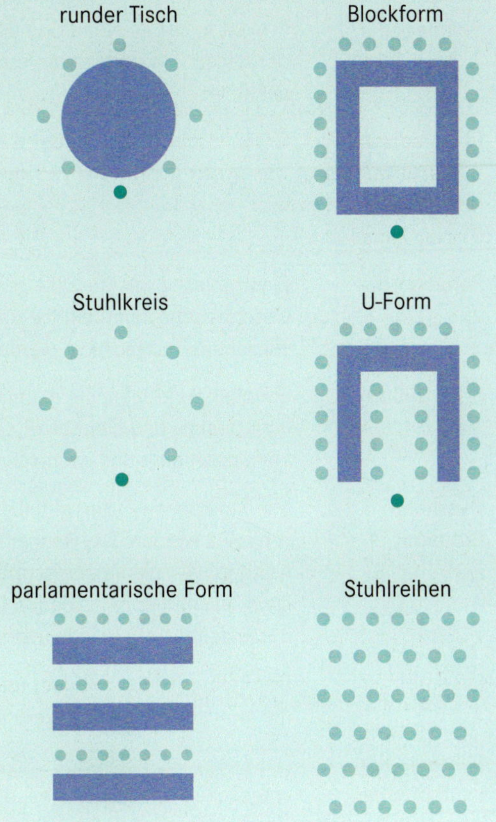

Beispiel Wegen der hohen Teilnehmerzahl und des begrenzten Raumes entscheidet Frau Bernle sich für Stuhlreihen.

- **Namensschilder:** Für alle Teilnehmer sollten Namensschilder vorbereitet sein. Ein paar Blanko-Namensschilder und ein dicker Stift sollten außerdem bereitliegen.
- **Informationen:** Die wichtigste Information ist die Tagesordnung bzw. das Programm.[1]
- **Konferenzmappen:** Eine Konferenzmappe enthält alle wichtigen Informationen zur Veranstaltung, insbesondere die Tagesordnung. Außerdem können z. B. Raumpläne, Kurzvorstellungen der Redner oder das Mittagsmenü enthalten sein.
- **Schreibzeug:** Den Teilnehmern können Schreibblöcke und Stifte bereitgestellt werden.
- **Raumausstattung:** Zur Raumausstattung gehören z. B. eine Klimaanlage oder technische Geräte.
- **Dekoration:** Eine Blumendekoration z. B. kann die Atmosphäre im Veranstaltungsraum verbessern.

1 Tagesordnung bzw. Programm
→ LF 12, Kap. 1.11 und 1.12.1

1.9.2 Geräte und Hilfsmittel

Heutzutage kommt keine Veranstaltung mehr ohne verschiedene visuelle[1] und auditive[2] Geräte und Hilfsmittel aus. Infrage kommen:

1 **visuell:** betrifft das Sehen

2 **auditiv:** betrifft das Hören

Gerät/ Hilfsmittel	Erläuterung
Beamer	Projektor, der an einen Computer angeschlossen wird, sodass der Bildschirm des Computers im Großformat an der Wand zu sehen ist
Plasmadisplay/ -bildschirm[3] (engl.: Plasma Display Panel)	Großbildschirm, der an der Wand als Präsentationsmittel dient
Panaboard	Elektronische Tafel, auf die geschrieben werden kann. Das Geschriebene kann mithilfe des integrierten Druckers für die Teilnehmer ausgedruckt werden.
Smartboard	Ebenfalls eine Tafel, die mit einem Computer verbunden ist. Sie ist interaktiv und dient als Projektionsfläche. Das Dargestellte kann bearbeitet und gespeichert werden.
Overhead-Projektor	Mit ihm können Folien mithilfe einer Leuchtquelle an die Wand projiziert werden. Der Redner kann bereits fertige Folien verwenden oder die Inhalte schrittweise händisch aufschreiben. Dem Teilnehmer ist es dadurch möglich, die Entwicklung der dargestellten Inhalte mitzuverfolgen.
Laserpointer	Der Referent zeigt mit dem roten Lichtsignal auf die Textstelle, die er in seinem Vortrag gerade anspricht.
Mikrofon und Lautsprecher	Der Einsatz von Mikrofon und Lautsprecher ist für große Räume vorgesehen oder für Räume, die keine gute Akustik haben.
Flipchart	Flipcharts (Ständer mit Papierblock) werden überwiegend zum Festhalten von Präsentationsergebnissen verwendet. Zum Beschriften der Papierbögen dienen dicke Stifte.
Moderationsmaterial	Befindet sich meist in einem Koffer. Es besteht gewöhnlich aus Moderationskarten in der Form von Kreisen, Rechtecken, Ovalen, Streifen und Wolken in verschiedenen Größen und Farben sowie weiteren Materialien wie Filzschreibern, Pinnnadeln und Klebepunkten.

3 **Plasma** (griechisch): Gebilde

Der Einsatz dieser Geräte und Hilfsmittel sollte an die Veranstaltungsart angepasst und mit dem Referenten vor Beginn der Veranstaltung besprochen werden. Vor Veranstaltungsbeginn muss die Funktionsfähigkeit der visuellen und auditiven Geräte überprüft werden.

Neben den Geräten, die direkt innerhalb der Veranstaltung eingesetzt werden, gibt es auch Geräte, die für Arbeiten vor und während der Veranstaltung im Nebenraum benötigt werden, wie z. B. Drucker und Kopierer.

1.10 Gästebewirtung

Merke! Als **Gästebewirtung** bezeichnet man die Versorgung der Veranstaltungsteilnehmer mit Speisen und Getränken.

Die Bewirtung muss dem **Anlass der Veranstaltung** angepasst werden:

- Üblicherweise reicht man zu kleinen Veranstaltungen Kaffee und Tee, Kaltgetränke sowie Schnittchen.
- Bei größeren Veranstaltungen gibt es i. d. R. auch einen Mittagsimbiss.

Die Bewirtung kann entweder selbst durchgeführt oder an einen externen Dienstleister, einen sogenannten „Caterer[1]“, übertragen werden. Soll ein Caterer beauftragt werden, sucht man nach geeigneten Anbietern, holt Angebote ein, wählt das passende Angebot aus und tätigt eine Bestellung.[2]

Die **Auswahl des Caterers** sollte nicht nur nach ökonomischen, sondern auch nach ökologischen Aspekten erfolgen. In den Angebotsvergleich können z. B. auch die folgenden Kriterien einbezogen werden:

- Wird Mehrweggeschirr/-besteck verwendet?
- Wird das Essen frisch zubereitet?
- Werden Produkte aus der Region oder Bioprodukte verarbeitet?

Auf eine leicht verdauliche Ernährung ist zu achten, damit die Teilnehmer zwar genügend Energie tanken, aber durch ein zu schweres Essen nicht müde werden.

Nehmen ausländische Personen an der Veranstaltung teil, müssen **kulturelle Besonderheiten** beachtet werden: Zum Beispiel wird nicht in allen Kulturen Schweine- bzw. Rindfleisch gegessen.

Wird ein Caterer beauftragt, muss der zuständige Mitarbeiter darauf achten, dass ein **Fixkauf**[3] abgeschlossen wird.

1 **catering** (engl.): Lebensmittel liefern, jemanden verpflegen

2 Entscheidung für oder gegen externe Dienstleister und Auswahl geeigneter Dienstleister
→ LF 12, Kap. 1.4

3 Fixkauf
→ FK 1, LF 4, Kap. 5.3.5

1.11 Planung von Tagesordnung bzw. Programm

Sowohl die Tagesordnung als auch das Programm zeigen die einzelnen **Veranstaltungspunkte in chronologischer Folge**, meist mit Zeitangabe.

Den Begriff **Tagesordnung** verwendet man bei Sitzungen, Besprechungen oder Versammlungen, also bei Veranstaltungen, die stark geschäftlich ausgerichtet sind und wo die Teilnehmer auch selbst aktiv an der Ausgestaltung beteiligt sind.

Dagegen wird der Begriff **Programm** eher verwendet, wenn Redner oder Künstler etwas präsentieren und die Teilnehmer mehr oder weniger passiv zusehen. Das Programm kann auch stärkeren Unterhaltungscharakter haben.

Folgende Reihenfolge der **Tagesordnung** hat sich in der Praxis bewährt, muss aber natürlich an die jeweiligen Besonderheiten der Veranstaltung angepasst werden:

1. Begrüßung und Eröffnung
2. Feststellung der Anwesenheit und Beschlussfähigkeit
3. Bestimmung des Protokollführers
4. Berichte
5. Diskussion
6. Anträge
7. Verschiedenes

Bei der Planung eines **Programms** ist darauf zu achten, dass die einzelnen Programmpunkte für die Teilnehmer ansprechend, d. h. interessant sind. Dazu kann auch eine gut durchdachte **Reihenfolge** der einzelnen Programmpunkte beitragen. So ist es z. B. motivierender, wenn sich verschiedene Präsentationsformen abwechseln und auch mal Gruppenübungen eingeplant werden. Besonders starke und motivierende Redner bilden oft den Höhepunkt und den Abschluss einer Veranstaltung.

Der **Zeitbedarf** der einzelnen Veranstaltungspunkte muss möglichst genau eingeschätzt bzw. in Absprache mit Referenten vorgegeben werden. Auch sollte ausreichend Zeit für **Diskussionen und Pausen** bleiben und auf die Leistungskurve[1] geachtet werden, denn auch Zuhören kann anstrengend sein.

Die Tagesordnung oder das Programm können um ein **Rahmen- bzw. Abendprogramm** erweitert werden, damit die Teilnehmer die Gelegenheit haben, auch außerhalb des Protokolls ins Gespräch zu kommen. Dies gilt vor allem bei mehrtägigen Veranstaltungen.

BE Partners KG

Programm zur Tagung **„Aktuelle Entwicklungen in der Werbung"** am 12. und 13. September 20.. im Tagungshotel Rheinsteig in Bonn	
12. September 20..	
09:30 Uhr	Registrierung, Stehcafé mit Snacks
10:15 Uhr	Impulsvortrag: Das soziale Gewissen – neue Werte in der Werbung (Dörthe Epstein, BE Partners KG)
11:00 Uhr	Praxisbeispiel: Nachhaltigkeit in der Kommunikation der Rheintaler Brunnen GmbH & Co. KG (Marc Bödeker, Rheintaler Brunnen GmbH & Co. KG)
11:30 Uhr	Diskussion: Ökologische und gesellschaftliche Verantwortung der Werbung
12:00 Uhr	Mittagspause

Bei der Planung des Programms müssen, wie bei der gesamten Veranstaltungsplanung, Bedürfnisse und Besonderheiten von Teilnehmern aus **anderen Kulturkreisen** beachtet werden.

1 Leistungskurve
→ FK 1, LF 2, Kap. 3.2.2

1.12 Erstellung von Schriftstücken

→ **LS 111** Writing a business invitation

1.12.1 Tagesordnung und Programm

Stehen Tagesordnung bzw. Programm inhaltlich und zeitlich fest, müssen sie genau formuliert werden. Hierbei ist auf klare, einfache und **präzise Formulierungen** zu achten.

Danach wird die Tagesordnung bzw. das Programm mithilfe eines Textverarbeitungsprogramms übersichtlich und ansprechend **gestaltet**.[2] Bei größeren Veranstaltungen übernimmt ggf. eine Grafikabteilung oder ein externer spezialisierter Dienstleister die Gestaltung.

2 Textformulierung
→ in FK 1 und FK 2, IT-Trainer, Word, Kap. 12

1.12.2 Einladungsschreiben und Anmeldevordrucke

Stehen Ziel, Termin, Ort, Zeit, Teilnehmer und Inhalt der Veranstaltung fest, muss die **Einladung** an die Teilnehmer und ggf. die Referenten geschrieben werden.[3]

3 Textverarbeitungsprogramm
→ in FK 1 und FK 2, IT-Trainer, Word

Mithilfe einer Checkliste kann überprüft werden, ob die Einladung alle wichtigen Punkte enthält:

- Anlass und Thema
- Datum, Beginn, voraussichtliche Dauer
- Adresse, Telefonnummer
- Bezeichnung von Gebäude und Tagungsraum am Tagungsort
- Anfahrt zum Tagungsort (öffentliche Verkehrsmittel, Parkmöglichkeiten, Stadtplan)
- Tagesordnung
- Programm und Rahmenprogramm
- Referenten- und Teilnehmerliste
- Unterkunftsregelungen
- Klärung der Kostenübernahme
- Teilnahmegebühren (Höhe, Zahlungsart, Bankverbindung)
- Anmeldeformular und Anmeldeschluss

Die Einladung sollte **frühzeitig**, aber nicht zu früh – am besten in schriftlicher Form – versendet werden. Mit der Einladung wird in der Regel auch ein **Antwortschreiben** (Anmeldevordruck oder Antwortkarte) versendet. Dieses Antwortschreiben sollte so verfasst sein, dass der Teilnehmer seine Teilnahme einfach bestätigen oder ablehnen kann, z. B. indem er ankreuzt.

Es ist auch wichtig, vom Teilnehmer für die Veranstaltung relevante Informationen abzufragen, z. B.:

- Mit welchem Verkehrsmittel erfolgt Ihre Anreise?

Beispiel Kommen die Teilnehmer mit dem Pkw, muss für Parkmöglichkeiten gesorgt werden.

- Haben Sie besondere Wünsche für das Mittagessen?

Beispiel Viele Menschen ernähren sich heutzutage nicht mehr durch eine normale Mischkost, sondern z. B. vegan[1].

- Nehmen Sie am Abendprogramm teil?

Beispiel Bei mehrtägigen Veranstaltungen sollte ein Abendprogramm eingeplant werden. Es ist auf die Wünsche der Teilnehmer abzustimmen. Eventuell sind Platzreservierungen für eine kulturelle Veranstaltung vorzunehmen.

Teilnehmer **im Ausland** sollten möglichst in ihrer Sprache oder auf Englisch eingeladen werden.[2]

1.12.3 Teilnehmerliste, Anwesenheitsliste, Namensschilder, Wegweiser

Nachdem die Anmeldungen eingegangen sind, ist die **Teilnehmerliste** anzufertigen. Auf dieser Teilnehmerliste werden in der Regel Name, Vorname, Anschrift, Firma, Funktion, Kontaktdaten[3] und besondere Wünsche bzw. Bemerkungen aufgelistet. Sie kann auch gleichzeitig als **Anwesenheitsliste** verwendet werden. Für intern stattfindende Veranstaltungen ohne Teilnahme externer Geschäftspartner ist diese Auflistung recht schnell erledigt, da die Daten schon intern vorhanden sind.

1 **vegane Ernährung:** kompletter Verzicht auf tierische Nahrungsmittel

2 Useful office vocabulary → LF 12, Kap. 7

3 z. B. Telefonnummer und E-Mail-Adresse

Namensschilder sind nur dann notwendig, wenn sich nicht alle Teilnehmer untereinander kennen.

Auch der **Weg zur Veranstaltung** sollte ausgeschildert werden, d. h., es sind Schilder für den Weg zum Veranstaltungsraum zu erstellen.

1.13 Dokumentation der Veranstaltung

Beispiel Herr Bastian möchte, dass während der Tagung Fotos gemacht und Videos aufgenommen werden. Sie sollen anschließend auf der Internetseite der BE Partners KG veröffentlicht werden.

Im Vorfeld der Veranstaltung muss die Dokumentation organisiert werden: Infrage kommen Protokoll[1], Dossier[2], Foto-, Video- oder Audioaufnahme und externe Berichterstattung.

Entscheidend für die Wahl des richtigen Mediums ist die Zielsetzung der Dokumentation. Mögliche **unternehmensinterne Ziele** können z. B. sein:

- Für die Teilnehmer einer wichtigen Sitzung soll ihr genauer Verlauf festgehalten werden. Ein Verlaufsprotokoll wird erstellt.
- Mitarbeiter, die an einer Schulung nicht teilnehmen konnten, können sich das Material später auf Video ansehen.
- Fotos von einem Tag der offenen Tür hängen in den Büros der Mitarbeiter, um sie an den schönen Tag zu erinnern und sie zu motivieren.

Mit der Dokumentation können auch **unternehmensexterne Ziele** verbunden sein:

- Fotos vom Tag der offenen Tür werden in eine Broschüre aufgenommen, um das Image des Unternehmens zu verbessern.
- Die Vorträge auf einer Konferenz werden mitgeschnitten, um die Audiodateien später an Kunden zu verkaufen.
- Zu der Tagung eines Unternehmens wird ein lokales Fernsehteam eingeladen, das Interviews mit Referenten und Teilnehmern filmt. Ziel ist es, die Bekanntheit des Unternehmens zu steigern.

Die für die Dokumentation verantwortlichen Mitarbeiter sind fest einzuplanen und müssen mit der Technik bestens vertraut sein.

Je nachdem, wofür die Dokumentation genutzt werden soll, müssen die Rechte am Material geklärt werden. Dabei sind Persönlichkeits- und Urheberrechte zu beachten[3]:

- **Recht am eigenen Bild:** In Deutschland kann jeder Mensch entscheiden, ob Bilder von ihm veröffentlicht werden.[4] Bilder, die bei Veranstaltungen aufgenommen werden und vorrangig etwas anderes zeigen, dürfen in bestimmten Fällen ohne Genehmigung veröffentlicht werden. Sie dürfen dann aber nur für redaktionelle, nicht für werbliche Zwecke genutzt werden.
- **Urheberrecht:** Urheberrechte haben z. B. der Komponist von Musik oder der Verfasser einer Rede.

1 Protokoll
→ FK 1, LF 2, Kap. 4.5

2 **Dossier** (franz.): Aktenheftbündel, Sammelmappe; eine Sammlung von Dokumenten zu einem bestimmten Thema

3 Über die besondere rechtliche Situation im Einzelfall müssen Sie sich vor einer Veröffentlichung in jedem Fall informieren!

Nutzungsrechte
→ FK 1, LF 1, Kap. 4.3.3

4 Eine Ausnahme sind Prominente.
→ FK 1, LF 1, Kap. 4.3.3

1.14 Zeit- und Arbeitspläne

Für das Gelingen der Veranstaltung sind gut durchdachte Zeit-[1] und Arbeitspläne[2] unabdingbar. Ihnen ist zu entnehmen, wer wann was zu tun hat. Diese Pläne müssen **klar und übersichtlich** sein.[3] Im Einzelnen geben sie Auskunft über

- Aufgaben bzw. Tätigkeiten,
- Zuständigkeiten,
- Verantwortlichkeiten,
- Start- und Endzeit,
- Status,
- Notizen.

Die **Aufgaben** sind systematisch nach Prioritäten zu ordnen. Dabei können verschiedene Methoden helfen, z. B. Pareto-Prinzip, ABC-Analyse, ALPEN-Methode oder Eisenhower-Prinzip.[4]

Eine gute **Zeitplanung** ist realistisch und überfordert keinen der Beteiligten. Auch Zeitfenster für **Unvorhergesehenes** müssen enthalten sein. Stolpersteine für die Zeitplanung sind die sogenannten „Zeitdiebe"[5] wie schlechte Koordination und unzureichende Kommunikation im Team oder zu wenig Delegation. Erfahrungen aus früheren Veranstaltungen sollten konsequent genutzt werden, um bereits in der Planungsphase mögliche Probleme, Engpässe und Schwierigkeiten zu verhindern.

Zur **Überwachung** des Arbeitsablaufes dienen **Checklisten** für

- die Vorbereitung und den Aufbau,
- den Veranstaltungsablauf,
- das Veranstaltungsende und den Abbau,
- die Veranstaltungsnachbereitung.

Die Zeit- und Arbeitspläne müssen allen zuständigen Mitarbeitern im Unternehmen und externen Dienstleistern rechtzeitig zur Verfügung stehen. Für den **Versand** können innerbetriebliche Kommunikationseinrichtungen wie Telefonanlage, Fax, E-Mail oder Intranet genutzt werden. Als außerbetriebliche Kommunikationssysteme[6] stehen zusätzlich das Internet zur Verfügung, aber auch der herkömmliche Brief per Post.

1 Terminmanagement
➔ FK 1, LF 2, Kap. 3.3

2 Projektstrukturplan, Projektablaufplan und Terminplanung im Projekt
➔ LF 13, Kap. 2.2.2 - 2.2.4

3 Die Zeit- und Arbeitspläne werden gewöhnlich in einem Textverarbeitungsprogramm (mithilfe von Tabellen) oder in einem Tabellenkalkulationsprogramm (Diagramme) erstellt.
➔ in FK 1 und FK 2, IT-Trainer, Word, Kap. 6.3; Excel, Kap. 4

4 Methoden zur Strukturierung von Aufgaben
➔ FK 1, LF 1, Kap. 3.2.1

5 Zeitdiebe
➔ FK 1, LF 2, Kap. 3.1.2

6 Kommunikationsformen
➔ FK 1, LF 2, Kap. 5.1

Alles klar?

1 Nennen Sie mögliche Ziele einer Veranstaltung.

2 Erkundigen Sie sich in Ihrem Ausbildungsunternehmen, welche Veranstaltungen schon durchgeführt wurden oder geplant sind. Unterscheiden Sie drei von ihnen.

3 Warum ist es wichtig, ein Veranstaltungsbudget festzulegen?

4 Erläutern Sie Make-or-Buy-Entscheidungen bei der Veranstaltungsorganisation.

5 Nennen Sie gesetzliche Vorschriften und Genehmigungen, die bei der Vorbereitung von Veranstaltungen u. U. beachtet werden müssen.

6 Nennen und erläutern Sie zwei Geräte und Hilfsmittel, die bei Veranstaltungen eingesetzt werden.

7 Was muss bei der Gästebewirtung beachtet werden?

8 Nennen und erläutern Sie drei Möglichkeiten, eine Veranstaltung zu dokumentieren.

2 Durchführung von Veranstaltungen

Beispiel Tüley steht am Tag der Veranstaltung schon um 05:00 Uhr auf. Sie ist nervös und ihr geht im Kopf herum, woran sie heute alles denken muss. Zum Glück konnte sie ein paar Dinge bereits am Vortag erledigen, die Veranstaltungsräume sind z. B. schon fertig eingerichtet.

2.1 Aufgaben

2.1.1 Einen Tag vor der Veranstaltung

Einen Tag vor der Veranstaltung sollten die Vorbereitungsarbeiten umgesetzt werden, die schon erledigt werden können, z. B.:

- den Veranstaltungsraum laut Planung einrichten
- die Referenten kontaktieren, um letzte Absprachen zu treffen
- die benötigte Technik auf Funktionalität prüfen
- die Schilder für den Weg zum Veranstaltungsraum anbringen
- die Namensschilder und die Veranstaltungsunterlagen (Teilnehmerliste, Arbeitsmaterialien, Prospekte, Papier und Schreibgeräte) bereitlegen

2.1.2 Am Tag der Veranstaltung

Am Tag der Veranstaltung sind die verbliebenen Vorbereitungsarbeiten rechtzeitig zu erledigen, bevor die Veranstaltung beginnt. Dazu gehören z. B.

- das Feststellen der Anwesenheit der zuständigen Mitarbeiter und des Protokollanten,
- das Anbringen der Blumendekoration und
- das Bereitstellen der Getränke und des Imbisses.

Alle zuständigen Mitarbeiter vor Ort müssen informiert sein über

- den Veranstaltungsablauf,
- den eigenen Einsatzbereich,
- die Verantwortlichkeiten,
- die Teilnehmer,
- die örtlichen Gegebenheiten und
- die Maßnahmen bei unerwarteten Ereignissen.

2.1.3 Veranstaltungsbeginn

Die zuständigen Mitarbeiter begrüßen die eintreffenden Teilnehmer: Sie erteilen wichtige Auskünfte zum Ablauf der Veranstaltung, damit sich die Teilnehmer zurechtfinden können. Des Weiteren weisen sie den Teilnehmern ggf. die Plätze an und machen Besucher miteinander bekannt.

2.1.4 Im Laufe der Veranstaltung

Während der Veranstaltung erledigen die verantwortlichen Mitarbeiter folgende Aufgaben:

- Sie betreuen die Teilnehmer.
- Sie sind Ansprechpartner für Beschwerden.
- Sie versuchen, Probleme zu beheben.
- Sie sind beim Bedienen technischer Geräte behilflich.
- Sie führen das Protokoll.
- Sie bieten den Teilnehmern Getränke und einen Imbiss an.
- Sie lüften während der Pausen den Veranstaltungsraum.
- Sie führen mit den Teilnehmern Gespräche.

Besonders wichtig ist es, mit den Teilnehmern ins **Gespräch** zu kommen.[1] Falls Teilnehmer aus anderen Ländern dabei sind, sollten die zuständigen Mitarbeiter auch in der Lage sein, in einer fremden Sprache (meist Englisch) zu kommunizieren.[2]

Außerdem achten die Mitarbeiter auf eine reibungslose **Einhaltung der Planungen**. Bei **Abweichungen** von der Planung müssen sie in der Lage sein, angemessene Lösungen für unerwartete Probleme, Engpässe und Schwierigkeiten zu finden. Kreativitätstechniken[3] können bei der Lösung verschiedener Probleme helfen. Die aufgetretenen Abweichungen sollten festgehalten und reflektiert werden, um sie bei zukünftigen Veranstaltungen von vornherein zu vermeiden.

1 Kommunikation
→ LF 12, Kap. 2.2

2 Useful office vocabulary
→ LF 12, Kap. 7

3 Kreativitätstechniken
→ LF 13, Kap. 1.3

Beispiel Trotz Funktionsprüfung des Beamers am Vortag lässt er sich vor dem ersten Vortrag nicht anschalten. Präventive Maßnahme: Tüley hat sicherheitshalber einen Ersatz-Beamer aus der Agentur mitgebracht.

2.1.5 Veranstaltungsabschluss

Am Ende der Veranstaltung werden die Teilnehmer um ein **Feedback** gebeten, damit klar wird, was gut und was schlecht gelaufen ist. Änderungswünsche können so bei der nächsten Veranstaltung berücksichtigt werden.

Das Feedback muss systematisch erhoben werden, z. B. mithilfe eines Feedbackbogens. Er ist ein Fragebogen[4], der die subjektiven Eindrücke der Teilnehmer erfragt. Falls ein Unternehmen häufiger Veranstaltungen durchführt, liegen ggf. bereits Feedbackbögen vor. Andernfalls muss ein Feedbackbogen erstellt werden.

4 Fragebogengestaltung
→ FK 2, LF 5, Kap. 2.2.3

Auch eine mündliche **Feedbackrunde** am Ende der Veranstaltung kann sich dazu eignen, die Teilnehmer um persönliche Statements und Gedanken zur Veranstaltung zu bitten.

Beispiel Tüley hat einen anonymisierten Fragebogen für die Tagung „Aktuelle Entwicklungen in der Werbung" erstellt. Sie fragt z. B., ob der Teilnehmer zum Unternehmen eines Lieferanten oder eines Kunden gehört (Auswahlfrage) und wie zufrieden er mit dem Informationsgehalt der Veranstaltung war (Skalenfrage). Schließlich fragt sie nach Änderungswünschen für die nächste Veranstaltung (offene Frage).

Der Veranstaltungsleiter dankt außerdem dem Referenten für seinen Vortrag und den Teilnehmern für ihr Kommen. Abschließend werden die Teilnehmer verabschiedet, wichtige Referenten und Teilnehmer auch persönlich.

2.1.6 Aufräumarbeiten

Unmittelbar nach der Veranstaltung sind die **Aufräumarbeiten** zu organisieren und zu überwachen[1]. Dazu zählen folgende Tätigkeiten:

– Abbau von technischen Geräten und Präsentationstechnik, die nicht im Raum verbleiben

Beispiel Tüley hatte zur Sicherheit einen zweiten Beamer aus der BE Partners KG mitgebracht. Den verpackt sie und nimmt ihn mit zurück ins Unternehmen.

– Rücktransport des Materials

Beispiel Tüley packt den agentureigenen Moderationskoffer und überzählige Sitzungsmappen ein.

– Schwund/Schäden/Bruch feststellen und an die zuständige Stelle melden

Beispiel Tüley meldet den defekten Beamer dem für die Veranstaltung zuständigen Mitarbeiter des Tagungshotels.

– Entsorgung des Mülls

Beispiel Das „Tagungshotel Rheinsteig" übernimmt die Entsorgung des Mülls. Tüley räumt zusammen mit den anderen Auszubildenden aber den gröbsten Unrat weg.

– Endreinigung

Beispiel Die Endreinigung übernimmt das Tagungshotel.

1 Wenn der Veranstaltungsraum zum eigenen Unternehmen gehört, muss er in einem ordnungsgemäßen Zustand hinterlassen werden, damit er für die nächste Veranstaltung sofort genutzt werden kann.

2.2 Kommunikation

Während der Veranstaltung sind die Verantwortlichen permanent im Gespräch mit den Teilnehmern. Damit alle Gesprächssituationen gut verlaufen, sollten die Mitarbeiter, die die Teilnehmer betreuen, die Grundlagen der Kommunikation beherrschen[2] und auch in der Lage sein, auf die Bedürfnisse, Interessen und Emotionen der Teilnehmer einzugehen.[3]

Dabei ist Folgendes zu beachten:

– Sie gehen mit den Teilnehmern freundlich, hilfsbereit und wertschätzend um.
– Sie sind in der Lage, den Teilnehmern die gewünschten Informationen und Auskünfte zu geben.
– Sie stellen eine gute Gesprächsatmosphäre her und bauen Vertrauen zum Gesprächspartner auf.
– Sie hören aktiv zu.[4]
– Sie beachten die Regeln zur Konversation.[5]
– Sie verhalten sich gegenüber anderen Menschen empathisch.[6]
– Sie kennen die Bedeutungsebenen des Vier-Ohren-Modells.[7]

2 Grundlagen der Kommunikation
➔ FK 2, LF 7, Kap. 1

3 Bedürfnisse, Interessen und Emotionen des Gesprächspartners
➔ FK 2, LF 7, Kap. 2

4 aktives Zuhören
➔ FK 2, LF 7, Kap. 2.1

5 **Konversation** (franz.): gesellige Unterhaltung, Plauderei

6 Empathie
➔ FK 2, LF 7, Kap. 2.1

7 Vier-Ohren-Modell
➔ FK 2, LF 7, Kap. 1.1

- Ihnen ist bewusst, dass Kommunikationsverhalten und Persönlichkeitstyp eng miteinander verknüpft sind.[1]
- Sie achten auf eine angemessene Distanzzone.[2]
- Sie gehen konstruktiv mit Kritik um und sind auch in der Lage, sie situationsadäquat zu äußern.[3]

Bei der Kommunikation mit **ausländischen Teilnehmern** müssen die zuständigen Mitarbeiter unbedingt auf länderspezifische Sitten achten, um Kommunikationsstörungen zu vermeiden.[4]

1 Persönlichkeitstypen
➔ FK 2, LF 7, Kap. 3.3.2

2 Distanzzonen
➔ FK 1, LF 2, Kap. 3.5.2

3 Feedback
➔ FK 1, LF 1, Kap. 4.6.2

4 interkulturelle Besonderheiten der Gesprächsführung
➔ FK 2, LF 7, Kap. 2.4

Beispiel **Andere Länder, andere Sitten! Beispiele:**

- Arabien: Das Zeigen der Schuhsohle gilt als Beleidigung.
- Chinesen: Bei Verhandlungen sollte immer der Chef anwesend sein. Erscheint der Chef nicht, gilt dies als mangelnder Respekt.
- Dunkelrot ist in Brasilien eine Farbe der Trauer, ebenso Weiß in Japan.

2.3 Auftreten und äußeres Erscheinungsbild

Während der gesamten Veranstaltung sollten alle Mitarbeiter nicht nur auf eine angenehme Gesprächsatmosphäre achten, sondern auch auf gute Umgangsformen und gutes Benehmen. Der bekannte deutsche Schriftsteller Freiherr Adolph Franz Friedrich Ludwig Knigge (1752–1796) beschäftigte sich bereits im Jahre 1788 in seiner Schrift „Über den Umgang mit Menschen" mit guten Umgangsformen.

Tipps für gutes Benehmen:

- Begrüßen Sie die Teilnehmer mit einem angemessenen Händedruck (nicht zu lasch oder zu kraftvoll, keinesfalls feucht).
- Halten Sie den Teilnehmern die Türen auf und lassen Sie den Teilnehmer zuerst durchgehen.
- Stellen Sie Ihr Telefon während der Veranstaltung leise oder aus.
- Bieten Sie Ihren Gästen zuerst Kaffee und Tee an, bevor Sie sich selbst bedienen.
- Beginnen Sie die Veranstaltung pünktlich.

Eine gute Gesprächsführung, gute Umgangsformen und gutes Benehmen werden von einer auf die Veranstaltung abgestimmten **Businesskleidung** unterstrichen. Die Mitarbeiter achten außerdem auf ein **gepflegtes äußeres Erscheinungsbild**, zu dem z. B. gekämmte Haare, geputzte Brille und saubere Schuhe gehören.

Alles klar?

1 Was ist beim Eintreffen der Teilnehmer einer Veranstaltung zu tun?

2 Was ist ein Feedbackbogen?

3 Welche Aufräumarbeiten sind zu erledigen?

4 Worauf ist bei Kleidung und äußerem Erscheinungsbild zu achten?

3 Nachbereitung von Veranstaltungen

Beispiel Am Montag nach der Tagung ist Tüley immer noch erschöpft, aber gut gelaunt. Sie hat den Eindruck, dass die Veranstaltung ein voller Erfolg war. Als sie ins Büro kommt, erwartet Frau Bernle sie mit einem Lächeln: „Na, das war ja wirklich eine tolle Veranstaltung. Leider sind wir damit aber noch nicht fertig. Es gibt noch einiges zu tun.“

3.1 Erstellung von Dokumenten

Im Anschluss an eine Veranstaltung sind die folgenden Dokumente zu erstellen:

Protokoll[1]

Angepasst an den Veranstaltungsanlass wird ggf. ein Protokoll angefertigt. Es dokumentiert die Veranstaltung. Infrage kommen z. B. Verlaufsprotokoll oder Ergebnisprotokoll.[2] Dabei müssen der richtige Aufbau und die angemessene sprachliche Gestaltung von Protokollen berücksichtigt werden.[3] Wenn während der Veranstaltung Beschlüsse gefasst wurden, müssen sie im Protokoll enthalten sein.

Das Protokoll wird abschließend dem Protokollanten und dem verantwortlichen Mitarbeiter zur Unterschrift vorgelegt und an die Teilnehmer versandt. Danach wird es archiviert.

1 Protokoll
→ FK 1, LF 2, Kap. 4.5

2 Protokollarten
→ FK 1, LF 2, Kap. 4.5.2

3 Protokolle erstellen
→ FK 1, LF 2, Kap. 4.5.4

Abschlussbericht

Der Abschlussbericht einer Veranstaltung ist ein Überblick über die wichtigsten Rahmenbedingungen und Ergebnisse einer Veranstaltung. Er enthält z. B. die Anzahl der Teilnehmer, die Zielsetzungen und inwieweit sie erfüllt wurden sowie einen Eindruck von der Reaktion der Teilnehmer.

Er wird an die Vorgesetzten weitergeleitet, archiviert und für nachfolgende Veranstaltungen zur Verfügung gestellt.

Teilnahmebescheinigungen

Je nach Veranstaltung wünschen die Teilnehmer ggf. eine Teilnahmebescheinigung. Sie enthält normalerweise

- Name und Anschrift des Teilnehmers,
- Name und Anschrift des Veranstalters,
- Veranstaltungsthema,
- Veranstaltungstermin[4],
- Datum,
- Unterschrift des Veranstalters oder eines Stellvertreters.

4 bei einer Weiterbildung auch die Zahl der Unterrichtsstunden

Dankschreiben

Mittels Dankschreiben bedankt man sich bei den Referenten und unter Umständen auch den Teilnehmern.[5]

Beispiel Da die BE Partners KG mit der Veranstaltung die Verbindung zu ihren Kunden und Lieferanten stärken wollte, erhalten sie alle nach der Veranstaltung ein personalisiertes Dankschreiben.[6]

5 Falls Sponsoren beteiligt waren, erhalten auch sie ein Dankschreiben.

6 Serienbrief
→ in FK 1 und FK 2, IT-Trainer, Word, Kap. 11

3.2 Abrechnung

Nach der Veranstaltung ist eine der wichtigsten Aufgaben die genaue Abrechnung. Hier werden alle Kosten erfasst, die für die Veranstaltung angefallen sind, z. B.:

- Fahrtkosten
- Übernachtungskosten
- Honorare
- Bewirtungskosten
- Raummieten
- Kosten für Warenlieferungen
- Kosten für Dienstleistungen

Für alle entstandenen Kosten müssen auch **Belege** vorliegen, denn nur so ist eine genaue Abrechnung möglich.

Gegebenenfalls können die tatsächlich angefallenen Kosten auch den geplanten Kosten gegenübergestellt werden.

Beispiel Tüley verschafft sich einen Überblick über alle Kosten der Tagung, indem sie die Belege nach Art der Ausgabe sortiert und addiert. Die tatsächlichen Kosten stellt sie dann den geplanten Kosten gegenüber.

BE Partners KG

Budget: Tagung „Aktuelle Entwicklungen in der Werbung"[1]

Art der Ausgabe		Geplante Ausgabe	Tatsächliche Ausgabe
Honorare Referenten		3.000,00 €	3.570,00 €
Übernachtung			
	Teilnehmer	4.000,00 €	3.239,00 €
	Referenten	500,00 €	474,00 €
Verpflegung			
	Teilnehmer	1.000,00 €	1.250,00 €
	Referenten	200,00 €	217,32 €

1 Budget
➔ LF 12, Kap. 1.3

3.3 Evaluation und Ableitung zukünftigen Verhaltens

Beurteilung des Veranstaltungsverlaufs

Abschließend ist eine **Beurteilung des Verlaufs** der Veranstaltung notwendig. Die im Vorfeld festgelegte Vorgehensweise für Planung, Durchführung und Nachbereitung wird der tatsächlichen Vorgehensweise gegenübergestellt.[2] Zunächst prüft der für die Veranstaltung zuständige Mitarbeiter, ob der **Ablaufplan** der Veranstaltung **eingehalten** wurde.[3] Danach prüft er auch die Einhaltung der **Zeitpläne**.

Alle Abweichungen vom Plan und ihre Auswirkungen auf die Veranstaltung werden idealerweise kurz schriftlich festgehalten, ebenso mögliche Erkenntnisse zu Ursachen für Abweichungen und zukünftige präventive Maßnahmen.

2 Soll-Ist-Vergleich

3 Zeit- und Arbeitspläne
➔ LF 12, Kap. 1.13

Beurteilung der Zielerreichung

Als Nächstes wird überprüft, ob und wie die im Vorfeld festgelegten **Veranstaltungsziele**[1] erreicht wurden. Einen wichtigen Hinweis gibt das **Feedback** der Teilnehmer. Nach der Veranstaltung muss es systematisch ausgewertet werden.[2] Das Ergebnis („Ist") kann dann mit der Zielsetzung („Soll") abgeglichen werden.

1 Beispiele:
- Kommunikation/Austausch
- Information
- Weiterbildung
- Kundenbeziehung

2 Auswertung von Fragebögen
→ FK 2, LF 5, Kap. 2.2.4

Beispiel Tüley hat das Teilnehmerfeedback der Tagung ausgewertet und vergleicht es nun mit der Zielsetzung.

BE Partners KG

Zielsetzung der Tagung: Soll-Ist-Vergleich

Zielgröße	Soll	Ist
Teilnehmerzahl	40	41
Zufriedenheit mit dem Informationsgehalt der Veranstaltung[3]	80 % der Teilnehmer sollen sehr zufrieden oder zufrieden sein.	72 % der Teilnehmer sind sehr zufrieden oder zufrieden.

3 In diesem Beispiel hat Tüley eine Skalenfrage mit vier Antwortmöglichkeiten formuliert: sehr zufrieden, zufrieden, unzufrieden, sehr unzufrieden; vgl. auch Fragebogengestaltung.
→ FK 2, LF 5, Kap. 2.2.3

Aus den Ergebnissen werden Konsequenzen für zukünftige Veranstaltungen gezogen und schriftlich festgehalten.

Des Weiteren muss überprüft werden, ob das Budget eingehalten wurde[4] und ob die **Veranstaltungskosten** in einem vertretbaren **Verhältnis zum Ergebnis** der Veranstaltung stehen.

4 Soll-Ist-Vergleich bezüglich des Budgets
→ LF 12, Kap. 3.2

Merke! Mögliche Schwächen und Fehler bei der Planung, Durchführung und Nachbereitung der Veranstaltung sind zu identifizieren und kritisch zu hinterfragen.

Wenn Verbesserungsmöglichkeiten identifiziert werden, ist es ggf. sinnvoll, sie an geeigneter Stelle unter Einhaltung des Dienstweges für die Vorgehensweise bei weiteren Veranstaltungen vorzuschlagen.

Alles klar?

1 Nennen Sie drei Arbeiten, die nach einer Tagung zu erledigen sind.

2 Nennen Sie die Dokumente, die nach einer Veranstaltung erstellt werden müssen, und erläutern Sie, was dann mit jedem Dokument zu tun ist.

3 Warum wird nach der Veranstaltung eine Abrechnung durchgeführt?

4 Nach jeder Veranstaltung sollte eine Evaluation erfolgen.
   a) Was wird nach einer Veranstaltung beurteilt?
   b) Warum ist diese Beurteilung notwendig?

4 Vorbereitung von Geschäftsreisen

LS 112 Eine Geschäftsreise planen, organisieren und nachbereiten

Beispiel Edith Bernle, die Assistentin des geschäftsführenden Gesellschafters der BE Partners KG, liest in einer ruhigen Minute die Geschäftsreiseanalyse des Verbands Deutsches Reisemanagement e. V. (VDR)[1] und stößt auf die Frage: „Gibt es in Ihrem Unternehmen eine Reiserichtlinie?" Die Studie von 2013 nennt sie das „wichtigste Instrument für Kosteneinsparungen" und weist gleichzeitig darauf hin, dass nur in „knapp jedem zweiten deutschen Unternehmen (46 %) ab zehn Mitarbeitern eine Reiserichtlinie" existiere. Nachdenklich stellt sie fest, dass auch die BE Partners KG keine Reiserichtlinie hat.

Aktuell steht eine Reise von Herrn Schurns, dem Leiter der Kundenbetreuung, an. Anhand der Reise zum Süßwarenhersteller PIEKO Foods in Wien möchte Edith Bernle gleich prüfen, ob sich die Geschäftsreisen in der BE Partners KG optimieren lassen.

Merke! Eine **Geschäftsreise** ist eine betrieblich veranlasste Reise.

Von einer **Geschäftsreise** spricht man z. B., wenn der Unternehmer selbst oder Mitarbeiter eines Unternehmens Messen, Kunden oder Lieferanten besuchen oder an einer Weiterbildung teilnehmen. Häufig wird die Geschäftsreise auch „Dienstreise" genannt.[2]

Geschäftsreisen müssen gut organisiert werden, aus folgenden Gründen:

- Geschäftsreisen verursachen den Unternehmen hohe **Kosten**: Es wird geschätzt, dass die Kosten für Geschäftsreisen bei den Betriebskosten an dritter Stelle hinter den Personalkosten und den EDV-Kosten stehen.[3]
- Sie können über den **geschäftlichen Erfolg** mit entscheiden, der mit der Reise angestrebt wurde.
- Gerade hochqualifizierte Fachkräfte reisen besonders häufig. Gut organisierte Geschäftsreisen erhöhen die **Arbeitgeberattraktivität** und binden Fachkräfte.[4]

Zur sorgfältigen Vorbereitung einer Geschäftsreise gehören die folgenden Schritte:

- **Konzeption:** Hier werden die Rahmenbedingungen der Reise, die Wünsche des Reisenden und unternehmensinterne Richtlinien einbezogen. Auch Formalitäten müssen rechtzeitig geklärt werden.[5]
- **Recherche von Dienstleistern:** Wichtige Dienstleister sind z. B. Verkehrsunternehmen, Mietwagenverleih und Hotels. Sie müssen – abgestimmt auf die Informationen, die sich während der Konzeption ergeben – recherchiert werden.[6]
- **Einholen von Angeboten (und Angebotsvergleich):** Bei ausgewählten Dienstleistern werden Leistungen angefragt und die Angebote werden verglichen.[7]

1 Quelle: https://www.vdr-service.de/fileadmin/der-verband/fachmedien/geschaeftsreiseanalyse/vdr_gra2013.pdf

2 Die Lohnsteuer-Richtlinien bezeichnen eine Geschäftsreise als **„dienstlich veranlasste Auswärtstätigkeit"**.

3 Quelle: Schüller's Tagungsplaner.de 2007, Bad Kreuznach, 13. Ausgabe 2007, S. 1058

4 Quelle: Lars Klaasen: Nicht nur Zeit ist Geld; in: taz, 24./25. Mai 2014, S. 37

5 Konzeption → LF 12, Kap. 4.1

6 Recherche von Dienstleistern → LF 12, Kap. 4.2

7 Anfrage und Angebotsvergleich → LF 12, Kap. 4.3

Merke! Die Vorbereitung einer Geschäftsreise sollte möglichst **effizient**[1] und unter Beachtung **ökonomischer** und **ökologischer** Gesichtspunkte erfolgen. Checklisten erleichern die Vorbereitung.

1 **Effizienz:** Verhältnis zwischen Nutzen und Aufwand; Wirtschaftlichkeit

Merke! Während der gesamten Reisevorbereitung müssen **wichtige Informationen zur Reise und Reiseunterlagen** strukturiert **gesammelt** werden.

4.1 Konzeption

Beispiel Edith Bernle beginnt mit der Vorbereitung von Marius Schurns' Geschäftsreise zum Kunden PIEKO Foods in Wien. Die Reise soll Anfang Mai stattfinden. Herr Schurns hat mehrere Termine in Wien beim Kunden, da eine große und teure Werbekampagne konzipiert werden soll. Auch ein Treffen mit dem Chef eines Wiener Webdesign-Büros ist geplant. Außerdem wird Marius Schurns einen Lieferanten von PIEKO Foods besuchen, der im Wiener Umland einen Molkereibetrieb führt.

Der Ausgangspunkt für die Konzeption einer Geschäftsreise sind deren Rahmenbedingungen.[2] Außerdem müssen auch die Wünsche und Besonderheiten des Reisenden und die unternehmensinternen Reiserichtlinien[3] einbezogen werden.

2 Alles, was schon vor der Reise vom Büro aus geplant wurde, macht die Reise und den Aufenthalt am Zielort für den Reisenden entspannter, sodass er sich voll auf den Reisezweck konzentrieren kann.

3 Reiserichtlinien
→ LF 12, Kap. 4.1.3

4.1.1 Rahmenbedingungen

Reisender

Für welchen Mitarbeiter die Reise vorbereitet werden soll, ist entscheidend für die Intensität der Vorbereitung. Denn es ist ein Unterschied, ob der Vorstandsvorsitzende eine wichtige Auslandsreise unternimmt oder ein Monteur der Firma zur Inbetriebnahme einer Maschine verreist. Maßgeblich ist die Stellung des Mitarbeiters in der Betriebshierarchie schon alleine im Hinblick auf die unternehmensinternen Reiserichtlinien, die z. B. oft für leitende Angestellte einen höheren Komfort vorsehen.

Man könnte auch fragen: Muss der Geschäftsführer die Reise unbedingt antreten oder kann der Geschäftsfreund ins Haus kommen? Oder könnte eine Reise für einen jungen Mitarbeiter ein besonderer Motivationsfaktor sein, während sie für den Vorgesetzten evtl. nur eine weitere Anstrengung ist?

Kosten der Reise

Je früher Reservierungen und Buchungen vorgenommen werden, umso günstigere Tarife können ausgehandelt werden. Wenn zum vorgesehenen Zeitpunkt am Zielort eine Messe stattfindet und erst kurzfristig gebucht wird, ist zu befürchten, dass viele Hotelzimmer belegt oder nur noch zu überhöhten Preisen zu haben sind. Direktbuchungen reduzieren Vermittlungskosten, Sammelbuchungen bringen Rabatte. Verreisen mehrere Mitarbeiter, können z. B. Fahrgemeinschaften gebildet werden.

Zweck der Reise

Der Zweck der Reise bestimmt vor allem die Mittel, die die Firma bereit ist, dafür auszugeben. Grundsätzlich sollte immer erst gefragt werden: Ist die Reise notwendig? Könnte man sie evtl. durch eine Telefon- oder Videokonferenz[4] ersetzen?

4 Solche Konferenzen ersparen z. B. die langwierige Vorbereitung eines Langstreckenfluges ins Ausland, dem Mitarbeiter den Jetlag und dem Unternehmen hohe Kosten.

Telefon-/Videokonferenz
→ FK 2, LF 7, Kap. 4.5 und 4.6

Einen besonderen Zweck verfolgt eine **Incentivereise**[1] als Sonderform der Geschäftsreise: Sie ist eine Belohnung für das Erreichen eines Unternehmenszieles, z. B. von Verkaufszahlen. Von der normalen Geschäftsreise unterscheidet sie sich durch ihren Freizeitcharakter.

1 **incentive** (engl.): Anreiz

Reisezeitpunkt

Der Zeitpunkt kann über den Erfolg der Reise entscheiden. Man sollte erst in den Kalender sehen und etwaige Feiertage, Brückentage und Ferienzeiten für die Reise ausschließen.

Großveranstaltungen am Zielort lenken die Aufmerksamkeit der Geschäftspartner ab. Ebenso sind mögliche Geschäftsverhandlungen im Urlaubsmonat August in Frankreich falsch geplant. In manchen Gegenden Afrikas ist es unmöglich, in der Regenzeit bestimmte Regionen zu bereisen, weil Straßen unpassierbar sind. Auch muss die Frage gestellt werden, ob der Reisetermin sich mit einem wichtigen betrieblichen Termin überschneidet.

Reisedauer

Eine längere Reise muss einerseits intensiver vorbereitet werden (es kommt z. B. die Suche nach einer Unterkunft dazu). Sie kann andererseits mehrere Zwecke gleichzeitig erfüllen: Ein Messebesuch wird verknüpft mit Besuchen bei Kunden in der Nähe und einem Antrittsbesuch bei einer Behörde. Eine längere Reise kann dadurch besonders effizient sein.

Reiseziel

Das Reiseziel entscheidet über die Details der Reiseplanung. Es ist z. B. ein großer Unterschied, ob eine Inlandsreise vorgesehen ist oder ob die Reise ins **Ausland** geht. Die Reisevorbereitung bei Auslandsreisen ist meist aufwendiger. So können die Suche nach geeigneten Gesprächspartnern und die Terminvereinbarung mehr Zeit in Anspruch nehmen als bei Inlandsreisen.

Auch Zeitverschiebungen müssen eventuell berücksichtigt werden. Verschiedene Vorbereitungen für eine Auslandsreise können einen längeren zeitlichen Vorlauf erfordern, z. B. Visa oder Impfungen. Besucht der Reisende zum ersten Mal ein Land, dessen Sitten und Gebräuche ihm fremd sind, muss er sich entsprechend vorbereiten.[2]

Besondere Aufmerksamkeit sollte **landesspezifischen Vorschriften** und **gesundheitsrelevanten Besonderheiten** gelten, z. B. Devisen, Zoll, Verkehr, Ausweis, Visum und Impfungen. Im Internet finden Sie aktuelle Reise- und Sicherheitshinweise, Einreisebestimmungen und politische Informationen zu den einzelnen Ländern.[3]

Besuchte Geschäftspartner

Die meisten Geschäftsreisen dienen dazu, tatsächliche oder potenzielle Geschäftspartner zu besuchen. Deren Terminlage bestimmt wesentlich mit über die Terminplanung.[4]

2 interkulturelle Besonderheiten
➔ FK 2, LF 7, Kap. 2.4

3 aktuelle Informationen: www.auswaertiges-amt.de.

Medizinische Infos geben z. B.:

- www.reisevorsorge.de
- www.fit-for-travel.de
- www.reiseapotheke.de

Weltzeituhren und Informationen zu Zeitzonen findet man z. B. unter:

- www.weltzeituhr.com
- www.zeitzonen.de
- www.timeanddate.com

4 Terminmanagement
➔ FK 1, LF 2, Kap. 3.3

Termine am Zielort

Zunächst müssen die Besprechungstermine mit Geschäftspartnern am Zielort oder an den Zielorten festgelegt werden (als Eckpunkte der Terminplanung). Dann wird um diese Besprechungstermine herum geplant, möglichst weit im Voraus.

Die Anzahl der Zusammenkünfte und die Entfernungen zwischen den einzelnen Veranstaltungsorten beeinflussen die Abstimmung der Termine, die Buchung von Mietwagen und evtl. die geeignete Auswahl von Restaurants für Geschäftsessen.

Verkehrsmittel[1]

Die Wahl der richtigen Verkehrsmittel wird von vielen Faktoren bestimmt: Liegt das Reiseziel im Inland oder im Ausland? Wie viele Personen reisen an? Wie schnell sollte das Verkehrsmittel sein? Wie viel darf es kosten? Wie ist die gesundheitliche Verfassung des Reisenden und wie komfortabel sollte deshalb die Reise sein? Wie zuverlässig sind die Verkehrsmittel? Wie ist die Witterung zur Zeit der Reise? Muss viel Gepäck transportiert werden? Wie ist die Verkehrssituation vor Ort? Soll im Verkehrsmittel gearbeitet werden? Was zeigen die Vergleiche der Kosten?[2]

1 Recherche von Verkehrsmitteln
➔ LF 12, Kap. 4.2.2

2 Angebotsvergleich
➔ LF 12, Kap. 4.3.2

Vom Unternehmen ist es kurzsichtig, zu sehr auf Kostenersparnis zu schauen, wenn sie das **Wohlergehen des Reisenden** beeinträchtigt. Anstrengendes Sitzen in der Economy-Class, zu lange Fahrtzeiten oder vielmaliges Umsteigen können dazu führen, dass der erste Tag nach der Ankunft komplett der Müdigkeit zum Opfer fällt.

Bei der Wahl des Verkehrsmittels bzw. der Reiseklasse ist auch zu bedenken, dass ein **möglichst angenehmes und störungsfreies Arbeiten** während der Reise gewährleistet sein sollte.

Auch **ökologische Erwägungen** sollten eine Rolle spielen.

Beispiel Eine Flugreise von Köln/Bonn nach Wien verursacht pro Person ca. 280 kg CO_2, etwa so viel wie ein Kühlschrank in zwei Jahren. Mit der Bahn sind es nur ca. 90 kg CO_2 pro Person.

4.1.2 Wünsche und Besonderheiten des Reisenden

Für Mitarbeiter, die häufiger verreisen, sollten die persönlichen Daten und Eigenheiten festgehalten werden. Dafür eignet sich ein einfaches Word-Dokument oder auch eine Datenbank.[3] So hat man die Wünsche und Besonderheiten des Reisenden während der Reisevorbereitungen immer vor Augen und muss sie nicht jedes Mal neu erfragen.

3 Datenbanken
➔ in FK 1 und FK 2, IT-Trainer, Datenbanken

Beispiel Auszug aus dem Datenblatt von Herrn Schurns[4]

Name	Marius Schurns	**Geburtsdatum**	10. Juni 1972
Straße	Beethovenstr. 12	**Tel.-Nr. privat**	0228 12345991
Wohnort	53115 Bonn	**Handy-Nr.**	0163 3542188
Stellenbezeichnung	Leiter der Abteilung Kundenbetreuung	**Durchwahl-Nr. Büro**	246

4 Fortsetzung des Beispiels auf der Folgeseite

Nationalität	deutsch		
Reisepass-Nr.	1220001318	Personalausweis-Nr.	2406055684
Ausstellungsdatum	30.11.20..	Ausstellungsdatum	20.09.20..
Ausstellungsort	Bonn	Ausstellungsort	Bonn
gültig bis	29.11.20..	gültig bis	19.09.20..
Führerschein-Nr.	C0543208	Internationaler Führerschein-Nr.	11/180
Ausstellungsdatum	05.05.20..	Ausstellungsdatum	06.11.20..
Ausstellungsort	Bonn	Ausstellungsort	Bonn
gültig bis	unbefristet	gültig bis	06.11.20..
Kreditkarte	American Express	Kreditkarte	MasterCard
Nummer	3742 6312 3120 994	Nummer	8202 8611 8244 4331
gültig bis	12/20..	gültig bis	01/20..
Prüfziffer	8703	Prüfziffer	722
bevorzugte Fluggesellschaften	KLM, Air France	bevorzugte Hotelketten	Accor, Hilton
bevorzugter Sitzplatz im Flugzeug	Platz am Gang (aisle seat)	bevorzugter Platz im Zug	Großraumwagen, Gangplatz
Verpflegung	Vegetarier	Besonderheiten	Klaustrophobie
Unverträglichkeiten/ Allergien	- Glutenunverträglichkeit - Tierhaarallergie	Behinderung	–

Manche Angabe ist sehr wichtig und für die **Bequemlichkeit** des jeweiligen Reisenden entscheidend: Zum Beispiel möchte jemand mit Klaustrophobie nicht lange in einem Tunnel fahren oder bei Massenveranstaltungen zugegen sein. Einen Platz am Mittelgang wünscht wahrscheinlich jemand, der besonders lange Beine hat.[1]

1 Empathie
→ FK 2, LF 7, Kap. 3.3.3

4.1.3 Unternehmensinterne Reiserichtlinien

Beispiel Edith Bernle hat festgestellt, dass in der BE Partners KG bisher keine Reiserichtlinien vorliegen. Ihr ist klar, dass solche Richtlinien die Vorbereitung, Organisation und Nachbereitung von Geschäftsreisen erleichtern würden. Sie ist sich aber nicht sicher, was sie genau enthalten sollten.

Merke! Eine **Reiserichtlinie** ist ein unternehmensinternes Dokument, das Leitlinien für die Organisation und Abrechnung von Geschäftsreisen enthält.

Die Rahmenbedingungen der Reise und die Wünsche des Reisenden müssen mit den **unternehmensinternen Reiserichtlinien** abgestimmt werden.

Unternehmensinterne Reiserichtlinien helfen beim **Sparen** (Effizienz[1]). Gleichzeitig dienen sie dazu, Geschäftsreisen effektiv[2] zu organisieren und die Sicherheit des Reisenden zu gewährleisten.

Bei der Erstellung der Reiserichtlinien ist auf **klare Formulierungen** zu achten. Außerdem sollten alle **beteiligten Parteien** in die Erarbeitung der Reiserichtlinien einbezogen werden. Nur so ist gewährleistet, dass sie auch eingehalten werden und eine zeit- und kostensparende Wirkung entfalten können.

Eine Reiserichtlinie gliedert sich normalerweise in einen allgemeinen Teil (Basisteil) und einen aktuellen Teil. Der **Basisteil** enthält z. B. Antworten auf die folgenden Fragen:

- Welche Genehmigungen sind vor Antritt einer Geschäftsreise erforderlich?
- Welche Belege müssen ausgefüllt werden?
- Was ist bei Umbuchungen oder gar Stornierungen zu beachten?
- Wie ist der Umgang mit der Firmenkreditkarte geregelt?
- Wem stehen Bonusmeilen zu?
- Welche Vorschriften existieren zur Abrechnung der Reisekosten?
- Was passiert, wenn sich ein Reisender nicht an die Firmenvorgaben hält (z. B. über die Obergrenzen hinaus Kosten abrechnet)?

Der aktuelle Teil wird häufig geändert und ist dem Basisteil deshalb oft als Anhang beigefügt. Er enthält die gesetzlichen Vorgaben (z. B. Verpflegungspauschalen[3]) und die Vorschriften des Unternehmens bezüglich der Auswahl möglicher Dienstleister. Kontaktdaten von infrage kommenden Dienstleistern können gleich mit aufgenommen werden. Die Vorgaben unterscheiden sich je nach Rang des Reisenden in der Unternehmenshierarchie, z. B.:

- Klasse im Flugzeug oder im Zug
- Zahl der Sterne bei Hotels
- Fahrzeug-Kategorien bei Mietwagen

Reiserichtlinien müssen ebenso wie sonstige Formulare im Unternehmen ständig **aktualisiert** werden, z. B. wenn sich gesetzliche Vorgaben zum Reisekostenrecht ändern. Auch das Feedback der Reisenden, z. B. begründete Ablehnung einer bestimmten Hotelkette, kann eine Änderung der Vorschriften bewirken.

1 Effizienz: Wirtschaftlichkeit; das Verhältnis von Ertrag und Aufwand muss positiv sein.

2 Effektivität: Erreichen eines angestrebten Ziels

3 Verpflegungspauschalen → LF 12, Kap. 6.1.1

4.1.4 Formalitäten

Die folgenden Formalitäten müssen **rechtzeitig** vor Reiseantritt geklärt werden:[4]

- **Personalausweis:** EU-Bürger brauchen beim Grenzübertritt innerhalb des Schengener Raums ihren Personalausweis zwar nicht vorzuzeigen. Für den Fall, dass man seine Identität nachweisen muss (z. B. im Rahmen einer Verkehrskontrolle), muss er dennoch mitgeführt werden.
- **Reisepass:** EU-Bürger benötigen für Reisen in Länder außerhalb der EU einen gültigen Reisepass. Einige Länder fordern eine Restgültigkeit des Reisepasses von sechs Monaten. Er muss also ggf. rechtzeitig neu beantragt werden.
- **Visum**[5]**:** Bei Reisen ins Ausland ist vor der Reise zu klären, ob für das Einreiseland ein Visum benötigt wird. Ein Visum ist eine Bestätigung im Reisepass, die für ein bestimmtes Land die Ein-, Aus- oder Durchreise erlaubt. Manche Visa müssen vor der Einreise (also schon von Deutschland aus) beantragt werden, andere werden bei der Einreise beantragt und sofort ausgestellt.

4 Besonders um Pass und Visum muss man sich rechtzeitig vor der Reise kümmern, da die Ausstellung häufig lange dauert!

- www.visumservice.de
- www.business-visum.de

5 **Visum** (von lat. videre = sehen)

- **Auslandskrankenschein bzw. Auslandskrankenversicherung**[1]: Reisende sollten bei Reisen ins Ausland unbedingt einen Auslandskrankenschein mitführen. Zusätzlich kann eine Auslandskrankenversicherung sinnvoll sein. Sie bietet die Möglichkeit, sich über die gesetzlichen deutschen Regelleistungen hinaus abzusichern, z. B. für den Fall eines notwendigen Rücktransports.
- **Gepäckversicherung:** Das Reisegepäck sollte versichert werden. Unternehmen erhalten besondere Tarife, in denen (im Gegensatz zu privaten Gepäckversicherungen) auch Bargeld, Wertgegenstände und dienstliche elektronische Geräte enthalten sind.
- **Auslandsreiseversicherung:** Hinter dem Begriff können sich verschiedene Leistungen verbergen. Je nach Versicherung erstattet sie z. B. Stornokosten und Umbuchungsgebühren und kann häufig an die individuellen Bedürfnisse des Reisenden angepasst werden. Manche Auslandsreiseversicherung beinhaltet auch eine Kostenübernahme für medizinische Behandlungen oder eine Reisegepäckversicherung.

1 Über Auslandsreisekrankenversicherungen informiert man sich z. B. mithilfe der neuesten Vergleiche der Stiftung Warentest.

4.2 Recherche von Dienstleistern

Beispiel Nachdem Edith Bernle die Konzeption von Marius Schurns' Geschäftsreise nach Wien abgeschlossen hat, macht sie sich auf die Suche nach einer geeigneten Unterkunft. Da Marius Schurns regelmäßig nach Wien reist, liegen in der BE Partners KG schon einige Informationen zu möglichen Unterkünften vor. Eventuell will Frau Bernle auch weitere Anbieter im Internet recherchieren.

Wegen der großen Entfernung und der günstigen Preise nimmt Herrn Schurns bei seinen Reisen nach Wien das Flugzeug. Edith Bernle macht sich auf die Suche nach einem passenden Angebot.

Nachdem die Konzeption der Reise abgeschlossen ist, kann die Suche nach geeigneten Unterkünften und Verkehrsmitteln beginnen.[2] Auch weitere Dienstleistungen können interessant sein, z. B. Tagungsräume, Restaurants oder Freizeitmöglichkeiten.

2 Schritte zur Suche und Auswahl eines geeigneten Dienstleisters
→ LF 12, Kap. 1.4

Informationsquellen

Mitarbeiter, die öfter mit der Vorbereitung von Geschäftsreisen betraut werden, sammeln nicht erst kurz vor der Reise relevante Informationen zu Unterkünften und Verkehrsmitteln. Sie informieren sich während des ganzen Jahres und sammeln, aktualisieren und archivieren **fortlaufend** Daten. Dasselbe gilt auch für alle anderen Daten, die für die Reisevorbereitung interessant sein könnten, z. B. Informationen zu wichtigen Reisezielen.

Insgesamt ist dabei aber auf ein **ausgewogenes Verhältnis von Aufwand und Nutzen** zu achten. Denn gesammelte Informationen bleiben nur eine begrenzte Zeit **aktuell**.

Informationsquellen sind z. B.:

- frühere Anschreiben und Prospekte von Dienstleistern, z. B. Hotels
- Newsletters von Dienstleistern, z. B. Autovermietungen
- Fachzeitschriften mit neuesten Angeboten, z. B. von Fluglinien und Tagungshotels
- aktuelle Fahrpläne, z. B. für Fährverbindungen
- Bücher, z. B. Hotel- und Restaurantführer oder ADAC-Publikationen
- Messen mit Ausstellern des Geschäftsreisemarktes, z. B. die jährliche Business Travel Show in Düsseldorf mit Präsentationen der neuesten Dienstleistungen und Vorträgen in Zusammenarbeit mit der VDR[1]-Akademie
- Internet, hier findet man mithilfe von Suchmaschinen ausführliche Informationen zu allem, was für die Vorbereitung einer Reise interessant sein könnte.[2]
- persönliche Erfahrungen der Mitarbeiter

Dennoch macht auch eine noch so umfangreiche Datensammlung eine **aktuelle Recherche** nach den passenden Dienstleistern nicht überflüssig.

Organisation von Informationsmaterial

Während der gesamten Reisevorbereitung müssen Informationen und Dokumente, die später noch – z. B. für den Reiseplan – benötigt werden, strukturiert gesammelt werden.

Für die Detailinformationen bietet sich neben klassischen Aktenordnern auch eine eigene Datenbank[3] an, sie kann z. B. „Reiseinformationen“ genannt werden. Falls schon ein elektronisches Dokumentenmanagement eingerichtet wurde, können über Volltextsuche diese Informationen schnell wiedergefunden werden. Hier können auch ganze Formulare (z. B. Visaanträge) eingescannt sein, die im Bedarfsfall aktualisiert werden können.[4]

4.2.1 Unterkunft

Bei der **Suche nach der passenden Unterkunft** ist es sinnvoll, die vorher festgelegten Rahmenbedingungen[5] der Reise, z. B. Zielort und Termine, vor Augen zu haben. Die folgenden **Kriterien** sind zu beachten:

- Lage der Unterkunft
- Nähe zum Veranstaltungsort
- Anreisemöglichkeiten zur Unterkunft
- Anreisemöglichkeit zu den Tagungsorten
- Preis der Unterkunft
- Qualität der Unterkunft

Geschäftsreisende wohnen meist in **Hotels**. Wenn bestimmte Reiseziele immer wieder besucht werden, kann es sein, dass im Unternehmen bereits Informationen zu beliebten Hotels vorliegen. Häufig ist aber eine Recherche notwendig. Für die Hotelsuche eignen sich besonders spezialisierte **Internetportale**.[6] Hier können Reiseziel und Reisezeit angegeben werden und alle verfügbaren Hotels werden aufgelistet.

Die Ergebnisse kann man außerdem nach verschiedenen Kriterien **filtern** wie Sterne, Preis, Lage oder Kundenbewertung. Diese Funktion erleichtert die (Vor-)Auswahl eines geeigneten Hotels. Auch die **Kundenbewertungen** sind ein nützliches Hilfsmittel, denn schon ein kurzer Blick auf die Feedbacks von Reisenden zeigt, ob die Unterkunft empfehlenswert ist oder Probleme (z. B. Verkehrslärm, dünne Wände, schlechtes Frühstück) auftreten könnten.

1 Verband Deutsches Reisemanagement e. V.

2 Bekannte Reiseportale sind:

- www.expedia.de
- www.opodo.de
- www.check24.de

Hier können Anreisemöglichkeiten und Hotels recherchiert und gebucht werden. Bei kombinierter Buchung ergeben sich häufig attraktive Rabatte.

News und Sonderangebote rund um First und Business Class sind zu finden unter: www.vorne-sitzen.de.

3 Datenbanken
→ in FK 1 und FK 2, IT-Trainer, Datenbanken

4 Dokumentenmanagement
→ FK 1, LF 2, Kap. 6

5 Rahmenbedingungen der Reise
→ LF 12, Kap. 4.1.1

6 Hotel-Suche bzw. -Buchung sind möglich z. B. unter:

- www.hotel.de
- www.hrs.de
- www.booking.de

In den letzten Jahren gehen immer mehr Unternehmen dazu über, für längere Aufenthalte in Metropolen ein möbliertes Zimmer oder Apartment mit eigener Küche, ein sogenanntes Boardinghouse[1] (auch: Serviced Apartment[2]), zu buchen. Welche Serviceleistungen den Bewohnern angeboten werden, ist von Haus zu Haus unterschiedlich und kann von einem sehr geringen Angebot bis zu umfassendem Roomservice reichen.

Bei Privatreisen wird die **Unterbringung in einer Privatunterkunft** („Bed & Breakfast") immer beliebter. Auch Unternehmen nutzen diese Möglichkeit zunehmend für Geschäftsreisen. Denn auch Geschäftsreisende schätzen heimische Atmosphäre und einen persönlichen Kontakt zum Gastgeber. Eine Privatunterkunft kann auch eine gute Alternative sein, wenn Hotels bereits ausgebucht sind.[3]

In die Wahl der Unterkunft sollten immer auch die **Vorlieben des Reisenden** und seine betriebliche Stellung einbezogen werden. Reisen sind normalerweise anstrengender als der heimische Büroalltag. Ein gutes Reisemanagement sollte das berücksichtigen und den Reisenden möglichst gut unterstützen.[4]

Reservierung

Eventuell kann es sinnvoll sein, schon vor der endgültigen Entscheidung für ein Hotelzimmer eine Reservierung vorzunehmen. Das ist z. B. dann der Fall, wenn wegen einer Messe in einer Stadt das Zimmerangebot knapp werden könnte. Bei Rücknahme der Reservierung fällt evtl. ein Entgelt an.

4.2.2 Verkehrsmittel: Mietwagen, Bahn, Flugzeug

Falls die Reise nicht mit dem (Firmen-)Pkw durchgeführt wird, gehört zur Reisevorbereitung die Suche nach geeigneten Verkehrsmitteln. Grundsätzlich kommen Mietwagen, Bahnfahrt oder Flugreise in Betracht. Auch eine Anreise mit dem **Schiff** ist ausnahmsweise denkbar.[5] Ausgangspunkt für die Recherche ist meist das **Internet**.[6]

Die Angebote im Internet kann man normalerweise auch **gleich buchen**. Viele günstige Angebote sind sogar zeitsensitiv: Sie verfallen, wenn man sie nicht sofort bucht.[7]

Während der Suche nach den passenden Verkehrsmitteln kann es sinnvoll sein, Informationen zu **verschiedenen Verkehrsmitteln und -wegen** zu sammeln. Diese Informationen können später nützlich sein, z. B. wenn dem Reisenden auch alternative Reisemöglichkeiten in die Reisemappe gelegt werden sollen.

4.2.2.1 Mietwagen

Beispiel Da Herr Schurms mehrere Termine in Wien und Umgebung wahrnehmen wird, möchte Frau Bernle einen Mietwagen reservieren, der am Flughafen Wien für ihn bereitstehen wird. Sie recherchiert im Internet nach dem geeignetsten Anbieter. Der Wagen soll bequem sein und auf den Kunden einen guten, aber keinen protzigen Eindruck machen.

Merke! Ein **Mietwagen** ist ein Auto, das man für eine bestimmte Zeit von einem Vermieter gegen Gebühr ausleiht. Die Gebühr richtet sich nach der Wagenklasse.

---

1 **boarding** (engl.): Verpflegung, Beköstigung
house (engl.): Haus

2 **serviced apartment** (engl., frei übersetzt): Apartment mit Serviceleistungen
Im Internet z. B. unter:
- www.boardinghouse.de
- www.appartementhotels.com

3 Anbieter von privaten Unterkünften sind z. B.:
- www.airbnb.de
- www.wimdu.de
- www.gloveler.de

4 Empathie
→ FK 2, LF 7, Kap. 3.3

5 In den allermeisten Fällen gibt es allerdings schnellere und praktischere Reisemöglichkeiten.

6 Internetrecherche
→ FK 1, LF 1, Kap. 4.2.2

7 Buchung von Reiseangeboten
→ LF 12, Kap. 5.1

Das Abholen und Abgeben des Autos ist an den Standort der Autovermietung gebunden. Viele Anbieter sind an Flughäfen ansässig, sodass der Reisende das Auto bei Ankunft dort abholen und vor dem Abflug wieder zurückgeben kann. In den meisten europäischen Ländern ist der **Tank** des Mietwagens voll, wenn man ihn übernimmt, und genauso muss er auch wieder zurückgegeben werden. In manchen Ländern ist es üblich, das Fahrzeug mit leerem Tank zurückzugeben.[1]

Die Deutsche Bahn AG (DB) und viele Fluglinien haben **Kombinationsangebote** für Ticket und Mietfahrzeug im Angebot.

Auch einige **Automobilclubs** bieten Sonderkonditionen bei der Anmietung von Fahrzeugen. Darüber hinaus beinhaltet die Mitgliedschaft umfassenden Schutz und Serviceleistungen, auch unterwegs.

Beispiel In den Geschäftsstellen des ADAC[2] erhalten Mitglieder kostenlose Toursets mit Informationen zu Reiseland, Strecken, Sehenswürdigkeiten und Verkehrsregeln. Dies kann relevant sein, wenn die Reisenden sich vor der Fahrt über die landesüblichen gesetzlichen Regelungen sachkundig machen möchten.[3]

Die Mitgliedschaft in einem Automobilclub kann personengebunden sein: Sie gilt dann unabhängig vom Fahrzeug. Oder sie gilt für eine Firma: Dann haben alle Personen in firmeneigenen Wagen Anrecht auf alle Dienstleistungen.

Beispiel Der ACE Auto Club Europa e.V. bietet eine Firmenmitgliedschaft an, die für alle firmeneigenen Wagen und Personen gilt.

Eine Alternative zum Mietwagen ist das **Carsharing**[4]. Im Unterschied zum Mietwagen kann ein Auto beim Carsharing auch minuten- oder stundenweise gemietet werden; die Abrechnung erfolgt nach der Nutzungsdauer. Bei vielen Anbietern ist das Abholen und Abgeben des Autos nicht an einen festen Standort gebunden. Der Kraftstoff ist im Preis inbegriffen. Die Angebote von internationalen und regionalen Autovermietern und Carsharing-Organisationen können im **Internet** verglichen werden.[5]

4.2.2.2 Bahn

Neben der bundeseigenen **Deutschen Bahn AG** gibt es heute zwar auch privatwirtschaftliche (nicht bundeseigene) Unternehmen im Zugverkehr. Doch die meisten von ihnen bedienen derzeit noch vor allem den Nahverkehrs- oder Gütertransportbereich. Deshalb werden der Einfachheit halber im Folgenden die (heute noch) weiter reichenden Angebote der Deutschen Bahn AG (DB) aufgeführt.[6]

Um Schnelligkeit und Komfort auch für Geschäftsreisende zu gewährleisten, bietet die Deutsche Bahn AG verschiedene Zugtypen im überregionalen Verkehr:

Intercity (IC) ist eine international verwendete Bezeichnung für hochwertige Züge, die meist national verkehren. In einigen Ländern, z. B. auch Deutschland, sind sie gegenüber dem herkömmlichen Zugverkehr zuschlagspflichtig.

Der **Intercity Express** (ICE) ist von der Höchstgeschwindigkeit her der schnellste Zug der DB. Die ICE-Züge sind komfortabel eingerichtet und bieten sowohl in der ersten als auch in der zweiten Klasse verschiedene Annehmlichkeiten, die das Arbeiten auf der Reise erleichtern, z. B. verstellbare Sitze und Steckdosen.

1 Über die jeweiligen Bestimmungen informiert der Autovermieter.

2 Allgemeiner Deutscher Automobil-Club e. V.

3 Die Toursets gibt es auch als App.

4 **Carsharing** (engl.): Autoteilen

5 Carsharing-Anbieter sind z. B.:

- www.car2go.com
- www.drive-now.com
- www.cambio-carsharing.de

Vergleiche von Carsharing-Anbietern sind möglich z. B. unter:

- www.easycarsharing.de
- www.carsharing-vergleich.de
- www.flexauto.de

Bekannte Autovermietungen sind z. B.:

- www.hertz.de
- www.sixt.de
- www.europcar.de

Mietwagenvergleiche findet man z. B. unter:

- www.check24.de
- www.billiger-mietwagen.de
- www.rentalcars.com

6 Infos unter www.bahn.de.

Etwas schneller am Ziel als ein regulärer ICE ist der **ICE-Sprinter**. Er fährt zwar nicht schneller als der ICE, spart aber dadurch Zeit ein, dass er nonstop oder mit nur ganz wenigen Zwischenhalten zwischen einigen Metropolen Deutschlands fährt. Nachteil ist, dass Reisen mit dem ICE-Sprinter teurer sind und Reservierungspflicht besteht. Der ICE-Sprinter ist das Mittel der Wahl für Geschäftsreisende, die morgens für einen Termin anreisen und abends wieder zurückkehren wollen.

Während der Intercity die größeren Städte Deutschlands miteinander verbindet, verkehrt der **Eurocity** im internationalen Fernverkehr in Europa und verbindet deutsche Großstädte mit Großstädten wie Zürich, Basel oder Mailand.

Mit der reservierungspflichtigen **City Night Line** können Ziele in Europa über Nacht erreicht werden. Falls das Auto mitgenommen werden soll, kommt der **DB-Autozug** in Betracht.

Preise und Rabatte

Der **Normalpreis** für eine Bahnreise wird bestimmt durch die gewählte Zugverbindung (Streckenkilometer und Zugtypen) und durch die Wagenklasse. Eine Reduzierung des Normalpreises ergibt sich, wenn man

- spezielle Sparangebote wählt,
- eine BahnCard nutzt oder
- am Firmenkundenprogramm der Bahn teilnimmt.

Neben Tickets zum Normalpreis bietet die Deutsche Bahn für viele Verbindungen auch Tickets zu **Sparpreisen** an. Sie sind aber nur begrenzt verfügbar, müssen also rechtzeitig gebucht werden, und sind an einen bestimmten Zug gebunden. Wird der Zug also aus irgendeinem Grund nicht erreicht, verfällt das Ticket.

Die **BahnCard** ist eine kostenpflichtige Rabattkarte.[1] Es gibt sie für **Privatkunden** in den folgenden Ausführungen:

- BahnCard 25 (25 % Rabatt auf den Normalpreis)
- BahnCard 50 (50 % Rabatt auf den Normalpreis; Senioren über 60 Jahren zahlen für die BahnCard 50 nur den halben Preis)

Für **Geschäftsreisende und Unternehmen** gibt es die folgenden BahnCard-Varianten:

- BahnCard Business 25 (25 % Rabatt)
- BahnCard Business 50 (50 % Rabatt)
- BahnCard 100: Sie erlaubt es, ohne Einzelkauf von Fahrkarten die meisten DB-Züge beliebig oft zu nutzen.

Außerdem können Firmenkunden sich ab einem bestimmten Umsatz für das **Firmenkundenprogramm** bahn.corporate anmelden. Sie erhalten dann spezielle Mengenrabatte. Teilnehmer am Firmenkundenprogramm haben auch die Möglichkeit, die BonusCard Business zu beantragen. Sie ist eine kostenlose Identifikationskarte, über die z. B. Bonusmeilen für das Unternehmen angesammelt werden können.

Inhaber einer BahnCard erhalten auf Strecken über 100 km zusätzlich zum Rabatt ein sogenanntes **City-Ticket**. Es berechtigt zu einer kostenlosen Anfahrt zum Startbahnhof bzw. zur Weiterfahrt vom Zielbahnhof mit den öffentlichen Verkehrsmitteln. Auf der Fahrkarte befindet sich dann der Zusatz „+City“.

1 Ausnahmen sind der DB-Autozug und der ICE-Sprinter, die man aber gegen einen Aufpreis auch benutzen kann.

Platzreservierung

Bei Bahnreisen beinhaltet die Buchung einer Fahrt nicht automatisch auch eine Platzreservierung. Diese ist nur in Fernverkehrszügen möglich und muss **separat vorgenommen werden**. Man kann zwischen verschiedenen Plätzen wählen, z. B. in der 1. oder 2. Klasse, im Großraum oder Abteil, Gang- oder Fensterplatz und Platz am Tisch. Es stehen auch Wagen zur Wahl, in denen nicht gesprochen werden sollte (Ruhebereich) oder in denen Mobilfunktelefonate ausdrücklich erlaubt sind (Handyzonen). Eine Platzreservierung ist immer an einen bestimmten Zug gebunden: Sollte ein Zug also nicht erreicht werden, verfällt auch die Platzreservierung.

Zusätzlicher Service der Deutschen Bahn AG

Zum Komfort des Reisenden tragen verschiedene Angebote der Bahn bei, die meist kostenpflichtig sind, z. B.:

- **Kuriergepäck-Service:** Transport des Gepäcks von zu Hause zur Zieladresse
- **IC-Kurierdienst:** Beförderung von Paketen oder wertvollen Dokumenten von Bahnhof zu Bahnhof innerhalb einiger Stunden (mit dem IC)
- **Park & Rail:** Reisende, die größere Distanzen zurücklegen wollen (über 100 km), können ihr Auto an vielen Bahnhöfen zu ermäßigten Preisen abstellen und mit der Bahn weiterreisen.

4.2.2.3 Flugzeug

Beispiel Herr Schurms bittet Frau Bernle, die Flugmöglichkeiten nach Wien zu überprüfen, auch in Bezug auf die Verhältnismäßigkeit der entstehenden Kosten. Um dies sicherzustellen, vergleicht Frau Bernle Linienflüge der großen Airlines[1] auch mit den Angeboten sogenannter „Billigflieger“. Sie stellt fest, dass einige Airlines in der Business Class Sitze und Tische speziell für die Arbeit mit elektronischen Medien anbieten und ein Telefon-, Kopier- und Faxservice über das Bordpersonal gebührenpflichtig in Anspruch genommen werden kann. Die kleineren und billigeren Flugzeuge verfügen meist nur über eine Sitzkategorie ohne weitere Annehmlichkeiten.

Für Geschäftsreisende bietet sich als Verkehrsmittel häufig das Flugzeug an. Es verkürzt Reisezeiten auf längeren Strecken, und im Flugzeug ist im Gegensatz zum Auto das Arbeiten möglich. Viele Fluggesellschaften bieten Sondertarife für Geschäftsreisende.[2] Auch Vielfliegerprogramme können für Geschäftsreisende interessant sein.

Reisende können zwischen drei verschiedenen **Buchungsklassen** wählen:

- **Economy Class:** Sie ist die niedrigste Beförderungsklasse und damit auch die günstigste. Der einzelne Passagier hat wenig Platz, Serviceleistungen gibt es kaum.
- **Business Class:** Sie ist speziell auf die Bedürfnisse von Geschäftsreisenden ausgelegt, aber auch entsprechend teurer. Der Reisende hat mehr Platz im Flugzeug, was ein bequemeres Reisen und auch das Arbeiten ermöglicht. Außerdem kann der Reisende meist an einem speziellen Schalter einchecken und sein Gepäck vor den anderen Reisenden am Laufband abholen, was ihm Zeit spart.[3]
- **First Class:** Sie ist häufig doppelt so teuer wie die Business Class, bietet aber auch deutlich höheren Komfort. Das Angebot variiert stark von Fluggesellschaft zu Fluggesellschaft.

1 **Airline** (engl.): Fluggesellschaft

2 Bekannte Fluggesellschaften sind z. B. zu finden unter:

- www.lufthansa.com
- www.germanwings.de
- www.airberlin.de

3 Ein Business-Class-Ticket ermöglicht auch den Zutritt zur Business-Lounge, einem speziellen Wartebereich mit bequemen Sitzplätzen und gastronomischem Service.

Beispiel Da Herr Schurns Flugzeit von Köln/Bonn nach Wien nur 1,5 Stunden beträgt und sich das Arbeiten kaum lohnt, entscheidet Frau Bernle sich für eine der günstigen Airlines, die nur eine Buchungsklasse anbietet.

Die **Entscheidung für oder gegen einen Flug** berücksichtigt u. a. die Länge des Anfahrtswegs und die Wartezeiten beim Check-in. Viele Flughäfen haben direkte Bahnanbindung und Pkw-Stellplätze für Langzeitparker in Tiefgaragen oder im Außenbereich. Die dadurch entstehenden Kosten müssen ebenfalls berücksichtigt werden.

Nach passenden Flügen kann man heute einfach über das **Internet** suchen, ein Vergleich lohnt sich.[1] Wichtig ist bei diesen Angeboten eine genaue Prüfung des „**Kleingedruckten**“, denn oft kommen bei Reiseportalen und Billigfliegern zusätzliche versteckte Kosten auf den Fluggast zu.

Wenn in einem Unternehmen häufig Reisen mit dem Flugzeug unternommen werden, lohnt es sich auch, sich mit Angeboten von **Luftfahrtallianzen**[3] vertraut zu machen. Sie bieten Vielfliegerprogramme mit besonderen Angeboten für Geschäftsreisende und Firmenkunden. Ihre Kunden profitieren z. B. auch von gemeinsamen Sicherheitsstandards und können zwischen den kooperierenden Flugunternehmen leichter auf einen anderen Flug umbuchen. Kosteneinsparungen, die die Airlines durch gemeinsame Planung und Beschaffung (z. B. des Caterings) erzielen, geben sie an die Fluggäste weiter, z. B. über Bonusmeilen oder zusätzliches Freigepäck.

1 Internetportale mit verschiedenen Flugangeboten:

- www.flugladen.de
- www.ebookers.de
- www.fluege.de
- www.opodo.de
- www.swoodoo.com
- www.billigfluege.de

2 Kostenfallen bei der Buchung im Internet
➔ LF 12, Kap. 5.1

3 **Luftfahrtallianz:** strategische Kooperationen zwischen Fluggesellschaften, z. B.:

- Star Alliance
- SkyTeam
- oneworld Alliance

4.3 Anfrage und Angebotsvergleich

4.3.1 Anfrage

Beispiel Marius Schurns wohnt in Wien häufig im „Hotel Nockerl“ oder im „Hotel Am Platz“. In beiden Hotels hat die BE Partners KG auch schon Tagungen veranstaltet. Deshalb erhofft sich Edith Bernle von ihnen spezielle Konditionen. Sie schreibt an beide Anbieter eine Anfrage, in der sie auch auf die guten Geschäftsbeziehungen verweist.

Eine Anfrage[4] hat das Ziel, festzustellen, zu welchen Bedingungen Dienstleister wie Hotels ihre Leistungen anbieten. Durch Anfragen bei verschiedenen Dienstleistern versucht derjenige, der eine Reise organisiert, das geeignetste Angebot zu ermitteln. Anfragen sind rechtlich unverbindlich.

Heutzutage ist eine Anfrage während der Reiseorganisation nur noch selten notwendig, da die angebotenen Leistungen und Konditionen im Internet zu sehen sind. Bei individuellen Leistungen oder Leistungspaketen (z. B. Tagungsraum mit Verpflegung und Unterbringung) kommen sie aber durchaus infrage.

4 Anfrage
➔ FK 1, LF 4, Kap. 3

4.3.2 Angebotsvergleich

Beispiel Vor Frau Bernle auf dem Schreibtisch liegen die Angebote vom „Hotel Nockerl“ und vom „Hotel Am Platz“. Sie unterscheiden sich preislich kaum voneinander. Edith Bernle prüft deshalb, welche Kriterien bei der Entscheidung für die passende Unterkunft den Ausschlag geben könnten. Da die Angebote ihr preislich recht hoch erscheinen, will sie sie zusätzlich mit einem aktuellen Sparangebot des „Hotel Rössl“, das sie im Internet gefunden hatte, vergleichen.

Die Vielzahl der Entscheidungskriterien und ihre unterschiedlichen Bedeutungen machen einen direkten Vergleich von Angeboten häufig schwierig. Mögliche **Kriterien für die Wahl eines Hotels** sind z. B.:

- örtliche Gegebenheiten
- Nachhaltigkeit
- Entfernung zum Veranstaltungsort
- Preis
- Leistungen
- Vor- und Nachteile
- Geschäftsbeziehungen
- Flexibilität
- persönliche Präferenzen der Geschäftsreisenden

Gerade beim Vergleich von Unterkünften ist das Lesen der **AGB**[1] besonders wichtig, z. B. in Bezug auf die Zahlungsmodalitäten oder **Stornierungsbedingungen**[2].

Angebotsvergleich mithilfe der Nutzwertanalyse

Die Nutzwertanalyse[3] vereinfacht den Vergleich von Angeboten. Allerdings sollte vor dem Einsatz der Nutzwertanalyse grob eingeschätzt werden, ob sich der Aufwand in Relation zur möglichen Kostenersparnis lohnt.

Angebotsvergleich mithilfe des Internets

Das Internet bietet heute vielfältige Möglichkeiten, um die Preise und Leistungen verschiedener Dienstleistungsanbieter zu vergleichen. Ein Beispiel ist die Möglichkeit, in **Internetportalen**[4] Hotels an einem Standort nach Preisen zu sortieren.

1 AGB
→ FK 1, LF 4, Kap. 4.4

2 Stornierung
→ LF 12, Kap. 5.1

3 Nutzwertanalyse
→ FK 1, LF 4, Kap. 4.3

4 Hotelvergleiche gibt es beispielsweise unter:

- www.hotel.preisvergleich.de
- www.hotelreservierung.de
- www.hotel.check24.de

Alles klar?

1 Was ist eine Geschäftsreise?

2 Warum haben Geschäftsreisen für viele Unternehmen eine hohe Bedeutung?

3 Nennen Sie die Rahmenbedingungen einer Reise, die während der Konzeption bedacht werden müssen.

4 Nennen Sie ein Bespiel für eine Geschäftsreise aus Ihrem Ausbildungsbetrieb. Erläutern Sie auch die Rahmenbedingungen der Reise.

5 Erläutern Sie drei Rahmenbedingungen einer Reise, die Sie für besonders wichtig halten. Begründen Sie.

6 Welche Gründe sprechen dafür, eine Geschäftsreise rechtzeitig vorzubereiten?

7 Nennen Sie drei Wünsche und Besonderheiten von Reisenden, die bei der Reiseplanung berücksichtigt werden sollten.

8 Welche Vorteile haben unternehmensinterne Reiserichtlinien?

9 Welche Formalitäten sind vor der Reise zu klären und was ist dabei zu beachten?

10 Nennen Sie die Informationsquellen, die sich für die Suche nach einer passenden Unterkunft anbieten.

5 Organisation von Geschäftsreisen

Beispiel Edith Bernle hat sich für das Hotel Rössl entschieden. Sie bucht das Zimmer telefonisch und bittet um eine schriftliche Buchungsbestätigung.

Die Anreise soll per Flugzeug erfolgen, den Flug bucht sie über das Internet direkt bei der gewählten Fluglinie.

In Wien wird Marius Schurns dann ein Mietwagen zur Verfügung stehen, den Edith Bernle ebenfalls über das Internet bucht.

5.1 Buchung von Unterkunft und Verkehrsmitteln

Die Buchung von Unterkunft und Verkehrsmitteln kann **telefonisch**, **schriftlich** (per Brief oder E-Mail) oder über das Internet erfolgen.[1] Oder ein **Reisebüro** kann die Buchung übernehmen.

Das Buchen über **Reiseportale** wird immer beliebter, obwohl eine Studie der EU-Kommission im Jahr 2013 festgestellt hat, dass viele Reise-Webseiten sich nicht an das europäische Verbraucherrecht halten: Bei einigen fehlten z. B. genaue Angaben über den Reiseanbieter und Kontaktmöglichkeiten, die nötig sind, wenn man reklamieren will.[2] Obwohl das EU-Recht klar regelt, dass alle Kosten zu Beginn des Buchungsvorgangs vollständig erkennbar sein müssen, gibt es häufig **Kostenfallen bei einer Internetbuchung**, z. B.:

- Während des Buchungsvorgangs wird eine Bearbeitungsgebühr erhoben.
- Für die Zahlung mit gängigen Zahlungsmitteln wie Banküberweisung oder Kreditkarte fallen zusätzliche Gebühren an.
- Während des Bezahlvorgangs sind zusätzliche kostenpflichtige Versicherungen und Services bereits vorausgewählt. Will man sie nicht dazubuchen, muss man das Auswahlhäkchen entfernen.

Unternehmen sind deshalb häufig geneigt, **direkt beim Dienstleister** zu buchen, ob das nun Hotels oder Transportunternehmen sind. Eine telefonische Buchung ist persönlicher als eine Buchung über das Internet. Auch Sicherheitsbedenken können dazu führen, dass eine Buchung lieber telefonisch oder schriftlich durchgeführt wird, anstatt das Internet zu nutzen.[3]

Wird die Buchung selbst durchgeführt, erleichtert die fortwährende Sammlung von Daten zu Dienstleistern die aktuelle Buchung enorm. Name und Anschrift des Hotels, seine Lage, Anreisemöglichkeiten, Preiskategorien, Kommunikationsdaten und Ansprechpartner sind festgehalten.

Bündelung von Buchungen

Durch die Bündelung von Buchungen können **Kosten gespart** werden. Das liegt auf der einen Seite an der Zeitersparnis für den Buchenden. Auf der anderen Seite gewähren Dienstleister Mengenrabatte oder bieten günstigere Konditionen an, wenn man feste Kontingente schon längere Zeit im Voraus bucht.

Um die Bündelung von Buchungen zu erleichtern, ist es ratsam, eine systematische **Übersicht** über die Hauptreiseziele der Unternehmensmitarbeiter und die verwendeten Verkehrsmittel z. B. innerhalb eines Halbjahres zu erstellen. Sie ist eine gute Grundlage für Verhandlungen mit den beteiligten Reisebüros, Hotels usw.

1 Ein verbindlicher Vertrag kommt grundsätzlich formfrei, also auch bei telefonischer Buchung, zustande.
→ FK 1, LF 4, Kap. 5.3

2 Quelle: Thomas Wüpper, Reisebuchung per Mausklick; in: taz, 24./25. Mai 2014, S. 33

3 Sicherheit im Internet → in FK 1 und FK 2, IT-Trainer, Internet, Kap. 2

Organisation der Buchungsunterlagen

Bei allen Buchungen ist auf **schriftliche Buchungsbestätigungen** zu achten. Gegebenenfalls müssen sie angefordert bzw. sofort ausgedruckt werden, damit sie später sicher zur Verfügung stehen.

Auch alle notwendigen **Tickets** sollten als Ausdruck vorliegen, selbst wenn viele Tickets mittlerweile auch online erworben, digital gespeichert und mit dem Smartphone verwaltet werden können.[1] Dabei ist zu beachten, dass der Reisende zusammen mit dem Ticket häufig auch ein Dokument mitführen muss, mit dem er sich identifizieren kann. Bei Flugreisen sind das Personalausweis oder Reisepass. Bei Zugtickets kann daneben z. B. auch eine BahnCard oder eine Kreditkarte vorgezeigt werden.[2]

1 Denn auf technische Geräte ist nicht immer hundertprozentig Verlass.

2 Art und Nummer des Identifizierungsdokuments müssen bei der Zugbuchung im Internet angegeben werden. Das Ticket ist dann nicht übertragbar.

Unterkunft

Es ist wichtig, dass die Unterkunft **rechtzeitig** gebucht wird. Die folgenden **Angaben** sind notwendig:

- korrekte Rechnungsanschrift des Unternehmens (da der Leistungsempfänger das Unternehmen ist)
- genaue An- und Abreisedaten
- Anzahl der Einzel- und Doppelzimmer
- Preise
- An- und Abreisedaten
- Regelungen für Frühstück, Mittag- und Abendessen bzw. zusätzliche Snacks
- Verfahrensweisen bei Sonderleistungen wie Pay-TV, Minibar, Telefongebühren, Parkplatz, Saunabenutzung und Poolbenutzung[3]
- evtl. Tagungsräume
- evtl. besondere Ausstattung für Tagungsräume
- evtl. Reservierung für einen Parkplatz
- evtl. Reservierung von Wellnessangeboten, z. B. Sauna
- ggf. Angaben zu Sonderleistungen wie sehr spätes Einchecken, Einparken des Autos durch das Hotelpersonal (Valet Parking), barrierefreie Dusche, Shuttleservice, Sauna/Wellness-Bereich, Golfplatz usw.
- ggf. Sonderkonditionen des Hotels ab einer bestimmten Umsatzgröße für Unternehmen (Corporate Rates)[4]

3 Hier muss genau angegeben werden, was die Firma und was der Reisende privat zahlt.

4 **Corporate Rates** (engl.: Firmentarife): besondere Tarife, die ab einer bestimmten Anzahl Übernachtungen pro Jahr und Unternehmen gelten

Verkehrsmittel

Ob Flug, Bahn oder Mietwagen[5], für die Buchung von Verkehrsmitteln bietet sich das **Internet** an. Bei den meisten Anbietern kann man direkt über ihren Internetauftritt buchen.

Vor der Buchung einer Bahnreise muss geklärt werden, ob der Reisende eine gültige **BahnCard** hat, denn sie muss während der Buchung angegeben werden. Vor dem Buchen eines Mietwagens muss klar sein, dass eine gültige **Fahrerlaubnis** vorliegt.

5 Buchen Sie Mietwagen immer bei einem seriösen Unternehmen, das bekanntermaßen auf die Sicherheit seiner Fahrzeuge achtet. Bei Reisen mit dem Geschäftswagen oder dem eigenen Pkw muss der Reisende selbst für die Sicherheit seines Fahrzeugs sorgen.

Stornierungen

Durch die Buchung eines Hotelzimmers oder Verkehrsmittels kommt ein **Vertrag**[6] zustande. Will man nach der Buchung von dem Vertrag zurücktreten, ist das meist mit hohen **Kosten** verbunden.

Wenn in einem Hotel z. B. nicht wie vorgesehen übernachtet werden kann, hat das Hotel dennoch das Recht auf den vereinbarten Übernachtungspreis.[7]

6 Vertrag
→ FK 1, LF 4, Kap. 5.3

7 § 537 Abs. 1 BGB

Absagen kann teuer werden

Wer sein Hotelzimmer nicht bezieht, muss laut Gesetz dennoch zahlen oder auf Kulanz hoffen

von Juliane von Mittelstaedt

Warnemünde, 13 Grad, Regen keine optimalen Bedingungen für einen Strandurlaub an der Ostsee. Also gar nicht erst losfahren? Wer sein Hotelzimmer oder Ferienhaus jedoch schon vor ein paar Wochen bestellt hat, sollte sich gründlich überlegen, ob er daheim bleibt. „Gebucht ist gebucht", sagt Jürgen Benad, Leiter der Rechtsabteilung des Deutschen Hotel- und Gaststättenverbands (Dehoga). Und das bedeutet: Die Stornierung kostet Geld. Dabei ist es gleichgültig, aus welchem Grund abgesagt wird, ob wegen Krankheit, Unfall oder weil der Sturm das eigene Hausdach abgedeckt hat.

„Viele Urlauber sind sich anscheinend nicht darüber im Klaren", meint Jürgen Benad, „dass eine Hotelbuchung ein rechtlich bindender Vertrag ist, und wundern sich, wenn sie nach ihrer Absage eine Stornorechnung im Briefkasten haben." Denn der Vertrag gilt, gleichgültig, ob das Zimmer telefonisch, per Fax oder E-Mail bestellt wurde. Auch eine frühzeitige Stornierung entlastet den Gast nicht. „Nur wenn der Hotelbesitzer das Zimmer in der gleichen Preiskategorie weitervermieten kann, darf er keine Stornogebühren verlangen." Nachweisen lässt sich dies jedoch in der Praxis kaum.

Ansonsten kann der Hotelier für eine stornierte Buchung laut Gesetz den vollen Zimmerpreis abzüglich der „ersparten Aufwendungen" von seinem Gast verlangen. Der Dehoga empfiehlt den Hotels, bei der Berechnung der Stornogebühren die „ersparten Aufwendungen" pauschal vom Zimmerpreis abzuziehen: Ein Gast, der nur Übernachtung mit Frühstück gebucht hat, muss dann 80 Prozent zahlen, 70 bei Halbpension. „Mir ist kein Fall bekannt, bei dem ein Hotelgast vor Gericht geringere Zahlungen erwirken konnte", sagt Benad.

Manche Hotels räumen ihren Gästen jedoch großzügigere Stornierungsmöglichkeiten ein. „Aber das ist reine Kulanz", warnt Jürgen Benad (...).[1]

Quelle: DIE ZEIT, Nr. 32/20042, 9. Juli 2004

1 Manche Anbieter, z. B. einige Hotelbuchungsportale, bieten freiwillig sehr großzügige Stornierungskonditionen an. Informieren Sie sich daher genau über die Konditionen des jeweiligen Anbieters.

5.2 Zusammenstellung aller Reiseunterlagen

Für den Reisenden muss eine **Reisemappe** zusammengestellt werden. Darin befinden sich chronologisch geordnet alle relevanten **Reisedokumente**:

- Reiseplan
- Fahrkarten und Platzreservierungen
- Flugplan und Flugticket
- Hotelbestätigung
- Führerschein und Pass bzw. Personalausweis
- Stadtplan/Straßenkarten
- Versicherungen
- Kopien wichtiger Dokumente, z. B. des Reisepasses
- Präsentationsunterlagen (oder mindestens Hinweise darauf, wo sie zu finden sind)
- ggf. Merkblatt[2]

Zuoberst liegt der **Reiseplan**. Eine Kopie davon geht auch an Mitarbeiter (z. B. Stellvertreter) des Reisenden, damit sie immer über den jeweiligen Aufenthaltsort informiert sind.[3] Ein Reiseplan listet die wichtigsten **Daten** einer Reise in chronologischer Reihenfolge auf.

2 Merkblatt → S. 227

3 Zusätzlich sollte der Reisende den Reiseplan auch in digitaler Form mitführen.

Der Reiseplan informiert den Reisenden darüber, was wann und wo mit wem geplant ist. Im Einzelnen enthält der Reiseplan

- den Namen des Reisenden,
- Reisedatum, -zweck, -ort(e),
- Nummern bzw. Namen der Verkehrsmittel,
- Abreisezeiten, Umsteigestationen, Ankunftstermine,[1]
- Adressen und Telefonnummern der Hotels,
- wahrzunehmende Termine: Zweck, Zeiten und Orte,
- Namen und Telefonnummern der Gesprächspartner,
- benötigte Unterlagen (z. B. Präsentationsunterlagen).

1 Bei Fernreisen ist die korrekte Wiedergabe der Uhrzeit wichtig, da oft **Zeitverschiebungen** beachtet werden müssen. Auch ein Verweis auf regionale Feiertage, die in die Reisezeit fallen, kann interessant sein.

Beispiel für einen Reiseplan (Auszug):

Reisende/r: Marius Schurns, Leiter der Abteilung Kundenbetreuung

Reise: Reise nach Wien, 8. - 10. Mai 20..; mehrere Termine beim Kunden PIEKO Foods, Treffen mit Herrn Schorl vom Wiener Webdesign-Büro SchoWiCo, Besuch des Molkereibetriebs Landluft im Wiener Umland

Datum	Uhrzeit	Anschrift	Bemerkungen	Unterlagen
Di., 8. Mai 20..	05:15 Uhr	Abfahrt von Ihrer Wohnung mit Ihrem privaten Pkw	bei Bedarf Taxi rufen (Tel.: 3321288; Quittung verlangen)	
	05:50 Uhr	Ankunft Flughafen Köln/Bonn	- Parkhaus 3 - Parkticket zu Unterlagen - Check-In an Terminal 1 B (spätestens 06:25 Uhr!)	Flugticket (rosa Hülle)
	06:55 Uhr	Abflug Flughafen Köln/Bonn	Flug-Nr.: ICG 4021	
	08:25 Uhr	Ankunft Flughafen Wien		
	ca. 08:45 Uhr	Mietwagenzentrum im Parkhaus 4 (P4) auf Ebene 0	- Das Mietwagenzentrum ist über einen unterirdischen Verbindungsgang erreichbar. - Mietwagen steht bereit.	Buchungsbestätigung (grüne Hülle)
	ca. 09:10 Uhr	Hotel Rössl Marienweg 52 1170 Wien Tel.: +43 1 376310	Zimmer 347 ist vorbestellt auf den Namen BE Partners KG.	Reservierungsbestätigung (blaue Hülle)
	10:00 Uhr	Kundentermin mit Herrn Bart PIEKO Foods GmbH Kirchengasse 7 - 11 1170 Wien Tel.: +43 1 821-0	- ca. 5 Min. Taxifahrt vom Hotel zum Kunden - Bitte Taxi vom Hotel bestellen lassen. - Bargeld bereithalten. - Bitte Quittung verlangen.	- Dokumentenmappe Präsentation „Relaunch" - USB-Stick mit PowerPoint-Präsentation „Relaunch"

Das **Merkblatt** enthält verschiedene Informationen, die für den Reisenden wichtig sind. Dies können z. B. Zollinformationen sein, falls der Reisende gedenkt, Waren aus dem Ausland einzuführen, oder der aktuelle Umrechnungskurs bei einer fremden Währung. Auch Hinweise zu Sitten und Gebräuchen im Zielland sind denkbar. Sogar Ideen für Gastgeschenke können festgehalten werden.

Alternativszenarien für die Anreise

Derjenige, der die Reise organisiert, sollte Alternativszenarien für den Fall entwerfen, dass während der Reise Probleme auftreten. Was kann der Reisende z. B. tun, wenn er einen Flug verpasst? Hierfür können der Reisemappe Vorschläge für alternative Verkehrsmittel oder Reiserouten beigelegt werden. Es ist natürlich auch wichtig, dass der Reisende einen Ansprechpartner im eigenen Unternehmen hat, der ihm während der Reise zur Seite steht, falls er Hilfe benötigt.

5.3 Organisation von Zahlungsmitteln

Die folgenden Zahlungsmittel[1] müssen für den Reisenden bereitliegen:

- **Firmenkreditkarte:** Die Ausgabe von Firmenkreditkarten (Corporate Cards) ist ein wichtiger Baustein der Reiseorganisation. Bei einer längeren Reise (und höheren Kosten) wäre es zu viel verlangt, dem Reisenden zuzumuten, seine private Kreditkarte zu nutzen. Firmenkreditkarten bieten oft auch die Möglichkeit, den Zahlungszeitraum länger auszudehnen. Sie ermöglichen dem Reisenden die bargeldlose Zahlung oder das Abheben von Bargeld. Allerdings werden Kreditkarten gerade in Deutschland nicht überall als Zahlungsmittel angenommen. Deshalb sollte der Reisende immer auch andere Zahlungsmittel mitführen.[2]
- **Bankkarte:** Mithilfe der Bankkarte (auch Girocard oder EC-Karte) kann auf Reisen Geld abgehoben und häufig auch bargeldlos bezahlt werden. Sie sollte deshalb immer mitgeführt werden. Außerhalb der Eurozone ist aber mit hohen Gebühren zu rechnen.
- **Bargeld:** Für alle Fälle sollte der Reisende zusätzlich ausreichend Bargeld dabei haben. Das braucht er z. B. für Verpflegung auf der Reise oder fürs Taxi oder wenn die Kredit- oder Bankkarte nicht angenommen wird. Bei Reisen ins Ausland sollte ausreichend Bargeld in der Landeswährung vorliegen. So erspart sich der Reisende den Umtausch während der Reise.[3]

1 Zahlungsmittel
→ FK 1, LF 4, Kap. 8.2

2 Für den Fall des Verlusts der Kreditkarte sollte der Reisende sie sofort sperren lassen: Sperrnotruf 116116 (bundesweit).

3 Informationen zu Währungen: www.reisebank.de

Alles klar?

1 Auf welchen Wegen kann die Buchung von Unterkünften oder Verkehrsmitteln erfolgen? Erläutern Sie Vor- und Nachteile.

2 Worauf sollte man bei Internetbuchungen besonders achten?

3 Welche Vorteile hat die Bündelung von Buchungen? Wie kann man dabei vorgehen?

4 Erläutern Sie, welche Folgen es haben kann, wenn eine Buchung storniert wird. Was bedeutet das für Ihr Verhalten bei Buchungen?

5 Nennen Sie die Bestandteile einer Reisemappe.

6 Was ist ein Reiseplan und welche Informationen enthält er?

7 Welche Zahlungsmittel sollte der Reisende mitführen? Was ist dabei zu beachten?

6 Nachbereitung von Geschäftsreisen

6.1 Reisekostenabrechnung

LS 113 Eine Geschäftsreise abrechnen

Beispiel Marius Schurns ist aus Wien zurückgekehrt. Auf dem Schreibtisch von Edith Bernle häufen sich die verschiedenen Belege der Reise. Ihre Aufgabe ist es nun, die Reisekosten abzurechnen. Bisher geschieht das in der BE Partners KG noch mithilfe von Vordrucken. Kürzlich las sie, dass in jeder zweiten Firma mit 10 bis 500 Mitarbeitern die Reisekosten noch komplett papierbasiert abgerechnet werden.[1] Mit Blick auf den Papierstapel tröstet sie das jedoch wenig.

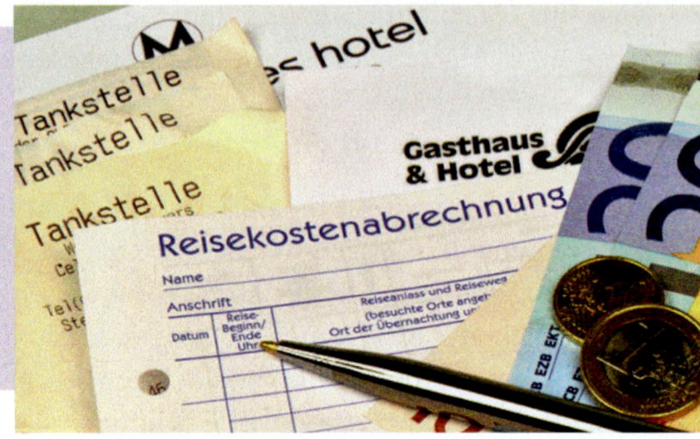

Merke! Reisekosten sind nach den Lohnsteuerrichtlinien Mehrkosten, die durch eine berufliche Tätigkeit eines Arbeitnehmers außerhalb seiner Wohnung und einer ortsgebundenen ersten Tätigkeitsstätte anfallen.

Die „erste Tätigkeitsstätte"[2] ist „die ortsfeste Einrichtung des Arbeitgebers, (...) der der Arbeitnehmer dauerhaft zugeordnet ist." Sie wird vom Arbeitgeber bestimmt (§ 9 Abs. 4 EStG).

Mit der Reisekostenabrechnung verfolgt der Arbeitgeber das **Ziel**, sich einen genauen Überblick über die entstandenen Kosten zu verschaffen. Das ist aus folgenden Gründen wichtig:

- Die Kosten für eine Geschäftsreise werden oft vom **Arbeitgeber** übernommen. Der Reisende erhält Geld, das er während der Reise vorgelegt hat, vom Arbeitgeber zurück (**Kostenerstattung**).
- Sollten dem Arbeitnehmer durch die Reise Mehrkosten entstanden sein, die der Arbeitgeber nicht erstattet, kann er diese bei seiner Einkommensteuererklärung als **Werbungskosten**[3] geltend machen.[4]
- Das Unternehmen erhält einen Überblick darüber, wofür Reisekosten in welcher Höhe anfallen. Das hilft bei der Suche nach Einsparmöglichkeiten.

Reisekosten sollen im Normalfall nicht das Bruttoentgelt des Arbeitnehmers und damit seine Steuern und Sozialversicherungsabgaben erhöhen. Für **Selbstständige** sind Reisekosten **Betriebsausgaben**.

Im Rahmen der Reisekostenabrechnung unterscheidet man vier **Kostenarten**:

- Fahrtkosten
- Verpflegungsmehraufwendungen
- Übernachtungskosten
- Reisenebenkosten

Bei der Reisekostenabrechnung ist immer auf den Nachweis durch **Belege** zu achten. Sie müssen den **Namen des Unternehmens** als Leistungsempfänger enthalten, um den Vorsteuerabzug zu ermöglichen.[5] Ausgenommen hiervon sind Kleinbetragsrechnungen, z. B. Taxiquittungen, bis zu einem Gesamtbetrag von 150,00 €.

In der Regel sollten die Belege auch den Namen des reisenden Mitarbeiters enthalten, damit die Kosten bei der betrieblichen Reisekostenabrechnung oder bei einer etwaigen Verwendung in der Einkommensteuererklärung eindeutig dem Reisenden zugeordnet werden können.

1 Quelle: http://www.vdr-service.de/fachthemen/marktanalysen-publikationen/vdr-geschaeftsreiseanalyse/

2 vor dem 1. Januar 2014: „regelmäßige Arbeitsstätte"

3 Werbungskosten → FK 2, LF 8, Kap. 7.2.2

4 Wenn der Arbeitnehmer bei seiner Lohnsteuererklärung solche Mehrkosten als Werbungskosten absetzt, muss er sie einzeln durch Belege nachweisen (Pauschalbeträge gibt es hier nicht).

5 Vorsteuerabzug bei der Umsatzsteuer → FK 2, LF 6, Kap. 3.1.2 – 3.1.4

6.1.1 Erstattung von Reisekosten für Inlandsreisen

Fahrtkosten

Die Erstattung der Fahrtkosten richtet sich nach dem genutzten Verkehrsmittel:

1. Öffentliche Verkehrsmittel und Mietwagen

Für Fahrten mit öffentlichen Verkehrsmitteln (z. B. U-Bahn, Eisenbahn, Flugzeug, Taxi, Fähre) **und Mietwagen** sammelt der Geschäftsreisende **Belege**, z. B. Flugticket, Bahnfahrkarte, Busfahrkarte, Taxiquittung. Die Belege werden im Rahmen der Reisekostenabrechnung erfasst und ihre Beträge addiert.[1] Die Summe wird dem Geschäftsreisenden erstattet.

2. Firmenfahrzeug

Nutzt der Reisende für die Geschäftsreise einen Dienstwagen, sammelt er alle Belege für Kosten, die während der Reise anfallen und die er aus der eigenen Tasche bezahlt, z. B. für Benzin oder Öl. Die Kosten werden ihm erstattet.

3. Privater Pkw des Arbeitnehmers

Falls der Arbeitnehmer sein **privates Fahrzeug** dienstlich nutzt, kann er zwischen zwei verschiedenen Varianten der Fahrtkostenabrechnung wählen:

a) Der Arbeitnehmer kann eine lohnsteuerfreie Pauschale[2] für jeden gefahrenen[3] Kilometer ansetzen, und zwar mit Wirkung ab 01.01.2014

- 0,30 € bei Benutzung eines Kraftwagens (z. B. eines Pkws) oder
- 0,20 € bei Benutzung jedes anderen motorisierten Fahrzeugs (z. B. eines Motorrads, Motorrollers, Mopeds, Mofas).

Damit sind alle (Verbrauchs-)Kosten für Fahrten mit dem privaten Kraftfahrzeug abgegolten, es kann also nicht zusätzlich noch z. B. die Benzinquittung eingereicht werden.

b) Alternativ können auch die tatsächlichen Kosten anhand von Einzelnachweisen ermittelt und erstattet werden. Dies ist jedoch in der Praxis wegen des hohen Aufwands ungebräuchlich:

- Zum einen muss der Arbeitnehmer zum Nachweis der geschäftlich und privat gefahrenen Kilometer ein Fahrtenbuch führen, um den Anteil der dienstlichen Kilometer genau errechnen zu können.
- Zum anderen muss er die tatsächlichen Aufwendungen dadurch nachweisen, dass er sämtliche Aufwendungen (z. B. Steuern, Haftpflicht- und Kaskoversicherung, Abschreibung, Betriebskosten, Reparaturen, Autopflege) in einfachen Aufzeichnungen festhält und mit Quittungen belegt. Aus diesen Belegen zu den Kosten kann er dann einen fahrzeugindividuellen Kilometersatz ermitteln.

Falls während der Geschäftsreise außergewöhnliche Kosten für das Fahrzeug des Arbeitnehmers anfallen, z. B. für nicht vorhersehbare Reparaturen[4], die Beseitigung von Unfallschäden oder einen Schaden durch Diebstahl des Fahrzeugs, kann der Arbeitgeber diese ebenfalls lohnsteuerfrei erstatten.

1 Das geschieht mithilfe eines Vordrucks, eines speziellen Programms oder einer Tabellenkalkulation.
→ LF 12, Kap. 6.1.3

2 **Pauschale:** Ein vorgegebener Geldbetrag, der alle Kosten abdeckt; dadurch entfällt das Sammeln von Einzelbelegen.

3 Diese gesetzliche Reisekilometerpauschale kann für jeden **gefahrenen** Kilometer angesetzt werden. Dagegen kann ein Arbeitnehmer bei seiner Einkommensteuererklärung für den Weg von der Wohnung zur ersten Tätigkeitsstätte (Dienststelle) nur eine Pauschale für jeden **Entfernungskilometer** ansetzen (sog. Pendlerpauschale, die 2014 unabhängig vom benutzten Verkehrsmittel 0,30 € pro Entfernungskilometer beträgt).

4 Die Reparaturen sind **nicht durch Verschleiß** verursacht.

Verpflegungsmehraufwendungen

Naturgemäß entstehen dem Geschäftsreisenden höhere Kosten für die Verpflegung, da er nicht wie gewohnt, z. B. zu Hause oder in der Betriebskantine, essen kann. Deshalb gibt es sogenannte **Verpflegungspauschalen**, die die höheren Aufwendungen des Arbeitnehmers ausgleichen sollen.[1] Grundlegend gilt:

- Der Arbeitgeber **kann** dem Reisenden die Verpflegungspauschale ausbezahlen. Er ist dazu aber rechtlich grundsätzlich nicht verpflichtet. Eine Verpflichtung kann sich lediglich aus dem Arbeitsvertrag ergeben.
- Wenn der Arbeitgeber **keine Verpflegungspauschale zahlt**, kann der Arbeitnehmer diese als Werbungskosten in der Steuererklärung geltend machen.
- Wenn der Arbeitgeber eine Verpflegungspauschale auszahlt, muss er nicht zwangsläufig den **steuerfrei zulässigen Höchstbetrag** auszahlen. Er kann dem Arbeitnehmer auch weniger zahlen und diesen auf sein Recht verweisen, den Differenzbetrag als Werbungskosten geltend zu machen.

1 Hier ist kein Einzelnachweis möglich.

Die maximale Höhe der steuerfreien Verpflegungspauschale richtet sich nach der dienstlich verursachten Abwesenheitszeit, ab 01.01.2014 gelten nur noch zwei Sätze:

- Die erste Pauschale bezieht sich auf **eintägige Abwesenheit** von mehr als 8 Stunden (ohne Übernachtung) sowie **Anreisetag und Abreisetag bei mehrtägigen Reisen** und beträgt 12,00 €.[2]
- Die zweite Pauschale bezieht sich auf eine Abwesenheit von 24 Stunden (also auf ganztägige Abwesenheit) und beträgt 24,00 €.

2 Diese Pauschale gilt auch für berufliche Auswärtstätigkeiten von mehr als acht Stunden **über Nacht** ohne Übernachtung.

Beispiel Luigi Ferrara, Einkäufer in der BE Partners KG, macht eine Geschäftsreise zu einem Lieferanten in Hannover. Die Reise beginnt am Montag um 08:00 Uhr und endet am selben Tag um 20:00 Uhr. Die BE Partners KG zahlt Herrn Ferrara für diese Geschäftsreise eine Verpflegungspauschale von 12,00 €.

An übernächsten Tag fährt Luigi Ferrara um 19:00 Uhr zu einem Lieferanten nach Würzburg, nimmt dort an einer Infoveranstaltung zum Schichtdienst um 01:00 Uhr teil und ist um 06:00 Uhr wieder von der Dienstreise zurück. Die BE Partners KG zahlt Herrn Ferrara auch für diese Geschäftsreise (zweitägig ohne Übernachtung, aber insgesamt weniger als 24 Stunden) eine Verpflegungspauschale von 12,00 €.

Ist der Arbeitnehmer an einem Kalendertag mehrmals auswärts tätig (z. B. mehrere Kundenbesuche), sind die Abwesenheitszeiten an diesem Tag zu addieren.

Beispiel Herr Ferrara hat am Donnerstag zwei Auswärtstermine. Die erste Fahrt beginnt um 08:00 Uhr und führt zum Lieferanten A. Um 13:30 Uhr ist Herr Ferrara wieder zurück in seinem Büro. Um 15:30 fährt er zum Lieferanten B; dort bleibt er bis 18:30 Uhr. Um 19:30 Uhr kehrt er von der Reise zurück. Die BE Partners KG zahlt die Pauschale für eine eintägige Abwesenheit von mehr als 8 Stunden (12,00 €).

Bei **mehrtägigen Reisen** können für den An- und Abreisetag jeweils 12,00 € für Verpflegungsmehraufwendungen angesetzt werden, unabhängig von der Dauer der Abwesenheit an diesen Tagen und auch unabhängig davon, ob für die Übernachtung(en) Kosten entstanden sind. Bei einer mindestens drei Tage dauernden Reise gibt es zusätzlich eine Pauschale von 24,00 € für jeden Zwischentag.

Beispiel Die Anreise beginnt am Dienstag um 20:00 Uhr. Nach einer Übernachtung ist der Arbeitnehmer den ganzen Mittwoch auswärts tätig. Nach einer zweiten Übernachtung kehrt er am Donnerstag um 09:00 Uhr wieder zurück. Das bedeutet 12,00 € Verpflegungspauschale für den Anreisetag, 24,00 € für einen vollen Tag (den Zwischentag) und 12,00 € für den Abreisetag (= 48,00 €).

Werden dem Reisenden vor Ort Mahlzeiten gestellt[1], ist die Verpflegungspauschale um 4,80 € für jedes Frühstück und jeweils 9,60 € für jedes Mittag- und Abendessen zu kürzen.[2] Würden diese rechnerischen Abzüge für einen Tag höher ausfallen als die anzusetzende Verpflegungspauschale (z. B. weil wegen nicht ganztätiger Abwesenheit nur eine Pauschale von 12,00 € anzusetzen ist, aber Mittag- und Abendessen gestellt werden), wird der „Minusbetrag" nicht berücksichtigt, d. h., die Verpflegungspauschale wird maximal bis auf 0,00 € gekürzt.[3]

1 vom Arbeitgeber oder von Dritten

2 Diese Kürzung entspricht einer 20%igen bzw. jeweils 40%igen Kürzung der steuerfreien Verpflegungspauschale für einen ganzen Reisetag (24,00 € · 20 % = 4,80 €; 24,00 € · 40 % = 9,60 €).

3 Wenn der Arbeitnehmer während einer Auswärtstätigkeit unter 8 Stunden Mahlzeiten umsonst oder vergünstigt erhält, ist der Wert dieser Mahlzeiten steuerpflichtig. Allerdings wird nicht der wirkliche Wert angesetzt, sondern ein sogenannter „Sachbezugswert": Für jedes gestellte Frühstück zahlt der Arbeitnehmer 1,63 € und für jedes Mittag- und Abendessen jeweils 3,00 € zu bzw. seine Reisekostenerstattung verringert sich um diese Beträge (Stand: 2014).

Beispiel Luigi Ferrara befand sich von Montag, 09:00 Uhr, bis Mittwoch, 17:30 Uhr, auf Geschäftsreise in Stuttgart. Dabei fanden zwei Termine mit Verpflegung durch den Veranstalter statt, am Montag mit Mittagessen und am Dienstag mit Abendessen. Grundsätzlich kann Herr Ferrara für die dreitägige Geschäftsreise eine Verpflegungspauschale von 48,00 € geltend machen. Allerdings zieht die BE Partners KG davon jeweils 9,60 € für die gestellten Mahlzeiten ab.

Reisetag	gestellte Mahlzeit/ Verpflegungspauschale	Betrag
Montag (ab 09:00 Uhr)	Verpflegungspauschale	12,00 €
Montag	Mittagessen gestellt	– 9,60 €
Dienstag (ganztägig)	Verpflegungspauschale	24,00 €
Dienstag	Abendessen gestellt	– 9,60 €
Mittwoch (bis 17:30 Uhr)	Verpflegungspauschale	12,00 €
Summe		**28,80 €**

Übernachtungs- bzw. Unterkunftskosten

Der Geschäftsreisende kann sich auch die Übernachtungskosten vom Arbeitgeber erstatten lassen oder sie als Werbungskosten geltend machen. Übernachtungskosten können für ein Hotelzimmer anfallen oder auch für die Miete einer Wohnung sowie die dabei entstehenden Nebenkosten, z. B. Kurtaxe oder Kulturförderabgabe[4].

Es zählen nur die reinen Übernachtungskosten, etwaige Kosten für Mahlzeiten müssen herausgerechnet werden. Dies ist leicht, wenn auf der Hotelrechnung die Mahlzeitenkosten separat aufgeführt werden. Ist dies nicht der Fall, kann die Hotelrechnung zunächst in voller Höhe angesetzt werden, dann aber werden von der Hotelrechnung oder der anzusetzenden Verpflegungspauschale wieder 4,80 € für jedes Hotelfrühstück und jeweils 9,60 € für jedes Mittag- und Abendessen im Hotel abgezogen.

Für anderweitige Übernachtungen (z. B. bei Verwandten) kann der Arbeitnehmer ohne Einzelnachweis eine Übernachtungspauschale von 20,00 € geltend machen.[5]

4 die sogenannte „Bettensteuer"

5 Diese Übernachtungspauschale kann nicht als Reisekosten erstattet oder steuerlich abgesetzt werden für Übernachtungen
- in einer Unterkunft, die der Arbeitnehmer von seinem Arbeitgeber (oder einem von diesem beauftragten Dritten) unentgeltlich erhalten hat,
- in einem Privat- oder Dienstwagen.

Reisenebenkosten

Das sind dienstlich verursachte Kosten, die sich nicht den drei anderen Kostenarten zurechnen lassen, z. B. Straßenbenutzungsgebühren, Kosten der Gepäckbeförderung und -aufbewahrung, Parkgebühren, Telefon- oder Faxkosten, Porto, Auslagen für Straßenkarten, Autowäsche, Messeeintrittskarten, Umbuchungs- und Stornierungskosten, Schadenersatzleistungen infolge eines Verkehrsunfalls, Repräsentationskosten (z. B. Trinkgelder, Eintrittskarten). Gegebenenfalls kann auch ein Eigenbeleg[1] angefertigt werden (z. B. für das Telefonieren von einer Telefonzelle aus).

Achtung: Private Kosten, z. B. die Eintrittskarte zu einem Museum oder die Rechnung für die Minibar im Hotelzimmer, können nicht abgerechnet werden![2]

1 **Eigenbeleg:** ein selbsterstellter Beleg als Ersatz für eine Rechnung oder Quittung

2 Bewirtungskosten (für andere Gäste, z. B. Kunden) inkl. Trinkgeld müssen mit dem Arbeitgeber getrennt von den Reisekosten abgerechnet werden.

6.1.2 Erstattung von Reisekosten für Auslandsreisen

Für im Ausland angefallene **Fahrt- und Nebenkosten** gelten die gleichen Regelungen wie für das Inland. Für **Verpflegungsmehraufwendungen** und **Übernachtungskosten** gibt es eine Liste des Bundesministeriums für Finanzen (BMF) mit Pauschalen.[3]

Verpflegungsmehraufwendungen

In der BMF-Liste finden Sie für viele Gastländer die jeweiligen unterschiedlich hohen Verpflegungspauschalen. Mitunter gelten sogar für unterschiedliche Reiseziele **innerhalb** eines Gastlands unterschiedlich hohe Pauschalen.[4] Für die in der BMF-Liste nicht erfassten Länder sowie für Schiffsreisen ist der Pauschalbetrag Luxemburgs maßgebend. Für die Außen- und Überseegebiete eines Landes (z. B. Guadeloupe zu Frankreich) ist jeweils der Pauschbetrag des Mutterlands maßgebend.

Das Auslandstagegeld richtet sich danach, wo der Reisende vor 24:00 Uhr Ortszeit angekommen ist. Bei Flugreisen gilt das Land, in dem das Flugzeug vor 24:00 Uhr landet. Bei Flugreisen über mehr als zwei Kalendertage ist für die Tage, die zwischen dem Abflug und der Landung liegen, das Land Österreich maßgebend.

3 Die Liste für 2014 ist zu finden unter www.bundesfinanzministerium.de/Content/DE/Downloads/BMF_Schreiben/Steuerarten/Lohnsteuer/2013-11-11-reisekosten-reisekostenverguetung-auslandsreisen-2014.html.

4 Die 24-Stunden-Verpflegungspauschale bei einer Dienstreise z. B. nach Lissabon beträgt 2014 36,00 €, bei einer Dienstreise ins übrige Portugal 33,00 €.

Übernachtungskosten

Im Ausland kann der Arbeitnehmer entweder die Übernachtungspauschale für das entsprechende Land oder die tatsächliche Hotelrechnung abrechnen, je nachdem was höher ist.

Wenn die Hotelrechnung Mahlzeiten erwähnt, deren Kosten aber nicht separat aufführt, wird die Hotelrechnung in der Reisekostenabrechnung in voller Höhe angesetzt. Aber es erfolgt wieder ein Abzug (von der Verpflegungspauschale oder der Hotelrechnung), und zwar für jedes Hotelfrühstück in Höhe von 20 % der für das jeweilige Gastland geltenden 24-Stunden-Verpflegungspauschale und für jedes Mittag- und Abendessen im Hotel jeweils in Höhe von 40 %.[5]

5 Beispiel: Hotelrechnung eines Lissaboner Hotels über „1 Übernachtung inkl. Frühstück: 92,00 €". Reisekostenabrechnung für diesen Tag:

Hotelrechnung: 92,00 €
\+ Verpflegungspauschale für Lissabon: 36,00 €
\- Abzug fürs Frühstück (36,00 € · 20 %): 7,20 €
= 120,80 €

6.1.3 Steuerpflicht bei höheren Pauschalen

Sowohl bei Reisen ins Inland als auch ins Ausland gilt: Wenn der Arbeitgeber z. B. aufgrund seiner Reiserichtlinien höhere Beträge als die oben angegebenen Pauschalen erstattet, muss der Differenzbetrag zwischen der tatsächlichen Erstattung und den steuerfreien Pauschalen dem steuerpflichtigen Bruttoentgelt zugerechnet und individuell versteuert werden. Alternativ kann der Differenzbetrag auch mit einer pauschalen Lohnsteuer von 25 % besteuert werden.

6.1.4 Reisekostenabrechnung mit Abrechnungsvordruck, Abrechnungsprogramm oder Tabellenkalkulationsprogramm

Die konkrete Abrechnung von Reisekosten kann auf unterschiedliche Art durchgeführt werden: auf Abrechnungsvordrucken, mit Abrechnungsprogrammen oder auch mithilfe eines Textverarbeitungs- oder Tabellenkalkulationsprogramms.

Abrechnungsvordruck

Immer noch recht häufig ist die Reisekostenabrechnung per Vordruck. Ein solcher Vordruck erleichtert dem Mitarbeiter die korrekte Zusammenstellung aller relevanten Kosten.

Ein Abrechnungsvordruck enthält zunächst wichtige allgemeine Angaben wie Name des Reisenden, Personalnummer, Reisezweck und Name des Vorgesetzten, der die Reise genehmigt hat. Danach folgen in tabellarischer Form alle Kostenarten, die im Zusammenhang mit der Dienstreise entstehen können. Wer die Reisekosten abrechnet, muss diese nun auf Grundlage der gesammelten Belege eintragen und zusammenrechnen.

BE Partners KG

Reisekostenabrechnung

Name	Marius Schurns	Personalnummer	239
E-Mail	m.schurns@bepartners.de	Abteilung	Kundenbetreuung
Reisezweck/ -anlass	Wien: Kunden- und Lieferantenbesuche	genehmigt von	Epd

Reiseuhrzeiten	Datumsangaben	Zahl der Reisestunden	Aufgewendet für
05:15-24:00	08.05.20..	18,75	Auftrag: B/2706/20..., Pieko Foods GmbH
00:00-24:00	09.05.20..	24,0	Auftrag: B/2974/20..., Landluft AG
00:00-17:30	10.05.20..	17,5	Auftrag: B/2706/20..., SchoWiCo GmbH

Kosten	Datumsangaben	Details	Betrag (€)
Fahrtkosten: – öffentlicher + privatwirtschaftlicher Verkehr (Flüge + Mietwagen vom Unternehmen gebucht und bezahlt)	08.05.20..	☐ Flug ☐ Bahn ☐ Taxi ☐ Mietwagen ☒ Andere: VOR	2,20
	09.05.20..	☐ Flug ☐ Bahn ☒ Taxi ☐ Mietwagen ☐ Andere:	15,50
	10.05.20..	☐ Flug ☐ Bahn ☐ Taxi ☐ Mietwagen ☒ Andere: VOR	2,20
		☐ Flug ☐ Bahn ☐ Taxi ☐ Mietwagen ☐ Andere:	
– eigenes Fahrzeug	08., 10.05.20..	49 km (gefahrene Kilometer) · 0,30 €/km (Kilometerpauschale)	14,70
Verpflegungspauschalen, ggf. Kürzungen	08.05.20..	Pauschale ☒ Kürzung ☒ Mittagessen gestellt	20,00 -11,60
	09.05.20..	Pauschale ☒ Kürzung ☒ Abendessen gestellt	29,00 -11,60
	10.05.20..	Pauschale ☒ Kürzung ☐	20,00
		Pauschale ☐ Kürzung ☐	
Unterkunftskosten, ggf. Kürzungen	08.-10.05.20..	Ort: Wien – Einzelbeleg ☒ 2 Übern. inkl. Frühstück Pauschale ☐ Kürzung ☒ 2x Frühstück gestellt	140,00 -11,60
		Ort: – Einzelbeleg ☐ Pauschale ☐ Kürzung ☐	
		Ort: – Einzelbeleg ☐ Pauschale ☐ Kürzung ☐	
Reisenebenkosten	08.-10.05.20..	Art/Zweck: Parkhaus Flughafen Köln/Bonn	49,00
	08.-10.05.20..	Art/Zweck: Mobiltelefonate (Eigenbeleg)	15,28
		Art/Zweck:	
		Art/Zweck:	
		Zwischensumme	273,08
		Abzüglich des vom Unternehmen bereits übernommenen Betrags	
		Gesamtauszahlungsbetrag für den Mitarbeiter	273,08

Unterschrift *Marius Schurns*	Datum 14.05.20..

Bitte fügen Sie Belege für alle aufgelisteten Kosten an, unterschreiben Sie das Formular und senden Sie es an die Buchhaltung.

Abrechnungsprogramm

Gegenüber der häufig noch üblichen Abrechnung mithilfe eines Vordrucks bieten spezielle Reisekostenabrechnungsprogramme allerlei zusätzliche Hilfestellungen.

Seit den Änderungen im Reisekostenrecht[1], wie z. B. Neuregelung der Umsatzsteuer bei Hotelübernachtungen[2], ergeben sich in der Praxis massive Probleme mit der Reisekostenabrechnung. Entlastung hierfür bieten professionelle Reisekostenprogramme. Sie versprechen kürzere Prozesse, niedrigere Kosten und erheblich weniger Bürokratie.

Obwohl bereits mehrere Unternehmen Lösungen für Reisekostenabrechnung anbieten, arbeitet nach den Expertenschätzungen fast jedes zweite Unternehmen immer noch ohne professionelle Reisekostenprogramme. (...)

Alle analysierten Programme verfügen über die Möglichkeit, Dienst- und Geschäftsreisen mit allen Details zu erfassen. Dabei lassen sich die Dienstreisen zwischen Fahrten im In- und im Ausland unterscheiden und es ist möglich, alle Auslagen diesen Reisen zuzuordnen.

Zudem rechnen alle Tools die Tages- und Übernachtungspauschalen nach gesetzlichen Standards für die verschiedenen Länder aus. Bei Auslandreisen können Belege in Landeswährung oder in Standardwährung mit Steuer erfasst werden. Bei einigen Anbietern ist eine automatische Aktualisierung von Wechselkursen und Pauschalen implementiert.

Ein integriertes Fahrtenbuch wird nicht in jedem Reisekostenabrechnungs-Tool angeboten. Jedoch wurde bei den meisten Anbietern eine Schnittstelle zu den Fahrtenbuchprogrammen hinzugefügt. Außerdem bieten einzelne Anbieter auch zusätzliche Module oder zusätzliche Programme, die die Fahrtenbuchführung unterstützen. Einige Dienstleister gehen bei der Verknüpfung mit anderen Systemen einen Schritt weiter. Ergänzend bieten sie schnelle Erfassung und Erstellung des Fahrtenbuches durch den Import vom PDA, iPhone, iPad oder die Datenübernahme aus den Navigationssystemen.

Hervorzuheben ist auch, dass der Großteil von Programmen Schnittstellen zur Finanzbuchhaltung beinhalten, was für die Buchhaltung, den Steuerberater oder das Finanzamt sehr relevant ist. So lassen sich die Daten bequem zur Erstellung des Jahresabschlusses beim Steuerberater oder für weitere Analysen nach Excel und Buchhaltungssoftware (vorkontiert oder optional vorkontiert) exportieren.

Des Weiteren ist fast in jeder Software eine Funktion zur elektronischen Belegarchivierung integriert, die ermöglicht, alle benötigten Belege elektronisch anzupassen und zu verarbeiten.

Quelle: http://www.rechnungswesen-portal.de/Fachinfo/ERP-Software/Reisekostenabrechnung-Software-Loesungen-im-Vergleich.html

1 Änderung zum 01. 01. 2014

2 Bettensteuer
→ LF 12, Kap. 6.1.1

Die Reisekostenabrechnung kann auch auf einem digitalen Formular erfolgen, das mithilfe eines **Textverarbeitungs-** oder eines **Tabellenkalkulationsprogramms** erstellt wird.[3]

3 Einfache Berechnungen durchführen
→ IT-Trainer, Excel, Kap. 2

6.2 Reflexion/Evaluation

Beispiel Edith Bernle trifft Marius Schurns nach seiner Rückkehr aus Wien in der Kaffeeküche. Schurns erwähnt beiläufig, dass er im Hotel Rössl wegen lauter Umbauarbeiten schon früh geweckt wurde. Frau Bernle nimmt sich vor, die Information festzuhalten und vor der nächsten Wien-Reise zu klären, ob die Arbeiten abgeschlossen sind.

Nach der Rückkehr des Reisenden ist es sinnvoll, dessen Erfahrungen **strukturiert** zu erfassen und zu speichern. Zur Erfassung kann ein Fragebogen sinnvoll sein. Zur Archivierung der Daten kommen Aktenordner oder auch eine Datenbank infrage. Von Interesse ist alles, was für die **Optimierung der Reiseorganisation** oder die **Vorbereitung späterer Reisen** nützlich sein könnte. Dazu gehören z. B. Erfahrungen mit Dienstleistern wie Hotel und Mietwagenfirma oder auch mit dem Reiseplan.

Auch **Informationsmaterialien**, z. B. die Kontaktdaten neuer Kunden, Geschäftspartner usw., müssen gesammelt werden. Ebenso sind aktuelle Broschüren, die der Reisende mitgebracht hat, in die Unterlagen aufzunehmen.[1] Wenn das Ziel der Reise eine **Bestellung oder ein Vertrag** war, muss das Dokument in die zuständige Abteilung weitergeleitet werden.

1 Speicherung von Dokumenten/Dokumentenmanagement
➔ FK 1, LF 2, Kap. 6.5

Beispiel Die Gespräche zwischen Marius Schurns und dem Kunden PIEKO Foods in Wien liefen hervorragend. Die BE Partners KG soll einen neuen Markenauftritt für den Süßwarenhersteller konzipieren. Marius Schurns bringt die unterschriebenen Verträge und Protokolle der Sitzungen mit. Auch eine neue Bestellung über T-Shirts ist dabei. Alle Unterlagen müssen nun geprüft, archiviert und an die zuständigen Abteilungen weitergeleitet werden; eine Kopie der Verträge geht an den Anwalt der BE Partners KG. Soweit Protokolle die weitere Konzeption des Markenauftritts betreffen, müssen sie auch an die Abteilungen Kundenbetreuung und Kreation geschickt werden. Die T-Shirt-Bestellung muss an die Verwaltung weitergeleitet werden.

Falls die von der Geschäftsreise mitgebrachten Unterlagen **Termine** enthalten, müssen diese überprüft werden, z. B. daraufhin, ob sie nicht mit anderen Terminen kollidieren. Dann werden sie in die Kalender der Beteiligten eingetragen.

Evaluation: Jede neue Geschäftsreise bringt auch neue Erfahrungen für denjenigen mit sich, der sie plant, organisiert und nachbereitet. Gerade in größeren Unternehmen, in denen Geschäftsreisen zur Tagesordnung gehören, sollten die Erfahrungen zusammen mit dem Feedback des Reisenden fortlaufend genutzt werden, um die Reiseorganisation zu optimieren. Die Erfahrungen können auch in eine bestehende Reiserichtlinie[2] aufgenommen werden. Falls noch keine Reiserichtlinie vorliegt, ist es sinnvoll, darüber nachzudenken, ob eine solche erstellt werden sollte.[3]

2 Reiserichtlinien
➔ LF 12, Kap. 4.1.3

3 Wer eine Reise organisiert, muss mit Kollegen und Dienstleistern zusammenarbeiten. Beachten Sie daher die Empfehlungen zu Teamarbeit und Kommunikation an folgenden Stellen des Lehrwerks:

Teamarbeit
➔ FK 1, LF 2, Kap. 3.6

Feedback
➔ FK 1, LF 1, Kap. 4.6.2
➔ FK 2, LF 7, Kap. 7.6.1
➔ in FK 1 und FK 2, Methodentrainer, Arbeits- und Lernmethoden, Kap. 6

Alles klar?

1 Welche Aufgaben fallen nach der Rückkehr des Reisenden an?

2 Was sind die Ziele einer Reisekostenabrechnung?

3 Wie unterscheiden sich die Reisekostenabrechnungen für Inlandsreisen und Auslandsreisen voneinander?

4 Wozu dient ein Fahrtenbuch?

5 Welche Belege muss Herr Schurns seiner Reisekostenabrechnung (S. 233) beilegen?

7 Useful office vocabulary

Warm up – Conference items

1

2

3

4

5

6

7

8

9

10

1 flip chart, 2 microphone, 3 handout, 4 laser pointer, 5 screen, 6 projector, 7 conference folder, 8 document camera, 9 laptop, 10 name tag

departure; to depart	Abreise, Abfahrt, Abflug; abreisen, abfahren, abfliegen
registration; to register	Anmeldung; sich anmelden
connecting flight	Anschlussflug
attendance list	Anwesenheitsliste
fully booked	ausgebucht
travel / trip abroad	Auslandsreise
equipment; to equip	Ausrüstung; ausrüsten
equipment and installations	Ausstattung und Installation
display shelf	Ausstellungsregal
receipt	Beleg
comfort	Bequemlichkeit
seating	Bestuhlung
booking	Buchung, Reservierung
one-way flight	einfacher Flug (Hinflug)
facilities	Einrichtung, Ausstattung
budget	Finanzplan

vacant	frei
aisle or window seat	Gang- oder Fensterplatz
fee	Gebühr
business trip, business travel	Geschäftsreise
corporate rate	Geschäftstarif
within easy reach	gut erreichbar
return flight	(Hin- und) Rückflug
conference folder	Konferenzmappe
trade fair	Messe
name badge	Namensschild
passenger	Passagier
document camera	Präsentationskamera, Dokumentenkamera
room layout	Raumaufteilung
travel expenses, travel costs	Reisekosten
to claim for travel expenses	Reisekosten abrechnen
travel expense accounting	Reisekostenabrechnung
travel cost guideline	Reisekostenrichtlinie
itinerary	Reiseroute
travel documents	Reiseunterlagen
reservation	Reservierung, Buchung
seating area	Sitzbereich
cancellation policy	Stornierungsbedingungen
agenda	Tagesordnung
agenda item	Tagesordnungspunkt
participant	Teilnehmer
counter	Tresen, Schalter
accommodation; to accommodate	Unterkunft; unterbringen
venue	Veranstaltungsort
means of transport	Verkehrsmittel
to postpone	verschieben
schedule	Zeitplan, Programm
time shift	Zeitverschiebung
destination	Zielort
customs	Zoll

Lernfeld 13
Ein Projekt planen und durchführen

1 Grundlagen der Projektarbeit

LS 114 Ein Projekt durchführen

Beispiel Die Auszubildenden der BE Partners KG absolvieren im ersten Ausbildungsjahr immer eine Fortbildung mit dem Titel „Projektarbeit – Basiswissen". Die Leiterin der Sparte Werbeagentur, Dörthe Epstein, hat dem Auszubildenden Sascha Reimers gerade die abgebildete Einladung für das eintägige Seminar ausgehändigt. Sascha ist etwas verwundert über die Inhalte. Ihm ist nicht klar, warum er im Zusammenhang mit Projektarbeit etwas über „Kommunikation", „Feedbackkultur", „Entscheidungsfindung" und „Kreativitätstechniken" lernen soll.

Können Sie ihm erklären, warum diese Seminarinhalte zum Basiswissen der Projektarbeit gehören?

Seminar

Projektarbeit – Basiswissen

Ort: Berghotel Bonn
Datum: 03.12.20XX
Uhrzeit: 10:00 – 17:00 Uhr

Inhalte:

1. Projekte und Projektmanagement
2. Kommunikation im Team
3. Feedbackkultur
4. Rationale Entscheidungsfindung
5. Kreativitätstechniken

Projekte

Egal, ob ein neues Produkt auf den Markt gebracht, ein Unternehmen gegründet, eine Werbemaßnahme geplant oder ein Gebäude errichtet wird: Viele größere Vorhaben werden heutzutage in Form von Projekten verwirklicht.

Merke! Unter einem **Projekt** versteht man ein zeitlich beschränktes Vorhaben, das im Wesentlichen durch die Einmaligkeit seiner Rahmenbedingungen gekennzeichnet ist.

Merkmale von Projekten

Merkmal	Erläuterung
Einmaligkeit der Bedingungen in ihrer Gesamtheit	Ein Projekt ist ein Einzelvorhaben und erfordert somit ein besonderes Ergebnis.
Zielvorgaben	Für ein Projekt gibt es klar definierte Ziele.
zeitliche, personelle und finanzielle Begrenzung	Termine sind meistens verbindlich vorgegeben, eine bestimmte Anzahl an Personen und begrenzte finanzielle Mittel stehen bereit.
Abgrenzung gegenüber anderen Vorhaben	Jedes Projekt unterscheidet sich von einem anderen und hat ein anderes Ergebnis.
Komplexität	Es existieren viele wechselseitige Verflechtungen und vernetzte Abhängigkeiten.
Schwierigkeitsgrad	Probleme (z. B. unterschiedliche Interessen der Beteiligten) bestimmen die Erfolgsaussicht.
Risiko	Die Gefahr, dass das Projektziel verfehlt wird, bestimmt die Höhe des Risikos.
interdisziplinärer Charakter	Mehrere Fachbereiche (Abteilungen) arbeiten an einem Projekt zusammen.

Die **Projektarbeit** in Unternehmen nimmt zu. Dafür gibt es mehrere Gründe:

- Unternehmen stehen immer häufiger vor komplexen Aufgabenstellungen, die eine intensive fachbereichsübergreifende Zusammenarbeit, eine flexible Organisation und ein hohes Maß an Planung erfordern.
- Unternehmen müssen auf eine sich ständig verändernde Umwelt reagieren.

Beispiel Die in der Sparte Werbeagentur der BE Partners KG anfallenden Aufgaben werden fast ausschließlich im Rahmen von Projektarbeit erledigt. Die Kundenaufträge zur Realisierung der verschiedenen Marketingdienstleistungen (z. B. konkrete Marktforschungsaufträge oder Aufträge für unterschiedliche Werbemaßnahmen wie Fernsehspots oder Plakate) sind stets verschieden. Es sind fast immer Einzelvorhaben, bei denen auf Grundlage unterschiedlicher Budgets individuell festzulegende Ziele (z. B. Erhöhung des Bekanntheitsgrads eines Neuprodukts) angestrebt werden. In Abhängigkeit vom Umfang und dem Komplexitätsgrad eines Projekts werden die Mitarbeiter der Werbeagentur den Projekten zugeordnet.

Projektmanagement

Merke! Der Begriff **Projektmanagement** umfasst die gesamte Abwicklung eines Projekts von der Planung über die Projektsteuerung und -kontrolle bis zum Projektabschluss.

Die Verantwortung für das Projekt wird dem **Projektleiter**[1] übertragen. Neben dem fachlichen Können zur Durchführung eines Projektes muss er über ein hohes Maß an sozialen Fähigkeiten verfügen. Zu seinen Hauptaufgaben gehört es, alle Projektmitglieder (Teammitglieder) im Sinne des Projektziels zu „managen" und die Zusammenarbeit im gesamten Projektteam zu optimieren.

1 auch: Projektmanager

1.1 Kommunikation im Team und Feedback

Die Durchführung eines Projekts lässt sich nur durch die zielgerichtete Zusammenarbeit mehrerer Personen bewältigen. Teamarbeit[2] in einem Projekt verlangt nach einer **offenen Kommunikation aller Beteiligten**. Dies setzt voraus, dass sich die Teammitglieder sachliche Hinweise zum Leistungsstand oder zu ihrem Verhalten geben.

2 Teamarbeit
➔ FK 1, LF 2, Kap. 3.6

In diesem Zusammenhang hat sich die **Feedbackmethode** bewährt. Man versteht darunter eine gehaltvolle Rückmeldung über die erbrachte Leistung in Form eines persönlichen Gesprächs. Dabei wird einem Mitarbeiter (bzw. Teammitglied) i. d. R. aus der Sicht des Vorgesetzten (bzw. Projektleiters) mitgeteilt, was er richtig und gut gemacht hat, aber auch, welche Fehler ihm unterlaufen sind und wo Verbesserungsmöglichkeiten im Rahmen seiner Arbeit bestehen. Ein gutes Feedbackgespräch soll sich positiv auf die Qualität der Arbeitsleistung und die zukünftige Zusammenarbeit auswirken. Außerdem bietet es dem Empfänger die Chance, seine eigene Leistung realistischer einzuschätzen, und ermöglicht so eine kontinuierliche persönliche und berufliche Entwicklung.

Von einer **Feedbackkultur** spricht man, wenn Mitarbeiter regelmäßig Rückmeldungen zu ihrer Arbeitsleistung erhalten. Das Feedback muss ehrlich sein, damit es vom Empfänger akzeptiert wird. Kritische Rückmeldungen sollen Möglichkeiten für Veränderungen aufzeigen oder Verbesserungsvorschläge als Ideen formulieren. Diese Formulierungsart regt den Feedbackempfänger an, eigene Zielvorstellungen zu entwickeln und freiwillig sein Verhalten zu ändern. Voraussetzung für die Akzeptanz eines Feedbacks ist, dass sich die Beteiligten bewusst auf ein solches Gespräch vorbereiten und einige Gesprächsregeln (Feedbackregeln) einhalten.

Feedbackregeln

... für den Feedbackgeber	... für den Feedbackempfänger
- Bleiben Sie stets höflich und taktvoll und verletzen Sie nicht. - Formulieren Sie positive Ich-Aussagen, sie signalisieren Achtung und Respekt. - Wählen Sie klare, passende Worte und beschreiben Sie das Verhalten konkret, ohne zu interpretieren oder zu bewerten. - Beschränken Sie sich auf konkrete Vorfälle und pauschalisieren Sie keine Charaktereigenschaften. - Sprechen Sie nur von Ihren eigenen Eindrücken (nicht vom Hörensagen anderer). - Geben Sie Anregungen zu konstruktiven Verbesserungen.	- Schenken Sie dem Feedbackgeber Ihre volle Aufmerksamkeit und lassen Sie ihn ausreden. - Nehmen Sie sich Zeit, das Gehörte zu verarbeiten. - Stellen Sie Verständnisfragen, wenn Ihnen unklar ist, was der andere meint. - Verteidigen und rechtfertigen Sie sich nicht gegen vorgebrachte Kritik. - Bleiben Sie offen für konstruktive Anregungen. - Bedanken Sie sich für ein Feedback.

Beispiel Dörthe Epstein und Sabine Meyer hatten heute um 09:00 Uhr in der BE Partners KG einen Termin mit Mary-Ann Coldfield von der Drogerie AG, für die zurzeit der Unternehmensauftritt überarbeitet wird. Da Sabine Meyer in einen Stau geraten ist, ist sie 30 Minuten zu spät gekommen. Nachdem Frau Coldfield sich verabschiedet hat, wendet sich Frau Epstein an Frau Meyer: „Ich glaube, Frau Coldfield war mit dem derzeitigen Projektstand sehr zufrieden. Aber durch Ihr Zuspätkommen bin ich am Anfang ganz schön in Bedrängnis geraten. Schließlich sind Sie die Grafikdesign-Expertin. Bitte rufen Sie beim nächsten Mal kurz an, damit ich Bescheid weiß."
Sabine Meyer erwidert: „Entschuldigung. Das mit dem Anrufen ist eine gute Idee."

Eine Feedbackkultur schärft den Blick für die Stärken der Teammitglieder und entwickelt sich nur auf der Basis von gegenseitiger Wertschätzung. Durch die Erfahrung, dass man Kritisches ansprechen und weiterhin gut und vertrauensvoll zusammenarbeiten kann, sinkt die Unsicherheit aufseiten der Mitarbeiter. Daraus resultiert eine höhere **Problemlösefähigkeit**, d. h., Probleme werden frühzeitig erkannt, offen angesprochen und gemeinsam gelöst. Es entwickelt sich eine gegenseitige Fehlertoleranz und statt Angst vor Fehlern zu haben, versucht man, aus Fehlern zu lernen.

1.2 Entscheidungsfindung

Bei der Projektplanung und späteren -durchführung müssen von den Projektbeteiligten ständig Entscheidungen getroffen werden. Jede Entscheidung beeinflusst die zukünftige Entwicklung des Projekts und damit auch den Projekterfolg. Fehlentscheidungen können manchmal sogar das gesamte Projekt gefährden. Um Entscheidungen rational treffen zu können, sollten die folgenden **Entscheidungskriterien der Projektarbeit** berücksichtigt werden:

- **Machbarkeit:** Entscheidungen sollten so getroffen werden, dass das Projekt z. B. hinsichtlich Aufgabenbeschreibung, Zeit und Kosten realisierbar ist und bleibt.
- **Projektrisiko:** Entscheidungen sollten die Erreichung der Projektziele unterstützen und so getroffen werden, dass sie den Projekterfolg möglichst nicht gefährden.
- **Wirtschaftlichkeit:** Die Kosten des Projekts sollen seinen Nutzen nicht übersteigen. Das Projekt muss sich wirtschaftlich „lohnen".

Beispiel Im Rahmen der Projektbesprechung mit Mary-Ann Coldfield musste heute Vormittag entschieden werden, ob der Internetauftritt der Drogerie AG auch um einen Unternehmensauftritt in einem sozialen Netzwerk ergänzt werden soll. Auf Grundlage einer Kostenkalkulation von Herrn Möller wurde entschieden, dass dies ohne Erhöhung des Projektbudgets zu riskant sei. Um die Qualität des eigentlichen Internetauftritts nicht zu gefährden, wurde entschieden, das Thema „Social Media" auf ein späteres Projekt zu verschieben.

Aufgabe aller am Projekt beteiligten Personen ist es, in einer Entscheidungssituation eine optimale Alternative zu finden. In der Projektarbeit sollten Entscheidungen rational getroffen werden und für andere Personen nachvollziehbar sein.[1] Dabei wirken sich Zeitdruck und unzureichende Informationen negativ auf den Entscheidungsprozess aus.

Manche Entscheidungen entziehen sich einer rationalen Begründung und werden emotional (von Gefühlen geleitet) getroffen. Oft spielen bei einer Entscheidung „aus dem Bauch heraus" zu einem früheren Zeitpunkt gesammelte Erfahrungen eine entscheidende Rolle.

1.3 Kreativitätstechniken

Im Rahmen von Projekten, insbesondere zu deren Beginn, müssen häufig **neue Ideen entwickelt** bzw. aufgetretene **Probleme gelöst** werden. Da Projekte durch ihre Einmaligkeit gekennzeichnet sind, erfordern sie von den Projektteilnehmern in der Regel ein hohes Maß an Kreativität bei der Ideenfindung. Gerade zu Beginn von Projekten werden deswegen häufig Kreativitätstechniken eingesetzt, um Kreativität anzuregen.

Merke! **Kreativitätstechniken** fördern kreatives Denken und dienen der gezielten Ideenfindung und der Problemlösung.

Für die Projektarbeit wurden zahlreiche Kreativitätstechniken entwickelt. Zu den bekanntesten zählen Brainstorming, Brainwriting und Mindmapping.[2] Neben diesen etablierten Methoden zur Ideenfindung wurden in den letzten Jahrzehnten viele weitere Techniken entwickelt.[2]

Brainstorming

Mithilfe eines Brainstormings[3] sollen innerhalb kurzer Zeit möglichst viele kreative Lösungsvorschläge, Ideen usw. zu einem vorgegebenen Thema gesammelt werden. Die Idee dieser Methode ist es, „das Gehirn zum Sturm auf ein Problem" zu verwenden („using the **brain** to **storm** a problem").

Beispiel In der Werbebranche wird das Brainstorming häufig genutzt, um für Werbekampagnen neue, innovative und vor allem kreative Ideen zu entwickeln. In der BE Partners KG beginnen die meisten Projekte zur Realisierung von Werbemaßnahmen mit einem Brainstorming. Hierbei bekommen die Projektmitglieder 10 Minuten Zeit und rufen dem Projektleiter spontan Ideen für die geplante Werbemaßnahme zu, die dieser unkommentiert auf einem Flipchart notiert. Anschließend werden die gesammelten Ideen strukturiert und von den Projektmitgliedern durch die Vergabe von „Smileys" bewertet.

1 Ein zentrales Instrument zur rationalen Entscheidungsfindung ist die **Nutzwertanalyse**. → FK 1, LF 4, Kap. 4.3

2 Eine relativ moderne Kreativitätstechnik sind beispielsweise die **„Denkhüte"** von Edward de Bono. Bei dieser Methode nehmen die Projektteilnehmer in einer Gruppendiskussion verschiedenartige Rollen ein, die durch verschiedenfarbige Hüte repräsentiert werden. Durch die Farbe des jeweiligen Hutes wird einer Person eine bestimmte Denkweise zugewiesen (z. B. weiß = analytisches Denken; gelb = optimistisches Denken; rot = emotionales Denken). Durch die **unterschiedlichen Blickwinkel** soll eine effiziente und ausgewogene Diskussion über ein Thema erreicht werden.

3 Brainstorming → in FK 1 und FK 2, Methodentrainer, Kap. 2

Brainwriting (Methode 635)

Brainwriting ist eine **schriftliche Variante des Brainstormings**. Jeder Teilnehmer kann dabei zunächst selber in Ruhe seine Ideen aufschreiben. Diese werden anschließend von den anderen Gruppenmitgliedern aufgegriffen und weiterentwickelt.

Das Brainwriting wird auch **Methode 635** genannt:

- 6 Teilnehmer (im Idealfall) halten auf einem Notizblatt zunächst
- 3 Ideen/Lösungsvorschläge fest und reichen ihr Notizblatt weiter. Der Nachbar versucht, die drei Ideen zu ergänzen bzw. weiterzuentwickeln. Die Blätter werden
- 5 Mal weitergegeben, bis jeder jedes Blatt bearbeitet hat.

Konkrete Vorgehensweise und Regeln beim Brainwriting:

1. Die Problemstellung wird auf einem Formular festgehalten. Das Formular wird darunter in drei Spalten unterteilt.
2. Jeder Teilnehmer trägt in die erste Zeile drei Ideen ein, in jede Spalte eine.
3. Jeder Teilnehmer reicht sein Formular nach einer Zeit von ca. drei bis fünf Minuten an den nächsten Teilnehmer im Uhrzeigersinn weiter.
4. Jeder Teilnehmer trägt nun in das vor ihm liegende Formular in die zweite Zeile Ergänzungen bzw. Weiterentwicklungen der Ursprungsideen ein. Möglichst zu jeder der drei Ursprungsideen.
5. Die Ideenfindung und -entwicklung ist beendet, wenn jeder Teilnehmer sein Formular mit den Weiterentwicklungen der anderen fünf Teilnehmer wieder vor sich liegen hat.
6. Ein Vorschlag wird gemeinsam ausgewählt und in der Gruppe diskutiert.

Mindmapping

Eine Mindmap[1] soll komplexe Zusammenhänge visualisieren. Sie kann ständig geändert und erweitert werden. Eine Mindmap verknüpft Gedanken, Gefühle und Ideen mithilfe von Zeichnungen und kurzen Sätzen. Diese Visualisierungsform verbindet sprachliches und bildhaftes Denken, wodurch die gesamte Kapazität der beiden Gehirnhälften genutzt wird.

1 Mindmap
→ in FK 1 und FK 2, Methodentrainer, Kap. 11

Alles klar?

1 Definieren Sie, was ein Projekt ist.

2 Nennen und erläutern Sie drei Merkmale eines Projekts.

3 In der BE Partners KG sind Sie als Projektleiter für die Entwicklung einer Werbekampagne für ein neues After Shave der Drogerie AG verantwortlich. Das Projektmitglied Michael Meier schlägt in einer Besprechung vor, den Fußballnationalspieler Thomas Müller als Darsteller in einem Fernsehwerbespot zu engagieren. Sie halten diesen Vorschlag aufgrund des geringen Projektbudgets für ungeeignet. Formulieren Sie das Feedback an Herrn Meier in wörtlicher Rede.

4 Erläutern Sie, von welchen Kriterien Sie sich leiten lassen sollen, wenn Sie im Rahmen der Projektarbeit Entscheidungen treffen.

5 Erläutern Sie den Unterschied zwischen Brainstorming und Brainwriting.

2 Durchführung eines Projekts

Projekte durchlaufen verschiedene Abschnitte (auch: Phasen). Aus der Absicht, die einem Abschnitt zugrunde liegt, ergibt sich die Art der Aktivität des jeweiligen Abschnitts. In jeder dieser Projektphasen sind besonders wichtige Punkte zu beachten. In der Regel lässt sich bei Projekten keiner dieser Abschnitte auslassen, ohne dass das Projekt dadurch gefährdet wird.

Abschnitte eines Projektes

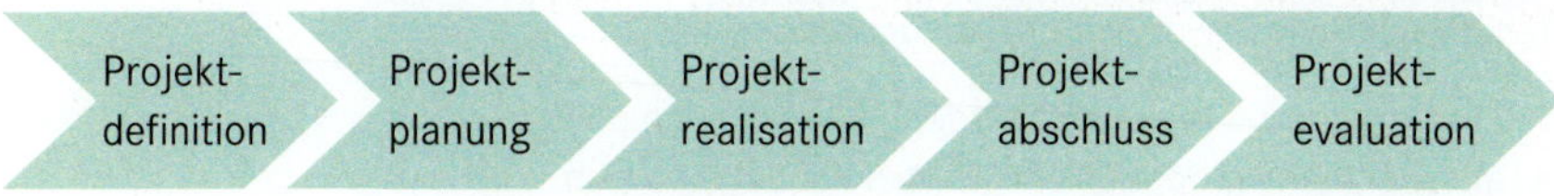

Bedeutungen der einzelnen Abschnitte eines Projektes	
Projekt-definition	Erster Abschnitt im Projektverlauf, in dem aus einem Projektanlass heraus das Projekt genau definiert und der Projektauftrag formuliert wird.
Projekt-planung	Dieser Abschnitt ist die Grundlage für eine erfolgreiche Durchführung des Projekts. Die einzelnen Tätigkeiten und deren Abläufe werden grundsätzlich festgelegt. Eine laufende Anpassung der Planung an sich verändernde Rahmenbedingungen während der Projektrealisation sollte aber immer möglich sein.
Projekt-realisation	In diesem Abschnitt gilt es, Abweichungen der Projektdurchführung von der Projektplanung zu erkennen und erforderliche Korrekturen vorzunehmen. Dabei ist es notwendig, stets auf alle relevanten Informationen zurückgreifen zu können. Diese Aufgabe erfüllt die Projektdokumentation.
Projekt-abschluss	Das Projekt wird (an den Auftraggeber) übergeben. Häufig findet in diesem Zusammenhang eine Projektpräsentation statt.
Projekt-evaluation	Die Projektergebnisse werden hinsichtlich der anfangs formulierten Projektziele reflektiert und bewertet. Auf Grundlage eines Soll-Ist-Vergleichs werden Strategien zur zukünftigen Optimierung der Projektabläufe abgeleitet.

2.1 Projektdefinition

Zu Beginn eines Projekts ist es erforderlich, das Projekt genau zu definieren und zu beschreiben, damit alle Beteiligten in Bezug auf die Rahmenbedingungen und das Projektziel die gleiche Vorstellung bekommen (Worum handelt es sich?). In dieser Anfangsphase eines Projekts helfen die folgenden Aktivitäten bei der Konkretisierung des Projektes:

1. Beratung über den **Projektanlass**[1] (Warum wird ein Projekt durchgeführt?)
2. Entwurf einer ersten **Projektskizze** (Was ist grob zu tun?)
3. Festlegung der **Projektziele** (Was soll am Ende rauskommen?)
4. Formulierung eines eindeutigen **Projektauftrags** (Was ist unsere Aufgabe?)
5. Festlegung der **Projektorganisation** (z. B.: Wer sind die Projektmitglieder?)

1 auch: Projektauslöser

2.1.1 Projektanlass

Die Auslöser für den Beginn von Projekten können von Unternehmen zu Unternehmen sehr unterschiedlich sein. Grundsätzlich zu unterscheiden sind **interne Projekte**, bei denen der Projektanlass im eigenen Unternehmen liegt, und **externe Projekte**, die in der Regel von Kunden durch Aufträge veranlasst werden.

Beispiel Die BE Partners KG führt regelmäßig externe Projekte für ihre Kunden durch. Beispielsweise gehört die Überarbeitung des Internetauftritts des Kunden Drogerie AG zu den externen Projekten. Projektanlass war hier der Kundenauftrag.

Im letzten Jahr hat eine kleine Projektgruppe in der BE Partners KG aber auch den eigenen Internetauftritt des Unternehmens modernisiert. Hierbei handelte es sich um ein internes Projekt. Projektanlass war hier die Erkenntnis von Herrn Bastian, dass der damalige Internetauftritt für eine Werbeagentur nicht mehr zeitgemäß war.

Auslöser für **interne Projekte** sind meistens Wünsche oder Ideen der Geschäftsleitung oder aus den einzelnen Abteilungen eines Unternehmens. Damit verbunden ist häufig der Wunsch nach bestimmten Verbesserungen. Die folgende Tabelle gibt einige typische interne Projektanlässe und mögliche Projektbeispiele wieder.

Projektanlässe	Projektideen
Wunsch nach Effizienzsteigerung oder Arbeitserleichterung	Einführung einer neuen Technologie (z. B. einer neuen Betriebssoftware)
fehlende Lagerkapazität	Bau einer Lagerhalle
unzureichende Arbeitsbedingungen	Neugestaltung der Büroräume
Wandel der Kundenbedürfnisse	Entwicklung eines Neuprodukts
Wunsch nach Umsatzsteigerung	Werbekampagne
Wunsch nach Prestigeverbesserung	Überarbeitung des Internetauftritts
schlechtes Betriebsklima	Einführung von Teamarbeit

Beispiel Franz Seydlitz hat festgestellt, dass die Bewerberzahlen für Ausbildungsplätze in der BE Partners KG seit Jahren rückläufig sind. Als er Herrn Bastian davon berichtet, meint dieser: „Das können wir doch als Anlass für ein internes Projekt nehmen. Unsere Auszubildenden sollen einen Tag der offenen Tür veranstalten, an dem wir insbesondere die zukünftigen Schulabgänger ansprechen. Ich werde Frau Öztürk als Auszubildende im dritten Ausbildungsjahr mit der Projektleitung beauftragen."

2.1.2 Projektskizze

Ein Projektanlass führt in der Regel zu einer groben Projektidee. Im Rahmen einer ersten Projektskizze[1] wird diese Idee häufig schriftlich festgehalten. Zudem werden im Sinne der Projektdefinition bereits bestimmte Rahmenbedingungen notiert. Weiterhin sollte die Projektskizze genutzt werden, um die grobe Projektidee zu konkretisieren. Kreativitätstechniken[2] wie Brainstorming, Brainwriting oder Mindmapping helfen dabei, eine allgemeine Projektidee durch erste Ideen zu verfeinern.

1 auch: Projektsteckbrief

2 Kreativitätstechniken
➔ LF 13, Kap. 1.3

Merke! Grundprinzip beim Projektmanagement: **Plane vom Groben zum Feinen!**

Die Projektskizze ist ein wichtiges Hilfsmittel, um später einen konkreten Projektauftrag[1] formulieren zu können.

1 Projektauftrag
→ LF 13, Kap. 2.1.4

BE Partners KG

Projektskizze

Projektnummer	20X6-19
Projektname	Tag der offenen Tür für Schulabgänger 20X7
Projektart	☒ intern ☐ extern
Auftraggeber	Herr Bastian (Geschäftsführer)
Projektleitung	Tüley Öztürk
Projektteam	Sascha Reimers, Aziza Weber, Sophie Fischer
Projektanlass	rückläufige Bewerberzahlen für Ausbildungsplätze in der BE Partners KG
erwarteter Nutzen des Projekts	- Bewerberzahlen für Ausbildungsplätze in der BE Partners KG steigern - hohe Teilnehmerzahl am Tag der offenen Tür - Unternehmensimage bei den Schulabgängern verbessern - Berufe, in denen die BE Partners KG ausbildet, bekannt machen
vom Auftraggeber erwartete Projektergebnisse (erste Ideen)	- Planung des Tages - Bekanntmachung des Tages (Plakate, Flyer, Kontakte zu Schulen usw.) - Vorbereitung des Tages (Präsentationen, Catering, Geschenke für Besucher usw.) - Durchführung des Tages - Nachbereitung des Tages (Bericht, Kostenübersicht, Erfolgsmessung)
Projektbudget	5.000,00 €

2.1.3 Projektziele

Merke! Wer das Ziel kennt, kann entscheiden; wer entscheidet, findet Ruhe; wer Ruhe findet, ist sicher; wer sicher ist, kann überlegen; wer überlegt, kann verbessern. (Konfuzius)

In einer Projektskizze wird in der Regel schon grob formuliert, welchen Nutzen das Projekt für den Auftraggeber haben soll. Um ein Projekt aber effizient und erfolgreich durchführen zu können, muss diese Nutzenvorstellung präzisiert werden. Noch in der Definitionsphase müssen deswegen konkrete Projektziele formuliert werden.

„Magisches Dreieck“ der Projektziele

Damit ein Projekt zum Erfolg führt, muss das Projektmanagement mindestens drei Zielvorgaben festlegen:

1. Das **Sachziel**[1] beantwortet die Frage: „Was soll geplant und erreicht werden?“ bzw. „Welche Qualität bezüglich des Endprodukts ist zu erfüllen?“

1 auch: Qualitätsziel

Beispiel In der BE Partners KG soll ein erfolgreicher Tag der offenen Tür für Schulabgänger durchgeführt werden.

2. Das **Kostenziel** beantwortet die Frage: „Welches Budget ist für das Projekt vorgesehen, d. h., was darf das gesamte Projekt maximal kosten?“

Beispiel Für die Planung und Durchführung des Tages der offenen Tür für Schulabgänger stehen 5.000,00 € zur Verfügung.

3. Das **Terminziel** beantwortet die Frage: „Zu welchem Zeitpunkt soll das Projekt abgeschlossen sein?“

Beispiel Da der Bewerbungsschluss für die am 1. August 20X7 beginnenden Ausbildungen am 1. April 20X7 ist, soll der Tag der offenen Tür für Schulabgänger in der zweiten Januarhälfte des Jahres 20X7 stattfinden.

Die drei Zielgrößen beeinflussen sich wechselseitig: Ändert sich eine Zielgröße, wirkt sich das auf die beiden anderen aus. Steigen z. B. die Anforderungen an die Qualität des Produkts, so verlängern sich üblicherweise die Bearbeitungszeiten und damit erhöhen sich die Kosten, sodass in diesem Fall weder Terminziel noch Kostenziel eingehalten werden können. Es ergibt sich ein **Zielkonflikt**.

„Magisches Dreieck“ der Projektziele

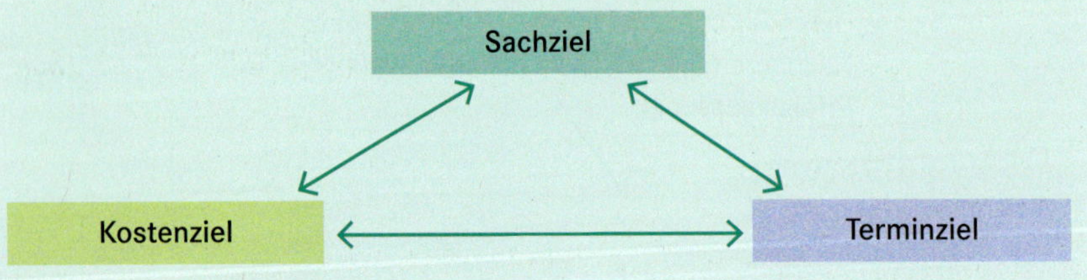

Es zeigt sich, dass eine getrennte Betrachtung der einzelnen Zielgrößen nicht sinnvoll ist, sondern alle drei Größen in ihrem Zusammenhang erfasst werden müssen. Dies ist aber oft sehr schwierig, sodass je nach Art des Projekts meist eines der oben genannten Ziele im Vordergrund steht.

Beispiel Die Projektleiterin Tüley Öztürk hat in Absprache mit Herrn Bastian festgelegt, dass das Terminziel bei dem Projekt „Tag der offenen Tür für Schulabgänger“ Priorität hat. Entscheidend ist, dass die Veranstaltung rechtzeitig stattfindet, um positive Auswirkungen auf die Bewerberzahlen im Jahr 20X7 zu erzielen.

SMARTe Projektziele

Bei der Festlegung von Projektzielen ist nicht nur zu bedenken, dass alle Zielvorgaben erfasst werden. Zudem muss beachtet werden, dass Ziele SMART formuliert werden. Hinter diesen Buchstaben verbergen sich folgende Anforderungen:

SMARTe Projektziele[1]	
Spezifisch	Das Ziel muss präzise und eindeutig formuliert sein (nicht vage oder missverständlich). Die Projektteilnehmer müssen genau verstehen, was von ihnen erwartet wird.
Messbar	Das Ziel sollte möglichst messbar, mindestens aber überprüfbar sein. Die Zielerreichung muss später anhand von Kriterien beurteilt werden können.
Akzeptiert	Das Ziel muss für den Auftraggeber des Projekts akzeptabel und sinnvoll sein. Idealerweise wurden die Ziele gemeinsam besprochen und festgelegt.
Realistisch	Das Ziel muss unter Berücksichtigung der Rahmenbedingungen (z. B. Projektbudget) erreichbar sein.
Terminiert	Es muss festgelegt sein, bis wann das Ziel erreicht werden soll. Hierbei kann es sich z. B. um eine Abschlusspräsentation, aber auch um Zwischenziele[2] im Verlauf des Projekts handeln

1 SMART steht ursprünglich für

- **S**pecific
- **M**easurable
- **A**ccepted
- **R**ealistic
- **T**imely

2 Wichtige Zwischenziele eines Projekts bezeichnet man als Meilensteine. Sie werden häufig mit einem Terminziel verbunden.
➔ LF 13, Kap. 2.2.4

Nur wenn Projektziele auf diese Art und Weise präzise formuliert werden, ist eine spätere effiziente und zielgerichtete Projektarbeit gewährleistet. Zudem können nur SMART formulierte Ziele im Rahmen der abschließenden Projektevaluation zuverlässig überprüft werden.

allg. Zielformulierung des Auftraggebers	konkretes, SMART formuliertes Sachziel
Steigerung der Bewerberzahlen für Ausbildungsplätze in der BE Partners KG	Die Zahl der Bewerber für Ausbildungsplätze in der BE Partners KG soll für den Einstellungstermin 1. August 20X7 bis zum Bewerbungsschluss am 1. April 20X7 um mindestens 20 % gegenüber dem gleichen Termin im Vorjahr gesteigert werden.

2.1.4 Projektauftrag

Wird die Durchführung des ausgewählten Projekts als sinnvoll eingestuft, dann sollten mindestens folgende Angaben in einem Projektauftrag festgehalten werden:

- Projektname
- Kurzbeschreibung des Projekts
- Zielformulierungen
- Qualitätskriterien
- voraussichtliche Projektkosten
- Projekttermine
- Meilensteine
- beteiligte Personen

Der Projektauftrag wird von allen Beteiligten unterschrieben und ist die Grundlage zur Durchführung des Projekts. Mithilfe des Projektauftrages wird ein Vertrag zwischen Auftraggeber und Auftragnehmer geschlossen, der für alle Beteiligten verbindlich ist. Um spätere Missverständnisse zu vermeiden, muss er eindeutig formuliert sein und sämtliche Unklarheiten im Vorhinein ausschließen.

2.1.5 Projektorganisation

Beispiel Tüley Öztürk hat für das Projekt „Tag der offenen Tür für Schulabgänger" einen konkreten Projektauftrag formuliert und diesen mit dem Auftraggeber Herrn Bastian besprochen. Durch die Unterschriften aller Beteiligten unter dem Projektauftrag ist gewissermaßen der Startschuss für das Projekt gefallen. Tüley beginnt nun mit der Organisation des Projekts.

Welche Aufgaben muss sie in diesem Zusammenhang erledigen?

Der Projektauftrag ist gewissermaßen der Moment, der über die Durchführung des Projekts entscheidet. Wenn der Auftraggeber ihn akzeptiert, wird das Projekt durchgeführt. In diesem positiven Fall muss als Nächstes das Projekt organisiert werden.

Die Projektorganisation beinhaltet in der Regel folgende Aufgaben:

- Gestaltung des Projektaufbaus[1]
- Gestaltung des Projektablaufs

1 auch: Projektdesign

Gestaltung des Projektaufbaus

Im Rahmen der Projektorganisation gilt es, das Projekt in die Aufbauorganisation[2] des Unternehmens einzubinden. Gerade für die Durchführung größerer Projekte reicht die eigentliche Aufbauorganisation eines Unternehmens (z. B. Einlinienorganisation) oftmals nicht aus, um ein Projekt zu realisieren. Deswegen wird für die Projektdauer neben dieser vorhandenen Primärorganisation **zusätzlich auf eine Projektorganisation (Sekundärorganisation) zurückgegriffen**. Gerade in der klassischen Linienorganisation ist die Kooperation von Spezialisten verschiedener Abteilungen nicht vorgesehen, für die Durchführung von Projekten ist sie aber zwingend erforderlich. Für ein erfolgreiches Projektmanagement muss die Projektorganisation optimal in die Primärorganisation des Unternehmens integriert sein.

2 Unternehmensorganisation
→ LF 11, Kap. 2

Beispiel Während des Projekts bleiben die vier Auszubildenden der BE Partners KG grundsätzlich in den Abteilungen, in denen sie gerade ausgebildet werden (Primärorganisation). Während der Projektlaufzeit sind sie aber gleichzeitig auch Mitglieder des Projekts und weisen sich in diesem Zusammenhang Aufgaben zu (Sekundärorganisation). Die jeweiligen Abteilungsleiter müssen dies natürlich wissen, damit sie den Projektmitgliedern entsprechende Freiräume für die Projektarbeit geben.

Zur Aufbauorganisation des Projekts gehört zudem, die **anfallenden Aufgaben und** die für ihre Erfüllung erforderlichen **Kompetenzen zu ermitteln**. Auf dieser Grundlage können die Projektmitglieder und ihre Rollen (z. B. Projektleitung, Dokumentation, Ansprechpartner für Auftraggeber, Zeitwächter) festgelegt werden.

Gestaltung des Projektablaufs

Bestandteil der Projektorganisation ist auch die Regelung des zeitlichen und räumlichen Projektablaufs. Insbesondere benötigen Projekte eine **effiziente Kommunikationsstruktur** für die Projektmitglieder. Erforderlich sind hierfür Vereinbarungen zum Informationsfluss bzw. zur Kommunikation der Projektmitglieder (z. B. regelmäßige Besprechungen, Berichte, Protokolle, Whats-App-Gruppe, Kommunikationsregeln).

Beispiel Tüley Öztürk organisiert für die Projektarbeit wöchentliche Projekttreffen im Besprechungsraum 1 der BE Partners KG. Diese sollen insbesondere dem Austausch über den Projektstand und der Planung der jeweils nächsten Woche dienen.

Um Projekte systematisch durchführen zu können, ist es gerade bei komplexen Projekten besonders wichtig, **ablauforganisatorische Entscheidungen schriftlich festzuhalten.** Hierfür stehen zahlreiche Hilfsmittel zur Verfügung, z. B.:

- Arbeitspaketpläne[1]
- Projektstrukturpläne[2]
- Projektablaufpläne[3]
- Terminpläne[4] (z. B. Balkendiagramme, Meilensteinpläne)

1 Arbeitspakete ➔ LF 13, Kap. 2.2.1

2 Projektstrukturplan ➔ LF 13, Kap. 2.2.2

3 Projektablaufplan ➔ LF 13, Kap. 2.2.3

4 Terminplan ➔ LF 13, Kap. 2.2.4

Für die Organisation des Projektablaufs haben sich sogenannte **Phasenmodelle der Projektorganisation** als hilfreich erwiesen. Projektphasen sind dabei zeitliche Abschnitte, die für ein Projekt festgelegt werden. Die Wahl eines passenden Modells hängt stark von der Art des durchzuführenden Projekts ab. Zu den bekanntesten Phasenmodellen der Projektorganisation gehören:

- **4-Phasen-Modell** (Projektdefinition – Projektplanung – Projektrealisation – Projektabschluss),
- **5-Phasen-Modell** (4-Phasen-Modell, erweitert um die Phase „Projektevaluation"),
- **Wasserfall-Modell** (Ergebnisse einer Phase sind immer die Grundlage für die nächste Phase und fließen in diese ein).

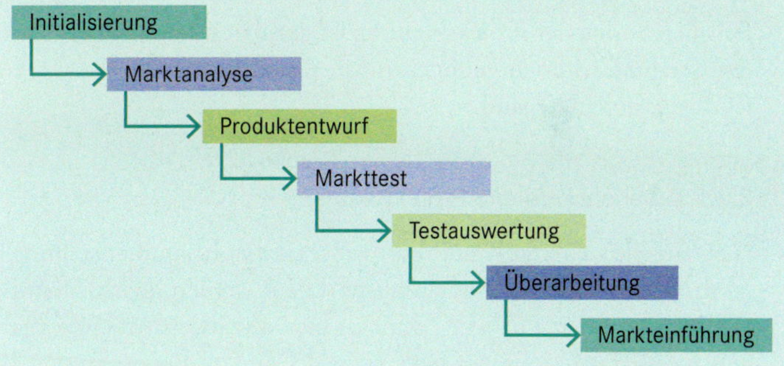

Wasserfall-Modell: Beispiel „Neuprodukteinführung"

2.1.6 Kick-off-Meeting[5]

Das erste gemeinsame Treffen für ein neues Projekt, zu dem alle an dem Projekt Beteiligten eingeladen werden sollten, wird als Kick-off-Meeting bezeichnet. Es markiert den Start für das neue Projekt. Oft treten die am Projekt Beteiligten hier zum ersten Mal miteinander in Kontakt. Neben sachbezogenen Informationen über das Projekt erhalten die Teilnehmenden einen Überblick über die Aufgaben und Rollen aller Beteiligten (Projektorganisation) und lernen sich kennen. Die Projektmitglieder entwickeln erste gemeinsame Ideen zur Vorgehensweise, diskutieren über die inhaltliche Richtigkeit von Lösungswegen und treffen erste Entscheidungen über die zeitliche Planung von Arbeitspaketen.

5 **to kick off** (engl.): anstoßen, loslegen

Ziele des Kick-off-Meetings:

- Die am Projekt Beteiligten lernen sich kennen.
- Die Beteiligten sollen für die Projektarbeit motiviert werden.
- Das Projekt und die Projektziele werden den Beteiligten vorgestellt.
- Aufgaben und Zuständigkeiten werden festgelegt oder mitgeteilt.
- Alle Beteiligten verfügen über den gleichen Informationsstand.
- Die Regeln für die Zusammenarbeit werden transparent gemacht.

Damit diese Ziele erreicht werden können, muss ein Kick-off-Meeting sorgfältig vorbereitet werden.[6]

6 Ein gelungenes Kick-off-Meeting bringt Dynamik und Motivation in den Projektstart und legt den Grundstein für eine erfolgreiche Zusammenarbeit.

2.2 Projektplanung

Ohne eine solide Projektplanung kann es schnell zu Termin- und Kostenüberschreitungen, zu Qualitätsmängeln und Kapazitätsengpässen bei der Projektdurchführung kommen. Der Erfolg eines Projekts ist daher von einer guten Projektplanung abhängig. Je gründlicher die Projektplanung, desto weniger Probleme sind in der Projektdurchführungsphase zu erwarten bzw. desto schneller lassen sich auftretende Schwierigkeiten ausgleichen. Die Projektplanung sollte aber nicht als einmaliger Vorgang verstanden werden, sondern muss während der Projektdurchführung immer wieder angepasst werden, wenn sich z. B. neue Rahmenbedingungen ergeben.

Die lineare Abfolge der einzelnen Projektabschnitte darf nicht darüber hinwegtäuschen, dass Planungen **dynamische Prozesse** sind: Sobald sich neue Fakten ergeben, Zielsetzungen sich verändern oder Abweichungen von den Plandaten auftreten, müssen die Pläne an die veränderten Gegebenheiten angepasst werden. Dies bedeutet beispielsweise, dass die Terminplanung neu überarbeitet werden muss, wenn nicht genügend Ressourcen bzw. ausreichend qualifizierte Mitarbeiter verfügbar sind, um die Arbeiten termingerecht durchführen zu können.

Bei allen Stufen der Projektplanung ist darüber hinaus zu beachten, dass sie bestimmten Qualitätskriterien genügen muss, die nicht zuletzt von der Kompetenz des Projektteams abhängig sind.

2.2.1 Arbeitspakete und Projektteams

Basis für alle weiteren Planungsprozesse ist die Zusammenstellung aller erforderlichen Aktivitäten in einer Aktivitätenliste. Diese werden anschließend zu **Arbeitspaketen** zusammengefasst. Für jede Aktivität bzw. für jeden Arbeitsvorgang ist ein eindeutiges, messbares Ergebnis (Output) zu definieren. Bereits in der Planungsphase kann man so der notwendigen Dokumentation[1] Rechnung tragen und alle Arbeitsprozesse transparenter machen.

1 Projektdokumentation
→ LF 13, Kap. 2.3.3

Beispiel Die BE Partners KG plant einen Messestand auf einer Fachmesse. Ein vom Geschäftsführer vorgegebener finanzieller Rahmen ist dabei unbedingt einzuhalten. Alle erforderlichen Aktivitäten für dieses Projekt müssen ermittelt und dokumentiert werden. So sind beispielsweise die Standortwahl des Messestandes, die Größe der Mietfläche, die Höhe des Mietpreises, die Möglichkeiten zur individuellen Gestaltung des Messestandes, dessen Beleuchtung sowie die Strom- und Wasserversorgung zu klären. Alle Aufgabenstellungen im Zusammenhang mit dem Mietvertrag werden anschließend in einem Arbeitspaket „Mietvertrag“ zusammengefasst.

Merke! **Aktivitäten** sind die kleinsten Planungseinheiten in einem Projektstrukturplan.[2] Sie werden zu **Arbeitspaketen** zusammengefasst.

2 Projektstrukturplan
→ LF 13, Kap. 2.2.2

Arbeitspakete werden gebildet, um ein Projekt in **überschaubare und sinnvolle Abschnitte** zu gliedern. In einer Projektsitzung werden die Arbeitspakete benannt und die Leistungen und Verrichtungen (Aktivitäten), die nacheinander und zusammenhängend ausgeführt werden, den einzelnen Arbeitspaketen zugeordnet.

Ein Arbeitspaket muss **präzise definiert** und sauber von anderen Arbeitspaketen abgegrenzt werden, es sollte schlüssig und kontrollierbar sein und klar einer bestimmten Organisationseinheit (Projektmitglied) zugeordnet werden können.

Beispiel Das Projekt „Tag der offenen Tür für Schulabgänger" umfasst u. a. die folgenden Arbeitspakete:

- Räumlichkeiten organisieren
- Speisen organisieren
- Getränke organisieren
- Veranstaltung in den Schulen bekannt machen
- Veranstaltung in der Presse bekannt machen
- Technik organisieren und bereitstellen

Die Arbeitspakete bilden die Basis für die folgende Projektablauf- und Terminplanung, die Kapazitäts- sowie die Kostenplanung. Die folgenden **Regeln zur Einteilung** sollten daher unbedingt beachtet werden:

- Die Arbeitspakete dürfen weder zu groß noch zu klein sein.
- Die Arbeitspakete müssen den tatsächlichen Abläufen im Projekt entsprechen.
- Die Arbeitspakete sollten verständlich und einfach formuliert werden, sodass jeder Projektbeteiligte sie versteht.
- Jede Arbeit sollte eindeutig einem Arbeitspaket zugeordnet sein.

Bildung von Projektteams

Nachdem die verschiedenen Arbeitspakete zur Realisierung des Projekts ermittelt wurden, muss geklärt werden, wer welches Arbeitspaket bearbeitet. Hierfür müssen sich die Projektmitglieder ihren Kompetenzen und Fähigkeiten gemäß auf die Verteilung der Arbeit innerhalb der Projektgruppe einigen. Bei größeren Projekten werden ggf. Projektteams gebildet, die sich gemeinsam mit festgelegten Arbeitspaketen beschäftigen. Die Projektmitglieder legen in diesem Zusammenhang auch die Verantwortung für die selbstständige Erledigung der einzelnen Arbeitspakete fest.

2.2.2 Projektstrukturplan

Die **übersichtliche und hierarchische Anordnung der Teilaufgaben und Arbeitspakete** eines Projekts übernimmt der Projektstrukturplan. Er stellt die Verknüpfung zwischen Bearbeiter, Arbeitspaket und Zeitbedarf dar und ist demzufolge ein zentrales Dokument für das Projektmanagement und eine direkte Handlungsanleitung für die Projektdurchführung.

Über die Verteilung von Arbeitspaketen muss sichergestellt sein, dass die einzelnen Bearbeiter kontinuierlich ausgelastet sind. Der Projektstrukturplan dient als Basis für die fachliche Projektgliederung, Verteilung der Verantwortlichkeiten, Risikoanalysen sowie die Ablauf- und Terminplanung. Die ermittelten Arbeitspakete werden hierbei zweckmäßigen Oberbegriffen (Teilaufgaben) zugeordnet.

Der Projektstrukturplan ist die Grundlage für benötigte Projektressourcen, die Zeitplanung und den Einsatz von Personal und definiert die Aufgabenbeschreibung.

Aufbau des Projektstrukturplans (Auszug)

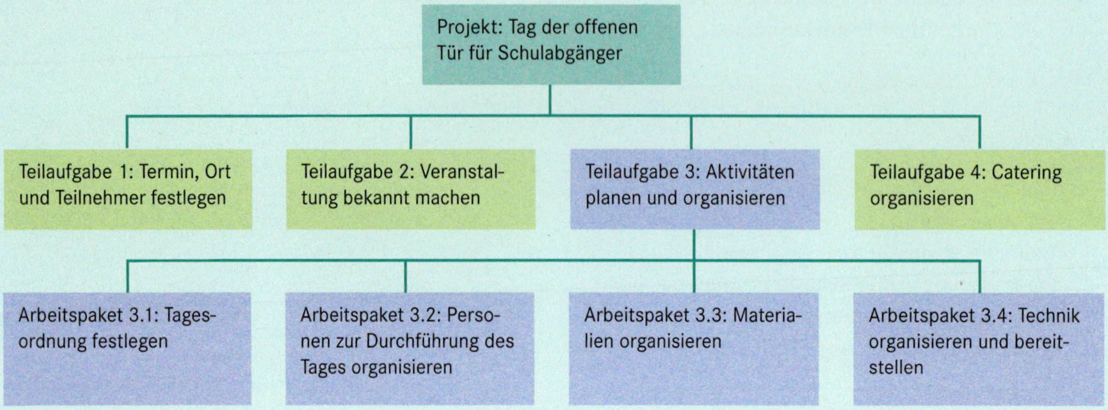

2.2.3 Projektablaufplan

Nachdem die einzelnen Arbeitspakete und Teilaufgaben definiert wurden, müssen sie in eine zeitliche Reihenfolge gebracht und in Projektablaufplänen fixiert werden. In einem solchen Ablaufplan werden auch die Abhängigkeiten der einzelnen Arbeitspakete voneinander dargestellt.

Projektablaufplan – Teilaufgabe 4: „Catering organisieren"

Vorgang Nr.	Vorgangsbezeichnung (Arbeitspakete)	Dauer	abgeschlossene Vorgänger	Anmerkungen
1	Ideensammlung „Speisen und Getränke"	3 Tage	-	auf wöchentlicher Projektsitzung mit der Projektgruppe besprechen
2	Anfragen an Cateringdienste	2 Tage	1	vorher Schätzung der Teilnehmerzahl einholen (siehe Teilaufgabe 1)/Frist für Angebote setzen
3	Angebote abwarten	7 Tage	2	
4	Angebote vergleichen	2 Tage	3	qualitativer Angebotsvergleich
5	Platzierung der Speisen und Getränke festlegen	1 Tag	1	zu nutzende Räumlichkeiten klären (siehe Teilaufgabe 1)
6	ggf. Nachverhandeln, Feinheiten klären und Bestellung aufgeben	4 Tage	4	
7	auf Lieferung warten	3 Tage	6	genaue Angaben machen zu Lieferort, Lieferzeit, Gegenstand (Gläser, Teller, Bestecke, Servietten, Tischdecken usw.)
8	Tische für Speisen und Getränke aufbauen	2 Tage	5	Praktikanten einbinden

Bei der Erstellung eines Projektablaufplans auf Grundlage des Projektstrukturplans kommt neben der Festlegung der Reihenfolge der einzelnen Arbeitspakete noch eine sehr wichtige Komponente der Projektarbeit hinzu: Welchen Zeitraum umfassen die einzelnen Vorgänge bzw. Arbeitspakete? Da niemand in die Zukunft blicken kann, sind bei der Zeitplanung in der Regel nur **Zeitschätzungen** möglich.

Die Zeitschätzung kann naturgemäß nie in einer „Punktlandung“ enden. Probleme, die bei der Schätzung der Vorgangsdauer auftreten können, sind u. a.:

– Unterschätzen des Zeitbedarfs bei unbekannten Vorgängen
– Nichtberücksichtigung von „Reibungsverlusten“ infolge von Kommunikations- und Abstimmungsproblemen
– Nichtberücksichtigung des Zeitbedarfs für das Projektmanagement
– Abhängigkeit der Vorgangsdauer von den eingesetzten Ressourcen

Beispiel Der Tag der offenen Tür für Schulabgänger soll spätestens in der zweiten Januarhälfte des Jahres 20X7 stattfinden. Neben der Zeitkalkulation auf Basis von Angebots- und Bestellfristen der Cateringdienste müssen ggf. auch Pufferzeiten eingeplant werden. Beispielsweise kann es vorkommen, dass der ausgewählte Cateringdienst an dem gewünschten Veranstaltungstag keine Kapazitäten mehr frei hat und deswegen ein weiterer Bestellprozess mit einem alternativen Anbieter durchgeführt werden muss.

2.2.4 Terminplan

Die **Terminplanung** baut auf dem Projektablaufplan auf. Ihr Ziel ist es einerseits, **für jedes Arbeitspaket bzw. jeden Vorgang**

– die jeweilige Vorgangsdauer,
– die frühest- bzw. spätestmöglichen Anfangs- bzw. Endtermine und
– eventuelle Zeitreserven (Pufferzeiten) zu ermitteln.

Außerdem sollen **für das gesamte Projekt**

– die Gesamtdauer und
– der Start- und Endtermin ermittelt werden.

Im Rahmen des Projektmanagements bietet es sich an, Terminplanungen in übersichtlicher Form darzustellen, damit sie zur Planung und Kontrolle der Termineinhaltung genutzt werden können. Zur Visualisierung von Terminplanungen bieten sich insbesondere das Balkendiagramm und die Meilensteintechnik an.

Balkendiagramm (Gantt-Diagramm[1])

Das Balkendiagramm ist – zumindest bei kleinen und mittelgroßen Projekten – das gängigste Instrument, um Projektabläufe zeitorientiert zu veranschaulichen. Als Arbeitsfortschrittsplan ermöglicht es neben der terminlichen Planung einzelner Arbeitspakete auch die Möglichkeit zur zeitlichen Kontrolle des Projektverlaufs. Es ist somit ein **Planungs- und Kontrollinstrument**. Zusammengefasst liefert ein Balkendiagramm Informationen über

– die geplanten Anfangs- und Endzeitpunkte der einzelnen Vorgänge,
– die geplante Gesamtdauer des Projekts und
– parallel verlaufende Vorgänge.

1 Die Bezeichnung „Gantt-Diagramm“ beruht auf dem Erfinder dieses Instruments des Projektmanagements, dem US-amerikanischen Maschinenbauingenieur und Unternehmensberater **Henry Laurence Gantt** (1861–1919). Neben dem Einsatz im Projektmanagement wird das Gantt-Diagramm beispielsweise auch in Industriebetrieben zur Produktionsplanung und -steuerung verwendet.

Ein Balkendiagramm beinhaltet:

- in den ersten beiden Spalten die jeweiligen Vorgangsnummern und eine Kurzbezeichnung des Vorgangs,
- in der ersten Zeile eine Zeitachse (z. B. in Tagen) und
- einen Balken für jeden Vorgang, der genau visualisiert, wann und für wie lange der jeweilige Vorgang stattfinden soll.

Beispiel Sophie Fischer ist in dem Projekt für die Teilaufgabe „Catering organisieren" verantwortlich. Zur besseren Planung und späteren Kontrolle veranschaulicht sie den Projektablaufplan in einem Balkendiagramm.

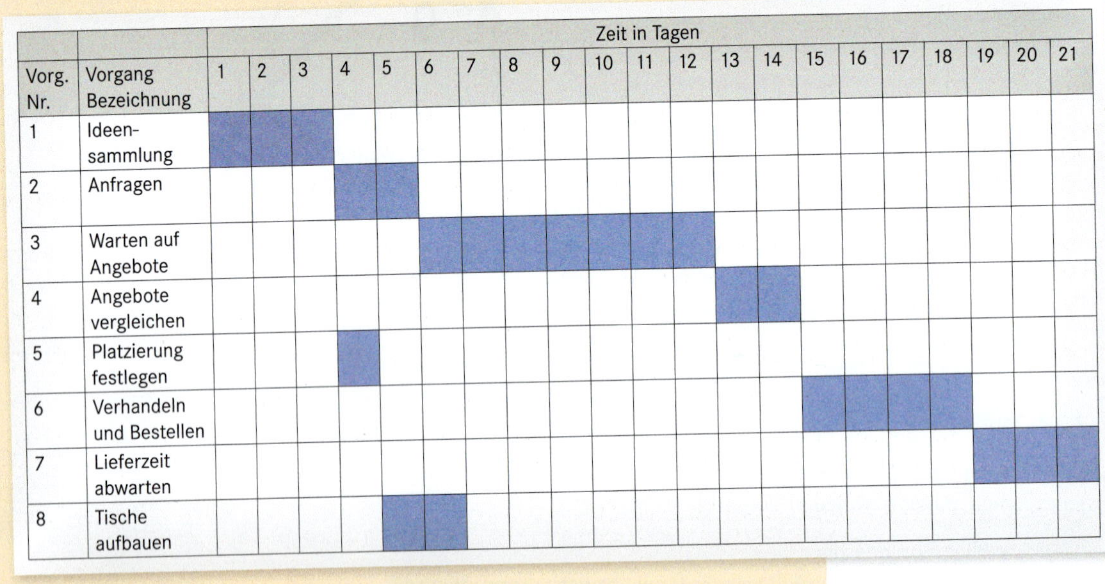

Sophie erkennt, dass ihr Teilprojekt insgesamt für 21 Arbeitstage geplant ist. Sobald sie den Termin für den Tag der offenen Tür kennt, kann sie per Rückwärtsterminierung[1] ermitteln, wann sie spätestens mit ihrem Teilprojekt beginnen muss. Außerdem kann sie die Termine der einzelnen Vorgänge schon vorplanen. Sie erkennt im Gantt-Diagramm auch, dass sie die Vorgänge 5 und 8 schon sehr frühzeitig (parallel zu anderen Vorgängen) durchführen könnte, da beispielsweise Vorgang 5 nur davon abhängig ist, dass Vorgang 1 abgeschlossen ist.

1 auch: retrograde Terminierung

Meilensteintechnik

Eine einfache Terminplanungstechnik ist die Fixierung von **Meilensteinen**. Meilensteine sind Ereignisse oder Zwischenergebnisse im Projektverlauf, nach deren Erledigung das Projekt in eine weitere Phase tritt und entsprechend Entscheidungen getroffen bzw. überprüft werden müssen. Die festgelegten Meilensteine können z. B. mit einem angestrebten Termin in ein Balkendiagramm eingetragen werden, sodass deutlich erkennbar wird, mit welchen Arbeitspaketen der nächste Meilenstein wann erreicht wird.

Das Erreichen von Meilensteinen motiviert die Projektmitarbeiter, die weiteren Projektziele zu den geplanten Terminen zu erledigen, es sind gewissermaßen Etappenziele des Projekts. Außerdem dienen Meilensteine einer einfachen Kontrolle des Projektfortschritts.[2]

2 Meilensteine sind genau genommen nicht nur ein Element der Zeitplanung. Sie dienen insofern auch der allgemeinen Projektplanung, da sie einem Projekt eine Struktur geben und es handhabbar machen. Meilensteine gliedern gerade große Projekte in überschaubarere Teilprojekte.

Meilensteine	
Merkmale	Meilensteine sollten an leicht überprüfbare Ereignisse geknüpft und eindeutig formuliert sein.
Fixierung	Meilensteine müssen realistisch geplant sein, es sollten zeitlich überschaubare Phasen (etwa ein bis drei Monate) gewählt werden, zum Plantermin muss die komplette Leistung vorliegen.
Zweck	Instrument zur Projektfortschrittsmessung, Strukturierung von Arbeitsabläufen, Hilfsmittel der Zeitplanung, Dokumentation von Resultaten und zur Selbstkontrolle

Meilensteinplanung des Projekts „Tag der offenen Tür für Schulabgänger"

Meilenstein Nr.	Bezeichnung	Soll-Termin	Status[1]	Verantwortlich
M1	Termin und Räumlichkeiten sind festgelegt.	1. Dezember 20X6	in Planung	Tüley Öztürk
M2	Aktivitäten sind konkret geplant, zuständige Personen stehen fest und haben zugesagt, Tagesordnung ist erstellt.	20. Dezember 20X6	in Planung	Aziza Weber, Tüley Öztürk
M3	Veranstaltung wurde an Schulen und in der regionalen Presse beworben.	10. Januar 20X7	in Planung	Tüley Öztürk
M4	Catering ist bestellt, Materialien und Technik stehen bereit, Räume sind hergerichtet.	26. Januar 20X7	in Planung	Sophie Fischer, Aziza Weber
Durchführung der Veranstaltung am 28. Januar 20X7				Tüley Öztürk

2.2.5 Kapazitätsplanung[2]

Die im Rahmen der Terminplanung errechneten Vorgangsdauern sowie der Endtermin lassen sich nur realisieren, wenn den Vorgängen (bzw. Arbeitspaketen) entsprechend die notwendigen Ressourcen (z. B. Personaleinsatz, Projektbudget, Materialeinsatz, Betriebsstoffe, sonstige Leistungen) zugewiesen werden.

Alle benötigten Ressourcen müssen von Anfang an klar identifiziert und sorgfältig geplant werden. Ein Ziel dieser Planung ist es, eine möglichst große **Auslastung der Kapazitäten der einzelnen Ressourcen** zu gewährleisten. Folgende Vorgehensweise ist dabei typisch:

Kapazitätsplanung	
Schritt 1	**Bedarfsermittlung** (Wie viel Personal, Material usw. sind notwendig?)
Schritt 2	**Kapazitätsermittlung** (Wie viel Personal, finanzielle Mittel usw. stehen zur Verfügung?)
Schritt 3	**Soll-Ist-Vergleich** (Gegenüberstellung der Bedarfsermittlung und der verfügbaren Kapazitäten)
Schritt 4	**Kapazitätsausgleich** (Abstimmung der benötigten mit den verfügbaren Kapazitäten)

1 Der Status einer Teilaufgabe bzw. eines Meilensteins, aber auch des gesamten Projekts, kann beispielsweise sein:

- in Planung
- in Bearbeitung
- in Verzug
- abgeschlossen/erledigt

2 auch: Ressourcenplanung

Um fehlende Kapazitäten auszugleichen, stehen grundsätzlich vier Möglichkeiten zur Verfügung:

- Ausgleich durch Pufferzeiten
- Ersatz von Ressourcen, z. B. Ersatz erkrankter Teammitglieder
- Kapazitätserweiterung, z. B. durch kurzfristige Einstellung von Zeitarbeitskräften
- Projektverlängerung

2.2.6 Kostenplanung

Für unternehmerische Projekte gilt selbstverständlich, dass sie wirtschaftlich sein müssen. Bei internen Projekten muss in der Planungsphase abgeschätzt werden, ob das angestrebte Projektergebnis[1] angesichts der voraussichtlichen Projektkosten wirtschaftlich ist.

1 Projektziele
➔ LF 13, Kap. 2.1.3

Merke! Projekte müssen noch in der Planungsphase dahingehend beurteilt werden, ob sie **wirtschaftlich** sind. Ist die Gefahr zu groß, dass ein Projekt „sich nicht lohnt", sollte es nicht realisiert oder die Projektdefinition sollte überarbeitet werden.

Die Ergebnisse der Termin- und Kapazitätsplanung müssen deswegen dahingehend beurteilt werden, mit welchen Kosten sie verbunden sind. Die Kostenplanung dient drei Zielen:

Ziele der Kostenplanung	
Ziel	**Erläuterung**
Preisermittlung orientiert sich an den Projektkosten.	Die voraussichtlichen Kosten eines Projekts werden frühzeitig ermittelt. Sie sind die Basis für die Vorkalkulation und für die Entscheidung, ob ein Projekt durchgeführt werden soll. Bei externen Projekten erwartet der Auftraggeber (Kunde) in der Regel, dass er frühzeitig erfährt, was die Realisation seines Auftrages kosten würde. Wenn ihm die voraussichtlichen Kosten zu hoch sind, wird er den Projektauftrag nicht erteilen.
Planung im Hinblick auf die Wirtschaftlichkeit des Leistungsprozesses wird unterstützt.	Alternativen werden bedacht, Wirtschaftlichkeitsvergleiche vorgenommen, realistische Projektkosten vorgeschlagen. Die Kostenplanung erhöht die Bereitschaft, ein Projekt gemäß dem ökonomischen Prinzip[2] kostenminimal durchzuführen.
Während der Projektdurchführung wird die Wirtschaftlichkeit überwacht.	Kosten für einen Vorgang sind durch die Planung vorgegeben, Abweichungen sind frühzeitig zu erkennen und Gegenmaßnahmen können ergriffen werden.

2 ökonomisches Prinzip
➔ FK 1, LF 4, Kap. 1.5.4

2.2.7 Qualitätsplanung

Bereits im Rahmen der Projektdefinition wurden die (SMARTen) Ziele[3] des Projekts bestimmt. Diese sind nun die Grundlage, um eine Qualitätsplanung durchzuführen.

3 SMARTe Ziele
➔ LF 13, Kap. 2.1.3

Qualitätsplanung bedeutet, die **qualitativen Eigenschaften des Projektergebnisses** (z. B. Beschaffenheit eines Neuproduktes) in der Planungsphase des Projekts festzulegen. Qualitätsplanung setzt demnach voraus, dass in der Definitionsphase genau geklärt wurde, welche Eigenschaften das Projektergebnis haben soll. Bei externen Projekten geht es bei der Qualitätsplanung häufig darum, Kundenwünsche in Produktmerkmale umzusetzen.

Beispiel In der BE Partners KG wurde nicht nur festgelegt, dass ein Tag der offenen Tür für Schulabgänger durchgeführt werden soll. Im Sinne einer Qualitätsplanung hat das Projektteam auch festgelegt, wie der Tag der offenen Tür sein soll.

Tag der offenen Tür für Schulabgänger – Qualitätsplanung						
Kriterium	**Eigenschaften**	**Erfüllungsgrad** kaum erfüllt				voll erfüllt
Aktivitäten	– aktivierend	☐	☐	☐	☐	☐
	– nicht zu vortragslastig	☐	☐	☐	☐	☐
	– nicht zu lang	☐	☐	☐	☐	☐
	– Pausen für Gespräche mit Mitarbeitern ermöglichen	☐	☐	☐	☐	☐
Getränke und Essen	– möglichst Fingerfood (Snacks)	☐	☐	☐	☐	☐
	– besondere Ernährungen (z. B. Vegetarier) berücksichtigen	☐	☐	☐	☐	☐
Materialien	– attraktives Layout	☐	☐	☐	☐	☐
	– farbenfroh	☐	☐	☐	☐	☐
	– hochwertig wirkend	☐	☐	☐	☐	☐
	– keine schlichten Schwarz-Weiß-Kopien	☐	☐	☐	☐	☐
	– nicht zu informationslastig	☐	☐	☐	☐	☐

2.2.8 Planung der Evaluation[1]

Alle Arbeiten im Zuge der Projektplanung, insbesondere die Termin-, Kosten- und Qualitätsplanung, sollten immer so durchgeführt werden, dass sie **eine spätere Überprüfung im Sinne eines Soll-Ist-Vergleichs ermöglichen**. Diese Überprüfung kann sowohl projektbegleitend (während der Projektrealisation) als auch nach Projektabschluss erfolgen. Eine spätere Evaluation[2] muss also in der Planungsphase bereits mitgedacht werden, damit

– während der Projektrealisation überprüft werden kann, ob das Projekt noch im Zeitplan liegt,
– während der Projektrealisation überprüft werden kann, ob die Kostenplanung noch eingehalten wird,
– nach Abschluss des Projekts beurteilt werden kann, ob die geplante Qualität erzielt wurde.

1 **evaluieren:** sach- und fachgerecht bewerten, beurteilen

2 Evaluation eines Projekts → LF 13, Kap. 2.5

Beispiel Die Qualitätsplanung für den Tag der offenen Tür für Schulabgänger beinhaltet eine Spalte, in der nach Abschluss des Projekts der Erfüllungsgrad bezüglich der gewünschten Qualität einiger wichtiger Merkmale beurteilt werden kann. Diese Beurteilung wird nach Projektabschluss vorgenommen, um die Planungen für eine ähnliche Veranstaltung im Folgejahr optimieren zu können.

2.3 Projektrealisation

Die in der Projektplanung ermittelten Abläufe und Ereignisse treten im Verlauf des Projekts leider nicht immer so ein, wie es ursprünglich vorgesehen war. Es kommt zu Abweichungen zwischen dem realen Projektablauf, dem Ist, und dem geplanten Projektablauf, dem Soll. Aufgabe des Projektmanagements in der Phase der Projektrealisation ist es, Maßnahmen zu ergreifen, die dafür sorgen, dass das Projekt im Rahmen der Plandaten abgewickelt werden kann und dass die Daten der Projektplanung an die tatsächlichen Daten angepasst werden.

Beispiel Susanne Herrmann, die am Tag der offenen Tür in einem Kreativ-Workshop den Ausbildungsberuf „Mediengestalter/-in Digital und Print" vorstellen wollte, informiert Tüley Öztürk eine Woche vor der Veranstaltung darüber, dass sie aus familiären Gründen an dem Tag doch nicht zur Verfügung steht. Tüley spricht sofort Kemal Aydin an, der die Aufgabe von Frau Herrmann übernimmt.

Solche und ähnliche Störungen im Projektablauf erfordern, dass schon im Rahmen der Projektplanung **Alternativpläne** aufgestellt worden sind, die bei Bedarf einfach „aus der Schublade gezogen" werden können. Im Beispielfall war es sinnvoll, dass die Projektleiterin bereits Alternativen notiert hatte, falls eine der Hauptpersonen der geplanten Veranstaltung kurzfristig ausfällt. Es liegt aber in der Natur der Sache, dass niemals für alle Eventualitäten vorgesorgt werden kann.

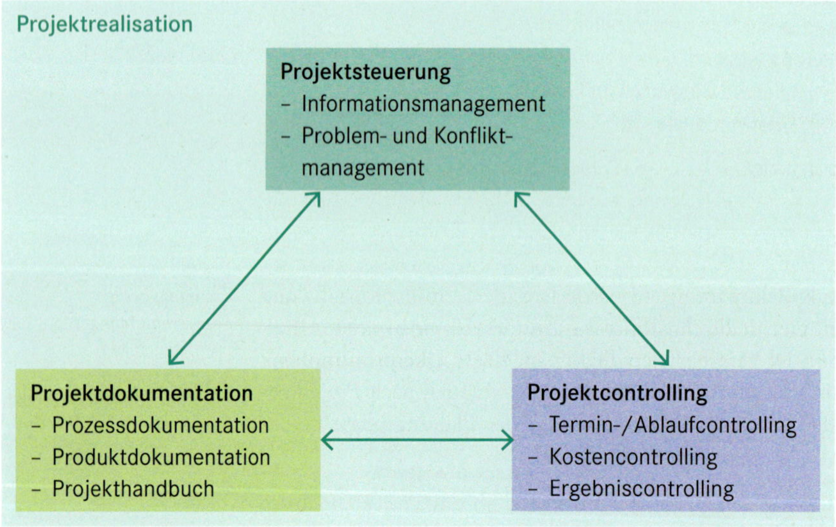

2.3.1 Projektsteuerung

Die Aufgaben der Projektsteuerung sind die Organisation, Koordinierung, Überwachung, Leitung und Dokumentation. Die anfängliche Planung soll mit dem tatsächlichen Projektverlauf in Übereinstimmung gebracht werden. Der Projektleiter hat daher während der gesamten Projektlaufzeit, insbesondere aber in der Durchführungsphase, den Auftrag, das Projekt aktiv zu beeinflussen und somit zu steuern. Er muss während des gesamten Projekts den Kontakt zum Auftraggeber halten und ihn über den Fortgang laufend informieren.

Informationsmanagement

Gerade in der Phase der Projektsteuerung ist ein effektives **Informationsmanagement** wichtig. Der Projektleiter hat dafür zu sorgen, dass jeder Projektbeteiligte die für ihn wichtigen Informationen (z. B. mündliche Informationen, Unterlagen, Aktennotizen) – und nur diese – umgehend erhält. Insgesamt kommt es beim Informationsmanagement darauf an, durch Regeln sicherzustellen, dass die Informationen

- regelmäßig und pünktlich zur Verfügung stehen,
- jedem zur Verfügung stehen, der sie benötigt,
- niemandem zur Verfügung gestellt werden, der sie nicht benötigt (keine unnötige Informationsflut),
- für die Adressaten einfach zugänglich sind und sich schnell erfassen lassen (übersichtliche Informationen) und
- vollständig, aktuell und wahr sind.

Der Nutzen eines guten Informationsmanagements liegt auf der Hand:

- Zeitersparnis, da kein Leerlauf entsteht
- Aktualität, da Wichtiges sofort weitergeleitet wird
- Übersichtlichkeit, da nicht jeder alles bekommt
- Schnittstellenklarheit, da es keine Informationsdefizite gibt
- gutes Verhältnis zum Auftraggeber, da Missverständnisse vermieden werden

Problem- und Konfliktmanagement

Da Projekte durch ihre Einzigartigkeit gekennzeichnet sind und für die Projektmitglieder häufig neuartige Handlungssituationen mit sich bringen, sind sie sehr konflikt- und problemträchtig. Es entstehen häufig unerwartete Probleme, die Stress verursachen und im Projektteam zu Konflikten führen können. Deswegen ist während der Projektdurchführung häufig auch ein funktionierendes **Problem- und Konfliktmanagement** vonnöten. Gerade der Projektleiter muss Probleme in der Projektrealisation und Konfliktpotenzial zwischen den Teammitgliedern erkennen und ggf. Maßnahmen ergreifen.

Um den Einfluss eines unerwarteten Ereignisses (Problems) auf den Erfolg des Projekts abschätzen zu können, müssen folgende Fragen beantwortet werden:

- Worauf ist das Problem zurückzuführen?
- Welche Lösung des Problems ist möglich?
- Welche Auswirkungen hat das gegenwärtige Problem auf andere Aktivitäten?
- Sind Projektsteuerungsmaßnahmen möglich?
- Kann das aufgetretene Problem in Zukunft vermieden werden?

Projektinformationssystem

Im Rahmen des Informationsmanagements und des Problem- und Konfliktmanagements hat der Informationsaustausch innerhalb der Projektgruppe eine sehr große Bedeutung. Durch die Nutzung **aktueller Medien für den Informationsaustausch** (z. B. Cloud, Kommunikationsserver, Online-Terminplaner[1], Intranet, Smartphone) lassen sich Projekte zeitsparend und übersichtlich durchführen.

1 z. B. www.doodle.de

Alle Projektmitarbeiter können über aktuelle Informationen verfügen und fortlaufend Einblick in den Projektstand nehmen. Auch für eine funktionierende Teamarbeit ist ein gut organisierter Informationsaustausch förderlich.

Wichtig ist, sich zu Projektbeginn eindeutig auf die **Form des Informationsaustauschs** zu einigen (z. B. E-Mail oder Intranet) und Regeln für die Weitergabe von Informationen festzulegen. In Unternehmen mit häufiger Projektarbeit existiert in der Regel ein Projektinformationssystem.

Merke! Ein **Projektinformationssystem** umfasst alle Einrichtungen sowie Hilfsmittel und deren Zusammenwirken bei der Erfassung, Weiterleitung, Be- und Verarbeitung, Auswertung und Speicherung von Projektinformation.

Der Aktenordner zählt gemäß dieser Definition genauso zum Projektinformationssystem wie ein Projektbereich im Intranet.

Projektbesprechungen

Projektarbeit ist Teamarbeit. Deswegen ist es wichtig, dass neben einem effizienten Informationsaustausch mithilfe eines Projektinformationssystems auch die **persönliche Kommunikation** zwischen den Projektmitgliedern stattfindet. Auch diese Form des Informationsaustausches sollte organisiert sein, z. B. in Form einer wöchentlichen Projektbesprechung. Die Projektmitglieder können den Projektauftrag regelmäßig besprechen, Unklarheiten beseitigen und Ideen zur weiteren Vorgehensweise gemeinsam erarbeiten. Außerdem kann der Projektleiter darauf achten, dass alle Teammitglieder immer wieder in das Projekt eingebunden werden und zielorientiert arbeiten.

Beispiel Tüley Öztürk hat von Herrn Bastian das Okay dafür bekommen, dass sich ihre Projektgruppe jeden Dienstag von 10:00 Uhr bis 12:00 Uhr trifft. Sie achtet bei den Besprechungen besonders darauf, dass die Projektarbeit gut auf alle Mitglieder verteilt ist, regt Diskussionen an und klärt die Verantwortungsbereiche der Mitglieder. Außerdem bereitet sie für jedes Treffen eine kurze Tagesordnung vor und lässt jeweils ein Ergebnisprotokoll schreiben.

Auch die Kommunikation in Form von Projektbesprechungen sollte organisiert erfolgen, z. B. mithilfe

- eines festen Termins oder einer funktionierenden Terminabsprache,
- einer Tagesordnung (die auch Offenheit lässt, z. B. durch einen Punkt „Verschiedenes“),
- der Vergabe von Rederechten (z. B. durch „Melden“) und
- eines Protokolls[1], das für jedes Treffen erstellt wird.

1 Protokolle
→ FK 1, LF 2, Kap. 4.5

Außerdem sind regelmäßige Projekttreffen ein wichtiges Instrument für den Projektleiter, um Probleme in der Projektrealisation oder Spannungen bzw. Konflikte innerhalb des Projektteams aufzuspüren. In solchen Situationen ist es besonders wichtig, dass alle Projektmitglieder Kritik offen und konstruktiv äußern sowie respektieren können und Gesprächsregeln einhalten.[2]

2 Feedbackregeln
→ LF 13, Kap. 1.1

2.3.2 Projektcontrolling

Zur Projektsteuerung müssen regelmäßig der Projektstatus ermittelt sowie ein Soll-Ist-Vergleich und eine Abweichungsanalyse erstellt werden. Diese Analyse der Zwischenergebnisse wird vom Projektcontrolling[1] bereitgestellt.

Projektcontrolling kann **im Vorhinein**, also in der Definitions- und Planungsphase, stattfinden. Controlling **während des Projekts** unterstützt die Durchführungsphase. Findet Controlling **im Nachhinein** statt, ist die Erfolgsprüfung für das abgelaufene Projekt gemeint.

[1] **to control** (engl.): steuern, regeln

Bausteine des Projektcontrollings

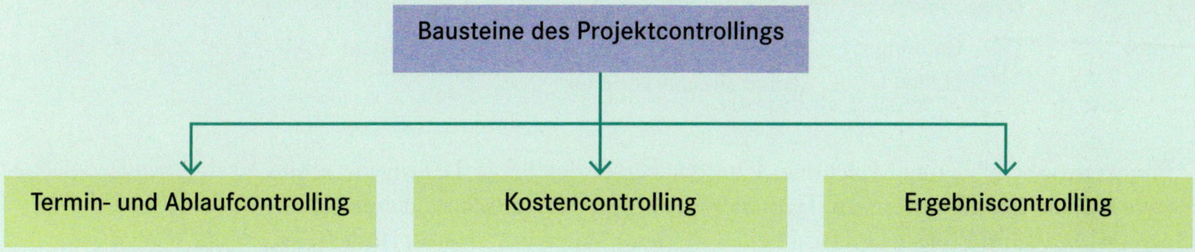

Termin- und Ablaufcontrolling

Das Termin- und Ablaufcontrolling untersucht und analysiert projektbegleitend, ob der Projektablaufplan eingehalten wird. Es werden primär die Soll- und Ist-Zustände der Arbeitspakete sowie der Meilensteine verglichen.

Mithilfe eines **Projektstatus- oder Projektfortschrittsberichts** können die Fortschritte an einem Projekt festgehalten werden. Dabei ist ein entsprechendes Formular, das die einheitliche Bearbeitung während des ganzen Projekts gewährleistet, von Nutzen. Die Projektgruppe bestimmt, wie häufig berichtet werden soll, beispielsweise täglich, wöchentlich oder monatlich.

Die **Terminüberwachung** kann z. B. mit einem Meilenstein-Chart unterstützt werden. Für jeden Vorgang bzw. Meilenstein werden die Ist-Termine erfasst und mit den Soll-Vorgaben verglichen. Danach erfolgt die Planung von steuernden und korrigierenden Maßnahmen. Eine besondere Form des Soll-Ist-Vergleichs ist die Meilenstein-Trend-Analyse. Diese stellt in einer Grafik die ursprünglich geplanten Meilensteine sowie deren spätere zeitliche Verschiebung im Projektablauf dar.

Projektstatusbericht	
Projektstand am	
Projektnummer	
Projektname	
Bearbeiter	
Arbeitspaket	
Termine	
Start (laut Plan)	
Ende (laut Plan)	
Verzögerung	☐ ja ☐ nein
Begründung	
Verzögert sich bis	
Gegenmaßnahmen	
Ist-Stand	
Erfüllungsgrad (%)	
Kosten (%)	
Abgeschlossene Arbeitsschritte	
Probleme	
Entscheidungsbedarf	
Lösungsvorschlag	
Datum:	Unterschrift:

Meilenstein-Chart für den Tag der offenen Tür für Schulabgänger

Projekt: „Tag der offenen Tür am 28.01.20X7" – Statusbericht Nr. 8 vom 15. Januar 20X7			
Meilenstein Nr.	**Bezeichnung**	**Soll-Termin**	**Ist-Termin**
M1	Termin und Räumlichkeiten sind festgelegt.	1. Dezember 20X6	27. November 20X6
M2	Aktivitäten sind konkret geplant, zuständige Personen stehen fest und haben zugesagt, Tagesordnung ist erstellt.	20. Dezember 20X6	20. Dezember 20X6
M3	Veranstaltung wurde an Schulen und in der regionalen Presse beworben.	10. Januar 20X7	13. Januar 20X7
M4	Catering ist bestellt, Materialien und Technik stehen bereit, Räume sind hergerichtet.	26. Januar 20X7	in Bearbeitung

Projektstatusberichte und Meilenstein-Charts haben insbesondere die Aufgabe, **schon während der Projektrealisation Terminabweichungen aufzudecken**, damit Lösungen rechtzeitig im Projektteam besprochen werden können, um den geplanten (bzw. oftmals vorgegebenen) Endtermin des Projekts noch einzuhalten. In Zwischengesprächen[1] wird zu diesem Zweck auf Grundlage dieser Berichte der momentane Projektstatus beurteilt und ggf. die Projektplanung angepasst.

1 Projektbesprechungen
→ LF 13, Kap. 2.3.1

Kostencontrolling

Ausgangsbasis des Kostencontrollings ist die Erfassung der Kosten für die einzelnen Arbeitspakete. Die geplanten Kosten der Arbeitspakete müssen mit den tatsächlich angefallenen Kosten verglichen und Abweichungen müssen näher analysiert werden.

Die Darstellung des Kostenvergleichs kann z. B. mit einem Budgetkontroll-Chart erfolgen. Dabei werden die Soll-Kosten den Ist-Kosten gegenübergestellt. Als Darstellungsform eignen sich Balken-[2] oder Liniendiagramme.

2 Balkendiagramm
→ LF 13, Kap. 2.2.4

Budgetkontroll-Chart als Liniendiagramm

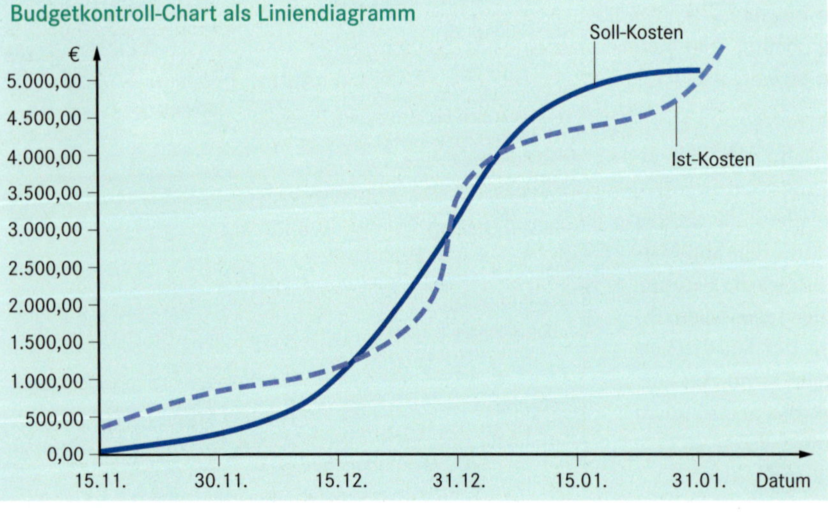

Ergebniscontrolling

Ob Ergebnisse effektiv waren, kann erst dann abschließend beurteilt werden, wenn festgestellt wurde, ob die geplanten Leistungen auch erbracht wurden. Das Leistungs- und Ergebniscontrolling untersucht dabei insbesondere, ob die Vorgaben der Qualitätsplanung[1] erreicht wurden. Die Ergebnisse dieser Analyse lassen nicht nur Rückschlüsse auf das laufende Projekt zu, sondern können auch gewinnbringend für weitere Projekte verwendet werden, im Sinne eines Lernens aus Erfahrungen für die Zukunft.[2]

1 Qualitätsplanung
→ LF 13, Kap. 2.2.7

2 Projektevaluation
→ LF 13, Kap. 2.5

Entscheidend ist, dass das Leistungs- und Ergebniscontrolling nicht nur abschließend erfolgt, sondern auch projektbegleitend. Nur so können etwaige Minderleistungen und Qualitätsmängel rechtzeitig entdeckt und durch entsprechende Maßnahmen noch behoben werden.

2.3.3 Projektdokumentation

Die Projektdokumentation hat die Aufgabe, alle relevanten Informationen zusammenzutragen und bei Bedarf dem Projektteam, der Projektleitung oder dem Auftraggeber zur Verfügung zu stellen.

Merke! **Projektdokumentation** ist die übersichtliche und geordnete Zusammenstellung relevanter Informationen über Definition, Planung, Organisation, Verlauf und Ergebnisse eines Projekts. Sie soll insbesondere zu jeder Zeit Aufschluss über den derzeitigen Stand des Projekts geben und die einzelnen Arbeitsschritte dokumentieren.

Prozessdokumentation

Die **Prozessdokumentation** dient dazu, das Projektgeschehen in seiner Entstehung und Entwicklung nachvollziehbar zu machen. Diese Zielsetzung wird unterstützt durch schriftliche Unterlagen, z. B.

- Dokumente der Projektdefinition (z. B. Projektskizze und Projektauftrag),
- Dokumente der Projektplanung (z. B. Projektstrukturplan mit Arbeitspaketen, Projektablaufplan, Terminpläne, Kapazitätsplan, Kostenplan, Qualitätsplan)[3],
- Dokumente der Projektrealisation (z. B. Protokolle von Projektbesprechungen, Gesprächsnotizen, Projektstatusberichte, Meilenstein-Charts, Budgetkontroll-Charts).

3 Da die Dokumente der Projektplanung während der Projektrealisation oft prozessbegleitend überarbeitet werden, werden von diesen Unterlagen häufig verschiedene Versionen unter Angabe des jeweiligen Erstellungs- bzw. Veränderungsdatums gesammelt.

Darin sind alle bedeutsamen Rahmen-, Planungs-, Beschluss- und Ergebnisdaten nachvollziehbar erfasst. Eine gut strukturierte und übersichtliche Aktenordnung bedeutet: aktuelle Belege zum Stand der Arbeiten, permanente Nachvollziehbarkeit von Entscheidungen, eine umfassende Informationsgrundlage für Bearbeiter sowie ein schneller Zugriff auf benötigte Unterlagen.

Projektmanagement-Software

Um allen Projektmitgliedern jederzeit Zugriff auf relevante Projektunterlagen zu ermöglichen, bietet sich zur Projektdokumentation der Einsatz von Informationstechnologien an.[4] Im einfachen Fall bedient man sich der Standardwerkzeuge zur Textverarbeitung, Tabellenkalkulation und Präsentation. Gerade wenn Projekte nur sporadisch durchgeführt werden, kann zur digitalen Projektdokumentation beispielsweise ein Projektordner auf einem Server oder im Intranet eingerichtet werden.

4 Projektinformationssystem
→ LF 13, Kap. 2.3.1

In einer vorbereiteten Ordnerstruktur, auf die alle Projektmitglieder Zugriff haben, werden dann beispielsweise

– Word-Dateien (z. B. Protokolle, Berichte, Gesprächsnotizen),
– Excel-Dateien (z. B. Ablaufpläne, Terminpläne, Meilenstein-Charts) und
– PowerPoint-Dateien (z. B. für die Projektpräsentation[1])

1 Projektpräsentation
→ LF 13, Kap. 2.4

strukturiert gesammelt. Unternehmen, die regelmäßig Projektarbeit durchführen, greifen – insbesondere für Großprojekte – häufig auch auf Projektmanagement-Software (PMS) zurück.

Merke! **Projektmanagement-Software** kann das Projektmanagement bei der Definition, Planung und Realisation von Projekten unterstützen.

Projekthandbuch

Ein **Projekthandbuch** enthält alle wesentlichen Informationen eines Projekts. Es soll alle für das Zusammenspiel der Projektbeteiligten sinnvollen und nötigen organisatorischen Informationen und Regelungen wiedergeben. Es enthält vor allem Hinweise und Anweisungen, die die Projektmitglieder für ihre tägliche Arbeit benötigen, und sichert Standards bei der Projektarbeit.

Ein Projekthandbuch dient den Projektmitgliedern gewissermaßen als Leitfaden für ein bestimmtes Projekt. Es sollte kurz und knapp verfasst sein und nur wirklich erforderliche Informationen enthalten, damit es von den Projektmitgliedern auch akzeptiert und genutzt wird.

Projekthandbuch	
1.	**Projektdefinition und Leistungsplanung**
1.1	Abgrenzung, Ziele (Projektdefinition)
1.2	Objektgliederung (Pflichtenheft und Leistungsspezifikationen)
1.3	Aufgabengliederung (Projektphasen, Projektstrukturplan)
1.4	Aufgabenspezifikation
1.5	Schnittstellen im Projekt
1.6	Definition der Abnahmeprozedur
1.7	Verträge
2.	**Projektumfeld**
3.	**Projektorganisation**
3.1	Beschreibung der Rollen und Teams
3.2	Grafische Darstellung der Projektorganisation
3.3	Aufgaben- und Verantwortlichkeitsverteilung
3.4	Ansprechpartner und Adressen
4.	**Projektplanung**
4.1	Ablauf- und Terminplanung
4.2	Ressourcenplanung
4.3	Kostenplanung
4.4	Risikoplanung
5.	**Qualitätsmanagement**
5.1	Definition von Qualitätskriterien
5.2	Organisatorische Regelungen
5.3	Laufende Qualitätssicherung
6.	**Projektinformationswesen und -kommunikation**
6.1	Sitzungsplanung
6.2	Fortschrittsberichte
6.3	Sitzungsprotokolle
6.4	Ablagestrukturen
7.	**Projektcontrolling**
8.	**Projektabschluss**

Quelle: Patzak, Gerold; Rattay, Günter: Projektmanagement, 5. Auflage, Linde, Wien 2009, S. 369

2.4 Projektabschluss

Nach der Durchführung des Projekts erfolgt in der Regel ein offizieller Projektabschluss. Zum offiziellen Projektabschluss gehören z. B. die

– Erstellung einer **Abschlusspräsentation**,
– **Ergebnisübergabe** an den Auftraggeber bzw. Nutzer,
– Erstellung des **Projekt-Abschlussberichts**,
– Organisation einer **Abschlussfeier**.

Der **Projekt-Abschlussbericht** wird erstellt, wenn alle projektspezifischen Tätigkeiten abgeschlossen sind. Er ist das Ergebnis des Projekts und enthält die zusammenfassende, abschließende Darstellung von Aufgaben und erzielten Ergebnissen, von Zeit-, Kosten- und Personalaufwand sowie gegebenenfalls von Hinweisen auf mögliche Anschlussprojekte.

In einem ersten Teil des Abschlussberichtes sind ein Soll-Ist-Vergleich der Kosten (Nachkalkulation) und eine ursachenorientierte Abweichungsanalyse die Beurteilungskriterien für eine abschließende Bewertung. Zusätzlich könnte der Abschlussbericht auch die Dokumentation der eigenen Projekterfahrungen enthalten.

Bei einigen Projekten ist es sinnvoll, die Ergebnisse des Projekts zu erläutern und möglicherweise entstehende Fragen direkt zu beantworten, wenn z. B. Projektergebnisse umgesetzt werden sollen. Diese Möglichkeiten bietet die direkte Präsentation (z. B. mittels PowerPoint) vor dem Auftraggeber und den weiteren Betroffenen.

1 Vortrags- und Präsentationstechniken
→ FK 1, LF 1, Kap. 4

Eine **Präsentation** muss gut geplant sein, da sie einen Höhepunkt des Projekts darstellt und die Arbeit von Wochen oder Monaten wiedergeben soll. Bei der Vorbereitung einer Präsentation sollten folgende Schritte beachtet werden:[1]

- Ziele festlegen (Was soll präsentiert werden?)
- Zielgruppe analysieren (Welche Erwartungen und Fragen hat die Zielgruppe?)
- Inhalte organisieren (Materialien sammeln, Aufbau gliedern, Material vorbereiten und gestalten)

Die Abschlusspräsentation ist ein Höhepunkt des gesamten Projekts.

2.5 Projektevaluation

Nach dem Projektabschluss bzw. der Präsentation wird das **Projektergebnis** dem Auftraggeber übergeben (Abnahme[2]). Wenn das Projektergebnis vom Auftraggeber nicht abgenommen wird, kommt es zu erheblichen Mehrkosten für das Projekt, z. B. für Nachbesserungen. Nimmt der Auftraggeber das Projektergebnis ab, erstellt das Projektteam in der Regel den Projekt-Abschlussbericht.

2 **Abnahme:**
Wenn das Projekt erfolgreich beendet ist, unterschreibt der Kunde oder Auftraggeber einen Beleg, der bestätigt, dass das Projektziel erreicht wurde.

Manche Projekte enden auch zwangsläufig an einem bestimmten Termin. Dies ist insbesondere der Fall, wenn die Vorbereitung einer Veranstaltung (z. B. Tagung, Konferenz, Tag der offenen Tür) Gegenstand des Projekts war.

Beispiel Am 28. Januar 20X7 fand der Tag der offenen Tür für Schulabgänger in den Räumen der BE Partners KG statt. Das Projektergebnis ist gewissermaßen der Ablauf dieses Tages. Im Anschluss an diesen Tag müssen die Projektmitglieder das Projekt noch rückblickend reflektieren und bewerten sowie einen Projekt-Abschlussbericht verfassen.

Die **Projektreflexion**, die beispielsweise in einer **Projektabschluss-Sitzung** stattfinden kann, beschäftigt sich z. B. mit folgenden Fragen:

- Was war gut? Was war nicht gut?
- Wie hat die Teamarbeit funktioniert?
- Gab es Kommunikationsprobleme?
- Welche Ziele wurden erreicht / nicht erreicht?[3]

3 Feedbackregeln
→ LF 13, Kap. 1.1

Geht man bei der Beurteilung eines Projekts systematisch vor und stellt sicher, dass die Ergebnisse und Bewertungen begründet und belegt sind, sodass sie für außenstehende Personen nachvollziehbar sind, spricht man von einer **Projektevaluation**.[1] Diese stützt sich auf eine genaue Beschreibung der Projektaktivitäten, statistische Zahlen und Informationen der Projektbeteiligten. Eine gute Evaluation weist nicht möglichst viele, sondern möglichst aussagefähige Daten aus.

1 **Evaluation:** sach- und fachgerechte Bewertung

Merke! Im Rahmen der **Projektevaluation** werden der Projektprozess, die Projektergebnisse und ggf. die Projektpräsentation bewertet.

Vor der Projektevaluation ist es sinnvoll, die Projektunterlagen zu archivieren und das Projekt fachlich und betriebswirtschaftlich auszuwerten. Letztlich dient die Projektbeurteilung zur Verstärkung positiver Erfahrungen und zur Verbesserung zukünftiger Projekte.

Soll-Ist-Vergleich der Projektdurchführung

Im Rahmen der Projektevaluation wird rückblickend überprüft und beurteilt, ob

- durch die Projektrealisation die Projektziele erreicht wurden bzw. welcher Zielerreichungsgrad erreicht wurde,
- die Termin- und Arbeitsplanung eingehalten wurde,
- die Kostenplanung eingehalten wurde und
- die Qualitätsplanung tatsächlich realisiert wurde.

Für diesen Soll-Ist-Vergleich ist es erforderlich, dass bei der Projektdefinition bzw. -planung entsprechende Soll-Zustände definiert wurden. Nur so kann die Erreichung der geplanten Zustände überprüft werden.

Beispiel Im Rahmen der Projektevaluation präsentiert Tüley Öztürk in der Abschlussbesprechung die folgende Abbildung:

Projekt: „Tag der offenen Tür" am 28.01.20X7 – (Abschluss-)Statusbericht Nr. 10 vom 31. Januar 20X7			
Meilenstein Nr.	**Bezeichnung**	**Soll-Termin**	**Ist-Termin**
M1	Termin und Räumlichkeiten sind festgelegt.	1. Dezember 20X6	27. November 20X6
M2	Aktivitäten sind konkret geplant, zuständige Personen stehen fest und haben zugesagt, Tagesordnung ist erstellt.	20. Dezember 20X6	20. Dezember 20X6
M3	Veranstaltung wurde an Schulen und in der regionalen Presse beworben.	10. Januar 20X7	13. Januar 20X7
M4	Catering ist bestellt, Materialien und Technik stehen bereit, Räume sind hergerichtet.	26. Januar 20X7	27. Januar 20X7

Im Projekt-Abschlussbericht vermerkt Tüley, dass bei den Meilensteinen M3 und M4 eine zeitliche Verzögerung aufgetreten ist, die zu sehr viel Stress kurz vor der Veranstaltung am 28. Januar geführt hat. Sie merkt an, dass bei einer Wiederholung des Projekts im nächsten Jahr mehr Zeit für die Bekanntmachung der Veranstaltung und die Organisation des Caterings veranschlagt werden muss. Außerdem hatte Tüley im Rahmen des Tages der offenen Tür einen Feedbackbogen an die Teilnehmer verteilt.

Bei der Auswertung hat sie festgestellt, dass einige Teilnehmer mit der Qualität des angebotenen Essens nicht zufrieden waren. Sie vermerkt auch dies mit dem Hinweis, dass beim nächsten Mal mehr Zeit für die Suche nach einem Cateringunternehmen eingeplant werden soll. Zudem notiert sie im Projekt-Abschlussbericht, dass ein höheres Budget für Speisen und Getränke wünschenswert wäre.

Schwachstellen- und Fehleranalyse

Wenn bei einem Aspekt Abweichungen des Ist-Zustands vom Soll-Zustand festgestellt werden, sollten die Gründe hierfür im Rahmen einer Abweichungsanalyse untersucht werden. Insbesondere sollte ermittelt werden, ob **eigenes (falsches) Handeln oder äußere Ursachen** für die Abweichungen bzw. Fehler verantwortlich waren.

Beispiel In der Abschlussbesprechung erfährt Tüley Öztürk von Sophie Fischer, dass sie sich bei der Auswahl des Cateringunternehmens auf den Tipp einer Freundin verlassen hatte. Tüley vermerkt im Abschlussbericht, dass beim nächsten Mal eine objektive Lieferantenauswahl für Speisen und Getränke erfolgen sollte.

Merke! Aufgabe der **Schwachstellen- und Fehleranalyse** ist es, Planungsfehler, Mängel in der Teamarbeit oder der Kommunikation, individuelle Fehler der Projektmitglieder und falschen Umgang mit Störungen aufzudecken und zu beurteilen sowie Handlungsempfehlungen für zukünftige Projekte abzuleiten.

Entwicklung von Strategien zur Optimierung der Projektabläufe

Gerade im Rahmen der Projektevaluation ist es wichtig, dass innerhalb der Projektgruppe eine konstruktive Feedbackkultur[1] existiert. Die Projektbeteiligten sollten bereit sein, ihr eigenes Handeln kritisch zu hinterfragen[2] und Verbesserungsvorschläge zu akzeptieren. Nur so kann der Zweck der Evaluation erfüllt werden, nämlich die Entwicklung von Ideen und Strategien, um „es beim nächsten Mal besser zu machen".

1 Feedbackkultur
→ LF 13, Kap. 1.1

2 eigenes Handeln kritisch hinterfragen = Selbstreflexion

Soll-Ist-Vergleich der Projektdurchführung
↓
Schwachstellen- und Fehleranalyse
↓
Entwicklung von Strategien zur Optimierung der Projektabläufe

Beispiel Der Soll-Ist-Vergleich hat unter anderem ergeben, dass das Kostenziel nicht ganz eingehalten wurde. Statt 5.000,00 € (Projektbudget) hat das Projekt 5.800,00 € Kosten verursacht. Das Kostencontrolling hat ergeben, dass die tatsächlichen Kosten für das Arbeitspaket „Bekanntmachung der Veranstaltung in der Presse" um 25 % höher waren als der Planwert. Die Schwachstellenanalyse hat ergeben, dass man die erstellte Anzeige häufiger als erforderlich in der örtlichen Tageszeitung abdrucken ließ. Für das nächste Jahr wird vereinbart, dass die Anzeige nur noch drei statt fünf Mal in der Tageszeitung erscheinen soll.

Alles klar?

1 Erläutern Sie, was in den einzelnen Abschnitten eines Projekts geschieht.

2 Nennen Sie die Inhalte der Projektdefinition.

3 Die Bäckerei Özcal möchte in Bonn einen höheren Bekanntheitsgrad erreichen und beauftragt die BE Partners KG mit der Planung eines Stands auf dem diesjährigen Stadtfest am 5. August 20X7.

a) Nennen Sie den Projektanlass und die Projektidee.
b) Beschreiben Sie, wie die Projektmitglieder Tina Welkenbach und Kemal Aydin in der BE Partners KG Kreativitätstechniken im Rahmen der Projektskizze einsetzen können.
c) Formulieren Sie für das Projekt ein SMARTes Ziel.
d) Formulieren Sie das Sach-, Kosten- und Terminziel.
e) Erläutern Sie an diesem Fall den Unterschied zwischen Primär- und Sekundärorganisation.

4 Erläutern Sie den Zweck eines Kick-off-Meetings.

5 Begründen Sie, warum Projektplanungen dynamische Prozesse sind.

6 Erläutern Sie den Zusammenhang zwischen Arbeitspaketen und dem Projektstrukturplan.

7 Erläutern Sie den Unterschied zwischen einem Projektstrukturplan und einem Projektablaufplan.

8 Für die Buchenstork Schuhe GmbH soll die BE Partners KG die Einführung eines Neuprodukts vorbereiten. Der Projektleiter Marius Schurns hat sich bereits Gedanken bezüglich der Terminplanung gemacht. Zunächst müssen die Projektziele formuliert werden (2 Tage). Anschließend kann gleichzeitig die Marktforschung durchgeführt (21 Tage) und eine Produktidee kreiert werden (5 Tage). Im Anschluss an beide Vorgänge wird das Neuprodukt entwickelt (14 Tage) und gleichzeitig die Wettbewerbsstrategie festgelegt (3 Tage). Im Anschluss an diese beiden Vorgänge erfolgt der Markttest (30 Tage). Wenn die Ergebnisse des Markttests vorliegen, wird gleichzeitig die Werbekampagne geplant (10 Tage) und die Preispolitik festgelegt (3 Tage). Beide Aktivitäten werden abschließend noch als Marketing-Mix aufeinander abgestimmt (2 Tage).

Stellen Sie die Terminplanung als Balkendiagramm dar.

9 Erläutern Sie die Bedeutung von Meilensteinen bei der Projektplanung.

10 Die BE Partners KG soll für die Fit & Flott Reifenservice Holding AG eine Werbekampagne entwickeln, die im Herbst möglichst viele Kunden zum Kauf von Winterreifen veranlassen soll. Beschreiben Sie, welche Aufgaben im Rahmen

a) der Kapazitätsplanung,
b) der Kostenplanung und
c) der Qualitätsplanung

zu erfüllen sind.

11 Erläutern Sie, welche Aufgabe ein Projektinformationssystem im Rahmen der Projektsteuerung hat.

12 Erläutern Sie, welche Bedeutung Projektbesprechungen im Rahmen des Problem- und Konfliktmanagements haben.

13 Beschreiben Sie kurz die drei Bausteine des Projektcontrollings.

14 Susanne Herrmann ist Projektleiterin bei der Entwicklung der Werbekampagne für die Fit & Flott Reifenservice Holding AG (vgl. Aufgabe 10).

a) Frau Herrmann möchte im Intranet einen Bereich zur Projektdokumentation anlegen. Nennen Sie acht Dokumente bzw. Dateien, die sie einstellen sollte.
b) Bei der Durchführung des Projekts vergisst Frau Herrmann, Statusberichte zu erstellen. Beschreiben Sie die Gefahr, die dadurch entsteht.

15 Erläutern Sie die Bedeutung eines Projekthandbuchs.

16 Beschreiben Sie mögliche Inhalte eines Projekt-Abschlussberichts.

17 Die BE Partners KG hat für den Konzertveranstalter „Live in Bonn“ eine Werbekampagne für die Veranstaltungsreihe „Reggae in Bonn“ als Projekt geplant und durchgeführt. Nach Abschluss der Veranstaltungsreihe soll das Projekt evaluiert werden.

a) Beschreiben Sie, wie die Projektevaluation erfolgen sollte.
b) Begründen Sie, warum eine solche Projektevaluation sinnvoll ist.

3 Useful office vocabulary

Warm-up – The project life cycle

Definition	Planning	Execution	Closing	Evaluation
Align project with strategy and business objectives and clearly define the goal.	Create a detailed project plan that outlines what will be done and what actions are needed to do it.	Execute the plan and monitor its progress, modify the plan along the way if necessary.	Draw up a summary of every step of the project along with changes made to the original outline of the work.	Project evaluation and feedback: How successful was the project and what lessons can be learned from it?

to modify	[ab-, ver]ändern
operational planning	Ablaufplanung
final report	Abschlussbericht
work package	Arbeitspaket
assignment	Aufgabe
to execute	ausführen, durchführen
to evaluate	bewerten
decision criterion	Entscheidungskriterium
decision process	Entscheidungsprozess
governance	Entscheidungsstrukturen
giver, receiver of feedback	Feedbackgeber, -empfänger
feedback culture	Feedbackkultur
indicator	Indikator, Anzeichen
load planning	Kapazitätsplanung
communication	Kommunikation
authority	Kompetenz
conflict prevention	Konfliktverhütung
control instrument	Kontrollinstrument
periodic cost control	fortlaufende Kostenkontrolle
cost budget	Kostenplan
cost target	Kostenziel
creativity techniques	Kreativitätstechniken
feasibility	Machbarkeit

milestone	Meilenstein
disagreement	Meinungsverschiedenheit
problem-solving ability	Problemlösefähigkeit
project schedule	Projektablaufplan
project completion	Projektabschluss
project order	Projektauftrag
project approval	Projektbewilligung
project evaluation	Projekteinschätzung
project draft	Projektentwurf
project financing	Projektfinanzierung
task force	Projektgruppe
project manual, project road map	Projekthandbuch
to plan	projektieren
project leader	Projektleiter
project plan	Projektplan
project risk	Projektrisiko
project stage	Projektstadium
project aim, project goal	Projektziel
rule	Regel
time objective / scheduling target	Terminziel
to monitor	überwachen, beobachten
(to) outline	umreißen, Überblick
(to) progress	vorankommen, Fortschritt
objective, goal, target	Ziel
setting objectives	Zielbildung
agreement on objectives	Zielvereinbarung
balance of goals	Zielgleichgewicht
inconsistency of goals	Zielkonflikt

Stichwortverzeichnis

Bildquellenverzeichnis

Cover: istockphoto/STEEX/1; Shutterstock/racorn/2; iStockphoto/GlobalStock/3; picture-alliance/Image Source/4

S. 10: istockphoto/STEEX | S. 1: Fotolia/Volker Witt | S. 12: Shutterstock/Vladyslav Starozhylov | S. 14: Shutterstock/Taigi | S. 19/1: Fotolia/PhotographyByMK | S. 19/2: Fotolia/Denis Junker | S. 19/3: Fotolia/PhotographyByMK | S. 20: Shutterstock/Ivelin Radkov | S. 21: SCHUFA Holding AG/SCHUFA Holding AG | S. 22: action press/MAGICS | S. 24: Fotolia/WoG | S. 25: Fotolia/bilderstoeckchen | S. 26: Bundesministerium der Justiz und für Verbraucherschutz | S. 27: Bundesministerium der Justiz und für Verbraucherschutz | S. 28: Fotolia/Coloures-pic | S. 31: Fotolia/Marco2811 | S. 32: Fotolia/birdeyefotolia | S. 34: Fotolia/ratch0013 | S. 35: Fotolia/Spectral-Design | S. 41: Fotolia/Thomas Francois | S. 42: INTERFOTO/Interfoto/Allgöwer | S. 44: Globus-Grafik/dpa-infografik | S. 47/1: Bergmoser + Höller Verlag AG/Zahlenbilder | S. 47/2: picture-alliance/dieKLEINERT.de/Daniel Matzenbacher | S. 48: Bergmoser + Höller Verlag AG/Zahlenbilder | S. 49/1: picture-alliance/dpa/Rolf Vennenbernd | S. 49/2: Bergmoser + Höller Verlag AG/Zahlenbilder | S. 51: ClipDealer/Clip Dealer/kebox | S. 52: picture-alliance/dpa/Matthias Balk | S. 54: F1 online/F1online | S. 55: picture-alliance/Bildagentur-online/HRI-McPhoto | S. 57: Fotolia/gzorgz | S. 59: Fotolia/Tobias Arhelger | S. 63: Fotolia/NavTor | S. 64: Bundesverband deutscher Leasingunternehmen | S. 65: Bergmoser + Höller Verlag AG/Zahlenbilder | S. 66: Fotolia/Gina Sanders | S. 67: Bergmoser + Höller Verlag AG/Zahlenbilder | S. 69: picture-alliance/dpa/Frank Rumpenhorst | S. 70: Interfoto/TV-Yesterday | S. 72/1: Fotolia/destina | S. 72/3: Fotolia/teamarbeit

S. 76: picture-alliance/Image Source | S. 77: Fotolia/Jeanette Dietl | S. 78: Shutterstock/Pressmaster | S. 86: Shutterstock/wrangler; S. 89: Corbis/Bettmann/Corbis; S. 91: Bergmoser + Höller Verlag AG/Zahlenbilder; S | S. 93: Shutterstock/Andrey_Popov | S. 95: Fotolia/algre | S. 97: Shutterstock/Jeanette Dietl | S. 98: Shutterstock/robert s. | S. 100: Shutterstock/Taigi | S. 102: Fotolia/Moreno Soppelsa | S. 106: Fotolia/Alterfalter | S. 110: Shutterstock/Taigi | S. 113: Shutterstock/Taigi | S. 118: Shutterstock/Winston Link | S. 123: Shutterstock/Dieter Hawlan | S. 128: Fotolia/VRD | S. 130: Shutterstock/Andreas Muenchbach | S. 131: Mauritius images/foodcollection

S. 136: iStockphoto/GlobalStock | S. 137: GlowImages/Colourbox.com | S. 138/1-4: Fotolia/Goss Vitalij | S. 141: Fotolia/contrastwerkstatt | S. 144: Shutterstock/oksana2010 | S. 146: Shutterstock/Mikkel Bigandt | S. 170/1: Shutterstock/OtnaYdur | S. 170/2: Mauritius images/Alamy | S. 175: Fotolia/malija | S. 179: Globus-Grafik/dpa-infografik

S. 184/1: Shutterstock/racorn | S. 184/2: Fotolia/aerogondo | S. 186: Fotolia/lightpoet | S. 193: Fotolia/omue | S. 197: Fotolia/Nuvola | S. 200: Fotolia/Alexey Klementiev | S. 202/1:Fotolia/Robert Kneschke | S. 202/2: Shutterstock/bikeriderlondon | S. 205: Martin Haake, Berlin | S. 206: Fotolia/lenets_tan | S. 209: Fotolia/Adam Gregor | S. 211: Fotolia/A. Karnholz | S. 215: DRV Studie Chefsache Business Travel 2014, www.chefsache-businesstravel.de | S. 219: Fotolia/Monkey Business | S. 220: Fotolia/Petair | S. 223: Fotolia/contrastwerkstatt | S. 228: Fotolia/nmann77 | S. v229: Fotolia/Karin & Uwe Annas | S. 230: Fotolia/doris oberfrank-list | S. 232: Fotolia/Lars Zahner | S. 236/1: Fotolia/Olivier Le Moal | S. 236/2: Fotolia/Alex Kalmbach | S. 236/3: Shutterstock/moosa art | S. 236/4: Shutterstock/Jiripravda | S. 236/5: Fotolia/mstanley13 | S. 236/6: Shutterstock/DVARG | S. 236/7: Fotolia/TM-Design | S. 236/8: Studio SYBERG, Berlin | S. 236/9: Shutterstock/mart | S. 236/10: Fotolia/Maxim Pavlov

S. 238: Shutterstock/Goodluz | S. 239: Shutterstock/winnond | S. 241: Fotolia/Rawpixel | S. 243: Fotolia/thingamajiggs | S. 246: Fotolia/Rido | S. 252: Joachim Gottwald, Berlin | S. 253: Fotolia/Syda Productions | S. 255: Fotolia/Les Cunliffe | S. 261: Fotolia/Rawpixel | S. 262: Fotolia/Pressmaster | S. 267: Fotolia/Syda Productions